水库大坝主要安全隐患挖掘与处置技术

SHUIKU DABA ZHUYAO ANQUAN YINHUAN WAJUE YU CHUZHI JISHU

向　衍　刘成栋
袁　辉　魏立巍
李　军　等◎编著

『十三五』国家重点出版物出版规划项目
水库大坝安全管理丛书

河海大学出版社
HOHAI UNIVERSITY PRESS
·南京·

内容简介

本书针对我国水库大坝运行与管理的现状和需求，依据相关规范规程，系统阐述了水库大坝养护修理的要求和方法，并提供了水库大坝养护修理和险情抢护案例。该书共分7章，包括导论、土石坝工程养护修理、混凝土坝工程养护修理、泄输水建筑物工程养护修理、金属结构养护修理、库区养护修理、监测设施与自动化系统维护等。本书内容丰富，是水库大坝安全运行管理领域一本理论与经验、启示与实用相结合的参考书，可供水利水电工程设计、施工、管理和相关工程技术人员使用，也可供相关高等院校师生参考。

图书在版编目(CIP)数据

水库大坝主要安全隐患挖掘与处置技术 / 向衍等编著. -- 南京 : 河海大学出版社, 2019.10

(水库大坝安全管理丛书 / 孙金华, 荆茂涛主编)

ISBN 978-7-5630-5248-6

Ⅰ. ①水… Ⅱ. ①向… Ⅲ. ①水库—大坝—保养②水库—大坝—维修 Ⅳ. ①TV698.2

中国版本图书馆 CIP 数据核字(2017)第 323093 号

水库大坝主要安全隐患挖掘与处置技术

丛书主编：孙金华　荆茂涛
本册作者：向　衍　等

策划编辑：朱婵玲
责任编辑：成　微　张　砾
特约校对：徐梅枝　葛　华
装帧设计：槿容轩

河海大学出版社 出版发行

南京市西康路一号　邮政编码：210098　http://www.hhup.com
电话：(025)83737852(总编室)　83787769(编辑室)　83722833(营销部)
南京布克文化发展有限公司排版
江苏农垦机关印刷厂有限公司印刷
江苏省新华发行集团有限公司经销

开本：787mm×1092mm　1/16　印张：16.5　字数：399 千字
版次：2019 年 10 月第 1 版　印次：2019 年 10 月第 1 次印刷
书号：ISBN 978-7-5630-5248-6
定价：80.00 元

如有印装质量问题，影响阅读，请联系河海大学出版社调换。

《水库大坝安全管理丛书》
编审委员会

主　编：孙金华　荆茂涛

副主编：盛金保　向　衍

编　委：（以姓氏笔画为序）

马福恒　王士军　王昭升　厉丹丹　刘六宴

刘成栋　杨正华　李宏恩　何勇军　谷艳昌

张士辰　张国栋　胡　江　彭雪辉　蒋金平

序 PREFACE

我国水资源短缺且时空分布不均，水旱灾害一直是影响中华民族发展的心腹之患。“兴水利、除水害”历来是治国安邦的大事。中华人民共和国成立70年来，党和国家始终把治水兴水摆在重要位置，取得了辉煌成就。我国目前已建9.8万余座水库大坝，是世界上拥有水库大坝最多的国家，也是世界上拥有100 m、200 m级以上高坝最多的国家，其中100 m以上高坝220座。目前世界上已建200 m级以上高坝77座，我国20座，占26%；在建200 m级以上高坝19座，我国12座，占63%。水库大坝调蓄江河、因势利导、善利万物，不仅是调控水资源时空分布、优化水资源配置的重要工程措施，也是江河防洪工程体系的重要组成部分，是生态环境改善不可分割的保障系统，承担着保障国家防洪安全、供水安全、粮食安全、能源安全、生态安全等重要功能，具有很强的公益性、基础性、战略性，在保障国家水安全和支撑绿色发展、生态文明建设、长江大保护、乡村振兴等战略中具有不可替代的基础性作用。确保水库大坝长效安全运行是国家战略需求，历来受到党和政府的高度重视。

多年来，通过全面落实水库大坝安全责任制、不断建立健全水库大坝安全管理法规与制度体系、大力推动水利管理体制改革、大规模开展病险水库除险加固工程建设、加强运行管理督查和应急管理等一系列扎实工作，我国水库大坝安全管理规范化、制度化、信息化进程不断加快，大坝安全状况与管理条件得到根本性改善，安全管理与保障水平大幅度提升。

党的十九大提出我国进入中国特色社会主义新时代，我国发展的新的历史方位和社会主要矛盾的转变，对水库大坝安全管理赋予了新的内涵，提出了新的更高要求。

2014年3月，习近平总书记在中央财经领导小组专题研究水安全问题的会议上指出，我国水资源时空分布不均及水旱灾害突出等老问题仍有待解决，水资源短缺、水生态损害、水环境污染等新问题越来越突出，明确提出“节水优先、空间均衡、系统治理、两手发力”的新时期治水思路，赋予了新时代治水的新内涵、新要求、新任务，为强化水治理、保障水安全指明了方向，也为新形势下做好水库大坝安全管理工作指明了方向。

2018年10月，中央财经委员会第三次会议强调，防灾减灾与安全要建立高效科学的自然灾害防治体系，提高全社会自然灾害防治能力，为保护人民群众生命财产安全和国家安全提供有力保障。要针对关键领域和薄弱环节，推动建设若干重点工程。要实施灾害风险调查和重点隐患排查工程，掌握风险隐患底数；实施防汛抗旱水利提升工程，完善防洪抗旱工程体系；实施应急救援中心建设工程，建设若干区域性应急救援中心；实施自然灾害监测预警信息化工程，提高多灾种和灾害链综合监测、风险早期识别和预报预警能力；实施自然灾害防治技术装备现代化工程，加大关键技术攻关力度，提高我国救援队伍专业化技术装备水平。水库大坝既是自然灾害防治工程体系不可或缺的组成部分，在遭遇地震、暴雨洪水等重大自然灾害时，大坝自身也可能成为自然灾害次生灾害的载体和重大风险源，2008年四川“5·12”汶川特大地震中，2 400余座水库大坝出现震损险情，其中坝高156 m的紫坪铺水库面板堆石坝产生明显沉降和水平位移，面板接缝错位、止水撕裂，举国关注；2018年汛期，内蒙古增隆昌水库、新疆射月沟水库因超标准洪水溃坝，其中射月沟水库造成严重人员伤亡。因此，水库大坝风险识别、监测预警与应急处置也是国家自然灾害防治体系建设的重点环节和重要任务。

2019 年全国水利工作会议指出，我国治水的主要矛盾已经发生深刻变化，从人民群众对除水害兴水利的需求与水利工程能力不足的矛盾，转变为人民群众对水资源水生态水环境的需求与水利行业监管能力不足的矛盾。要清醒认识治水主要矛盾的深刻变化，加快转变治水思路和方式，将工作重心转到"水利工程补短板、水利行业强监管"上来，这是当前和今后一个时期水利改革发展的总基调。水库大坝安全面临从加强工程建设向关注运行管理、风险防控、功能提升、资源优化、环境保护、生态修复和支撑可持续发展等方向转变。

面对我国治水主要矛盾的深刻变化，面对人民日益增长的对美好生活的追求，面对绿色发展、政府职能转变和社会公众广泛参与等新的要求，面对新形势对水库大坝安全管理赋予的新内涵，我国水库大坝安全运行管理和保障仍然面临体制机制不顺，投入不足，管理制度和技术标准不够完善，特别是小型水库管理基础薄弱；工程建设先天不足，老化、性能劣化、淤积等影响大坝长效安全运行的问题日显突出，维修养护及病险水库除险科学决策机制尚未形成；地震、极端暴雨、特大洪水等极端事件频度和强度增加，大坝风险管理体系尚未建立，突发事件应急保障能力仍然不足；高坝大库深水检测与修补加固技术和装备自主创新研发、现代高新技术应用不足等一系列挑战和短板。水库大坝安全事关国运安危、人民福祉，是百年大计、千年大计，要始终坚持"问题导向、安全第一、压实责任、注重实效"的原则，通过理念创新、技术创新、管理创新，扎实做好水库大坝安全管理与保障各项工作，主动化解水库大坝各种潜在安全风险，使每一座水库大坝成为党和政府以及社会与公众的放心工程。

水利部大坝安全管理中心作为归口管理全国水库大坝安全的专业技术支撑机构，多年来围绕水利中心工作，服务全国水库大坝安全行业管理，在水库大坝管理法规与技术标准建设、突发事件调查与应急处置、先进实用技术推广与示范应用、国内外学术交流、行业人才培训和能力建设、基础性前瞻性科学研究等方面开展了卓有成效的工作，取得丰硕成果，主持完成的"十一五"科技支撑计划项目"水库大坝安全保障关键技术与应用"成果获得 2015 年国家科技进步一等奖，为保障全国水库大坝安全运行提供了强有力的技术支撑。大坝中心的科技骨干针对新形势下水库大坝安全管理实践需求，总结多年来的行业管理、技术开发与推广应用、科学研究、学术交流等成果和经验，编写了《水库大坝安全管理丛书》，分别为《水库大坝风险及其评估与管理》《水库大坝主要安全隐患挖掘与处置技术》《水库大坝安全监控与信息化》《水库大坝安全评价》《水库大坝运行调度技术》《水库大坝安全管理法规和标准实用指南》。本丛书可作为水库运行管理人员的岗位培训教材，可供水利水电工程设计、施工、管理和相关工程技术人员使用，也可供有关高等院校师生参考。

希望本丛书的出版对进一步促进我国水库大坝安全管理法规制度与技术标准建设，推动大坝风险管理理念和技术以及大坝安全监控与信息化技术普及与应用，提高水库大坝安全管理规范化、现代化水平，切实保障水库大坝安全运行，提高水资源利用和保障能力发挥积极作用。是为序！

《水库大坝安全管理丛书》编委会

2019 年 10 月于南京

前言 PREFACE

水库作为调控水资源时空分布、优化水资源配置和防洪减灾的重要工程措施，是经济社会发展不可替代的基础支撑，是生态环境改善不可分割的保障系统，在国民经济建设中具有重要地位。根据《中国水利年鉴》(2018)，全国已建水库共 98 795 座(不含港澳台地区)，总库容 9 035 亿 m^3，其中大型水库 732 座，中型水库 3 934 座，小型水库 94 129 座。水库大坝在长期运行过程中，受各种自然和人为因素影响，水工建筑物会逐渐产生不同程度的老化或损坏。若不及时养护和修理，会影响建筑物正常运行，严重者会使建筑物遭受破坏，失去作用，甚至导致溃坝事件，给国家和人民带来不可弥补的损失。实践表明，有些水工建筑物虽存在安全隐患，但由于及时采取了养护修理措施，从而保证了工程安全和正常运用。因此，加强水库工程管理，对水库各水工建筑物进行经常的养护和修理，保持建筑物完整状态和正常工作能力，对保证水库大坝安全运用，充分发挥工程效益，具有十分重要的意义。

水库大坝养护修理必须本着“以防为主、防重于修、修重于抢”的原则，做到安全可靠、技术先进、注重环保、经济合理。养护工作应做到及时消除水库大坝枢纽的表面缺陷和局部工程问题，根据检查发现的问题进行日常保养维修和局部修补，防止缺陷发生和发展，保持水库大坝枢纽的安全、完整、正常运行。水工建筑物发生缺陷后，要及时修理，小坏小修，随坏随修，防止缺陷扩大。修理包括岁修、大修和抢修。岁修应根据大坝运行中所发生的和巡视检查所发现的病害和问题，每年定期进行。大修应在工程发生较大损坏、修复工作量大、工程问题技术性复杂、经过临时抢修未做永久性处理时进行。抢修应在突然发生危及大坝安全的各种险情时进行。

本书编写分工如下：第一章由袁辉、向衍、李媛撰写，第二章由向衍、袁辉、吴文峰撰写，第三章由向衍、刘成栋、吴婉玲撰写，第四章由吴昕馨、张凯、吴文峰撰写，第五章由李军、李震、刘成栋撰写，第六章由赵永涛、魏立巍、张凯撰写，第七章由李震、魏立巍、孟颖撰写。

由于我们的工作还不够，本书中可能有部分疏漏的地方，请读者提出宝贵的意见，以便今后进一步修订。本著作的出版得到了国家重点研发计划项目课题(2016YFC0401603)、南京水利科学研究院出版基金和国家自然科学基金(编号：51679151、51779154)以及水利部公益性行业科研专项(20150133)的资助，特表示感谢。

目录 CONTETNS

第 1 章

导论

我国地处欧亚大陆，受太平洋季风影响，降水时空分布不均，加之特殊的地理特点，河流自我调节能力不足，水旱灾害频发，水资源呈资源性和工程性短缺。为有效调控洪水和水资源，保障防洪安全、供水安全、粮食安全、能源安全和生态安全，必须兴建大量水库。水库大坝已成为我国调控水资源时空分布、优化水资源配制、防洪减灾的重要工程措施，是江河防洪工程体系的重要组成部分，是国民经济的重要基础设施，在保障经济社会可持续发展、构建社会主义和谐社会与建设小康社会的伟大战略中发挥着重要的、不可替代的作用。

1.1 我国水库基本情况

中国是人类筑坝历史最悠久的国家之一，最早的大坝工程——淮河流域的安丰塘水库，距今已有 2 600 多年历史，经过历代修缮目前仍在运行并发挥着重要的灌溉、旅游等效益。据国际大坝委员会(ICOLD)1950 年统计，在 1949 年以前建成的坝高 15 m 以上的 5 196 座大坝中，中国仅有 22 座。20 世纪 50—70 年代，与世界性的筑坝高潮同步，中国也进入水库大坝建设大发展时期，先后建成了一大批关系国计民生和经济社会发展全局的水库大坝工程，从而成为世界上水库数量最多的国家之一。根据《中国水利年鉴》(2018)，全国已建水库共 98 795 座(不含港澳台地区)，总库容 9 035 亿 m^3，其中大型水库 732 座，中型水库 3 934 座，小型水库 94 129 座。从坝型看，土石坝约占水库大坝总数的 95%；从坝高看，30 m 以上的约 5 000 座，15 m 以上的约 3.2 万座。中国大坝协会对我国坝高 30 m 以上的水库大坝进行了统计，根据截至 2014 年底的统计数据，我国 30 m 以上的已建和在建大坝共 6 539 座(详见表 1.1-1)，约占我国水库大坝总数的 6.7%；我国已建成坝高 100 m 以上大坝 270 多座，其中坝高大于或等于 200 m 的超高坝 20 座，在建的 200 m 级以上高坝 12 座，我国水库大坝的设计与建设水平已处于世界领先水平。

表 1.1-1　坝高 30 m 以上的大坝坝型、坝高分布表

坝型 \ 坝高	>200 m	100～200 m	60～100 m	30～60 m	合计
均质土坝	0	0	58	2 011	2 069
心墙坝	3	16	99	1 502	1 620

续表

坝高 坝型	>200 m	100～200 m	60～100 m	30～60 m	合计
斜墙坝	0	0	8	210	218
面板堆石坝	4	78	124	140	346
混凝土拱坝	7	19	109	280	415
碾压混凝土拱坝	0	11	16	6	33
浆砌石拱坝	0	3	76	573	652
混凝土重力坝	0	48	85	372	505
碾压混凝土重力坝	2	23	43	35	103
浆砌石重力坝	0	2	55	431	488
支墩坝	0	0	4	19	23
其他	0	0	3	64	67
总计	16	200	680	5 643	6 539

1.2　水库大坝安全概况

我国水库大坝90%以上兴建于20世纪50—70年代，受当时经济技术条件限制，普遍存在建设标准低、工程质量差等缺陷，加之长期维修养护不到位，相当一部分成为病险水库。病险水库不仅无法正常发挥效益，而且存在较高的溃坝风险，成为工程防洪保安体系中的薄弱环节，严重威胁下游生命财产及基础设施安全，制约当地经济社会可持续发展。自1954年有垮坝统计资料以来，全国各类水库垮坝失事3 500余座，平均年溃坝率超过6×10^{-4}，大大高于世界平均水平，其中"75·8"河南板桥与石漫滩两座大型水库溃决，造成2.6万人死亡，1 100万人受灾，京广铁路路基损坏100多km，造成了巨大损失。

20世纪50—80年代初是我国水库溃坝高发期，1954—1982年共溃坝3 115座，年均107座，年均溃坝率1.23‰，超出世界上可接受的溃坝率0.1‰十余倍，其中1973年溃坝500余座，年溃坝率达到惊人的6.55‰。20世纪80年代后，通过落实大坝安全责任制、强化运行管理、大力开展除险加固等一系列举措，我国水库溃坝事故显著减少。1983—1999年溃坝332座，年均19.5座，年均溃坝率0.23‰；进入新世纪，2000—2012年溃坝62座，年均4.8座，年均溃坝率约0.06‰，已低于世界上可接受的溃坝率0.1‰。但仍不时有溃坝事故发生，少数溃坝还造成严重人员伤亡。例如，1993年8月27日青海沟后小(1)型水库溃坝，造成近300人丧生，1 000多人受伤；1995年7月2日，湖北小湄港小(2)型水库溃坝，34人死亡；1998年6月26日，广东茶山坑小(1)型水库溃坝，36人死亡或失踪；2001年10月3日，四川大路沟小(2)型水库溃坝，26人死亡或失踪；2005年7月21日，云南省彝良县七仙湖小型水电站溃坝，16人死亡；2007年7月26日，贵州省丹寨县马颈坳小型水电站溃坝，5人死亡、1人失踪；2012年8月10日，浙江舟山市岱山县沈家坑小(2)型水库溃坝，11人死亡。

近年来，极端气候引起的特大洪水、台风、干旱及地震等极端事件对水库大坝安全的影响日益突出，每年均有不少水库因工程老化、水毁、震损、维护不善等原因出险甚至溃坝。2008 年“5·12”汶川特大地震造成全国 2 400 余座水库出险，其中四川省高危以上险情水库 379 座；2008 年广东省接连遭遇台风暴雨袭击，全省水库出险数量近 150 座；2009 年中国南方遭暴雨洪涝灾害，广西卡马水库出现严重险情，举国关注。2010 年初，西南特大干旱造成大量水库干涸，大坝与库盆干裂，影响水库安全蓄水；7—8 月，湖南、江西、吉林等地区出现历史最大暴雨，造成大量水库出险，8 座水库溃决，其中 7 月 28 日吉林大河水库溃坝造成严重人员伤亡，甚至连水资源短缺地区的青海温泉水库也遭遇超标准洪水，出现漫坝险情；10 月份，海南全省大部分地区遭遇 1961 年以来最严重暴雨洪水袭击，数座水库出险，3 座水库溃决，国家启动了四级应急响应。2013 年先后发生了新疆联丰水库、黑龙江星火水库、山西曲亭水库及甘肃翻山岭水库的溃坝事故，造成严重的社会影响和经济损失。

受建设历史曲折、水库数量众多以及水库工程复杂、运行环境随机变化和极端气候、地震、工程老化、管理薄弱等不利因素的制约，在当前经济技术条件下，完全杜绝水库大坝运行事故的发生几乎不可能做到，水库大坝出险甚至溃决事故还会长期存在，关键是如何在隐患征兆出现时加强工程安全隐患排查、突发事件监测预警，及时做好事故防范和隐患处置；同时制定科学有效的应急处置方案，尽量避免溃坝事故发生，特别是防止溃坝造成人员伤亡。党和政府历来高度重视水库大坝安全与管理工作，长期以来通过维修养护、除险加固、法规建设、管理体制改革等一系列途径，努力构建我国水库大坝安全保障体系，切实保障水库大坝安全运行。实践证明，为保证水库大坝枢纽的安全、完整和正常运行，必要的更新维护与除险加固是保证安全、减缓工程老化和延长工程寿命的基本要求。

1.3 水库大坝养护修理一般规定

《水库大坝安全管理条例》第二十条明确规定，大坝管理单位必须做好大坝养护修理工作，保证大坝和闸门启闭设备完好。为保证水库大坝安全、完整和正常运行，规范土石坝和混凝土坝枢纽养护修理工作的程序、方法和要求，相关部门曾分别制定了《土石坝养护修理规程》(SL 210)和《混凝土坝养护修理规程》(SL 230)。随着我国水库大坝运行管理水平的提升和维修养护费用的增加，养护已成为保障水库大坝安全和正常运行的重要措施。

养护修理对象包括：作为主要挡水建筑物的大坝及坝上附属设施；与大坝配套的泄输水建筑物、地下洞室等，如溢洪道、泄洪洞、进/出水口塔体、引(输)水隧洞、电站厂房(含球阀室、地下厂房、主变室、尾闸室、尾调室等地下洞室群和地面厂房)、尾水隧(支)洞、调压井(室)、导流洞、消力池(或水垫塘)、交通洞、施工洞等；与枢纽安全有关的边坡(滑坡)，如隧洞进/出口边坡、近坝工程高边坡、近坝库岸滑坡等；与枢纽安全有关的设施，如安全监测设施、排漂设施、防护栏杆及安全警示标志等。

水库大坝养护修理内容一般包括检查、养护和修理 3 部分，其中检查是养护修理的基础，是发现工程异常和损坏的重要手段；检查与养护是重点，运行管理单位应特别重视检查与养护。检查和养护可将病害消除在萌芽状态，既可保证大坝安全，又可大大降低维修费用。

（1）检查

检查主要指为查找水工建筑物、地下洞室、边坡和设施等存在的隐患、缺陷与损坏，有计划、有组织地开展现场勘察、测量、记录等工作。

（2）养护

养护是指为保证水工建筑物、地下洞室、边坡和设施等正常使用而进行的保养和防护措施，分为经常性养护、定期养护和专门性养护。经常性养护是指在日常巡视检查、年度检查或特别检查过程中发现缺陷与隐患后，能够及时进行处理的养护；定期养护是指为维持水工建筑物、地下洞室、边坡和设施等安全运行而定期进行的养护，包括年度养护、汛前养护、冬季养护等；专门性养护是指为保证水工建筑物、地下洞室、边坡和设施等某个组成部分所具备的特定功能正常发挥而进行的针对性养护。

（3）修理

修理是指当水工建筑物、地下洞室、边坡和设施等发生损坏、性能下降以至失效时，为使其恢复到原设计标准或使用功能所采取的各种修补、处理、加固等措施。修理分为及时性维修、岁修、大修和抢修。岁修是指每年有计划地对水工建筑物、地下洞室、边坡和设施等进行的修理工作；大修是指当水工建筑物、地下洞室、边坡和设施等出现影响使用功能和存在结构安全隐患时而采取的重大修理措施；抢修则指当水工建筑物、地下洞室、边坡和设施等出现重大安全隐患时，在尽可能短的时间内暂时性消除隐患而采取的突击性修理措施。

养护修理工作应坚持“经常养护，随时维修，养重于修，修重于抢”的原则，并应做到安全可靠、技术先进、注重环保、经济合理。修理包括工程损坏调查、修理方案制定与报批、实施和验收等 4 个工作程序。较大的修理项目应由运行管理单位提出修理技术方案，报上级主管部门审批后实施。影响结构安全的重大修理项目应由工程原设计单位或由具有资质的设计单位进行专项设计，并报上级主管部门批准后实施。重大修理项目完工后应由上级主管部门按照相应规程规范主持验收。此外，近年来大量养护、修理新材料、新技术和新方法应用于水利水电工程中，技术也日趋成熟，水库大坝养护修理时纳入这些新材料、新技术、新方法，有利于水库大坝运行管理单位的实际操作。

第2章
土石坝工程养护修理

2.1 概 述

2.1.1 土石坝工程简介

土石坝泛指由当地土料、石料或混合料经过抛填、碾压等方法堆筑成的挡水坝，其自然剖面形状为梯形。土石坝可分为土质防渗体坝和非土质防渗体坝两种，土质防渗体坝主要有均质坝、心墙坝、斜墙坝等；非土质防渗体坝常见坝型主要为钢筋混凝土面板坝、沥青混凝土心墙或面板坝。土石坝是历史最为悠久的一种坝型，近代土石坝筑坝技术自20世纪50年代以后得到发展，并促成了一批高坝的建设，现有挡水坝中多数为土石坝。土石坝是世界大坝工程建设中应用最为广泛和发展最快的一种坝型。

土石坝主要是由散粒体材料填筑而成的挡水建筑物，由于土石料颗粒间黏聚力较低，水力、自重及其他外力对散粒结构稳定性影响很大，故土石坝剖面构造形式的设计要求不同于其他坝型，从而决定了土石坝设计与运行管理时应考虑下述几方面问题。

2.1.1.1 稳定方面

土石坝剖面为梯形，体积庞大，故一般不会发生沿坝基面的整体滑动。其失稳的主要形式是由于坝坡过陡，坝体抗剪强度不足，产生坝坡滑动；或坝基抗剪强度不足，致使坝坡连同部分坝基一起滑动的剪切破坏；或松散(粒径均匀、级配不连续的)饱和的颗粒在振动作用下液化失稳；或坝体、坝基中的软黏土在荷载作用下被挤出的塑性流动。

土石坝边坡和坝基稳定是大坝安全的基本保证。国内外土石坝失事案例中约有1/4是由滑坡造成的，保持坝坡稳定是首要的。为保证土石坝在各种工作条件下的稳定，应根据土石料性质、荷载条件，采取有效防渗排水设施，减少渗透压力影响；合理选择填筑材料及填筑标准，提高抗剪强度；合理设计坝坡(施工期、稳定渗流期、水位骤降期以及地震时，作用在坝坡上的荷载和土石料的抗剪强度指标都将发生变化，应分别核算)；认真做好坝基处理，并将软黏土挖除，以保持坝坡和坝基稳定。

2.1.1.2 渗流方面

在上下游水位差作用下，库水将通过坝体、坝基及两岸向下游渗透。坝体和坝基结合面以及大坝与其他建筑物结合面更是渗流易于通过而产生集中渗流的部位。土石坝渗流危害一是蓄水量减少；二是降低了大坝稳定性；三是可能产生渗透变形。

渗流在坝体剖面内的自由水面称为浸润面，浸润面以上存在毛细管水区，浸润面以下土体为饱和水区。饱和水区土体受水的浮力作用而减轻了填筑材料的有效重力，并使其抗剪强度（内摩擦角和黏聚力）降低；下游水位以下土体受到浮力作用而减轻了土体有效重量。毛细管水区以上为自然含水量，雨后的渗水使毛细管内水面抬高（相当于抬高了浸润线）；在重力（产生渗透压力）作用下渗流；同时渗流对土体还作用有动水压力，如果渗流流速和水力坡降超过一定界限，会使坝体和坝基以及各结合面附近的土体产生渗透变形。这些都增加了坝坡滑动的可能性，严重时会引起土石坝溃坝失事。

为消除或减轻上述渗流的不利影响，必须采用有效的防渗排水设施，以降低浸润线，减少渗漏，保证坝体稳定。防渗设施与坝基、岸坡和其他建筑物连接应可靠，防止产生集中渗流。

2.1.1.3 冲刷方面

松散料抗冲能力低，降落在坝上的雨水沿坝坡下流而造成坝面冲刷；库面波浪对坝面亦有强烈冲击作用，易使坝面淘刷破坏，甚至产生塌坡事故；风浪或洪水漫顶溢流会很快造成决口；下游尾水处理不当亦会冲刷坝脚，造成下游滑坡。

因此，土石坝坝顶应高出最高库水位，有一定超高并要有保护结构，且应设有足够泄洪能力的泄水建筑物，以保证洪水不漫溢坝顶。为防止雨水和风浪对坝面冲刷破坏，上、下游坝坡均需设置有效保护措施（护坡）及坝面排水措施，以避免风浪、雨水破坏。

2.1.1.4 沉陷方面

由于填筑颗粒间存在空气和水且易产生相对移动，故在坝体自重和水压力等荷载作用下，坝体与坝基均会由于压缩而产生沉陷。沉陷过大会造成坝顶高程不足而影响工程正常运行，同时会引起坝体开裂，甚至造成渗漏通道而威胁大坝安全。为减少沉陷，需合理设计坝体剖面及细部构造，正确选择坝体填筑料及分区。施工时填筑料的压实需符合设计标准，质量要求均匀一致。沉降需经过相当长时间才能完成，沉降量大小与土料性质、荷载大小及施工压实质量等有关。根据观测资料统计，完工时沉降量一般可达总沉降量的70%～80%，为防止由于沉降而引起坝高不足，施工中需预留沉降量。完工后的沉降量大小与施工质量关系很大，施工质量一般的中低土坝，坝基无压缩性大的土层时，坝顶高程可按坝高的1%～2%预留沉降量；对于重要土坝或高坝，沉降量应由计算确定。

2.1.1.5 其他方面

（1）冰冻影响

严寒地区库面处冬季结冰形成的冰盖层与坝坡冻结在一起，冰盖层膨胀时对坝坡产生很大的静冰压力，可能破坏护坡；水位以上土壤冻胀再融化时，可能由于抗剪强度指标降低而滑塌；黏性土冻融后会产生孔穴或裂缝。养护时应结合防止冲刷等破坏，做好坝面保护措施。

（2）高温干旱

高温季节坝面会因大量失水而干缩开裂，雨水进入裂缝后引起集中渗流并进一步发展。应结合防冲刷设计，做好坝面保护措施。

（3）地震破坏

地震作用会增加坝坡滑塌可能性，坝体或坝基中饱和砂土在振动作用下易产生液化破坏。为防止这些不利现象发生，应结合稳定设计采取有效措施。

（4）生物破坏

老鼠、白蚁、黄鼠狼等动物做穴，会破坏坝体结构完整性，引起渗流稳定问题，应结合防止冲刷等破坏，做好坝面保护措施。

2.1.2 土石坝病害特点

2.1.2.1 结构病害特点

土石坝结构安全问题主要包括坝坡是否稳定，坝顶宽度是否满足运行与防汛交通要求，坝顶防浪墙是否连续，结构是否满足防渗要求，以及大坝变形是否导致不均匀沉降或裂缝等。

（1）坝坡稳定

1）坝坡坡比偏陡。大多数地方修建与管理的小型土石坝中坝坡不稳的主要原因在于坝坡偏陡，调研发现有的土坝坡比仅为 1∶1.8，甚至为 1∶1.5。

2）大坝渗漏，浸润线较高，导致坝坡不稳。

3）填土质量不符合要求，表现为填筑体干密度较小，渗透性大，施工分段和分层间碾压不实，或大坝加高时新老接合面处理不当。

（2）坝顶结构

在一些中、小型土石坝中，坝顶宽度狭窄，高低不平，有的只能通行小车，有的甚至只能供人行交通，影响运行及防汛抢险。

坝顶防浪墙常见的病险包括墙底未与防渗体紧密连接；防浪墙裂缝，甚至断裂；止水分缝未设；结构老化等。

（3）大坝与混凝土建筑物的连接

大坝与混凝土建筑物的连接往往是大坝工程中的薄弱环节，土石坝与混凝土坝、溢洪道、船闸、涵管等建筑物的连接部位，在水压力作用下往往因为接触面渗径偏短，填筑不密实，下游反滤层未设或设置不满足要求等出现渗流破坏险情。土石坝与混凝土结构接触面常因不均匀沉降而产生裂缝脱开等危及大坝安全。

（4）其他

1）混凝土面板堆石坝结构安全病害主要包括面板分缝止水、周边缝止水破坏引起渗漏；坝体严重变形；面板裂缝、破损；结构设计缺陷及坝料抗冲蚀性差，或坝料分区不符合反滤设计原则等。

2）沥青混凝土心墙坝或面板坝主要病害包括沥青混凝土心墙或面板开裂产生渗漏。

2.1.2.2 渗流病害特点

（1）坝基渗漏

由于施工时清基不彻底，坝基坐落在透水性较强的覆盖层上，或坐落在裂隙发育、透水性较大、未进行防渗处理或处理不完善的基岩上，致使大坝下游坝脚或坝下游出现渗漏，或者下游坝坡出现渗漏。

（2）坝肩渗漏

由于施工时坝肩裂隙发育、透水性较大的基岩未进行防渗处理或处理不完善，致使两岸

坝坡与岸坡接合处下游出现渗漏。

（3）坝体及防渗体渗漏

由于施工时防渗体或坝体填筑质量差，压实度及渗透性不满足规范要求；或者大坝变形较大，引起防渗体开裂；或铺盖等防渗体的设计长度、厚度不够；或防渗体无反滤保护、保护不合要求等，致使大坝下游坝脚或坝坡出现渗漏。严重的渗漏随时间增长渗漏量增大，或高水位时渗浑水。

大坝坝体黏结力较低的土颗粒易在渗流作用下发生内部侵蚀，内部侵蚀是威胁土石坝安全的主要因素，50%以上的土石坝失事均由内部侵蚀引起。内部侵蚀主要分为集中渗漏侵蚀、逆向侵蚀管涌、潜蚀和顶蚀 4 种模式。

1）集中渗漏侵蚀是土石坝最常见的破坏模式，是造成大坝内部侵蚀破坏的主要原因，侵蚀一般发生在坝体、坝基或土石结构与混凝土结构的接触面。在这种内部侵蚀机制中，土壤颗粒沿着一些缝隙流动而分离，随后被以相对较高速度流动的水侵蚀，被侵蚀的颗粒通过裂缝流到下游出口。坝体或基础中的缺陷（如裂缝）可能不会立刻导致集中渗漏。外部水压力或天然地下水位升高引起的孔隙水压力可能积聚在不透水层的下方或上游，产生渗透压力使材料从渗漏通道中流失。一旦不透水材料被破坏，集中渗漏就会沿着之前的缺陷迅速发展。集中渗漏侵蚀机理如图 2.1-1 所示。

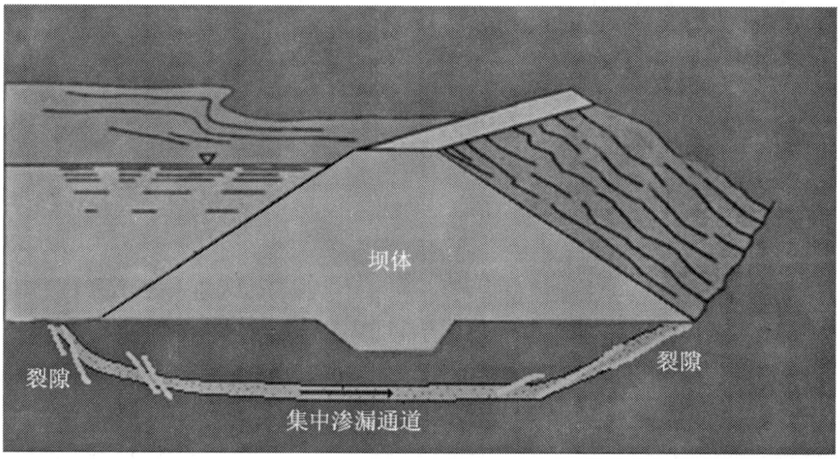

图 2.1-1　集中渗漏侵蚀机理

2）逆向侵蚀是从出逸处开始由下游向上游发展的破坏模式.土壤颗粒被渗流带走，直到从下游出口到水库形成渗漏通道。与集中渗漏侵蚀不同，坝体或地基的地质缺陷不是引发逆向侵蚀的必要条件。逆向侵蚀发生的条件往往是存在易发生管涌的地层，这种类型的侵蚀出口未设有反滤。如果存在增加坝体或基础内部的孔隙压力的缺陷，则出逸处渗透坡降可能会大大增加，从而引发逆向侵蚀通道。若下游砂土基层上方无承压含水层覆盖，一旦发生逆向侵蚀，将持续朝水库方向发展；若有承压含水层覆盖，侵蚀将在该含水层的缺口处启动，形成沙沸，但是不一定会持续朝水库方向发展，仅当临界水力梯度较大时，才有可能朝水库方向发展。逆向侵蚀机理如图 2.1-2 所示。

3）潜蚀是指由于细颗粒因渗流作用从粗颗粒基质间孔隙中流失。当细颗粒大量流失

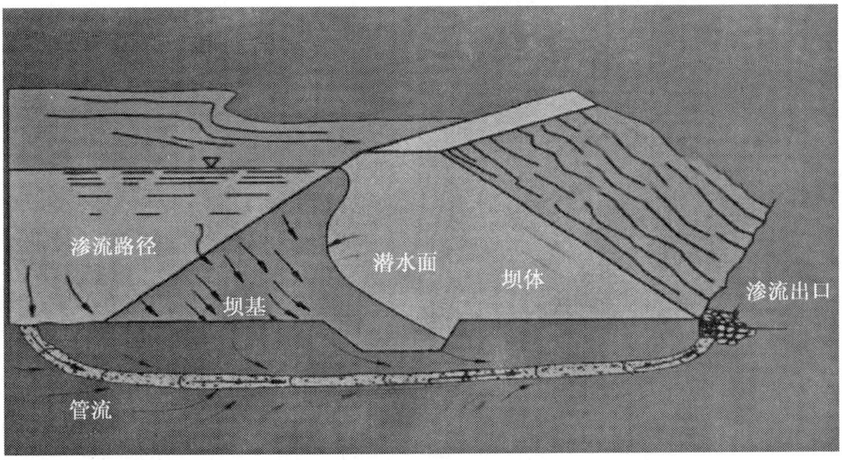

图 2.1-2　逆向侵蚀机理

时，会导致粗颗粒基质坍塌，最终发生潜蚀破坏。潜蚀破坏与一些特定的物理条件有关。首先，坝体内部不稳定而无法起到良好的反滤效果。其次，水力条件（如渗流速度）和应力条件的组合必须利于侵蚀的发生。例如，通过内部不稳定土体的渗流速度虽然较低，但周围应力却非常高；细颗粒的大小必须小于粗颗粒的收缩空隙；细颗粒的数量也必须小于能够填满空隙的数量；此外，流经基质的流速必须足够高，以克服应力以及使得细颗粒穿过粗颗粒之间的空隙。潜蚀机理如图 2.1-3 所示。

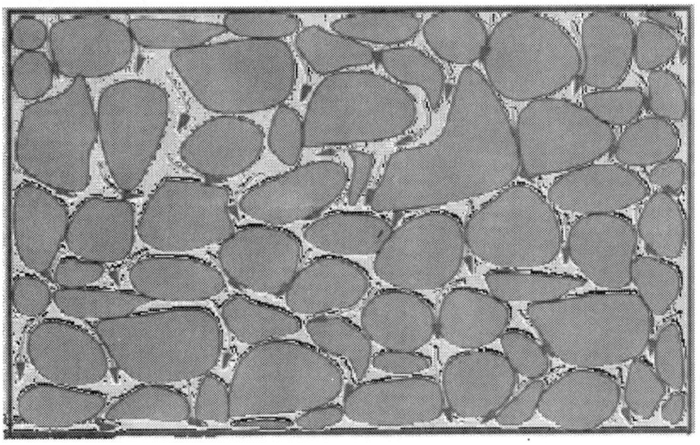

图 2.1-3　潜蚀机理

4）当土壤不能维持覆盖层稳定时将发生顶蚀，其致灾机理为土体颗粒在无反滤措施的出逸处被侵蚀而形成空洞，直至覆盖层无法承压而发生土体坍塌，这种现象一直重复，导致孔洞的扩大和垂直的位移。这些渗漏孔洞可能发生在饱和或不饱和的环境中，通常导致坝体表面天坑的形成发展。很多地方都可能发生渗漏孔洞，比如设计不当或损坏的排水管处，涵管的裂缝或排水孔处，细粒土覆盖的区域。一般来说，与集中泄漏侵蚀和逆向侵蚀相比，渗漏孔洞引起溃坝的概率更小。因为当孔洞出现时，在大坝表面是可以观察到的。顶蚀机理如图 2.1-4 所示。

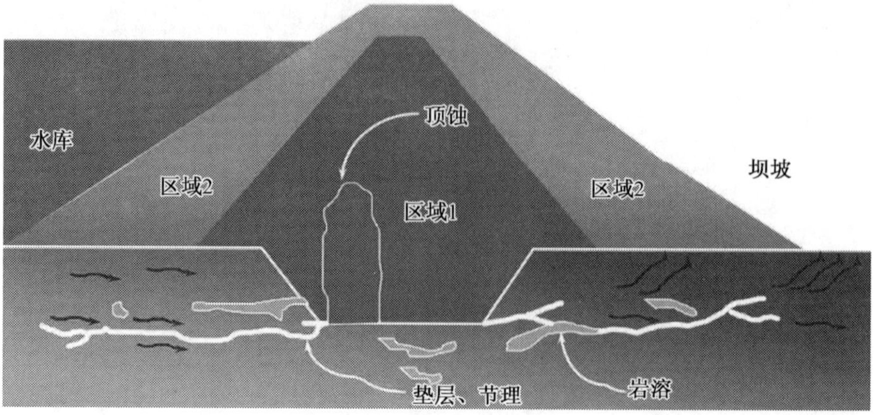

图 2.1-4　顶蚀机理

（4）下游排水体及反滤料淤堵

由于下游排水体及反滤料淤堵，造成坝体浸润线抬高，局部位势集中，渗透比降增大，致使下游坝坡出现渗漏。

（5）坝下涵管渗漏

由于涵管漏水，甚至渗浑水，致使涵管处上、下游坝坡局部出现塌陷。

（6）防渗体与刚性建筑物接触渗漏

由于防渗体与刚性建筑物接触面产生接触渗漏，致使大坝上游或下游坝坡局部出现塌陷。

（7）动物危害

由于白蚁、蛇、鼠等动物在大坝浸润线以上及水位变化区建巢打洞，形成渗漏通道，危及大坝安全。

（8）岩溶渗漏

由于水库周边及库底岩溶未进行防渗处理或处理不完善，致使大坝出现岩溶渗漏，造成大坝上游或下游坝坡出现塌陷或蓄水困难。

（9）侵蚀性危害

由于坝基存在可溶成分，地下水侵蚀作用使坝基透水性增大，并产生渗漏。

2.1.3　土石坝典型事故分类

土石坝典型事故分为一般性非溃坝类和溃坝失事类两类。

2.1.3.1　一般性非溃坝事故分类

按照事故出现的型式，可将一般性非溃坝事故分为 9 大类 16 小类。

（1）裂缝

裂缝（A_1）包括大坝裂缝（A_{1-1}）、大坝铺盖裂缝（A_{1-2}）和其他建筑物裂缝（A_{1-3}）。具体说明如下：

1）大坝裂缝（A_{1-1}）。坝面裂缝易于发现，深层裂缝则往往需要通过勘探才能查明。

平行坝轴线的纵向裂缝一般较普遍，而深度大的纵向裂缝则易引起坝体开裂滑塌。垂直坝轴线的横向裂缝对安全影响较大。90%以上的大坝裂缝是由于不均匀沉陷引起，影响不均匀沉陷的主要因素包括基础处理不当、填料不均匀、填料含水量控制不严、坝坡偏陡、分期施工接合面处理不当、坝体填筑厚度不均、碾压不实、坝内涵管埋设不当、混凝土浇筑和圬工砌筑工艺不良、地震和冻融影响等。坝体裂缝处理方法有开挖回填、充填灌浆、筑戗压坡、表面封闭等。在高纬度地区对于冻胀引起的块石护坡裂缝采取堵塞碎石、涂抹砂浆等方法处理。

2）大坝铺盖裂缝（A_{1-2}）。该类裂缝多发生在水库初期蓄水阶段。主要原因是由于铺盖厚度不够、填筑质量差、级配不良、防渗性能差或封闭不良等。处理方法多数是开挖翻修、加长或加厚铺盖、加强填筑质量控制、封闭边缘、灌浆等。多泥沙河流上的水库由于自然淤积对铺盖裂缝位置填充，起到了较好的防渗作用。

3）其他建筑物裂缝（A_{1-3}）。包括溢洪道、输水洞及厂房建筑等附属工程底板、隔墩、洞壁、顶梁、金属构件等所产生的裂缝。这些裂缝主要是由于设计不周、施工和制造质量差，在遇沉陷不均、温度变化、水土压力、风浪撞击、地震影响和超标准运用的情况下产生的。这些裂缝一般采用开凿修补、化学灌浆、环氧材料涂抹、钢板内衬、加筋补强等办法处理。

（2）渗漏

渗漏（A_2）包括坝基渗漏（A_{2-1}）、坝体渗漏（A_{2-2}）、坝肩绕渗（A_{2-3}）和其他建筑物渗漏（A_{2-4}）。具体说明如下：

1）坝基渗漏（A_{2-1}）。坝基渗漏绝大多数是在大坝开始蓄水时出现的，随着库水位升高渗漏量逐渐加大。产生坝基渗漏的主要原因是坝基透水层未采取有效防渗措施。如水平防渗长度或厚度不够，垂直防渗未达基岩上或留有"天窗"。处理原则是"上堵下排"。堵的方面主要是翻修铺盖、延长铺盖长度或增加厚度，增设帷幕、采取混凝土防渗墙或开挖截水槽回填黏土。排的方面主要是做好反滤排水和盖重压坡等。

2）坝体渗漏（A_{2-2}）。坝体渗漏原因主要是由于施工质量差，碾压不实，坝体内存在松散土层；砌体工艺差，留有缝隙；新旧土结合不好，留有松土带；坝内埋管与坝体接合不严密；伸缩缝止水材料老化；覆盖层未清理完全等原因，致使坝体产生不均匀沉陷而产生裂缝，形成渗漏通道。调研发现部分水库施工中甚至取消了防渗心墙而造成坝体渗漏。对这类事故的处理办法，一般是在上游增筑防渗体，在坝内灌浆堵缝或增建混凝土防渗墙，同时在下游做好反滤排水等。

3）坝肩绕渗（A_{2-3}）。坝肩绕渗原因主要是坝肩与山体接合面和山体裂隙岩体透水带未严格处理。处理措施主要有灌浆、铺设防渗层、反滤排水等。

4）其他建筑物渗漏（A_{2-4}）。该类渗漏主要是指溢洪道和输水隧（涵）洞渗漏。原因主要有涵管制造和砌筑质量差，建筑物基础处理以及与山体接合面防渗处理差，布筋强度不够而断裂，伸缩缝止水老化，灌浆封孔不够严密等。对这类事故主要采取止水防渗和加固补强处理，如用化学材料灌浆或用钢板（管）内部衬砌等。

（3）管涌

管涌（A_3）是渗透变形的一种型式，是大坝渗漏的进一步发展，使坝体土不断流失，发展严重的则直接威胁大坝安全。处理方法一般是采用截断上游渗水通道，同时做好下游反滤排水，增设减压井和盖重等。

(4) 滑坡塌坑

滑坡塌坑(A_4)包括大坝滑坡(A_{4-1})、大坝塌坑(A_{4-2})和岸坡滑塌(A_{4-3})。具体说明如下：

1) 大坝滑坡(A_{4-1})。影响因素众多，如坝壳料级配不良，未进行碾压或碾压不实，压实度低，坝坡过陡，基础淤泥未清理或清理不彻底，坝面护坡无垫层。土坝新老土层结合差，水中倒土筑坝排水不良，土的冻融影响，库水位下降过快以及地震影响等。滑坡处理一般先清除滑坡体，重新填筑；或放缓坝坡，再进行护砌；或采取振冲加固，同时搞好坝面排水和下游反滤排水等。

2) 大坝塌坑(A_{4-2})。该类事故有的是由于反滤料级配不好，松散砂料落入大卵石层，引起大面积塌坑；也有部分工程塌坑与大坝管涌相联系；部分工程由于坝内埋管受压断裂或接触面漏水流出土粒，逐渐扩大引起坝体塌坑。对这类事故一般采取开挖回填方法，同时按“上堵下排”原则做好截渗与排水。

3) 岸坡滑塌(A_{4-3})。岸坡滑塌包括近坝库岸、泄水建筑物和输水建筑物进出口的岸坡滑塌。岸坡滑塌往往导致水流通道堵塞。岸坡滑塌原因有爆破影响、滑坡岩体浸水、洪水冲刷坡脚岸坡失去平衡、坡脚开挖引起岸坡失稳等。处理方法一般是削坡减载，放缓岸坡，或在坡脚做支撑工程等。

(5) 护坡破坏

护坡破坏(A_5)。风浪是破坏大坝护坡的主要因素，轻则掀掉部分护坡块石，重则一次大风即能把大面积的大坝上游护坡全部掀掉，使防渗土体裸露。凌汛期风浪卷带冰凌撞击坝坡，以及冰盖对大坝护坡的破坏则更为严重。风浪造成护坡严重破坏主要是由于块石体积偏小，护坡块石下部无垫层或垫层级配差，块石砌筑质量差等。这类事故的处理方法一般是换用大块石，砂浆勾缝，做好垫层，必要时还需加阻滑设施。平原水库还可考虑增设防浪林台。

以某水库为例，拦河大坝为土石坝，迎水坡防渗和护砌型式如下：5.6 m高程下采取铺复合土工膜，现浇12 cm厚C25混凝土板护坡，混凝土板分缝间距横向缝为3 m，纵向缝为4 m；5.60～7.20 m高程采用铺复合土工膜，10 cm厚碎石垫层，砌20 cm毛料石C25混凝土灌缝；7.20～8.50 m高程铺复合土工膜，现浇15 cm厚混凝土板护坡。由于所处地区大风天气多，加之土体冻胀作用，经长期运行，护坡出现大面积损毁，情况见图2.1-5。

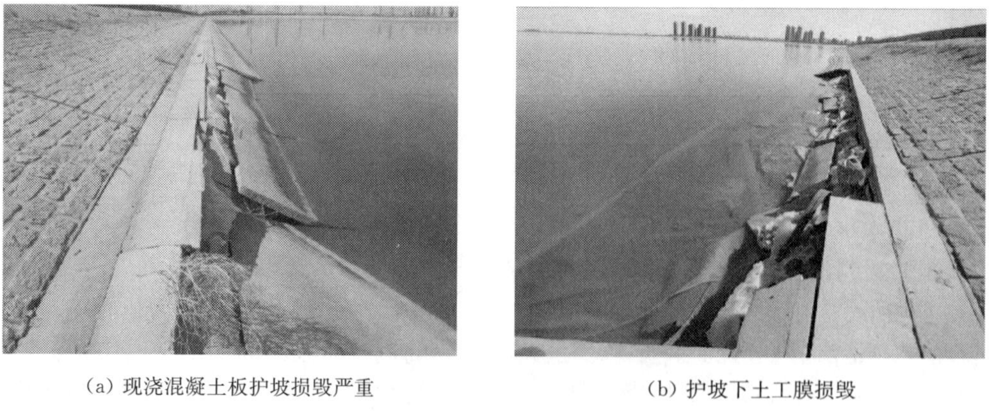

(a) 现浇混凝土板护坡损毁严重　　(b) 护坡下土工膜损毁

图2.1-5　某土石坝上游护坡破坏情况

(6) 冲刷破坏

冲刷破坏(A_6)。冲刷部位主要是泄输水建筑物进出口及其下游,特别是消能工。形成冲刷破坏的主要因素有高速水流,基岩未作处理或处理不当,水流流态紊乱,防冲工程质量差,护砌厚度不够,结构布筋少以及运用不当等。冲刷破坏处理方法,主要是采取改善水流条件,改建消能工,做好抗冲措施等。

(7) 气蚀破坏

气蚀破坏(A_7)。气蚀部位主要发生在洞身或涵管转弯处和断面突变处,以及深水闸门槽下游侧。气蚀破坏一般是由于流速突然加大和补气条件不足所致。气蚀破坏事故处理一般采用环氧材料和高标号水泥等进行填充,或用钢板衬护,以及建立健全合理的闸门启闭制度等。

(8) 闸门启闭失控

闸门启闭失控(A_8)。闸门启闭失控有时会导致洪水失去控制,产生漫坝失事,或冲毁电站的严重事故。这类事故包括风浪撞击破坏闸门支臂,洪水漫过溢洪道闸门顶将闸门冲走。冰盖冻胀引起闸门变形,或因地震破坏。此外还可能由于违章操作造成闸门启闭事故。

(9) 白蚁及其他事故

白蚁及其他事故(A_9),包括白蚁危害,泥沙淤积致使闸门无法开启;坝体灌浆时压力控制不当,产生廊道崩塌以及电机损坏等,应根据不同情况采取因地制宜的处理方法。

2.1.3.2 溃坝事故分类

汝乃华等在《大坝事故与安全·土石坝》一书中根据全国水库垮坝统计资料等将溃坝失事的型式分为5大类16小类。

(1) 漫坝

漫坝(F_1),包括以下两类:

1) 由于泄洪能力不足而漫坝失事(F_{1-1})。如1958—1979年宁夏垮坝的21座小型水库,绝大多数仅绘制大坝断面草图后即动工兴建,其中有11座是因为无溢洪道或溢洪道断面不足,而遭漫顶垮坝。1974年黑龙江省垮坝的12座小型水库中有6座无溢洪道,2座溢洪道断面不足。

2) 由于洪水超设防标准而漫坝失事(F_{1-2})。如1975年8月河南省洪汝河、沙颍河和唐白河流域遇到特大暴雨,垮坝62座,其中大型水库2座(板桥、石漫滩),中型水库2座(田岗、竹沟),小型水库58座。板桥、石漫滩两座水库均遭遇超过实际设防标准洪水。1978年全国有122座中小型水库垮坝,其中因洪水超过设防标准的有24座,占19.7%。

(2) 工程质量问题

工程质量问题(F_2),包括以下几小类:

1) 由于坝体渗漏而失事(F_{2-1})。如广东省揭西县横江水库(中型),库区连续降雨555 mm,因土坝质量差,坝身渗漏,处理不及时,发生管涌导致垮坝。

2) 由于坝体滑坡而失事(F_{2-2})。如河南省临汝县滕口水库(中型),土坝质量差,边坡陡,坝基为砂卵石层,处理不彻底,1961年9月28日3 h降雨271 mm,迎水坡黏土斜墙部分发生严重脱坡垮坝。

3) 由于基础渗漏而失事(F_{2-3})。如山西省东榆林水库(中型),副坝坝基表层为砂壤土,以下为粉质砂土。修建副坝时,上游未做防渗处理,下游修建了排水沟,但未做反滤。1979

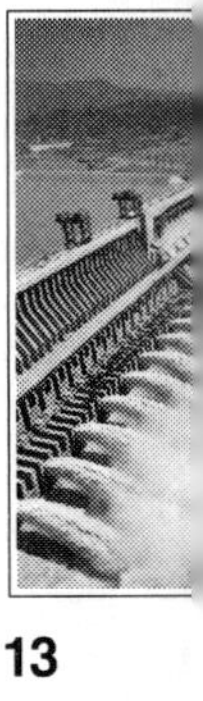

年垮坝前不久，已发现排水沟有严重漏水和脱坡现象，但未采取补救措施，副坝上游水深仅 3 m 即引起坝基严重管涌，造成副坝溃决。

4）由于溢洪道渗漏失事（F_{2-4}）。如内蒙古土默特左旗二道凹水库（中型），1974 年 7 月，水库上游突降暴雨，8 h 降雨 100～300 mm，最大降雨量 644 mm，库水位上涨，溢洪道下游翼墙与土坝、启闭机室接触处向上喷水，上下游翼墙倾倒与坝体结合部冲成缺口而溃坝。

5）由于溢洪道质量问题而失事（F_{2-5}）。如辽宁省铁岭县王千小（1）型水库和东港市青山水库，由于溢洪道断面小，未衬砌，溢洪时翼墙坍塌，造成决口垮坝。吉林省榆树市玉皇庙中型水库，1960 年 8 月 5—7 日上游降雨 173 mm，由于溢洪道护砌质量差，过水时冲刷至河底，坝体也同时被冲走一部分，造成垮坝。

6）由于输水洞渗漏失事（F_{2-6}）。如山西省万荣县小桃小（2）型水库，涵洞为土质基础，冬季施工，夯压不实，沉陷不均，洞身裂缝，洞塌而垮坝。

7）由于输水洞质量问题而失事（F_{2-7}）。如陕西省延川县拓家川小（2）型水库，输水洞卧管盖板质量差，被水压坏，泄洪时失去控制，使无压洞变成有压洞。输水洞洞壁裂缝，导致垮坝。

（3）管理不当

管理不当（F_3），包括以下几小类：

1）由于超蓄降低防洪标准失事（F_{3-1}）。如 1979 年甘肃省敦煌市党河中型水库，汛期违规运行，片面强调多浇地、多发电，擅自提高汛限水位 6.88 m，超蓄水量 520 万 m^3，占用了防洪库容。当上游降雨、库水位升高后，又未及时炸开溢洪道上堵坝，致使洪水宣泄不及造成副坝漫顶垮坝。

2）由于维护运用不良而失事（F_{3-2}）。如云南省楚雄市白沙田小（2）型水库，平时缺少维护，汛期库水位上涨，涵洞闸门失灵，无法开启，洪水漫坝垮坝。山西省广发县洪桥沟小（2）型水库在洪水到来以前，溢洪道闸门未开启，洪水到来后未及时开启，致使溢洪道垮塌失事。

3）由于溢洪道筑埝未及时拆除导致漫坝失事（F_{3-3}）。如云南省永仁县大跃进中型水库溢洪道未衬砌，为多蓄水，在溢洪道上加筑 2 m 高子埝一道。同时，坝身断面较单薄。10 月 23 日降大雨后，水位上升至距离坝顶 0.2 m 时，溢洪道上加筑的子埝先垮塌，拉成深槽，土坝也随之溃决。

4）由于无人管理而失事（F_{3-4}）。如四川省眉山市团结水库（中型）仅有 1 名管理人员，汛期垮坝前无人值守。江苏省句容县南扩小（2）型水库无人管理，1974 年汛期，公社临时指定一个没有经验的大队支书负责防汛，发现库水位上涨，不会开闸泄水，往返公社找人，耽误了时间，三孔泄水闸门仅打开一孔，泄洪不及时导致漫坝失事。

（4）其他原因

其他原因（F_4），包括以下几小类：

1）由于库区或溢洪道岸坡塌方堵塞泄洪设施而失事（F_{4-1}）。如四川省攀枝花市青头小（2）型水库，1979 年 9 月由于库区滑坡，引起垮坝。甘肃省庄浪县史家沟小（2）型水库，1973 年 8 月 25 日 3 h 降雨 85 mm，库水上涨致使近坝库岸山坡大量塌方，土坝被冲垮。

2）由于人工扒坝泄洪而失事（F_{4-2}）。如湖南省汉寿县左右冲小（2）型水库，由于缺乏防汛知识，为灌溉 1978 年县领导决定开挖坝体扒口放水，事后也未修复，导致被洪水冲垮。同年，新疆伽师县的一座小型水库，也因坝体开挖扒口放水被冲垮。广东省惠东县崖子山小（1）型水库，由于管理人员缺乏洪水调度知识，汛前未准备，1979 年 9 月 24 日洪水到来时，临

时挖坝泄洪导致垮坝。

3）由于工程设计布置不当而失事（F_{4-3}）。如宁夏同心县张家湾中型水库，溢洪道挑流鼻坎布置不当，冲刷坑距坝脚太近，溢洪后冲刷坝脚，导致垮坝失事。安徽省岳西县红星小(2)型水库，大坝坝型为黏土心墙砂壳坝，由于心墙顶低于坝顶 2.5 m，洪水距坝顶 1 m 时，心墙顶以上渗水，致使砂壳及心墙相继倒塌垮坝。

（5）原因不详

原因不详列为失事类型（F_5）。

土石坝事故原因及发展过程如图 2.1-6 所示。

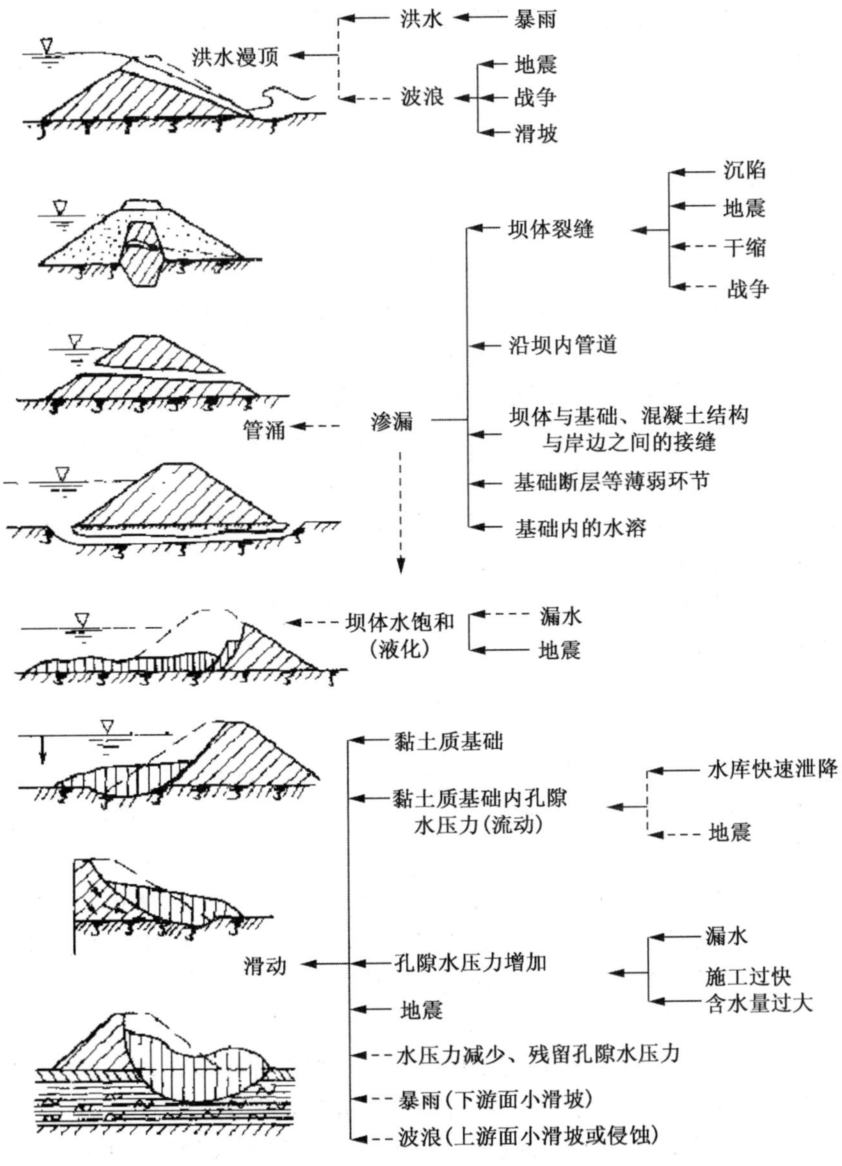

图 2.1-6　土石坝事故原因及发展过程图（--- 表示实例较多）

2.2 土石坝工程巡视检查

土石坝破坏是一种由小到大、由轻到重、由量变到质变的过程。为此，开展土石坝日常检查是土石坝养护修理的基础。通过检查弄清情况，才能正确采取养护修理措施。土石坝枢纽的检查与养护是重点，运行管理单位应特别重视检查与养护，通过检查和养护可将病害消除在萌芽状态，既可保证大坝安全，又可大大降低维修费用。土石坝日常检查可参照《土石坝安全监测技术规范》(SL 551)中有关内容进行。水库管理单位(或业主)应按照《水库大坝安全管理条例》中“大坝管理单位必须按照有关技术标准，对大坝进行安全监测和检查”的要求，制定和落实水库日常检查制度，进行巡视检查和安全监测，并对监测资料及时整理分析，随时掌握大坝运行状况。

2.2.1 巡视检查

巡视检查是通过眼看、耳听、手摸、鼻嗅以及一些简单的工具，对水库工程表面状态变化进行经常性巡视、查看等工作的总称。该项工作是水库运行管理中必不可少的基础性工作，具有全面性、及时性和直观性等特点，是及时发现大坝安全隐患的主要措施之一。管理人员对水库进行认真的检查和观察，通常能及时发现水库的状态变化，通过对不正常的情况进行分析处理，防患于未然，将安全事故消灭在萌芽之中，从而确保水库大坝安全运行。据国内外有关资料统计，通过大坝巡视检查发现重大安全隐患的大坝占出险水库总数的70%以上。尤其是在大多数小型水库缺乏大坝安全监测设施的情况下，巡视检查显得尤为重要。

2.2.1.1 巡视检查分类

水库管理单位(或业主)应当参照《土石坝安全监测技术规范》(SL 551)制定并落实巡视检查制度，具体规定巡视的时间、部位、内容和方法，并确定其路线和顺序，由有经验的技术人员负责进行。

(1) 日常巡视检查

日常巡视检查主要针对日常巡视中容易被直观发现的缺陷，如坝坡表面缺陷、裂缝，混凝土裂缝、剥蚀，坝体与坝基渗漏，金属结构腐蚀与变形，岩土裂缝与表面松动，排水导渗设施损坏与淤堵等。

非汛期水库的日常巡视检查一般每月不少于1次，汛期应视汛情相应增加次数。库水位首次达到设计洪水位前后或出现历史最高水位时，每天应不少于1次，病险水库每天至少巡查2次。遇特殊情况或工程出现异常时应增加检查次数。

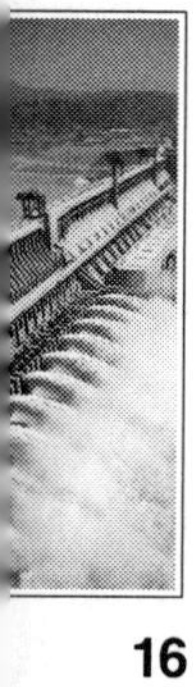

(2) 年度巡视检查

年度检查主要针对不易被直观发现或特殊运行工况下才可能出现的缺陷，如坝体滑坡、混凝土碳化、混凝土冻融剥蚀、泄洪道(洞)与消力池混凝土磨损和空蚀、水下缺陷、淤积等。

每年汛前、汛后、高水位、死水位、低气温及冰冻较严重地区的冰冻和融冰期、有蚁害地区的白蚁活动显著期等，按规定的检查项目，对土石坝进行全面或专门的巡视检查。年度巡视检查每年不宜少于2次。

（3）特别检查

特别检查主要针对特殊工况下出现险情或有险情征兆时有明显变化的缺陷，如迅速增大的混凝土裂缝、渗漏量突变的渗漏以及迅速增加的大坝、围岩与边坡变形等。

当大坝遇到可能严重影响安全运用的特殊情况（如发生特大暴雨、大洪水、有感地震、库水位骤升骤降或超过历史最高水位等），要对建筑物易发生变化和可能破坏部位加强检查观察，每天至少巡查3次。

2.2.1.2 巡视检查范围及基本要求

巡视检查范围主要包括坝体、坝基、坝肩，各类泄洪、输水建筑物及其闸门，以及对大坝安全有重大影响的近坝区岸坡和其他与大坝安全有直接关系的建筑物和设施等。具体要点如下：

1）巡视检查要突出重点部位和观察重点现象。重点部位主要包括大坝上、下游坝面，坝脚及附近范围，涵洞进、出口部位，溢洪道两侧岩土体，上游水面附近以及以往发现的安全隐患部位等。

2）土石坝日常巡视检查应以裂缝、异常变形、渗漏、沉陷、滑坡、淤堵以及影响枢纽正常运行的外界干扰等检查为主；年度检查除日常巡视检查的内容外，还应根据工程实际情况适当增加白蚁危害检查、坝下埋涵（管）检查、水下检查、淤积检查等内容；特别检查应以专项检查为主，兼顾日常巡视检查的内容。

3）对饮用水源地工程。巡视检查时要观察水库水生物、浑浊度以及通过嗅觉等感官，关注水体、水质，防范危及饮水安全的事件发生。

4）发生险情时要加密巡视检查。大坝发生较严重的破坏现象或出现其他危险迹象时，应增加测次，组织专门人员对险情变化做好记录，出险部位做好标记，并进行连续昼夜观察，夜间加大巡查频次；要建立交接班制度，交接班时需将情况变化及采取措施等交代清楚。同时，及时上报主管部门并采取有效应对措施。

5）巡视检查时，注意报告通信设备是否畅通，上坝抢险道路是否通畅；要检查有无影响或破坏大坝安全的不法活动。

6）巡视检查人员需提高安全意识。密切关注天气变化情况，提高巡视检查警觉性；巡查时应注意安全，配备必要的防护设施（如防滑鞋、救生衣、照明工具等）。

7）巡视检查的记录、图件和报告等均需整理归档。

2.2.1.3 巡视检查线路

巡视检查线路本着高效、科学与灵活性的原则制定，特殊情况时适当调整。一般检查线路顺序如下：

（1）坝顶、坝坡与岸坡

巡查顺序一般可从左岸坝坡上坡，从下游坝面下坡，再从右侧岸坡上坝，如果坝面范围较大，则需要反复几次上坝下坝，检查每处坝面；从右岸沿坝体巡查至左岸；从左侧上游坝面巡查至尽头，同时观察水面情况。在步行巡视坝坡过程中，应随时地停下，环视360°进行观察。

（2）坝坡与坝基接触面、坝脚排水设施

检查方法为步行巡视检查。坝基与坝坡的接触面易受地表径流冲蚀且沿下游接触面常出现渗漏现象，应重点检查。

（3）其他部位

如输水建筑物、溢洪道、闸门及启闭设备等，对大坝安全有重大影响的近坝库岸和其他对大坝安全有直接关系的建筑物与设施。

巡视检查工作要按照规定的频次、内容和巡视路线，检查、记录和确认各建筑物损坏或异常情况，具体工作流程参见图 2.2-1。

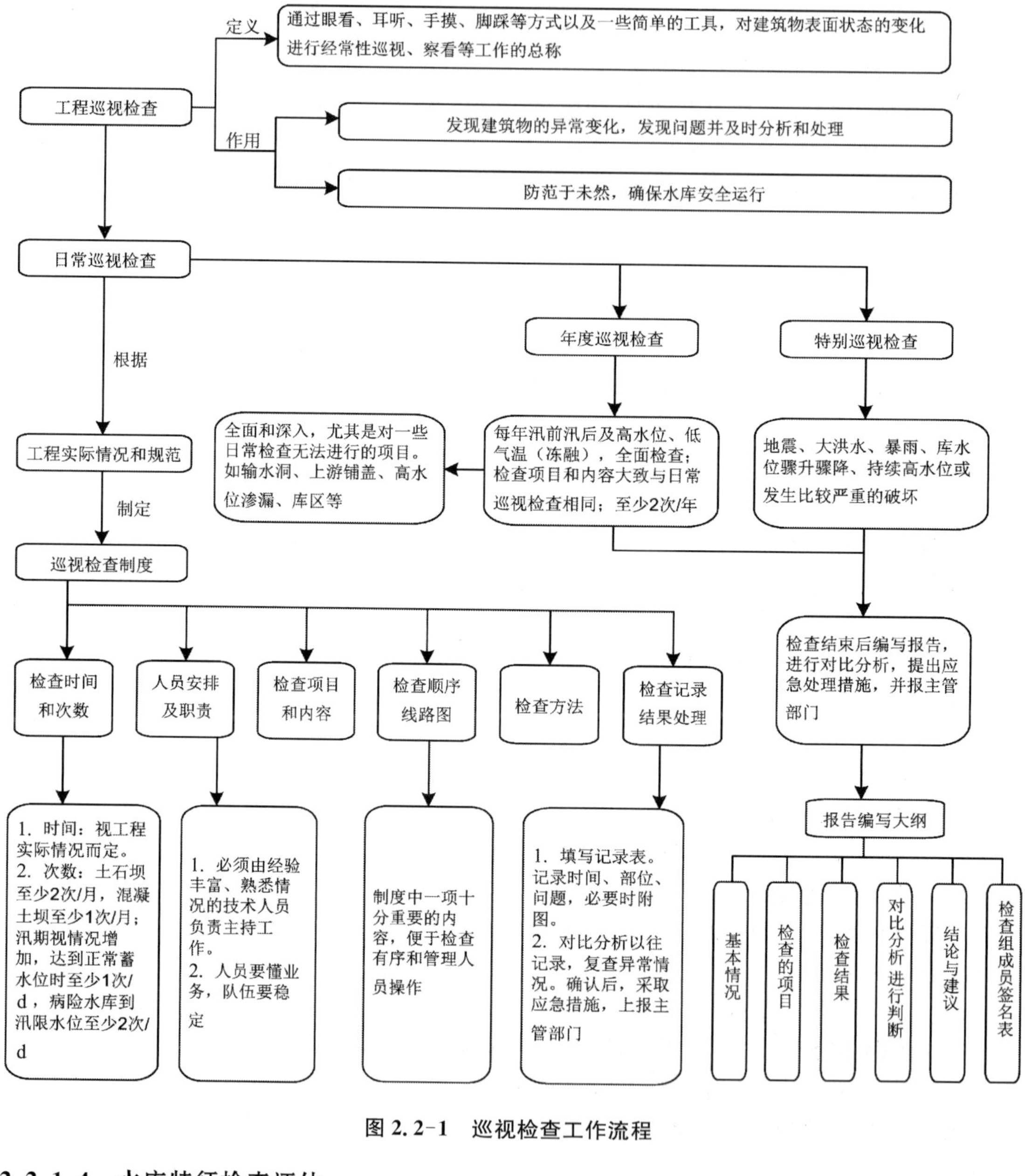

图 2.2-1　巡视检查工作流程

2.2.1.4　水库特征检查评估

水库特征检查评估包括特征水位；库区水雨情测报点是否齐备有效；水库是否能有效运行；库区有无浸没、塌方、滑坡以及库边冲刷等现象；坝址附近地形地貌有无变化；坝区和上坝公路附近有无可能塌方、滑坡、山洪泥石流等破坏断路现象。大坝风浪超高决定于库水面长度与风力等级(见表 2.2-1),可参照《碾压式土石坝设计规范》(SL 274)确定。

表 2.2-1 风力等级识别表

风力等级	陆地地面物征象
0	烟直上。
1	烟能表示风向,但风向标不能转动。
2	人能感到有风,树叶有微动,风向标能转动。
3	树叶及微枝摇动不息,旗帜展开。
4	能吹起地面的灰尘和碎纸,树的小枝动摇。
5	有叶的小树动摇,水面上有小波。
6	大树枝动摇,电线呼呼有声,举伞困难。
7	全树动摇,大树枝弯下来,迎风步行感到困难。
8	可以折断树枝,人迎风前行感到阻力很大。

2.2.1.5 巡视检查报告

每次巡视检查时,巡查人员需携带必要的辅助工具和记录笔、簿或智能巡检终端;现场巡查结束后,巡查人员应认真填写记录表,有关人员均需签名;开展年度巡视检查和特别巡视检查时,除认真填写记录表外,还需提交简要报告。巡视检查中如发现问题,巡查人员应在记录表中详细记录时间、部位、问题,必要时附照片、简图等,并与以往记录对比分析,对异常情况进行复查,确认后,及时上报主管部门。此外,水库运行中的许多动态变化,肉眼不易观察或巡视检查难以量化,如坝体变形、渗流量、库水位等变化,需借助监测仪器或设备测得数据后分析,才能了解和掌握工程变化情况和规律。大坝安全监测成果与巡视检查结果相互对比和印证,能够更为准确、有效地判断工程的安全状况。

水库管理单位或所有者(业主)应根据《土石坝安全监测技术规范》(SL 551)的要求制定相关制度,定期开展大坝安全监测工作,及时整理各监测项目的原始数据记录,定期组织相关技术人员或委托专业机构,认真做好大坝安全监测资料的整编,开展综合分析,科学评估大坝工作状态,提出加强大坝安全管理的建议。

2.2.2 巡视检查具体内容

(1) 日常巡视检查

日常巡视检查应包括下列内容:

1) 大坝表面缺陷,包括上下游护坡、坝顶和混凝土面板等。上下游护坡检查包括:①检查护坡表面是否松动、散落、风化剥落、隆起、塌陷、掏空,有无杂草、雨淋沟、孔隙等;②检查沿护坡库水是否变浑,护坡垫层下土体是否松软、淘刷和滑动;③检查坝面排水沟是否通畅,坝坡有无积水,排水沟两侧及底部填土有无冲刷。坝顶检查包括塌陷、积水、路面状况。混凝土面板检查包括不均匀沉陷、破损、接缝开合和表面止水工作状况、面板和趾板接触处沉降、错动、张开等。

2）大坝坝体、防浪墙、混凝土面板裂缝。包括裂缝类型、部位、尺寸、走向和规模等。

3）大坝渗漏。包括坝体、坝基渗漏，绕坝渗漏，以及渗漏类型、部位、渗漏量、规模、水质和溶蚀现象等，尤其应重点关注土石结合部的渗漏状况。

4）坝体滑坡。包括滑坡引起的裂缝宽度、裂缝形状、裂缝两端错动，排水是否畅通，以及上部的塌陷和下部的隆起等。有渗流监测设施的还应观察坝体内的浸润线是否过高。

5）排水与导渗设施工作状况。包括截渗和减压设施有无破坏、穿透、淤塞等现象；排水反滤设施是否有堵塞和排水不畅，渗水有无骤增、骤减和浑浊现象。

（2）年度检查

年度检查还应包括下列内容：

1）坝下埋涵（管）的裂缝、渗漏、破损、断裂、位错、沉降等。

2）白蚁及其他动物危害。

（3）特别检查

特别检查应包括因大洪水、有感地震、库水位骤升骤降以及其他影响大坝安全的情况发生后出现的下列险情和异常情况：

1）已发生的较为明显的大坝坝体滑坡。

2）大坝变化异常的裂缝。

3）大坝、两岸坝肩变化异常的渗漏。

4）大坝变化异常的变形。

2.2.3 案例分析

以汛期土石坝巡查为例，简析其要点。汛期巡坝查险时，应由具有丰富经验的专业队伍进行。汛查范围应包括大坝上下游坡、坝顶和距下游坡坡脚一定范围的地面及积水坑塘等（如图 2.2-2 所示）。

（1）巡查方法

巡查人员宜分组，一般每组由 5～7 人组成，同时出发，在上游坡、坝顶、下游坡、下游坡坡脚和地面同向巡查。巡查时要做到“四到”，即手到、脚到、眼到、耳到。

1）手到：用手摸探和检查。①大坝上有草或障碍物等不易看清的地方应用手拨开草或障碍物查看；②检查大坝或防浪、护坡工程的木橛、绳缆或铅丝等是否过紧或太松。

2）脚到：在下雨泥泞看不清或看不到的地方，用脚（最好是赤脚走，感觉灵敏）来感觉检查。①从温度来鉴别，渗漏水往往自地层下或坝身渗透，水温较地表水低，若感觉水凉或是浸骨应引起注意，认真检查；②从软硬情况鉴别，如果发现湿软不是表层而是深度较深且踩不着硬底，或是表层硬、里层软，似弹簧，即可能有险；③从虚实情况鉴别，局部土石结合部位等，若要判别其下部是否被冲刷或淘空，可用脚踩一踩，如骤然下陷即说明有险。

3）眼到：用眼来观察。①看坝面有无崩挫裂纹、漏洞流水等现象；②看大坝迎水坡有无浪坎、崩塌，近坝水面有无漩涡；③看大坝背水坡、地面或水塘内有无翻砂鼓水现象等。

4）耳到：用耳听。①细听附近有无水流声，可以了解有无漏洞；②细听有无滩岸崩塌落水声，可以帮助发现塌岸等情况。夜深人静时效果更好。

上述“四到”是有机联系、互相配合的，每一名巡查人员都必须切实做到并互相及时沟通情况，研究磋商。

图 2.2-2　拉网式巡查示意图

（2）险情鉴别

巡坝查险的目的是为了提前发现险情，及早处理险情。为此，对发现的异常现象，应及时准确地进行险情鉴别，采取相应的措施进行抢护。

1）鼓泡：在背水坡面上有隆起的土包，用脚踩时感到土质松软。该现象通常是因为坝身渗水较多而背水坡为渗水性较差的土层，渗水集中在背水坡薄层下面，使坝坡鼓起。如将土包戳穿，渗水外流，土包即下塌，此即为大坝散浸严重之处，发生管漏的可能性很大。

2）散浸：多发生在背水坡坝脚以上，用眼看、手探即可发现。晴天一般坝坡被晒干，如遇某处潮湿或积水，即应详细检查。将潮湿处挖成小土槽，过一定时间后如发现槽内有积水，即可确定为散浸。

3）管涌：背坡无积水处用眼即可发现。有积水处主要用脚试探，若感到水温变凉，即应检查水面是否有漩涡或冒水。如冒浑水，则说明渗流已将土粒带出，必须立即抢险。

4）脱坡：最易发生在坝坡，所以对坝脚土质特别湿软，坝顶堆放土石部位，应仔细检查有无弧形裂缝出现，如有此种裂缝即为脱坡前兆。

5）跌窝：查看坝顶与坝坡有无沉陷的情况，若有低洼陷落之处，其周围有松落迹象，上有浮土，即可确定为跌窝。

（3）注意事项

1）巡查、休息、接班时间，由带队负责人掌握，中途不得休息、离岗。

2）巡查时必须携带工具，如铁锹、探杆、手电筒、口哨等。

3）各巡查组分清段落，并作越界 10～20 m 的巡查工作。

4）发现异常现象，应立即详细查明原因、上报处理。

5）巡查人员要注意“五时”，做到“四要四不要”和“三清三快”。“五时”即最易疏忽忙乱、注意力不集中的吃饭时、换班时、黄昏时、黎明时、刮风下雨时，避免遗漏险情；“四要四不要”即要横排走，不要纵排走；要查全坝，不要只查局部；要走草路，不要只走光路；要走泥泞路，不要只走干路；“三清三快”即险情查清、信号记清、报告说清；险情发现快、报告快、处理快。

6）基层防汛指挥机构应根据各自实际需要为各巡查组规定统一的报警方法、标志，制定相应的报告制度，保证随时掌握情况，并对查出的险情及时处理。

2.3 土石坝工程养护

土石坝工程养护对象应包括坝顶、坝肩、坝坡、坝基与坝区、泄输水建筑物、排水设施、混凝土面板、闸门及启闭设备、地下洞室、边坡、安全监测设施及其他辅助设施等。土石坝工程养护工作对于保障建筑物安全极为重要，大多数水库大坝除日常开展的及时性养护和定期养护外，还专门针对冻害、碳化、空蚀等病害开展了专门养护。因此，土石坝养护工作应做到及时消除土石坝表面缺陷和局部工程问题，随时防护可能发生的损坏，确保工程安全和正常运行。一般而言，除直接消除建筑物本身的表面缺陷外，还应消除对建筑物有危害的社会行为。

运行管理单位应根据相应标准规定，并结合工程具体情况，确定养护项目（经常性养护、定期养护和专门性养护等）、内容、方法、时间和频次并及时进行，若无法及时进行养护施工，应采取临时性防护措施。

2.3.1 土石坝工程防护

防护是指为防止水工建筑物、地下洞室、边坡和设施等遭受外因（如汽车行驶、阳光、大气、水、化学物质、温度等）破坏而采取的预防性保护措施。针对土石坝工程的特点，其防护工作一般应注意以下几点：

1）为保证坝顶路面结构完整，应尽量避免在坝顶放置、运转或行驶重量较大或振动力较大的机械或车辆。

2）在坝身或大坝附近不得进行对大坝安全有影响的爆破；库区内禁止炸鱼。

3）按设计规定，正确控制库水位降落速度，防止水位骤降带来不利影响。

4）在坝身或下游附近，不得任意挖坑、取土、打井或进行其他影响大坝安全的工作。

5）土坝两端山坡或地面排水，应妥善处理，防止流向大坝冲刷坝顶、坝坡或坝脚；一般可在山坡或地面设置截水沟等，将水流引至离大坝较远处。

6）坝面排水设施应保持完好，必要时加以改善，保证坝面无积水、坝坡无雨淋沟、坝脚无冲坑。

7）不得在坝顶、坝坡或戗台上大量堆放物料；不得利用排水沟堆置或溜滑物料。

8）不得利用坝坡作为装卸码头；不准在坝坡上滚放竹、木、钢、石等材料。

9）在靠近上游坝坡库面上，不得任意停泊船只、竹木筏等；沿坝坡附近船只不准高速行驶。

10）如有较大漂浮物如树木等漂至坝前，应尽快打捞，以免遇风浪时撞击坝坡。

11）如需在坝面上敷设水管，接头必须严密，防止漏水渗入坝体。

12）不得在坝坡上新修公路；不得在坝顶或坝坡修建渠道。

13）不得在坝面上种植农作物、放牧牲畜和铲草皮；坝后导渗排水沟里不得放养水禽。

14）应定期开展白蚁及其他动物危害的防治工作。如发现大坝有白蚁穴、兽洞等应及

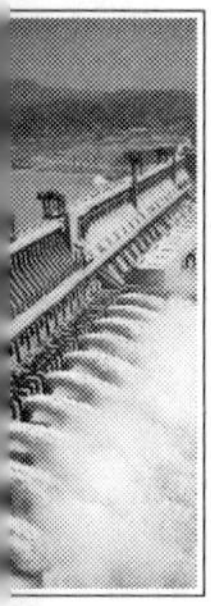

时处理，并设法捕杀消灭害虫、害兽。

15）上游设有水平铺盖的土坝，水库不宜放空，以免铺盖干裂或冻裂。

16）严寒地区如遇冰凌可能破坏坝坡时，应根据具体情况采取破冰措施以减少冰压；有条件的可采用调节库水位的办法破碎坝前冰盖。

17）寒冷地区坝面排水系统内如有积水，应在入冬前清除干净；每逢下雪应将坝顶、马道及其他不应积雪部位的积雪清扫干净。

18）土石坝上设置的钢制、木制附属设备，如灯柱、线管、栏杆、标点盖等应定期油漆，防锈防腐。

2.3.2　坝顶养护

坝顶养护措施具体如下：

1）及时清除坝顶杂草、弃物；若坝顶出现坑洼且易于积水，应及时采用相同材料将坝顶填补齐平，并保持坝顶一定的排水坡度。

2）对于允许车辆通行的坝顶，坝顶公路路面应经常规范养护，出现损坏时应及时按原路面要求修复，无法及时修复的应采用土或石料临时填平。

3）防浪墙、坝肩、踏步、栏杆、路缘石等出现局部破损时应及时修补或更换，保持完整和轮廓鲜明。

4）应及时清除坝端的堆积物。坝端出现局部裂缝、凹坑时应查明原因，并及时填补。

5）坝顶灯柱歪斜，线路和照明设备损坏时，应及时修复或更换。

6）坝顶排水系统出现堵塞、淤积或损坏时，应及时清除和修复。

2.3.3　路面养护

2.3.3.1　混凝土路面养护

混凝土路面具有强度高、经久耐用、养护费用低等优点。然而使用状况仍存在诸多问题，如设计不完善、施工经验不足或不重视养护，使得混凝土路面出现结构性损坏、功能性缺陷以及早期病害等问题，严重影响其使用质量。针对上述问题，几个相关处理方法具体如下：

（1）裂缝处置技术

灌缝材料有环氧树脂类、聚氨酯与改性聚氨酯类、烯类及沥青橡胶类。环氧树脂类灌缝材料有耐热、活性高、黏聚力高、黏附力强，收缩率较低等优点，但其本身延伸率低、脆性大。因此，需对环氧树脂进行改性，加入低分子液体改性剂、增柔剂、增韧剂等。常用改性环氧树脂类材料有聚硫改性环氧灌缝材料，双组分快速固化灌缝材料。

（2）错台处置技术

对出现错台的板块先采用压浆调整，恢复平顺；调整后仍有高差，且错台量小于10 mm的可用建筑磨平机打磨掉高出的部分或人工凿除高出部分，凿除（打磨）宽一般为1～30 cm。错台量大于10 mm的，在低的一侧用沥青砂或细粒式沥青碎石衬平，衬补长度为高差的1%～2%；也可用聚合物水泥砂浆薄层修补。修补前应用钢丝刷将原路面清理干净。

(3) 非结构性病害处置技术

大面积麻面、露骨、平整度差等结构性病害常采用沥青混凝土罩面处理，处理厚度应大于 2.5 cm，施工应满足《公路沥青路面施工技术规范》(JTG F40—2004)要求。罩面前应对破碎板及整个路面进行修补和压浆处理。一般麻面可不作处理，只对露骨严重部分作整段处理，可用聚合物砂浆作薄层处理，其配合比为水泥∶砂=1∶2，用 J6 型胶液拌和至均匀稠度，在清洗干净的混凝土表面涂上Ⅳ型超早强界面剂，待稍干后，将聚合物砂浆均匀摊铺在路面上，厚度在 15 mm 以下，抹平、整形、拉纹，养护 8 h 后即可开放交通。

2.3.3.2 砂石路面养护

砂石路面养护应符合下列要求：保持路面平整坚实，防止和修复路面破损和变形，保持排水良好；养护材料应尽可能就地取材以降低养护成本；路面磨耗层和保护层应保持良好，发现波浪、坑槽、车辙等病害应及时维修；路面与路肩连接处，应保持平整坚实，高差(错台)不得大于 20 mm。路面与桥涵应衔接平顺。砂石路面日常养护工作主要是保护层养护(铺砂、扫砂、匀砂)，磨耗层小面积修补，排除路面积水，保持路面整洁。冬季扫雪、除冰时，应注意防止损坏路面结构。当砂石路面保护层(含松散保护层和稳定保护层)出现大面积损坏或飞散、减薄，磨耗层损坏、松散时，应加铺磨耗层和保护层。当砂石路面强度不足，坑槽、车辙既深且多，或破坏面积大，且深达基层，或路面沉陷过大、路基翻浆严重等应进行整段大修。

2.3.3.3 沥青路面养护

(1) 日常养护的要求

1) 保持路面平整、路拱适度、线性顺畅、路况整洁、排水良好。

2) 加强巡路检查，随时排除有损路面的因素，发现路面初期病害及早处治。

(2) 预防性季节保养修理

1) 春季应做好沥青路面温缩裂缝和其他裂缝的灌、封修理，采用适于低温雨期的养护材料和春融翻浆防治器材快速修补坑槽、松散和翻浆等病害。

2) 夏季是沥青路面养护工程施工的有利季节，应该抓住高温期处治泛油，铲除拥包、波浪，及时修理冬季春雨期临时修补的破损，恢复路面使用质量。

3) 秋季逐步降温，沥青路面修理必须密切注意天气预报，抓紧完成养护工程年度计划所列项目，适时做好冬季病害的预防性保养修理，如裂缝灌封修理、冻胀松脆的防治、及时修补坑槽。

4) 冬季需做好病害防治，包括防雪、防冰、防滑、疏阻抢险及养路材料采备等工作。

2.3.4 坝坡养护

护坡是土石坝外部结构的重要组成部分。设置护坡目的主要是抵御风浪、防护冰凌、防止雨水冲刷和风蚀，保护坝身。护坡类型很多，根据当地建筑材料不同而异，常见护坡包括：①上游坡常用干砌石护坡、浆砌石护坡、混凝土预制板护坡、现浇混凝土护坡等；②下游坡常用草皮护坡、干砌石护坡、碎石护坡等。

护坡型式不同，破坏产生的原因也不同，需根据具体情况分析。常见的护坡破坏型式参见图 2.3-1 和图 2.3-2。

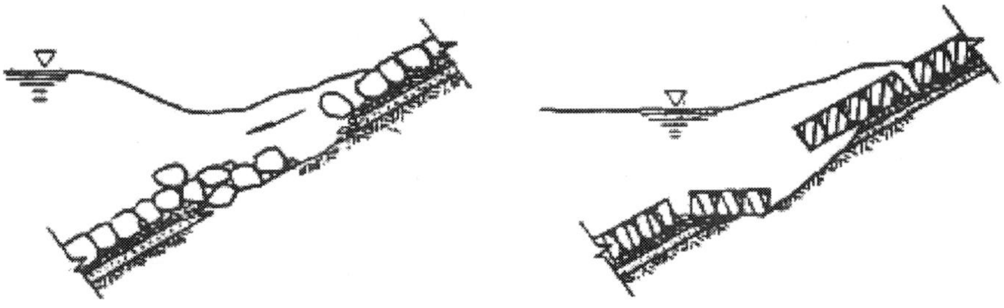

(a)护坡石脱落　　(b)护坡石崩塌

图 2.3-1　护坡在风浪作用下的破坏形式

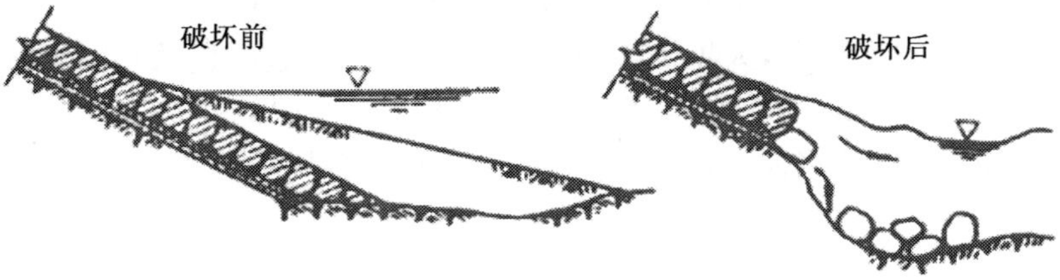

(a)

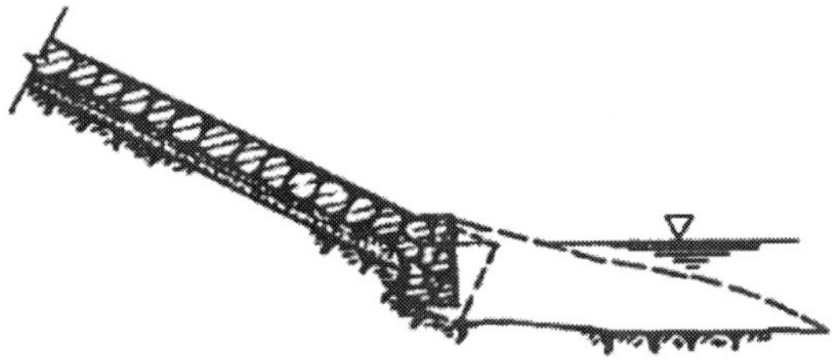

(b)

图 2.3-2　护坡基脚淘刷破坏图

坝坡养护应达到坡面平整，无雨淋沟，无荆棘杂草滋生现象；护坡砌块应完好，砌缝紧密，填料密实，无松动、塌陷、脱落、架空等现象；排水系统应完好无淤堵。当护坡破坏时应尽快作出整治设计并进行彻底处理，以免遭受更严重破坏。防治措施应根据护坡破坏的主要原因、原护坡结构形式和破坏范围大小、建筑材料、气温和风力、施工条件和库水位情况以及技术上可靠性和经济上合理性等有关因素，进行综合分析比较，合理选定。

2.3.4.1　护坡设计计算

（1）砌石护坡

根据《碾压式土石坝设计规范》(SL 274—2001)，上游砌石护坡在最大局部波浪压力作用下所需的换算球形直径和厚度按下式确定：

$$D = 0.85D_{50} = 1.018K_t\,\frac{\rho_W}{\rho_K - \rho_W}\cdot\frac{\sqrt{m^2+1}}{m(m+2)}h_P$$

$$Q = 0.85Q_{50} = 0.525\rho_k D^3$$

当 $L_m/h_P \leqslant 15$ 时

$$t=\frac{1.67}{K_t}D$$

当 $L_m/h_P>15$ 时

$$t=\frac{1.82}{K_t}D$$

式中：D 为石块的换算球形直径，m；Q 为石块的质量，t；D_{50} 为石块的平均粒径，m；Q_{50} 为石块的平均质量，t；t 为护坡厚度，m；K_t 为随坡率变化的系数，查表可得；ρ_K 为块石密度，t/m^3；ρ_W 为水的密度，t/m^3；h_P 为累积频率为 5%的波高，m，重要工程累积频率可适当提高。

以东北地区某土石坝为例，大坝为黏土心墙砂壳坝，最大坝高 23.05 m，上游坝坡坡比分别为 1∶3.0、1∶2.75、1∶2.5，在 130.00 m、137.00 m 高程上各设置宽 2.0 m 的马道，坡面采用砌石护坡。经复核计算，大坝上游坡各部位所需护坡球形直径和厚度计算值为：$m=2.5$，$D=0.334$ m，$t=0.34$ m。现场检查发现，护坡块石粒径大小不一，且普遍偏小，实际块石粒径多小于 0.3 m，抗冲刷能力差，不满足《碾压式土石坝设计规范》(SL 274—2001)要求，需进行修理。

(2) 堆石(抛石)护坡

根据《碾压式土石坝设计规范》(SL 274—2001)，上游坡采用经过整理的堆石(抛石)护坡的石块质量和厚度可按下式计算：

$$Q_{50}=\frac{\rho_k h_s^3}{k\,(G-1)^3\,m}$$

$$Q_{\max}=(3\sim 4)Q_{50}$$

$$Q_{\min}=\left(\frac{1}{4}\sim\frac{1}{5}\right)Q_{50}$$

$$t=1.10\left(\frac{Q_{\max}}{\rho_k}\right)^{\frac{1}{3}}$$

式中：Q_{50} 为石块的平均质量，t；$Q_{\max}$，$Q_{\min}$ 分别为石块的最大、最小质量，t；h_s 为有效波高，m；k 为系数，取 4.37；G 为石块比重；ρ_k 为块石密度，t/m^3；t 为护坡厚度，m。

以东北地区某水电站工程为例，拦河大坝为沥青混凝土防渗心墙堆石坝，坝长 153 m，坝顶高程为 395.50 m，坝顶宽 5 m，上下游坝坡比为 1∶1.5，最大坝高 23.5 m。上游坝面采用堆石护坡。现场检查未见明显滑动、塌陷、隆起等现象。经计算，大坝上游坡所需护坡石块平均重量和厚度计算值为：$Q_{50}=302.65$ kg，$t=80.0$ cm。实际护坡厚度大于 80 cm，故认为堆石护坡满足规范要求。

(3) 混凝土或钢筋混凝土板护坡

根据《碾压式土石坝设计规范》(SL 274—2001)，具有明缝的混凝土或钢筋混凝土板护坡，当坝坡坡度系数 $m=2\sim5$ 时，板在浮力作用下稳定的面板厚度可按下式计算：

$$t=0.07\eta h_p\sqrt[3]{\frac{L_m}{b}}\,\frac{\rho_\omega}{\rho_c-\rho_\omega}\,\frac{\sqrt{m^2+1}}{m}$$

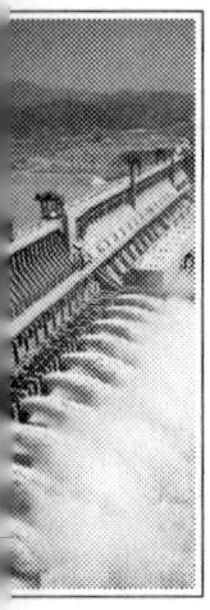

式中：η 为系数，对整体式大块护面板取 1.0，对装配式护面板取 1.1；h_p 为累积频率为 1%的波高，m；b 为沿坝坡向的板长，m；ρ_c 为板的密度，t/m^3；ρ_w 为水的密度，t/m^3；L_m 为平均波长，m。

以东北地区某土石坝为例，拦河坝为均质土坝，最大坝高 17.77 m，在高程 174.00 m 和 170.00 m 分别设两处马道，马道宽 1.5 m，上游坡坡比为 1∶3.0；上游一级马道以下为填块石护脚，由于 2002 年除险加固工程未对护脚块石进行有效固定，加之水流淘刷作用，块石大多已松动且分布杂乱无章，无法起到有效的固脚作用；马道以上采用 1.0 m×1.0 m 的现浇混凝土块，混凝土块体外观基本完好。

经复核计算，大坝上游混凝土板厚度计算结果见表 2.3-1。

表 2.3-1 某水库大坝迎水面混凝土板厚度计算结果

计算内容	单位	正常蓄水位	设计洪水位	校核洪水位
水域平均水深 H_m	m	5.82	6.40	6.96
平均波高 h_m	m	0.65	0.67	0.45
累积频率 1%波高 $h_{1\%}$	m	1.50	1.54	1.09
平均波长 L_m	m	18.28	18.90	12.78
板厚	m	0.23	0.24	0.15

由表可见，大坝迎水面混凝土板厚度应不小于 24 cm，现状混凝土板厚度为 25 cm，满足规范要求。

另以华北地区某平原水库为例，该水库大坝坝型为均质土坝，坝顶高程 8.60 m，顶宽 6.4 m，库底高程 2.30 m。围坝迎水与背水坡坡比均为 1∶3.0，其中迎水坡在高程 5.60 m 处设宽 1.0 m 平台，在高程 7.20 m 处设宽 2.0 m 平台。背水坡在高程 4.50 m 处设宽 2.8 m 平台。迎水坡铺设土工膜，其中高程 5.60 m 以下土工膜外侧现浇 12 cm 厚 C25 混凝土板护坡；高程 5.60～7.20 m 土工膜外侧铺 10 cm 厚碎石垫层，砌 20 cm 毛料石 C25 混凝土灌缝；高程 7.2～8.5 m 土工膜外侧现浇 15 cm 厚混凝土板护坡。坝顶上游侧设 1 m 高防浪墙，墙顶高程 9.60 m；坝顶铺 20 cm 厚碎石垫层，现浇 4 m 宽 20 cm 厚 C20 混凝土路面。背水坡东、西和南围坝 4.50 m 高程以下设贴坡式反滤排水干砌石护坡。现场检查与检测时发现，东侧、南侧直线段及东南侧、西南侧围坝圆弧段迎水坡 5.6 m 以下现浇混凝土板护坡损毁严重，不同程度向下滑移，向上隆起、脱空；高程 5.60 m 处平台破损、开裂、偏移，统计情况详见表 2.3-2。

表 2.3-2 围坝迎水面混凝土护坡（高程 5.60 m 以下）外观缺陷检查情况

桩号	长度/m	病害缺陷
0+175～0+208	33	护坡混凝土板下滑，坡面塌陷。坡面与平台水平张开 0.4～1.0 m。
0+610～0+800	190	护坡混凝土板下滑，坡面塌陷或隆起。
0+836～0+845	9	护坡混凝土坡面隆起。
0+868～1+113	245	护坡混凝土板下滑，坡面塌陷或隆起。

续表

桩号	长度/m	病害缺陷
1+162～1+173	11	护坡混凝土板下滑，破损。
1+615～1+712	97	护坡混凝土板下滑、脱空、破损。
1+723～1+732	9	护坡混凝土板轻微下滑，平台混凝土破损、断裂。
7+770～7+787	17	护坡混凝土板下滑，坡面塌陷。坡面与平台水平张开 0.1 m，上下错位 0.06 m。
7+816～7+848	32	护坡混凝土板下滑，坡面塌陷。坡面与平台水平张开 0.11 m。
8+016～8+056	40	护坡混凝土板下滑，坡面塌陷。坡面与平台水平张开 0.06 m，上下错位 0.05 m。
8+292～8+372	80	护坡混凝土板下滑，部分混凝土板断裂，翘起。坡面与平台水平张开 0.11 m。
8+595～8+614	19	护坡混凝土板下滑严重，坡面与平台水平张开 0.7 m。4 块混凝土板翘起，脱空处深 0.25 m。
8+614～8+635	21	护坡混凝土坡面与平台水平张开 0.09 m。
8+635～8+651	16	护坡混凝土板下滑，坡面塌陷。坡面与平台水平张开 0.13 m，上下错位 0.1 m。
8+681～8+707	26	护坡混凝土板下滑，坡面塌陷。坡面与平台水平张开 0.13 m，上下错位 0.16 m。
8+952～8+963	11	护坡混凝土板下滑，坡面塌陷。
9+122～9+370	248	护坡混凝土板下滑，坡面塌陷。
9+499～9+512	13	3 块护坡混凝土板断裂、下滑，坡面塌陷。
9+512～9+572	60	护坡混凝土板下滑，坡面与平台水平张开 0.1 m。
9+572～9+900	328	护坡混凝土板不同程度下滑，坡面与平台之间拉开。
9+900～9+920	20	护坡混凝土板塌陷。
10+090～10+100	10	护坡混凝土板塌陷。
10+156～10+160	4	护坡混凝土板塌陷。

经复核，该平原水库大坝迎水面混凝土板厚度计算结果见表 2.3-3。

表 2.3-3　水库大坝迎水面混凝土板厚度计算结果

计算内容	单位	正常蓄水位	设计高水位
库水位	m	5.60	7.00
水域平均水深 H_m	m	3.30	4.70
平均波高 h_m	m	0.73	0.81
累积频率 1%波高 h_p	m	1.67	1.87
平均波长 L_m	m	18.17	21.85
板厚	m	0.16	0.19

由表可见，大坝迎水面混凝土板厚度应不小于 19 cm，高程 5.60 m 以下混凝土板厚度为 12 cm，高程 7.20～8.50 m 之间的混凝土板厚度为 15 cm，不满足规范要求。

复核护坡厚度不满足稳定要求，根据风速资料，多年平均年最大风速的主风向与南围坝夹角为 28°(详见图 2.3-3)，对东围坝和南围坝的影响较大，而现场检查发现，护坡破损、脱坡现象主要存在于东围坝和南围坝段，可见东围坝和南围坝段护坡稳定性不满足规范要求。

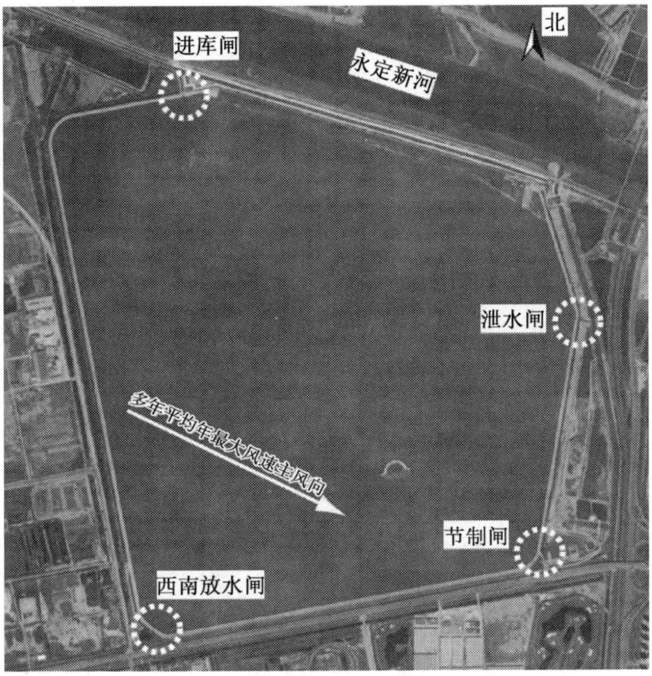

图 2.3-3　某平原水库主风向示意图

2.3.4.2　护坡养护

坝体养护应达到坡面平整，无雨淋沟，无荆棘杂草丛生现象，其中护坡砌块应完好无损，砌缝紧密，填料密实，无松动、塌陷、脱落、架空等现象；排水系统应完好且无淤堵。

(1) 干砌块石护坡养护

干砌块石护坡应及时填补、楔紧个别脱落或松动的护坡石料；当出现风化或冻毁的块石时，应及时更换，并嵌砌紧密；当出现块石塌陷、垫层被淘刷时，应先翻出块石，恢复坝体和垫层后，再将块石嵌砌紧密。

(2) 混凝土或浆砌块石护坡养护

混凝土或浆砌块石护坡养护应及时填补伸缩缝内流失填料，填补时应将缝内杂物清除干净；护坡局部发生剥落、裂缝或破碎时，应及时采用水泥砂浆表面抹补、喷浆或填塞处理，处理时应将表面清洗干净。如破碎面较大，且垫层被淘刷、砌体有架空现象时，应临时用石料填塞密实，待岁修或大修时按有关规定彻底修理；排水孔如有排水不畅，应及时疏通或补设。

(3) 堆石护坡或碎石护坡

堆石护坡或碎石护坡因石料滚动造成厚薄不均时应及时整平。

（4）草皮护坡

草皮护坡养护应经常修整、清除杂草、防治病虫害，保持护坡完整美观。若杂草严重，应及时用化学除草剂或人工祛除杂草；发现病虫害时，应立即喷洒杀虫剂或杀菌剂；使用化学药剂时，应防止污染环境；草皮干枯时，应及时洒水或施肥养护；出现雨淋沟时，应及时还原坝坡，补植草皮。此外，草皮护坡养护的方法有很多，管理单位要根据所使用的草种选择相应养护方法。

添补更换草皮时，添补的草皮应就近选用，草皮种类应选择低茎蔓延的爬根草，不得选用茎高叶疏的草。补植草皮时，应带土成块移植，移植时间以春、秋两季为宜。移植时，应扒松坡面土层，洒水铺植，贴紧拍实，定期洒水，确保成活。坝坡若是沙土，则先在坡面铺一层壤土，再铺植草皮。当护坡的草皮中有大量的茅草、艾蒿、霸王英等高茎杂草或灌木时，可采用人工挖除或化学药剂除净杂草的方法（可喷洒草甘膦或其他化学除草药剂）；使用化学药剂时，应防止污染库水。

（5）其他

对于无护坡土坝，如坝坡有凹凸不平之处，应进行填补整平，如有冲刷沟，应及时修复，并改善排水系统，如遇风浪淘刷，应分情况进行处理。如在风浪不大地区，坝坡破坏不严重时，可在原坡上进行填补，必要时应放缓边坡。为了提高土坡的抗冲能力，可在坝坡上加设一层掺有3%～5%水泥的壤土并夯实。

当土石坝坝坡坡面排水系统、坝体与岸坡连接处的排水沟、两岸山坡上的截水沟出现堵塞、淤积或损坏时，应及时清除杂物和修复。

严寒地区坝坡在冰冻期间，应防止冰凌对护坡的破坏；可根据具体情况，采用打冰道或在护坡临水处铺放塑料薄膜等方法减少冰压力；具备条件时可采用机械破冰法、动水破冰法或水位调节法破碎坝前冰盖；坝坡排水系统内如有积水，应在入冬前清除干净。

2.3.5 混凝土面板养护

混凝土面板养护和防护可参照混凝土表面养护与防护的有关规定执行。对混凝土面板进行保养和防护时，应采取相应安全措施，若为定期养护或专门性养护，当不具备水库放空条件时，一般采用降低库水位，使面板露出水面的部分更多。对于沥青混凝土面板，当其表面封闭层出现龟裂、剥落等老化现象时应及时进行修复；夏季气温较高的地区，应采用浇水的方法对沥青混凝土面板表面进行降温，防止斜坡流淌；冬季气温较低地区，应采取保温措施，防止沥青混凝土面板冻裂。

面板变形缝止水带的止水盖板（片）、嵌缝止水条、柔性填料等出现局部损坏、老化现象时，应及时修复或更换。

2.3.6 坝区养护

坝区是指按照国家规定划定的大坝管理范围，本书中特指除坝顶与坝坡之外的属于大坝管理范围的区域，包括坝基。坝区养护指对设置在坝区范围内的排水设施、监测设施、交通设施和绿化等保持完整、美观、无损坏。具体说明如下：

（1）坝区范围内出现新的渗漏出逸点时，应设置观测设施进行持续观测，分析查明原因后再行处理。

（2）上游设有铺盖的土石坝应避免放空水库，防止铺盖出现干裂或冻裂。应避免库水位骤降引起坝体滑坡，损坏铺盖。

（3）坝区内的排水、导渗设施养护应无断裂、损坏、堵塞、失效现象，排水畅通；及时清除排水沟（管）内的淤泥、杂物及冰塞，保持通畅；排水沟（管）局部出现松动、裂缝和损坏时，应及时用水泥砂浆修补；排水沟（管）的基础遭受冲刷破坏时，应先恢复基础，后修复排水沟（管）。修复时应使用与基础相同的土料并夯实。排水沟（管）如设有反滤层时，也应按设计标准进行修复。此外，还应随时检查修补滤水坝趾或导渗设施周边山坡的截水沟，防止山坡浑水淤塞坝趾导渗排水设施。

（4）对布置有减压井的土石坝，应经常清理疏通，必要时洗井，保持排水畅通；周围如有积水渗入井内，应将积水排干，填平坑洼，保持井周无积水。减压井的井口应高出地面，防止地表水倒灌。如减压井已被损坏无法修复，可将该减压井用滤料填实，另建新减压井。

（5）坝区养护时应经常检查并防止土石坝的导渗和排水设施遭受下游浑水倒灌或回流冲刷，必要时可修建导流墙或将排水体上部受回流影响部分的表层石块用砂浆勾缝，排水体下部与排水暗沟相连，保证排水体正常排渗。

（6）绿化树木、花卉出现缺损或枯萎时，应及时补植或灌水、施肥养护。

2.3.7　边坡养护

边坡稳定对大坝安全十分重要，边坡养护同样是大坝养护的重要项目。边坡养护主要是针对边坡表面、边坡排水沟、截水沟以及对一些可能出现的突发情况进行检查和防护。具体说明如下：

（1）混凝土喷护边坡表面滋生的杂草与杂物应及时进行清除。若边坡出现冲沟、缺口、沉陷及坍落，应及时进行整修。

（2）排水沟是维系边坡稳定的重要设施，边坡排水沟、截水沟内杂草与淤积物应及时处理，确保沟内清洁与水流畅通。排水沟、截水沟表面出现的破损应及时整修恢复。应及时疏通排水沟出现的堵塞情况。

（3）对于可能发生滚石的边坡，应定期清除落石，必要时设置防护设施，其防护设施主要是防护网。

（4）对边坡进行定期检查，若遇到异常情况，应及时清除挡墙上草木；若墙体出现裂缝或断缝，应先进行稳定处理，再进行补缝；保持排水孔畅通，若出现严重渗水，应增设排水孔或墙后排水设施。

（5）对于边坡锚固系统，首先应定期检查边坡支护锚杆的外露部分是否出现锈蚀，若锈蚀严重，应先去锈，再用水泥砂浆保护；其次应定期检查边坡支护预应力锚索外锚头的封锚混凝土的碳化和剥蚀情况，若碳化和剥蚀情况较为严重，应当根据《混凝土坝养护修理规程》（SL 230—2015）的有关规定进行处理；最后应加强锚杆和预应力锚索支护边坡的防水、排水工作，防止地下水入渗，减轻或避免地下水对锚杆和锚索的腐蚀作用。除了上述提到的加固措施，还有挡土墙、抗滑桩等措施，其中抗滑桩位于边坡岩土内部，无法进行养护。

2.3.8 其他养护

1）有排漂设施的应定期排放漂浮物；无排漂设施的可采用浮桶、浮桶结合索网或金属栅栏等措施拦截漂浮物并定期清理。

2）应定期监测坝前泥沙淤积和泄洪设施下游冲淤情况。淤积影响枢纽正常运行时，应进行冲沙或清淤；冲刷严重时应进行防护。

3）应定期检查坝肩和输、泄水道的岸坡，及时疏通排水沟、孔，对滑坡体及其坡面损坏部位应立即处理。

4）应定期检查输水洞、涵、管等的情况及其周围土体密实情况，及时填堵存在的接触缝和接触冲刷形成的缺陷。

5）应加强库岸周边安全护栏、防汛道路、界桩、告示牌等管理设施的维护与维修。

6）应定期对大坝上设置的钢木附属设备（灯柱、线管、栏杆、标点盖等）进行涂刷油漆，防锈防腐。

7）应保证大坝两岸山坡和地面截水设施正常工作，防止水流冲刷坝顶、坝坡或坝脚，应及时清理岸坝结合部山坡的滑坡堆积物，并处理滑坡部位。

8）应及时打捞漂至坝前的较大漂浮物，避免遇风浪时撞击坝坡。

9）应定期开展白蚁及其他动物危害的防治工作。

10）对于管理范围内一切违反大坝管理规定的行为和事件，应立即制止并纠正。

2.4 土石坝工程修理

土石坝工程修理是指当水工建筑物、地下洞室、边坡和设施等发生损坏、性能下降以致失效时，为使其恢复到原设计标准或使用功能而采取的各种修补、处理、加固等措施。其中包括坝坡修理、混凝土面板修理、坝体（裂缝、滑坡、渗漏）修理、坝基与坝肩修理、泄输水建筑物修理、边坡修理、闸门和启闭设备修理、排水导渗设施修理以及坝下埋涵（管）修理、边坡修理、枢纽其他水工建筑物修理等。需要说明的是，对于坝体渗漏、裂缝、滑坡等病害的修理不是各自独立的，往往一种方法既可以修理渗漏问题，也可以修理裂缝和滑坡问题，因此选择修理方法时需综合考虑，以降低修理成本。

2.4.1 修理分类及程序

土石坝工程修理包括岁修、大修和抢修。其中岁修指每年有计划地对各水工建筑物、地下洞室、边坡和设施等进行的修理工作，根据大坝运行中所发生的和巡视检查所发现的工程损坏和问题，每年进行必要的修理和局部改善。大修是指当水工建筑物、地下洞室、边坡和设施等出现影响使用功能的险情和存在结构安全隐患时，而采取的重大修理措施。大修是针对工程发生较大损坏、修复工作量大、技术性较复杂的工程问题，或经过临时抢修未作永久性处理的工程险情，工程量大的整修工程。抢修是指当水工建筑物、地下洞室、边坡和设施等出现重大安全隐患时，在尽可能短的时间内暂时性消除隐患而采取的突击性修理措施，当突然发生危及大坝安全的各种险情时，必须立即进行抢修。

2.4.1.1 报批程序

土石坝工程修理报批程序如下：

1）岁修工程项目。由管理单位提出岁修计划，上报主管部门审批；岁修计划经主管部门审批后，管理单位应根据批准的计划，组织好工程项目施工。

2）大修工程项目。由管理单位提出大修工程的可行性研究报告，向上级主管部门申报立项，经上级主管部门审批后，管理单位根据批准的工程项目组织设计和施工。

3）大修工程项目的设计。应由具有相应等级资格的设计单位进行设计。

2.4.1.2 施工管理

1）岁修工程的实施。宜由具有相应技术力量的施工队伍承担；管理单位若具有相应技术力量，亦可自行承担，但必须明确工程项目负责人，建立质量保证体系，严格执行各项质量标准和工艺流程，确保施工质量。

2）大修工程的实施。由具有相应施工资质的施工队伍承担，并应按照招标投标制度和监理制度进行。

3）涉及安全度汛的修理工程，应在汛前完成；汛前完成有困难的，应采取临时安全度汛措施，临时安全度汛措施应报上级主管部门批准（或备案）。

4）竣工验收。大修工程完工后，由工程项目审批部门按《水利水电建设工程验收规程》（SL 223—2008）主持验收，并由有经验的工程师和技术人员组成验收委员会或验收小组，负责具体验收工作。一般岁修工程可适当简化手续。验收时有关单位应按照如下规定提供验收资料：

① 管理单位应提交工程竣工报告、批准文件、全部设计文件和图纸。

② 施工单位应提交施工报告、竣工图纸和竣工决算、施工原始记录及质量检测记录等。

③ 监理单位应提交工程监理报告、工程监理原始记录及工程阶段验收鉴定书等资料。

④ 各有关单位应详细提供隐蔽工程部分的阶段验收（或检查）鉴定资料。

验收人员必须认真察看现场，审查资料和数据，对工程作出客观评价，提出竣工验收鉴定书。

土石坝工程修理应结合设计、施工、运行和安全监测成果等对检查结果进行综合分析，查明病害成因，确定病害类型与规模，制定养护修理方案。在制定坝体修理方案时，应考虑渗漏、裂缝、滑坡等病害的综合修理。此外，工程修理完成后应加强安全监测，必要时可按《土石坝安全监测技术规范》（SL 551）的规定增设相应的安全监测设施。

2.4.2 病害调查与成因分析

2.4.2.1 病害调查方法

土石坝病害调查是指针对水工建筑物、地下洞室、边坡和设施等的某一具体隐患、缺陷和损坏而开展的详细的、系统的现场检查和资料整理、分析与研究工作。病害调查包括坝体裂缝调查、坝体滑坡调查和渗漏调查。病害调查前需制定详细的调查方案，明确调查手段和方法。病害调查宜与安全监测和必要的隐患探测结合。根据现场检查结果和安全监测分析成果尚无法确定病害类型、规模和部位时，可针对性地开展隐患探测。根据隐患探测结果仍无法判断病害原因时，应进行专题研究。隐患探测包括坑探、人工锥探或机械锥探以及地球物理方法探测，其中坑探可按《水利水电工程坑探规程》(SL 166)规定执行，地球物理方法探测可按《堤防隐患探测规程》(SL 436)规定执行。

用地球物理方法探测的土石坝安全隐患包括洞穴、裂缝、松散体、高含沙层、护坡脱空区、古河道、砂砾石层和渗漏、管涌等，常用的方法包括直流电阻率法、自然电场法、瞬变电磁法、探地雷达法、拟流场法、弹性波法、温度场法、示踪法等。各种探测方法应根据其适用范围、应用条件和探测对象特点单独或综合使用。对于土石坝隐患，宜先普查后详查，普查应能探测出隐患的分布情况，详查应能探测各类隐患的性质、位置和范围。常见的地球物理探测方法及适用条件如下：

(1) 高密度电法

该方法将电剖面法(将某一装置型式保持固定，沿测线观测一定深度内电阻率在水平方向的变化)和电测深法(在同一测点上逐次扩大电极距，以观测测点处电阻率沿垂直方向的变化)相结合，可同时探测电阻率沿水平方向和垂直方向的变化情况，依据隐患与周边介质的电阻率差异探测土石坝裂缝、空洞、松散体、高含沙层及渗漏等隐患。

(2) 瞬变电磁法

瞬变电磁法是利用不接地回线或接地线源向地下发射一次脉冲磁场，在一次脉冲磁场间歇期间利用线圈或接地电极观测地下介质中引起的二次感应涡流场，从而探测介质电阻率的一种方法。

(3) 探地雷达法

地质雷达利用超高频电磁波探测地下介质分部。其原理是发射机通过发射天线发射中心频率为12.5～1 200 M、脉冲宽度为0.1 ns的脉冲电磁波信号，当这一信号在岩层中遇到探测目标时，会产生一个反射信号，直达信号和反射信号通过接收天线输入接收机，放大后由示波器显示出来，根据示波器有无反射信号，可以判断有无被测目标；根据反射信号达到滞后时间及目标物体平均反射波速，可以大致计算出探测目标的距离。探地雷达法可用于土石坝渗漏区、空洞、松散区及坝基软弱层等隐患探测，也可用于坝体浸润线及砂土特性探测等。

(4) 示踪法

示踪法包括染料和其他非放射性材料示踪法、同位素示踪法，采用高灵敏探测器跟踪示踪剂的流动路线，以查清渗漏通道，主要用于土石坝渗漏探测，按照探测方法的不同，可分为人工示踪法和天然示踪法。人工示踪法是指采用人工方法向钻孔中或渠道内投入示踪剂，示踪剂可选用可溶性盐、荧光素或食品红、黄泥水等。天然示踪剂是指采用天然水中存在的某些化学或物理特征作为示踪指示剂，如环境同位素、颜料、温度场、电导率、pH、各种离子等。

2.4.2.2 病害成因分析

土石坝病害类型的判断，可采取如下方法：

(1) 坝体裂缝的判断

坝体裂缝是土石坝常见病害现象，常表征建筑物内部发生了某种变化。根据裂缝特征，可判断建筑物的安全状况。裂缝有时可能是其他险情的征兆，如滑坡裂缝。细小的裂缝存在潜在危险性，对大坝安全不利。如细小的横向裂缝，因水位升高易发展成集中渗漏通道；细小的纵向裂缝因雨水灌入易导致或加剧滑坡危险。因此，土石坝裂缝均应采取措施及时进行处理，以防止裂缝发展和扩大。

常见的土石坝裂缝一般分布在坝面上(坝顶和上下游坝坡)，也有隐藏在内部的。按裂缝存在部位一般分为表面裂缝和内部裂缝；按裂缝走向一般分为横向裂缝（垂直于坝轴线）、纵向裂缝（平行于坝轴线）、水平裂缝与龟纹裂缝等；按裂缝产生原因一般分为沉陷缝、干缩裂缝、冰冻裂缝和振动裂缝等。其中，横向裂缝和滑坡裂缝的危害性最大。土石坝裂缝类型及特征见表 2.4-1。

表 2.4-1　土石坝裂缝分类及特征表

分类	裂缝名称	裂缝特征
按裂缝部位	表面裂缝	裂缝暴露在坝体表面，缝口较宽，一般随深度变窄而逐渐消失
	内部裂缝	裂缝隐藏在坝体内部，水平裂缝常呈透镜状，垂直裂缝多为下宽上窄的形状
按裂缝走向	横向裂缝	裂缝走向与坝轴线垂直或斜交，一般出现在坝顶，严重的发展到坝坡，近似铅垂或稍有倾斜，防浪墙及坝肩砌石常随缝开裂
	纵向裂缝	裂缝走向与坝轴线平行或接近平行，多出现在坝顶及坝坡上部，有的也出现在铺盖上，一般较横缝长
	水平裂缝	裂缝平行或接近水平面，常发生在坝体内部，多呈中间裂缝较宽、四周裂缝较窄的透镜状
	龟纹裂缝	裂缝呈龟纹状，无固定的方向，纹理分布均匀，一般与土石坝表面垂直，缝口较窄，深度 0.1～0.2 m，很少超过 1 m
按裂缝成因	沉陷裂缝	多发生在坝体与岸坡接合段、河床与台地接合段、土石坝合龙段、坝体分区分期填筑交界处、坝下埋管部位、坝体与溢洪道边墙接触的部位等
	滑坡裂缝	裂缝中段接近平行于坝轴线，缝两端逐渐向坝脚延伸，在平面上呈弧形，缝较长。多出现在坝顶、坝肩、背水坡及排水不畅的坝坡下部。在水位骤降或地震情况下，迎水坡也可能出现。形成过程短促，缝口有明显错动，下部土体移动，有离开坝体倾向
	干缩裂缝	多出现在坝体表面，密集交错，无固定方向，分布均匀，局部呈龟纹形状，降雨后裂缝变窄或消失。有的出现在防渗体内部，形状呈透镜状
	冰冻裂缝	发生在冰冻影响深度以内，表层呈破碎、脱空现象，缝宽及缝深随气温变化
	振动裂缝	在经受强烈振动或烈度较大的地震后发生纵横向裂缝，横向裂缝的缝口随时间延长，缝口逐渐变小或弥合；纵向裂缝的缝口没有变化。防浪墙多出现裂缝，严重的可能使坝顶防浪墙及灯柱倾倒

1）裂缝特征

① 横向裂缝。多发生在坝顶的表面和坝坡上，走向与坝轴线垂直或斜交；一般从坝顶接近铅直或稍有倾斜伸入坝体一定深度；缝深几米到几十米，缝宽几毫米到几厘米，甚至更宽（见图 2.4-1）。

② 纵向裂缝。多发生在坝顶和坝坡表面，走向与坝轴线平行或接近平行；一般多垂直向下延伸，缝长多达数十米，甚至上百米（见图 2.4-1）。

③ 滑坡裂缝。滑坡性裂缝主要发生在坝顶和坝坡表面，走向与坝轴线平行或接近平

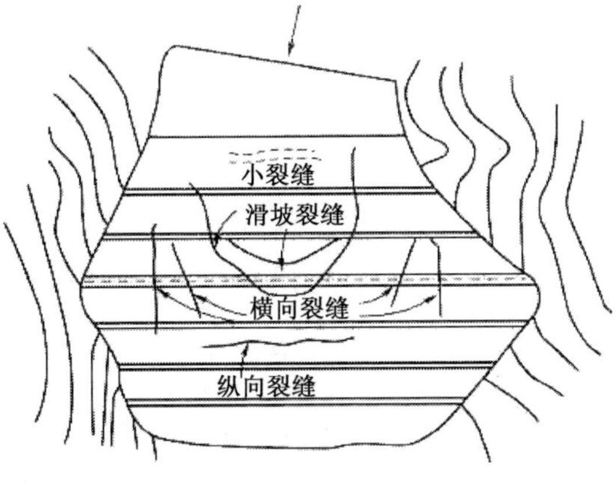

图 2.4-1　滑坡裂缝与其他变形裂缝外形

行；裂缝在平面上一般呈弧形，裂缝两端延伸时弯向上游或下游；裂缝会不断延长和增宽；裂缝两侧分布有众多的平行小缝，主缝上下侧有错动，错距逐渐加大；滑坡裂缝开始发展缓慢，后期逐渐加快，同时在坝面或坝基相应部位出现隆起现象。

④ 干缩裂缝。干缩裂缝多呈龟裂状，密集交错，没有特定的走向；缝的间距比较均匀，无上下错动；缝与表面垂直，缝不宽，深度较浅。

⑤ 冰冻裂缝。冰冻裂缝规律性差，纵横分布，呈龟裂状；一般深度较浅，多系铅直开裂，上宽下窄，呈楔形状。

2）裂缝成因

裂缝的产生通常不是由单一原因造成的，往往多种原因并存，需仔细分析。土石坝裂缝形成的主要原因见表 2.4-2。

表 2.4-2　土石坝裂缝形成的主要原因

分类			成因
表面裂缝	横向裂缝	设计	坝轴线方向坝基地质条件或地形变形差异较大，坝体压缩变形不同，相邻断面不均匀沉降；坝体下部与刚性建筑物连接，造成其与邻近区域内的压缩变形差异较大；坝端存在未经处理的湿陷性黄土，蓄水后发生沉陷；设计各坝段断面不同，或在平面上采用折线型或反拱坝型，造成局部应力集中；坝端有拉应力集中的部位
		施工	分段填筑时，各坝段施工进度不同，上升速度不一致，接合部位坡度太陡等产生不均匀沉降；分段分期施工及合龙段采取台阶式连接，产生不均匀沉降；碾压不密实，坝体干容重太低，或压实密度不同，特别是坝下埋管部位，管壁填土夯实不够，形成裂缝；未按设计要求填土，各坝段土料不同，沉降不均匀，形成裂缝；加高大坝后所延长的坝段与原有坝体产生不均匀沉降引起裂缝；地震及其他强烈振动；干缩冻胀等原因
		其他	地震及其他强烈振动影响；干缩冻胀影响
	纵向裂缝	设计	沿坝基横断面地质条件差异较大；坝体跨骑在条形山脊上，坝体固结沉陷时同时向两侧移动引起裂缝；深层透水坝基，由于截水墙的压缩性远高于两侧天然地基，导致不均匀沉降；坝基存在未经处理的湿陷性黄土，上游侧先蓄水沉降，下游侧后沉降；斜墙坝和心墙坝的防渗体与透水体的沉降速度不同；设计坝坡太陡，抗滑稳定系数不够
		施工	培厚加高施工，新老坝体不均匀沉降；贴坡导渗处理时砂层压实度不够，渗水作用下砂层湿陷，接合面顶部形成裂缝；坝体压实不够，压实密度不均匀；横断面分期施工时，分别从上、下游取土，土料性质不同；上、下游填筑进度不平衡，填筑层高过大、接合面坡度太陡，碾压质量差或漏压；未按设计断面完成，坝坡过陡、背水坡渗水出逸点抬高、坝坡渗透稳定性不够
		管理	库水位骤降，超过设计允许值，迎水坡产生较大孔隙水压，可能产生纵向裂缝，甚至滑坡；坝体排渗设施堵塞或损坏；坝坡堆放重物，附加荷载造成裂缝
		其他	地震及其他强烈振动影响；背水坡为草皮护坡，暴雨后排水不畅，表面发生裂缝
	龟纹裂缝		长期干燥影响下，表面含水蒸发，土体收缩干裂；温度发生强烈变化，如暴晒及冰冻
内部裂缝	水平裂缝		薄心墙坝，心墙后期可压缩性比两侧坝壳大，心墙下部沉陷，而上部在坝壳挤压下不能下沉，造成心墙拉裂；在峡谷高压缩性地基上筑坝时，上部坝体因为拱作用不能沉降，与下部沉降坝体间形成水平裂缝；填土质量差，未碾压密实，引起干缩裂缝；分期填筑时，先期与后期之间的边界存在漏压；分期填筑时，降雨及长期暴晒时表面处理不善

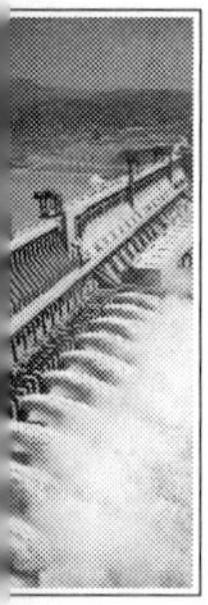

续表

分类			成因
内部裂缝	横向裂缝		坝基局部有高压缩性软弱夹层，其压缩性远比相邻坝基大，局部坝体下部产生拉应变，引起横向裂缝
	纵向裂缝		坝体下部和刚性结构物连接部位，因不均匀沉降产生应力集中，形成裂缝；由于填筑料含水量过高，竣工后土体因水分蒸发，干缩变形，坝体内部产生拉应力，形成裂缝

总体而言，裂缝产生的主要原因包括以下几种：

① 坝体或坝基不均匀沉陷引起裂缝。

② 坝体与输、泄水建筑物结合处，由于结合不良，夯实不够，或沉陷不均引起裂缝。

③ 高水位渗流作用下，坝体湿陷不均，库水位骤降时，易引起滑坡裂缝。特别是坝脚基础有软弱夹层时，更易发生。

④ 由于阳光暴晒，使坝体表面水分蒸发干缩，产生干缩裂缝。

⑤ 寒冷地区，易因冰冻产生冰冻裂缝。

⑥ 地震、强烈震动引起裂缝。

⑦ 坝体内存在白蚁、老鼠、蛇等洞穴，引起局部裂缝。

3）常见裂缝检查

发生在坝顶、坝坡的裂缝，一般可用肉眼观察。若坝顶防浪墙、坝坡踏步、护栏等有裂缝迹象，则反映坝顶和坝坡可能发生不均匀沉陷或滑坡，需作进一步检查。水库长期高水位运行或大暴雨期间，坝坡含水量大，稳定性降低，易发生滑坡裂缝。水库连续放水，库水位骤降时，上游坝坡也容易发生滑坡裂缝。地震也容易引起大坝裂缝。遇上述情况时均要加强检查观察。

检查发现裂缝后，及时做好检查记录，记录裂缝发生的时间、位置、走向、裂缝的宽度和长度等，详见表 2.4-3。在未判明裂缝性质及处理前，要设置标志进行观察，并把缝口保护起来，防止雨水流入或人为破坏使裂缝失去原状。

表 2.4-3　裂缝检查记录表

日期：______年_____月_____日　　气温：______℃　　相对湿度：______%

序号	裂缝编号	位置	走向				宽度/mm	长度/m	深度/m	渗漏	溶蚀	备注
			垂直	水平	倾斜	环向						

量测工具：______　　量测人：______　　记录人：______

此外对于坝体内部裂缝，一般可以结合坝基、坝体情况从以下几个方面进行分析判断，若出现其中之一，就可以判断极有可能出现了内部裂缝，具体如下：

① 当库水位每次上升到某一高程时，在无外界影响的情况下，渗漏量突然增加，且较有规律性；

② 沉降和位移量比较大的坝段；

③ 填筑碾压质量较差，沉降量比设计值小，而且没有其他客观因素影响；

④ 个别测压管水位比同断面的其他测压管水位低很多，浸润线呈现反常现象；或注水试验，其渗透系数远高于其他部位；或当库水位上升到某一高程时，测压管水位突然升高；

⑤ 钻探时孔口无回水，或钻杆突然掉落；

⑥ 沉降率悬殊的相邻坝段。

(2) 坝体滑坡

土石坝出现滑坡(也叫脱坡)，主要是边坡失稳，土体下滑力超过了抗滑力，使坝体的一部分(有时还包括部分坝基)失去平衡，下滑脱离原来位置，造成滑坡险情。若不及时处理，会严重影响水库大坝安全。滑坡形式见图 2.4-2。滑坡按其滑动部位不同，分为上游坡滑坡和下游坡滑坡。

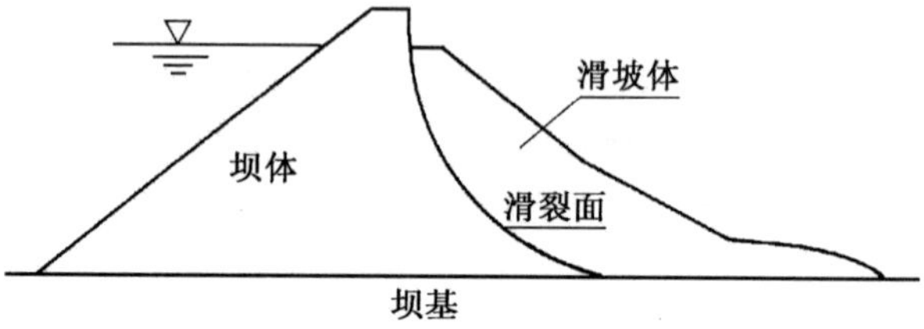

图 2.4-2　坝体滑坡示意图

1) 滑坡分类及特征

土石坝滑坡类型及特征见表 2.4-4。

表 2.4-4　土石坝滑坡分类及特征表

分类	滑坡名称	滑坡形状	特征
按滑坡的性质分	剪切性滑坡	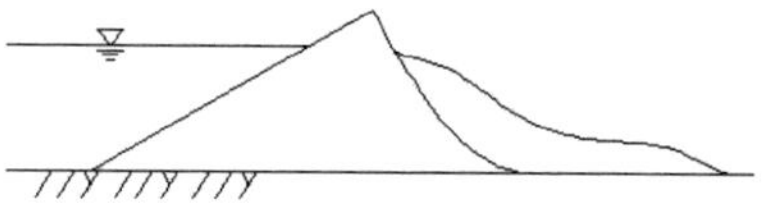	1. 坝面首先出现一条主要的纵向裂缝(以下简称主裂缝)，及一些不连续的短小裂缝。主裂缝两端逐渐以弯弧形向坝坡下部延伸，随着滑坡的发展，上述变形逐渐加快 2. 主裂缝两侧上下错开，随着滑坡的发展，错动距离逐渐加大，滑动体下部将出现带状或椭圆形隆起，并向下游推移 3. 坝坡越陡，滑坡的可能性越大
	塑流性滑坡		1. 多发生在含水量较大的高塑性黏土填筑的坝体 2. 滑坡的原因是由于土的蠕动作用或塑性流动 3. 在滑坡前，滑动体上部通常不出现明显的纵缝，而是坡面的位移量连续增加。滑动体下部也可能有隆起现象，其中沿软弱层发生的塑流滑坡也会出现纵向裂缝和错距 4. 滑坡过程较为缓慢，但含水量较大、排水不良时，塑性流动也会出现较快的速度
	液化性滑坡	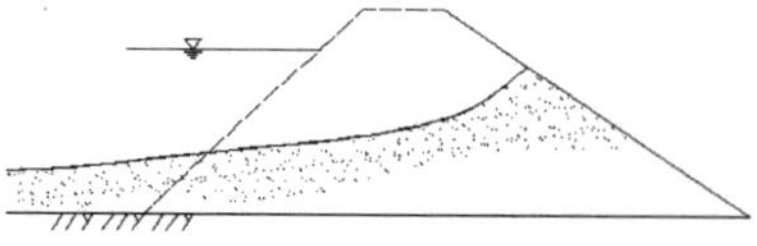	1. 多发生在坝身或坝基有级配均匀、密度较小的中细砂或细砂的土坝 2. 滑坡的原因是当细砂处于饱和状态时，受强烈的振动，砂粒相互脱离处于悬浮状态，以致失去或降低抗滑能力 3. 骤然发生，无征兆

续表

分类	滑坡名称	滑坡形状	特征
按滑面的形状分	圆弧滑坡	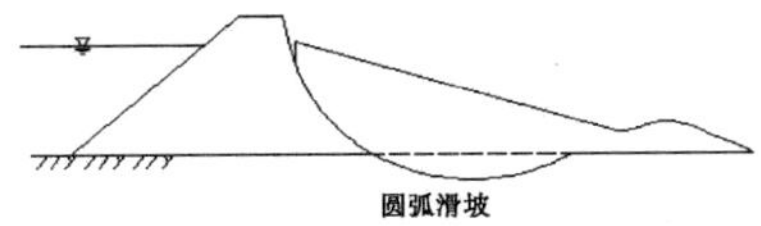	1. 滑动面呈圆弧形 2. 滑弧上端通常位于坝顶或靠近坝肩的上下游坡面上 3. 建于基岩或坚实地基的土坝，滑弧将通过坝趾或坝坡；若属于土基，滑弧有可能穿过坝基
	折线滑坡	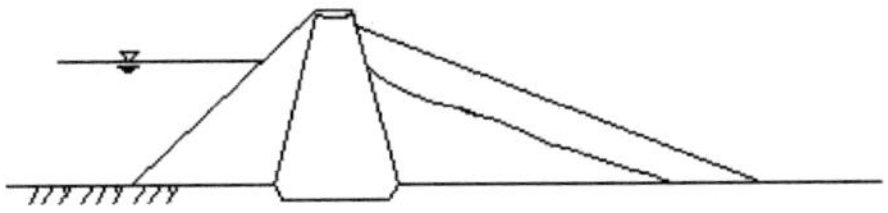	1. 多发生在斜墙坝与心墙坝 2. 在沿滑坡体中心且垂直于坝轴线的剖面上，滑缝由两个或两个以上折线构成。砂质坝或砂质坝壳，一般以水位高程为滑缝转折点
	混合滑坡	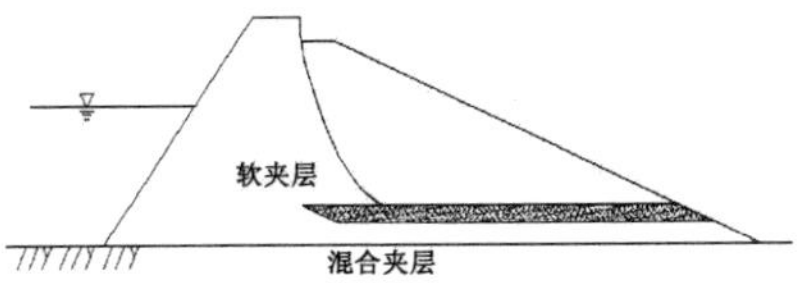	1. 多发生在坝基或坝体有软弱夹层的土坝 2. 在滑坡体中心且垂直于坝轴线的剖面上，滑缝由通过软弱层的直线与坝体内的曲线组成。当软弱夹层的厚度超过 5 m 时，滑面也可能呈圆弧状
按滑坡的部位分	上游滑坡	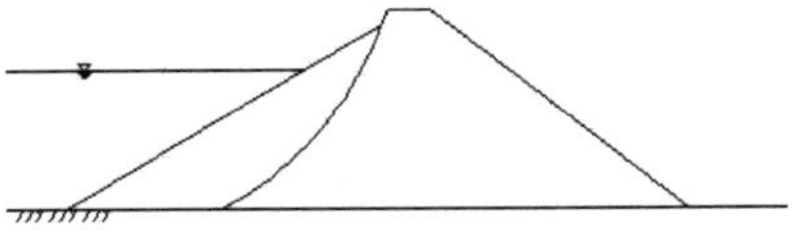	1. 多发生在水位骤降、大风浪袭击或地震等时期 2. 滑坡体的大小与高度取决于水位骤降的幅度和速度、风浪的大小、地震的烈度等
	下游滑坡		1. 多发生在高水位、持续的特大暴雨和地震时期 2. 滑坡体上部位于坝顶者较为常见

2）滑坡成因

土坝滑坡的原因很多，情况较复杂，往往是由多种因素造成的。通常产生的原因主要包括以下几方面：

① 高水位持续时间长，在渗透水压力的作用下，浸润线升高，土体抗剪强度降低，渗透压力和土重增大，导致背水坡失稳，特别是边坡过陡，更易引起滑坡。

② 坝基有淤泥层或液化沙层，筑坝时未处理或处理不彻底。

③ 施工质量差。在土坝施工中，由于每层铺土太厚、碾压不实，或含水量不合要求、干密度未达到设计要求等，致使填筑土体的抗剪强度不能满足稳定要求。

④ 土坝加高培厚，新旧土体之间结合不好，在渗水饱和后，形成软弱层。

⑤ 坝下游排水设施堵塞，浸润线抬高，土体抗剪强度降低。

⑥ 高水位时，上游坡土体处于大部分饱和、抗剪强度低的状态下，水位一旦骤降，坝坡失去水体支持，再加上坝体的反向渗压力和土体自重的作用，引起上游坡失稳滑动。

⑦ 持续特大暴雨或发生强烈地震、震动等，均可能引起滑坡。

土石坝滑坡形成的主要原因见表 2.4-5。

表 2.4-5　土石坝滑坡形成的主要原因

分类		成因
坝体滑坡	设计	基础有淤泥层或其他高压缩性土，勘察未探明，设计未能进行处理；选择坝址时，未能避开渊潭或水塘，坝脚沉降过大引起滑坡；坝端破碎带未采取适当防渗措施，产生绕坝渗漏，使局部坝体饱和，引起滑坡；设计中计算指标选用偏高，或对地震考虑不够，坝坡过陡；排水设计不当，背水坡出现渗水出逸，浸润线抬高，引起坝体滑坡
	施工	碾压不实，干容重未达标，土体抗剪强度不足；水中填筑时未能严格按施工技术要求进行，形成集中软弱层；抢筑临时拦洪断面和合龙段，坝坡过陡，填筑质量差；冬季施工没有采取适当措施，冻土层解冻后形成软弱层；将黏性较大、透水性较小的土料填筑在下部，黏性较小、透水性较大的土料填筑在上部，蓄水后，背水坡上部湿润饱和，造成滑坡；心墙坝的砂壳填筑不好，蓄水后产生较大湿陷；土坝加高培厚，新旧坝体之间结合不好，渗水饱和后造成背水坡滑坡
	管理	库水位下降速度过快，上游坝体不能及时排水，形成较大的渗透压力，造成坝坡失稳；坝体土料中的细颗粒堵塞了排水体，浸润线抬高，土体饱和度增加，抗剪强度降低；坝后减压设施堵塞，坝基渗透压力和浮托力增加
	其他	强烈地震引起坝体滑坡；持续大暴雨，使坝体土体饱和，风浪淘刷破坏护坡形成陡坎；大坝附近爆破施工，坝体上部堆载过大

3）滑坡检查与判别

对滑坡的检查，除日常巡视检查外，当处于以下情况时，是滑坡的多发时期，要更加严密监视。具体包括：①高水位时期；②水位骤降时期；③持续特大暴雨时期；④蓄水时期；⑤春季解冻时期；⑥强烈地震后等。

滑坡检查主要是通过对滑坡性裂缝进行检查观测，判断是否会发生滑坡及其具体情况。已判明将发生滑坡的大坝，需查清滑坡体范围，查清是浅层滑动还是深入坝基的深层滑动。

此外，对于坝体滑坡，一般可以根据经常性检查、观察的情况，并结合安全监测资料分析结果，从以下几个方面进行分析判断：

① 根据裂缝形状进行判断。滑动裂缝主要特征表现为：主裂缝两端有向坝坡下部逐渐弯曲趋势，同时主裂缝两侧出现错动。

② 根据裂缝发展规律进行判断。滑动性裂缝初期发展缓慢，后期逐渐加快。

③ 根据坝坡位移规律进行判断。坝坡在短时间内出现持续而显著的位移时，特别是伴随有裂缝现象时，坝坡下部水平位移大于上部水平位移，其中坝坡下部垂直位移向上，上部垂直位移向下。

④ 根据浸润线监测成果进行判断。当库水位相近而测压管水位逐渐升高时需进行特别关注。

⑤ 根据孔隙水压力监测成果进行判断。如实测孔隙压力系数高于设计值时，对坝坡稳定不利，需及时进行坝坡稳定复核，并做出滑坡判断。

（3）大坝坝体和坝基异常渗漏

土石坝具有一定透水性。水库蓄水后在水压力作用下，库水会通过坝体、坝基、坝肩孔隙，或其之间的接触面，或大坝与输（泄）水建筑物之间接触面等渗出，称之为渗漏。若渗水从坝后排水体或坝后基础中渗出，清澈见底、不含土粒，且渗漏量变化很小，有时还会有所减少，属正常渗漏；若从其他部位渗出，则可能属于异常渗漏。如果渗水量过大，或出逸点过高，坝下游出现散浸（渗水）、集中渗漏、流土、管涌等异常渗漏情况，则需及时查明原因并处理。因此，在水库检查和观测工作中，发现土坝渗水，既不能疏忽大意，也不能草木皆兵，将所有渗漏情况都列为隐患或病险。土坝渗漏按其发生部位，可分为坝体渗漏、坝基渗漏和绕坝渗漏。其中坝体异常渗漏可分为散浸和集中渗漏。

1）散浸

由于土石坝的透水性，库水必定会渗入坝体，使得坝体形成上干下湿两部分，干湿分界线即为浸润线。在持续高水位情况下，若土坝存在土料选择不当、夯实不密实、施工质量差等问题，渗透到坝体内部的水就会较多，浸润线也随之抬高，此时下游坡渗水出逸点也相应抬高，可能在排水体以上出逸，使出逸点以下局部土体湿润或软化，甚至在坝坡面形成细小、分布广的渗流，使下游坝面形成大片散浸区，即为散浸，也称渗水。散浸是土坝较常见的险情之一，若不及时处理，可能会发展成集中渗漏、塌坑等险情，甚至会引起下游滑坡。造成坝体散浸的主要原因包括以下几方面：

① 坝体填筑质量差，如土料透水性大、有杂质，碾压不实，土体内有大的干土块（或冻土块），夹有沙层（透水性强），施工分段接头搭接不紧密等。

② 高水位持续时间长。

③ 坝坡较陡，坝体单薄，浸润线抬高。

④ 坝后排水反滤失效（如淤泥堵死）或施工质量差，浸润线抬高。

2）集中渗漏

由于各种原因，大坝存在裂缝、孔隙、强透水层等薄弱环节，在高水位情况下，下游坡或坝脚附近出现横贯坝体或坝基的渗漏孔洞，形成成股水流，称为集中渗漏，也叫漏洞。集中渗漏通常会带走坝体土粒，长时间不处理易形成管涌，甚至淘成孔穴，逐渐形成塌坑。心墙或斜墙等防渗体被击穿形成的集中渗漏、大坝与坝下涵管等建筑物接触面形成的集中渗漏，均是严重的渗漏问题，易出现重大险情，需慎重对待、及早处理。如集中渗漏出流浑水，或由清变浑，或时清时浑，均表明渗漏正在迅速扩大。造成集中渗漏的主要原因包括以下几方面：

① 坝体填筑质量差。如土料透水性大、有杂质，碾压不实，土体内有大的干土块（或冻土块），夹有沙层（透水性强），施工分段接头搭接不紧密等。

② 坝体内存在生物洞穴等隐患，如白蚁、老鼠、蛇等动物在坝体内打洞、筑巢等。

③ 大坝与输水洞、溢洪道等建筑物接触面的填土质量差、不密实，或建筑物接触部位出现损坏。

④ 由坝体不均匀沉陷引起的横向裂缝、心墙的水平裂缝等造成。

3）坝基渗漏

在反滤排水体附近或排水沟以外的地面，有明显的渗水出逸或冒水翻砂或沼泽化（芦草茂盛）等现象，属坝基渗漏。坝基渗漏通常有可能导致坝下游坡脚附近发生管涌或流土。管涌发生时，水面出现翻花，随着库水位升高，持续时间延长，险情不断恶化。大量涌水翻沙使坝基土壤骨架破坏，孔道扩大，基土被淘空，引起建筑物塌陷，造成垮坝事故。流土是指在渗流作用下，使坝基的局部土体表面隆起或大块土体松动而随渗水流失。造成坝基渗漏的主要原因包括以下两方面：

① 清基不彻底或未清基。施工时未将杂草、树根、碎石等杂物清除干净，致使坝体及基础接合面产生渗漏。

② 坝基未进行防渗或防渗措施不到位。

4）绕坝渗漏

坝下游两端与岸坡连接处或附近岸坡有明显的渗水出逸，属绕坝渗漏。造成绕坝渗漏的主要原因包括以下两方面：

① 两岸地质条件差，岩体破碎，节理发育、透水性大。

② 岸坡未设截水槽，或截水槽深度不够，夯压不密实，施工中岸坡开挖不符合要求，与岸坡接合不好。

土石坝渗漏的类型及特征见表 2.4-6。

表 2.4-6　土石坝渗漏分类及特征表

分类	渗漏类别	渗漏特征
按渗漏的部位	坝体渗漏	渗漏的出逸点均在背水坡面或坡脚，其出逸现象有散浸（坝坡湿润）和集中渗漏
	坝基渗漏	渗水通过坝基的透水层，从坝脚或坝脚以外的覆盖层的薄弱部位出逸。如坝后沼泽化、流土和管涌等
	接触渗漏	渗水从坝体、坝基、岸坡的接触面或坝体与刚性建筑物的接触面通过，在坝后相应的部位出逸
	绕坝渗漏	渗水通过坝端山体未挖除的坡积层、岩石裂缝、溶洞和生物洞穴等从下游岸坡出逸
按渗漏的现象	散浸	坝体渗漏部位呈湿润状态，随时间延长可使土体饱和软化，甚至在坝下游坡面形成细小而分布较广的水流
	集中渗漏	渗水可从坝体、坝基或两岸山体的一个或几个孔穴集中流出。有无压流或射流两种。有清水也有浑水

土石坝渗漏形成的主要原因见表 2.4-7。

表 2.4-7　土石坝渗漏形成的主要原因

分类		成因
坝体渗漏	设计	坝体单薄，边坡太陡，渗水从滤水体以上出逸；防渗体设计断面不足；与下游坝体缺乏良好的过渡层，使防渗体破坏而渗漏；坝下埋管强度不足；埋管位于性质差异较大的地基时未做特殊处理，造成管身断裂；埋管管身未做截水环或截水环尺寸不足；坝后滤水体排水效果不良；对下游可能出现的洪水倒灌无防护措施，泄洪时滤水体被淤塞，迫使坝体浸润线抬高，渗水从坡面出逸
	施工	分层填筑时碾压层太厚，碾压不密实，致使每层填土上部密实而下部疏松，形成水平渗漏通道；填料含砂砾太多，渗透系数过大；未控制好填料含水量，碾压未达到设计要求的密实度；分段填筑时，由于土层厚薄不同，上升速度不一致，相邻两段的接合部分少压或漏压，形成松土带；取土不合理，将透水性较小的土料填在下部，透水性较大的土料填在上部，致使浸润线与设计不符，渗水从坝坡出逸；冬季施工时，未对冻土做彻底处理，冻土被填在坝体内，形成软弱夹层；滤水体施工时，砂石料质量不好，级配不合理，或滤层材料铺设混乱，或被削坡弃土堵塞，使得滤水体作用降低或失效
	其他	白蚁及其他动物危害；地震引起的贯穿性裂缝

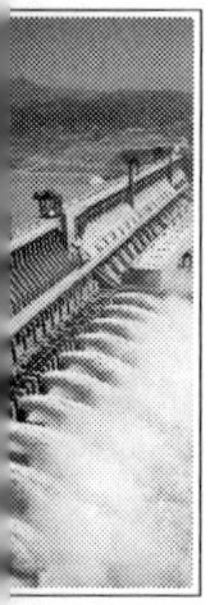

续表

分类		成因
坝基渗漏	设计	勘探深度不够，设计时未能采取有效防渗措施；防渗措施不满足抗渗要求；黏土铺盖与透水砂砾石地基之间未设有效的滤层，铺盖在渗水压力作用下破坏；对天然铺盖了解不够，薄弱部位未做补强处理
	施工	水平铺盖和垂直防渗设施施工质量较差；管理不善，在库内任意取土，造成天然铺盖受损；基岩的强风化和破碎带未处理，截水墙未深入至新鲜基岩上；基岩上部的冲积层未按设计要求彻底清理干净
	管理	库水位消落，黏土铺盖裸露暴晒出现开裂，或在铺盖上取土或打桩；减压井或其他防渗措施养护维修不善，出现问题后未及时处理；坝后任意取土
接触渗漏		基础处理不好，未做接合槽或做得不彻底；坝肩接合部分坡面太陡，且清基不彻底，或未做防渗刺墙；埋管、闸墙等混凝土与坝体接合处因施工条件不好，回填质量差，或未做截水环（墙）及其他止水措施
绕坝渗漏		岸坡存在渗水通道；岸坡天然铺盖被破坏；溶洞及生物洞穴或植物腐烂形成孔洞

5）渗漏检查与判别

渗漏现象一般用肉眼可以观察到。因此，需对土石坝渗漏情况进行经常性检查、观察。发现异常渗漏情况及时分析渗漏原因，并采取必要修理措施予以整治。若土石坝发生散浸、漏水、翻砂冒水、砂沸、管涌流土或沼泽化、塌坑、浑水等现象，上游发生漩涡、翻泡、塌坑等现象，可判定为异常渗漏。此外，对坝后渗流进行观察，发现以下现象时，可能存在异常渗漏。具体如下：

① 观察坝后渗出的水色、部位和表面现象。若是清澈见底、不含土颗粒，一般为正常渗漏。若渗水由清变浊，或明显可见土颗粒，则属于异常渗漏。

② 坝脚出现集中渗漏，若渗漏量剧增，或渗水突然变浑浊，则是坝体发生渗漏破坏的征兆。若渗漏量突然减少和中断，可能是渗漏通道顶壁坍塌引起的暂时堵塞，是坝体渗漏破坏进一步恶化的征兆。

③ 滤水体以上坝坡渗水均属异常渗漏。

④ 渗水颜色为红色、黑色等，可能是渗水带出土料中的矿物质，会引起渗透破坏或堵塞滤水体。

此外，还可根据安全监测资料分析成果进行异常渗漏判断。具体如下：

① 根据库水位、测压管水位、渗漏量等过程线及库水位与测压管水位关系曲线、库水位与渗漏量关系曲线来判断渗漏情况。

② 库水位相同情况下，渗漏量不变或逐年减少为正常渗漏。渗漏量随时间增加而增大，甚至发生突然变化，属于异常渗漏。

（4）坝体塌坑修理

1）常见塌坑隐患检查

在持续高水位情况下，在坝顶、上下游坡、坝脚等部位突然发生局部下陷而形成的险情，称为塌坑（或跌窝）。塌坑既破坏坝体完整性，又有可能缩短渗径，有时还伴有渗漏、管涌、流土等险情，危及大坝安全。

① 塌坑成因。

塌坑产生的原因主要包括以下几方面：

a. 施工质量差，土坝分段施工，接头处未处理好，夯压不实。

b. 基础、两岸边坡未处理或处理不彻底。

c. 坝体与输水涵管和溢洪道接合部填筑质量差，在高水头渗透水流的作用下，或砂壳浸水湿陷，形成塌坑。

d. 坝身有隐患，如白蚁的蚁穴、蚁路等形成的空洞，遇高水头的浸透或暴雨冲蚀，周围土体湿软下陷，形成塌坑。

e. 伴随坝基管涌渗水或坝身漏洞的形成，未能及时发现和处理，使坝身或基础内的细土料局部被渗透水流带走、架空，最后上部土体支撑不住，发生下陷，也能形成塌坑。

② 塌坑检查。

塌坑现象肉眼极易观察到，除风浪淘刷和白蚁洞穴引起的塌坑外，大部分塌坑多由渗流破坏而引起。因此，要从引起渗漏现象的原因来检查塌坑可能发生的部位。例如进水塔（竖井或卧管）附近、坝体内涵洞轴线附近，可能因管道断裂漏水而引起塌坑；反滤坝趾上游坝坡部位，可能因反滤坝发生破坏而引起塌坑；坝体与山坡接合不良产生绕坝渗漏而引起塌坑等。

发现塌坑后要做好记录。记录塌坑发生的时间、直径大小、形状和深度、相对位置、高程、洞内渗水情况等，绘出草图，必要时进行拍照。

2）塌坑的处理

对于局部塌陷或湿陷塌陷，若无其他异常现象发生，则在条件允许情况下，可采用翻挖填土夯实方法处理。若塌坑伴有渗漏、管涌等现象，可采用填筑反滤导渗材料办法处理。当水位较高，施工困难，一时难以查明原因时，可进行临时性回填处理，防止险情扩大，稳定后适时进行加固处理。常用处理措施主要有翻填夯实、填塞封堵、填筑滤料等。

① 翻填夯实。

凡是在条件许可情况下，且未伴随管涌、渗水或漏洞等险情时，均可采用此法。具体做法是先将塌坑内的松土翻出，然后按原坝体部位要求的土料回填。若有护坡，必须按垫层和块石护砌的要求，恢复原坝状。

② 填塞封堵。

发生在上游坡的水下塌坑，凡是不具备降低水位或水深较浅的情况下，均可采用此法。使用草袋、麻袋或编织袋装黏土直接在水下填实塌坑。必要时可再抛投黏性土，加以封堵和帮宽堤身，以免在陷坑处形成渗水通道。

③ 填筑滤料。

塌坑发生在坝下游坡，伴随管涌、渗水或有漏洞，形成跌窝时，除尽快对坝的上游坡渗漏通道进行堵截外，对塌坑可采用此法抢护。具体做法：先将塌坑内松土或湿软土清除，然后在下游坡塌坑处按导渗要求铺设反滤层，进行抢护。

2.4.2.3 安全隐患挖掘方法

通过巡视检查、原位监测以及病害调查可获得土石坝隐患病害的基本信息与数据，由于大坝工作条件和环境复杂，影响因素众多，因此有必要建立模型对以上信息进行数据融合、特征融合和决策融合，以实现对土石坝隐患病害的诊断。基于云模型和 D-S 证据理论的土石坝安全决策融合诊断模型的基本思路为：首先，建立大坝安全评价指标体系并对安全状态等级进行划分；其次，采用云模型由评价指标的实测值求解该指标相应于各安全等级的从属关系即隶属度；然后，修正各指标相应于各安全等级的隶属度，转化为D-S证据理论中的基本可信度；最后，引入权重系数进行融合计算，从而实现大坝安全多指标综合评估。

(1) 基于云模型的大坝安全评价指标隶属度的确定

通过期望 Ex、熵 En 和超熵 He 3个数字特征构建大坝安全综合评价的正态云模型 $C(Ex、En、He)$。假设 $(x_{ij}^1、x_{ij}^2)$ 是某评价指标相应于某安全等级的取值范围，则特征参数 Ex 可通过下式确定：

$$E_{xij}=\frac{x_{ij}^1+x_{ij}^2}{2} \tag{2.4-1}$$

由于 x_{ij}^1、x_{ij}^2 均属于相邻两个安全等级，因此 x_{ij}^1、x_{ij}^2 相应于相邻两个安全等级的隶属度均为0.5，即

$$\mu=\exp\left(-\frac{(x_{ij}^1-E_{xij})^2}{2E_{nij}^2}\right)=\exp\left(-\frac{(x_{ij}^1-x_{ij}^2)^2}{8E_{nij}^2}\right)=0.5 \tag{2.4-2}$$

由此得

$$E_{nij}=\frac{x_{ij}^2-x_{ij}^1}{2.355} \tag{2.4-3}$$

对于超熵 H_{eij}，可根据具体指标的模糊性与随机性由经验值获得。云模型的特征值 $(E_{xij}、E_{nij}、H_{eij})$ 确定后，由各指标实测值 x 计算确定度 μ，即可表明各评价指标在相应安全等级下的隶属度。根据超熵 He 的定义，He 可理解为实测值 x 对于某安全等级的不确定性度量，因此需取 q 个云滴求均值作为该评价指标相应于各安全等级的隶属度，如下：

$$\mu_{ij}(k)=\exp\left(-\frac{(x_k-E_{xij})^2}{2E'^2_{nij}}\right) \tag{2.4-4}$$

$$\mu_{ij}=\sum_{k=1}^{N}\frac{\mu_{ij}(k)}{q} \tag{2.4-5}$$

式中：E'_n 为以 En 为期望；He 为标准差的一个正态随机数。

大坝安全评价的各安全等级可构成识别框架，且评价指标 $e_i(i=1,2,\cdots,n)$ 隶属于各安全等级 $H_l(l=1,2,\cdots,N)$ 的隶属度也基本满足基本可信度的定义，但 $\sum_{k=1}^{N}\mu_{ij}\neq 1$，因此补充定义：

$$\begin{cases}\theta_i=1-\max(\mu_{i1},\mu_{i2},\cdots,\mu_{iN})\\ \beta_i(H_l)=(1-\theta_i)\mu_{il}/\sum_{k=1}^{N}\mu_{il}\end{cases} \tag{2.4-6}$$

(2) 评价指标权重的确定

假设有 n 个大坝安全评价指标，每一个指标有 m 次观测值，x_{ij} 是第 i 个安全评价指标的

第 j 个观测值，则评价指标矩阵 X 为：

$$X = [x_{ij}]_{m\times n} \tag{2.4-7}$$

将式(2.4-7)表示的原始矩阵进行无量纲化处理，得到标准矩阵 Y 为：

$$Y = [y_{ij}]_{m\times n} \tag{2.4-8}$$

各监测项目无量纲化处理如下：

对于坝基扬压力、坝体渗流等越小越好的监测指标，其监测数据的无量纲化公式为：

$$y_{ij} = \frac{x_{\max} - x_{ij}}{x_{\max} - x_{\min}} \tag{2.4-9}$$

式中：y_{ij} 为无量纲化处理后的值；$x_{\max}$、$x_{\min}$ 分别为某一监测指标的最大值和最小值。

对于切向位移、径向位移等适中为宜的监测指标，其监测数据的无量纲化公式为：

$$\begin{cases} y_{ij} = \dfrac{\Delta x - \Delta x_{\min}}{\Delta x_{\max} - \Delta x_{\min}} \\ \Delta x = | x_{ij} - x_i^* | \end{cases} \tag{2.4-10}$$

式中：Δx 为研究时段内第 i 个监测指标的第 j 次监测值相对于 x_i^* 的变化值；x_i^* 为某监测指标在研究时段内的均值；$\Delta x_{\max}$、$\Delta x_{\min}$ 为 Δx 的最大值与最小值。

对于越大越好的监测指标，其监测数据的无量纲化公式为：

$$y_{ij} = \frac{x_{ij} - x_{\min}}{x_{\max} - x_{\min}} \tag{2.4-11}$$

根据熵权法的定义，第 i 项安全评价指标的熵 e_i 为：

$$e_i = \frac{-1}{\ln m} \sum_{i=1}^{m} p_{ij} \ln p_{ij} \tag{2.4-12}$$

式中：

$$p_{ij} = y_{ij} \Big/ \sum_{i=1}^{m} y_{ij} \tag{2.4-13}$$

引入差异系数 d_i：

$$d_i = 1 - e_i \tag{2.4-14}$$

d_i 越大，表示该指标提供的信息量越大，指标权重也应越大。

大坝安全评价中各评价指标的权重 w_i 为：

$$w_i = d_i \Big/ \sum_{i=1}^{n} d_i \tag{2.4-15}$$

式中：$0 \leqslant w_i \leqslant 1$；$\sum_{i=1}^{n} w_i = 1$。

(3) 基于 D-S 证据理论的大坝安全综合评价

1) 建立大坝安全评价的评语集 $H=\{H_1, H_2, \cdots, H_N\}$ 和子系统指标 $E=\{E_1, E_2, \cdots,$

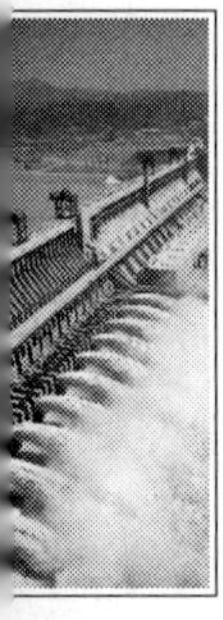

$E_p\}$，子系统指标 $E_j(j=1,2,\cdots,p)$中包含有底层指标集 $e(n)=\{e_1^j,e_2^j,\cdots,e_n^j\}$。

2）确定各层指标的权重。

3）确定底层各指标对评语 $H_l(l=1,2,\cdots,N)$的基本可信度 $\beta_i^j(H_l)(i=1,2,\cdots,n)$。

4）引入权重系数，修正各层指标的基本可信度赋值。称各指标中权重最大的指标为关键指标，其他为非关键指标。若关键指标为 e_{ik}^j，则其基本可信度分配为：

$$m(H_l \mid e_{ik}^j)=\alpha_{ik}\beta_{ik}^j(H_l) \tag{2.4-16}$$

$$m(H \mid e_{ik}^j)=1-\sum_{l=1}^{N}m(H_l \mid e_{ik}^j) \tag{2.4-17}$$

式中：$(H|e_{ik}^j)$为完全不确知的基本可信度分配；α_{ik} 为关键指标在指标集中的重要程度，常取0.9。

若 e_{ik}^j 为非关键指标，引入权重规范化值 λ，将非关键指标的权重进行规范处理，则其基本可信度分配的构造如下：

$$m(H_l \mid e_{ik}^j)=\lambda\alpha_{ik}\beta_{ik}^j(H_l) \tag{2.4-18}$$

$$m(H \mid e_{ik}^j)=1-\sum_{l=1}^{N}m(H_l \mid e_{ik}^j) \tag{2.4-19}$$

式中：$\lambda=\frac{\omega_{ik}}{\omega_{im}}$；$\omega_{ik}$ 为非关键指标的权重；ω_{im} 为关键指标的权重。

5）对于子系统指标 $E_j(j=1,2,\cdots,p)$中假设包含指标集 $I(n)=\{e_1^j,e_2^j,\cdots,e_n^j\}$，则用证据理论结合准则产生的综合的基本可信度分配为：

$$m_{I(n)}^l=m(H_l \mid I(n)) \quad l=1,2,\cdots,N \tag{2.4-20}$$

$$m_{I(n)}^\theta=m(H \mid I(n)) \tag{2.4-21}$$

式中，$m_{I(n)}^l$ 为指标集 $I(n)$中所有指标关于 H_l 的基本可信度分配；$m_{I(n)}^\theta$ 表示指标集 $I(n)$中所有指标完全不确知的基本可信度分配。

对于 $I(2)=\{e_1^j,e_2^j\}$的综合，由证据理论的结合准则可得：

$$m_{I(2)}^q=k_{I(2)}(m_1^q m_2^q+m_1^q m_2^\theta+m_1^\theta m_2^\theta) \quad l=1,2,\cdots,N \tag{2.4-22}$$

$$m_{I(2)}^\theta=k_{I(2)}m_1^\theta m_2^\theta \tag{2.4-23}$$

$$k_{I(2)}=(1-\sum_{t=1}^{N}\sum_{l\neq t}m_1^t m_2^l)^{-1} \tag{2.4-24}$$

由于 $m_{I(1)}^q=m_1^q(l=1,2,\cdots,N)$及 $m_{I(1)}^\theta=m_1^\theta$，所以利用类似方法综合 $I(l+1)=\{e_1^j,e_2^j,\cdots,e_{l+1}^j\}$，得到如下的递推公式：

$$m_{I(l+1)}^l=k_{I(l+1)}(m_{I(l)}^q m_{l+1}^q+m_{I(l)}^q m_{l+1}^\theta+m_{I(l)}^\theta m_{l+1}^q) \quad l=1,2,\cdots,N \tag{2.4-25}$$

$$m_{I(l+1)}^\theta=k_{I(l+1)}m_{I(l)}^\theta m_{l+1}^\theta \tag{2.4-26}$$

$$k_{I(l+1)}=(1-\sum_{t=1}^{N}\sum_{l\neq t}m_{I(l)}^t m_{l+1}^l)^{-1} \tag{2.4-27}$$

在上式中，当 $l=n-1$ 时就得到子系统指标 $E_j(j=1,2,\cdots,p)$ 中所有底层指标基本可信度分配综合函数，记此函数为 m，则有：

$$m(\{H_l\}) = m_{I(n)}^{l} \quad l = 1,2,\cdots,N \tag{2.4-28}$$

$$m(H_l) = m_{I(n)}^{\theta} \tag{2.4-29}$$

且有 $m(A)=0, \forall A \neq \{H_l\}, l=1,2,\cdots,N; A\neq H$。

6）同理可由步骤5)综合子系统指标 $E_j(j=1,2,\cdots,p)$ 的基本可信度分配得到整个系统的基本可信度分配，即整个系统在评语集 $H=\{H_1,H_2,\cdots,H_N\}$ 上的基本可信度分配为 $m^l(l=1,2,\cdots,N)$。

2.4.3　坝坡修理

坝坡修理可分为临时性紧急抢护和永久性加固修理。临时性紧急抢护可采用砂袋压盖、抛石、石笼、混凝土模袋等方法；永久性加固修理可采用填补翻修、干砌石缝黏结、混凝土盖面加固、混凝土框格加固、沥青渣油混凝土护坡等方法。坝坡破坏经临时紧急抢修而趋于稳定后，应尽快进行永久性加固修理。修理时宜首先考虑在现有基础上填补翻修，如填补翻修不足以防止局部破坏，可采取包括改变护坡形式在内的其他修理措施。

2.4.3.1　砌石护坡修理

砌石护坡包括干砌石护坡、浆砌石护坡、条石护坡和混凝土灌砌块石护坡。

（1）修理方法

根据砌石护坡损坏的轻重程度，可采用下列方法进行修理：

1）护坡发生局部松动、塌陷、隆起、底部淘空、垫层流失等情况时，进行填补翻修。

2）护坡局部被破坏淘空，导致上部护坡滑动坍塌时，可增设阻滑齿墙。

3）对于护坡石块较小，不能抗御风浪冲刷的干砌石护坡，可采用细石混凝土灌缝和浆砌或混凝土框格加固；对于厚度不足、强度不够的干砌石护坡或浆砌石护坡，可在原砌体上部浇筑混凝土盖面，增强抗冲能力。

4）沿海台风地区和北方严寒冰冻地区，为抵御大风浪和冰层压力，修理时应按设计要求的块石粒径和石料竖砌；若无大粒径石料，可采用细石混凝土填缝或框格结构加固。严寒冰冻地区应在坝坡土体与砌石垫层之间增设一层用非冻胀材料铺设的防冻保护层，防冻保护层厚度应大于当地冻层深度。

（2）材料要求

1）护坡石料应选用石质良好、质地坚硬、不易风化的新鲜石料，不应选用页岩作护坡块石；石料几何尺寸应根据大坝所在地区的风浪大小和冰冻程度确定。

2）垫层材料应选用具有良好的抗水性、抗冻性、耐风化和不易被水溶解的砂砾石、卵石或碎石，粒径和级配根据坝壳土料性质选定。

3）浆砌材料中水泥标号不低于32.5号；砂料应选用质地坚硬、清洁、级配良好的天然沙或人工砂；天然沙含泥量应低于5%，人工砂石粉含量应低于12%。

（3）坡面处理要求

1）清除需要翻修部位的块石和垫层时，应保护好未损坏的部分砌体。

2）修整坡面，要求无坑凹，坡面密实平顺；如有坑凹，应用与坝体相同的材料回填夯实，并与原坝体接合紧密、平顺。

3）严寒冰冻地区应在坝坡土体与砌石垫层之间增设一层用非冻胀材料铺设的防冻保护层；防冻保护层厚度应大于当地冻层深度。

4）西北黄土地区粉质壤土坝体，回填坡面坑凹时，应选用重黏性土料回填。

（4）垫层铺设要求

1）垫层厚度应根据反滤层的原则设计，一般厚度为 0.15～0.25 m；严寒冰冻地区垫层厚度应大于冻层深度。

2）根据坝坡土料的粒径和性质，按照《碾压式土石坝设计规范》（SL 274）设计垫层的层数及各层粒径，由小到大逐层均匀铺设。

（5）铺砌石料要求

1）砌石应以原坡面为基准，在纵、横方向挂线控制，自下而上，错缝竖砌，紧靠密实，塞垫稳固，大块封边，表面平整，注意美观。

2）浆砌石应先坐浆，后砌石；无冰冻地区水泥砂浆标号应不低于 M5，冰冻地区应不低于 M10；砌缝内砂浆应饱满，缝口应用比砌体砂浆高一等级的砂浆勾平缝；修补完成后应洒水养护。

（6）浆砌框格或阻滑齿墙要求

1）浆砌框格护坡一般应做成菱形或正方形，框格用浆砌石或混凝土筑成，其宽度一般不小于 0.5 m，深度不小于 0.6 m。冰冻地区按防冻要求加深，框格中间砌较大石块，框格间距视风浪大小确定，一般不小于 4 m，并每隔 3～4 个框格设变形缝，缝宽 1.5～2.0 cm。

2）阻滑齿墙应沿坝坡每隔 3～5 m 设置一道，平行坝轴线嵌入坝体；齿墙宽度不宜小于 0.5 m，深度不宜小于 1.0 m（含垫层厚度）；沿齿墙长度方向每隔 3～5 m 预留 1 个排水孔。

（7）细石混凝土灌缝要求

1）灌缝前清除块石缝隙内的泥沙、杂物，并用水冲洗干净。

2）灌缝时缝内灌满捣实，并抹平缝口。

3）每隔适当距离预留一狭长缝口不灌注，作为排水出口。

（8）混凝土盖面要求

1）护坡表面及缝隙应清洗干净。

2）混凝土盖面厚度根据风浪大小确定，厚度宜为 5～7 cm。

3）混凝土强度等级参考《水工混凝土结构设计规范》（SL 191）的要求，无冰冻地区混凝土标号不低于 C10；严寒冰冻地区不低于 C15，并应考虑抗冻要求。

4）盖面混凝土应自下而上浇筑并捣实；每隔 3～5 m 设置 1 条变形缝。

5）若原护坡垫层遭破坏时，应先补做垫层，修复护坡后再加盖混凝土。

2.4.3.2　混凝土护坡修理

（1）混凝土护坡包括现浇混凝土护坡和预制混凝土块护坡。根据护坡损坏情况，可采用局部填补、翻修加厚、增设阻滑齿墙和更换预制块等方法进行修理。

（2）当护坡发生局部断裂破碎时，可采用现浇混凝土局部填补，填补修理施工要求如下：

1）凿除破损部分时应保护好完好的部分。

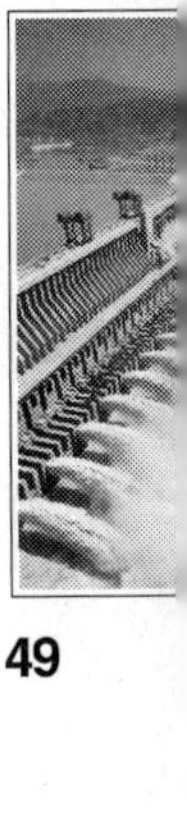

2）新旧混凝土接合处须凿毛清洗干净。

3）新填补的混凝土标号应不低于原护坡混凝土的标号。

4）严格按照混凝土施工规范拌制混凝土，在接合处先铺1～2 cm厚砂浆，再填筑混凝土；填补面积大的混凝土应自下而上浇筑并捣实。

5）新浇混凝土表面应收浆抹光，洒水养护。

6）处理好伸缩缝和排水孔。

7）护坡垫层遭受淘刷致使护坡损坏时，修理前应按设计要求将垫层修补好；严寒冰冻地区垫层下还应增设防冻保护层。

（3）当护坡破碎面积较大、护坡混凝土厚度不足、抗风浪能力差时，可采用翻修加厚混凝土护坡的方法，修理施工要求如下：

1）按满足承受风浪和冰推力的要求重新设计，确定护坡尺寸和厚度。

2）原混凝土板面应凿毛清洗干净，先铺一层1～2 cm厚的水泥砂浆，然后再浇筑混凝土盖面。

3）按设计要求处理好伸缩缝和排水孔。

（4）当护坡出现滑移现象或基础淘空、上部混凝土板坍塌下滑时，可采用增设阻滑齿墙的方法修理，修理施工要求如下：

1）阻滑齿墙应平行坝轴线布置，并嵌入坝体。

2）严寒冰冻地区，应在齿墙底部及两侧增填防冻保护层。

3）齿墙两侧应按原坡面平整夯实，铺设垫层后重新浇筑混凝土护坡板，并处理好与原护坡板的接缝。

（5）更换预制混凝土板时的施工要求如下：

1）拆除破损部分预制板时，保护好完整部分。

2）垫层按符合防止冲刷的要求铺设。

3）更换的预制混凝土板须铺设平稳、接缝紧密。

2.4.3.3 抛石护坡修理

1）修理前应仔细检查堆石体底部垫层是否被冲刷。如被冲刷，应按滤料级配铺设垫层，厚度应不小于0.3 m。

2）抛石法回填护坡时，堆石中应有一半以上的石块达到设计要求的直径。

3）抛石应按照先小石后大石的顺序进行，保证面层以大石为主。

4）所用块石应质地坚硬、密实、不风化、无裂缝和尖锐棱角。

5）抛石的质量和厚度应符合《碾压式土石坝设计规范》(SL 274)的规定。

2.4.3.4 草皮护坡修理

（1）当护坡的草皮遭雨水冲刷流失和干枯坏死时，可采用添补、更换方法进行修理；修理时，应按照准备草皮、整理坝坡、铺植草皮和洒水养殖的工艺流程进行施工。

（2）添补更换草皮时，应满足以下要求：

1）添补的草皮应就近选用，草皮种类应选择低茎蔓延的爬根草，不得选用茎高叶疏的草。

2）补植草皮时，应带土成块移植，移植时间以春、秋两季为宜。

3）移植时，应扒松坡面土层，洒水铺植，贴紧拍实，定期洒水，确保成活。坝坡若是沙土，则先在坡面铺一层壤土，再铺植草皮。

(3) 当护坡草皮中有大量的茅草、艾蒿、霸王英等高茎杂草或灌木时，可采用人工挖除或使用化学药剂的方法清除杂草；使用化学药剂时，应防止污染库水。对于化学药剂，本书根据工程经验，推荐使用草甘膦除草剂，但使用的过程中，应当注意药液的配比，一般草甘膦与清水的比为 1∶2～1∶4，如果需要增强药液附着力，可在每千克药液中参配 0.2 kg 洗衣粉；同时还要注意施药时间的选择，一般以杂草生长旺盛至成熟的 7—8 月为好，喷药时间要选择露水干后的晴热高温天气，这样有利于药液的吸收和传导；此外一般采用喷雾器均匀喷洒以使得杂草叶面附满水珠为宜；一般以喷药后的 7～10 d，杂草开始凋萎枯黄，半月后根系腐烂死亡这一现象作为药效检验的参考。

2.4.3.5 特殊气候特殊环境下的修理

一些特殊气候以及特殊环境下的护坡养护修理，相关地区和工程已有很好的处理措施。如，严寒冰冻地区大坝护坡的养护修理，东北地区有很多好的经验：①护坡尺寸和厚度应满足承受风浪和冰推力的要求；②垫层应满足防止冲刷、管涌的要求；③坝体如为黏土时，应在其中修一层防冻保护层。沿海台风地区大风浪是大坝护坡损坏的重要因素，海南、广东、福建等省对护坡抗御大风浪都有很好的经验，主要是用大块径、大重量的石料，竖砌紧密。西北地区有许多粉砂壤土的坝体，易受雨水冲刷和风的侵蚀，对坝体的保护，山西、陕西等省也有许多好经验，主要是在坝体表面加做黏性土保护层和加强坝面排水设施，尤其是要在下游坝肩做纵向排水沟，防止雨水直接冲刷坝坡。

2.4.4 混凝土面板修理

混凝土面板常用于堆石坝上游面的防渗，如位于湖北省宜昌市的西北口水库大坝即为钢筋混凝土面板堆石坝，采用面板防渗。其常见的损坏为面板裂缝。据统计，该面板已发生裂缝 257 条，经过修理的有 134 条，缝宽小于 3 mm 的未作处理。采用的处理方法多为表面涂抹、表面粘补和凿槽嵌补。又如株树桥水库大坝为钢筋混凝土面板堆石坝，最大坝高 78 m，1990 年蓄水后出现渗漏，且面板下部出现脱空现象，经分析认证后，对面板脱空采取了两个处理方式：对面板出现破损且需重新浇筑混凝土的部位，采用回填改性垫层料的方法进行处理，然后浇筑混凝土；对于脱空严重但面板较为完整的部位，采用凿孔充填灌浆的方法进行修理。综上，混凝土面板坝的面板修理根据面板裂缝和损坏情况，通常采用表面涂抹、表面粘补、凿槽嵌补等方法修理。当面板出现局部裂缝或破损时，可采用水泥砂浆、环氧砂浆、H52 系列特种涂料等防渗堵漏材料进行表面涂抹；当面板出现的裂缝较宽或伸缩缝止水遭破坏时，可采用表面粘补或凿槽嵌补方法修理。

对于面板挤压破坏的修理，应在变形趋于稳定后，凿除损坏的混凝土，采用与面板同等级混凝土修复。与此同时，在面板结构缝中填充柔性材料。

对于面板脱空的修理，应在分析论证后采用合适的材料进行回填处理。脱空尚未引起面板损坏时，可采用钻孔充填掺加适量粉煤灰的水泥砂浆进行修补；脱空引起面板损坏时，应凿除破损混凝土，并采用掺加一定比例水泥的改性垫层料回填，然后用同等级混凝土修复面板。

2.4.4.1　表面涂抹技术

（1）表面涂抹水泥砂浆

采用水泥砂浆进行表面涂抹修理裂缝时，施工要求如下：

① 一般将裂缝凿成深 2 cm、宽 20 cm 的毛面，清洗干净并洒水保持湿润。

② 处理时先采用纯水泥浆涂刷一层底浆，再涂抹水泥砂浆，最后压实、抹光。

③ 涂抹后应及时进行洒水养护，并防止阳光直晒或冬季受冻。

④ 水泥标号不低于 32.5 号；水泥砂浆配比可采用 1∶1～1∶2。

（2）表面涂抹环氧砂浆

采用环氧砂浆进行表面涂抹修理裂缝时，施工要求如下：

① 沿裂缝凿槽，一般槽深 1.0～2.0 cm，槽宽 5～10 cm，槽面应尽量平整，并清洗干净，要求无尘粉、无软弱带、坚固密实，待干燥后用丙酮涂抹一遍。

② 涂抹环氧砂浆前先在槽面用毛刷涂刷一层环氧基液薄膜，要求涂刷均匀，无浆液流淌堆积现象；已涂刷基液部位应注意保护，严防灰尘、杂物掉入；待基液中气泡消除后，再涂抹环氧砂浆，间隔时间一般为 30～60 min。

③ 环氧砂浆涂抹应分层均匀铺摊，每层厚度一般为 0.5～1.0 cm，用铁抹反复用力压抹，使其表面翻出浆液，如有气泡应刺破压实；表面用烧热（不要发红）的铁抹压实抹光，并与原混凝土面齐平，接合紧密。

④ 环氧砂浆涂抹完后在表面覆盖塑料布及模板，再用重物加压，使环氧砂浆与混凝土接合完好，养护时应控制温度，一般养护温度以 20℃±5℃为宜，避免阳光直接照射。

⑤ 环氧砂浆涂抹施工应在气温 15～40℃的条件下进行。

⑥ 环氧砂浆配比应根据修理对象和条件，按设计要求配制。

⑦ 环氧砂浆每次配制数量应根据施工能力确定，做到随用随配。

⑧ 施工现场须通风良好，施工人员须戴口罩和橡皮手套操作，严禁皮肤直接接触环氧材料；使用工具及残液不得随便抛弃或投入水库中，以防水质污染和发生中毒事故。

（3）防渗堵漏涂料

采用 H52 系列防渗堵漏涂料处理面板裂缝时，施工要求如下：

① 混凝土表面处理时应铲除疏松物，清除污垢；沿裂缝一般凿成深 0.5 cm、口宽 0.5 cm 的“V”形槽，裂缝周围 0.2 m 范围内的混凝土表面轻微加糙。

② 涂料配制应搅拌均匀，若发现颗粒和漆皮，需用 80～120 目的铜丝网或不锈钢丝网过滤。

③ 涂料采用毛刷涂抹，直接分次分层均匀涂刷于裂缝处混凝土表面，每次间隔 1～3 h。

④ 涂料配制数量根据施工能力和用量确定，每次配料应在 1 h 内用完。

⑤ 涂料未干前应避免受雨水或其他液体冲洗和人为损坏。

⑥ 涂料应存放于温度较低、通风干燥处，并远离火源、避免日光直接照射；涂料配制地点和施工现场应通风良好；施工人员操作时应戴口罩和橡皮手套。

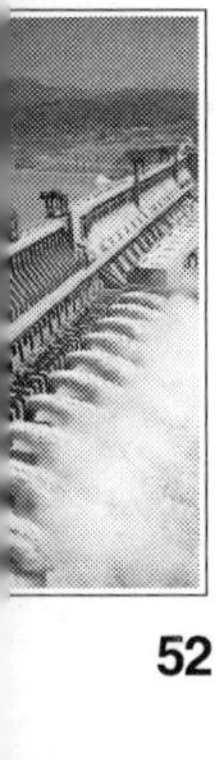

2.4.4.2　表面粘补技术

表面粘补材料应根据具体情况和工艺水平，选用橡皮、玻璃布等止水材料及相应胶粘剂进行表面粘补。具体如下：

（1）表面粘补橡皮

采用橡皮进行表面粘补时，应满足以下要求：

① 粘贴前应进行凿槽，一般槽宽 14～16 cm，槽深 2 cm，长度超过损坏部位两端各 15 cm，并清洗干净，保持干燥。

② 基面找平。在干燥后的槽面内，先涂刷一层环氧基液，再用膨胀水泥砂浆找平，待表面凝固后，洒水养护 3 d。

③ 粘贴前橡皮的处理。按需要尺寸准备好橡皮，先放入比重为 1.84 的浓硫酸液中浸 5～10 min，再用水冲洗干净，待晾干后才能粘贴。

④ 粘贴橡皮。先在膨胀水泥砂浆表面涂刷一层环氧基液，再沿伸缩缝走向放一条高度与宽度均为 5 mm 的木板条，其长度与损坏长度一致；再按板条高度铺填一层环氧砂浆，然后将橡皮粘贴面涂刷一层环氧基液，从伸缩缝处理部位的一端开始，将橡皮铺贴在刚铺填好的环氧砂浆上，铺贴时要用力压实，直至环氧砂浆从橡皮边缘挤出来为止。

⑤ 加重加压。在粘贴好的橡皮表面盖上塑料布，再堆沙加重加压，增强黏结质量。

⑥ 护面。待粘贴的环氧砂浆固化后，撤除加压物料，沿橡皮表面再涂刷一层环氧基液，其上铺填一层环氧砂浆，并用铁抹压实抹光，表面与原混凝土面齐平。

(2) 表面粘补玻璃布

采用玻璃布进行表面粘补时，应满足下列要求：

① 粘补前应对玻璃布进行除油蜡处理；可将玻璃布放置在碱水中煮沸 0.5～1 h，用清水漂净，然后晾干待用。

② 将混凝土表面凿毛，并冲洗干净；凿毛面宽 40 cm，长度应超过裂缝两端各 20 cm；待凿毛面干燥后，用环氧砂浆抹平。

③ 玻璃布粘贴层数视具体情况而定，一般 2～3 层即可，事先按需要尺寸将玻璃布裁剪好，第一层宽 30 cm，长度按裂缝实际长度加两端压盖长各 15 cm，第二、三层每层长度递增 4 cm，以便压边。

④ 玻璃布的粘贴，应先在粘贴面均匀刷一层环氧基液，然后将玻璃布展开拉直，放置于混凝土面上，用刷子抹平玻璃布使其贴紧，并使环氧基液浸透玻璃布，接着再在玻璃布上刷环氧基液；按同样方法粘贴第二、三层。

2.4.4.3 凿槽嵌补技术

根据裂缝和伸缩缝具体情况，嵌补材料可选用 PV 密封膏、聚氯乙烯胶泥、沥青油膏等；嵌补前应沿混凝土裂缝或伸缩缝凿槽，槽的形状和尺寸根据裂缝位置和所选用的嵌补材料而定，一般采用"V"形槽（多用于竖直裂缝）、梯形槽（多用于水平裂缝）、倒梯形槽（多用于顶面裂缝及有水渗出的裂缝）；槽内应冲洗干净，再用高标号水泥砂浆抹平，干燥后进行嵌补。

采用 PV 密封膏嵌补时，应满足以下要求：

① 混凝土表面必须干燥、平整、密实，无油污、浮灰。

② 嵌填密封膏前，先用毛刷薄薄涂刷一层 PV 黏结剂，待黏结剂基本固化后，即可嵌填密封膏；黏结剂基本固化（时间一般不超过 1 d）。

③ 密封膏分 A、B 两组，各组先搅拌均匀，按需要数量分别量称，倒入容器（量杯或桶）中搅拌，搅拌时速度不宜太快，并要按同一方向旋转；搅拌均匀后（约 2～5 min）即可嵌填。

④ 嵌填时，应将密封膏从下至上挤压入缝内；待密封膏固化后，再在密封膏表面涂刷一层面层保护胶。

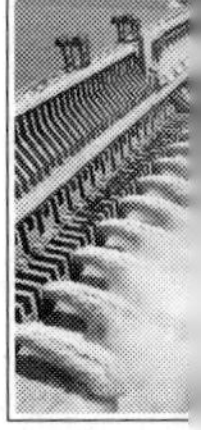

在实际工程中，大部分修理工作属于表面修理的范畴，主要包括防渗层破坏区域的局部修补，对穿透表面防渗层或贯穿面板各层料的裂缝进行处理与封闭以及封闭层局部与全面修复。对于表面修理与局部修理，其程序包括从破坏区域切割掉防渗材料，必要时用喷灯烘烤并研磨，铺洒乳化沥青层，铺筑并碾压沥青混凝土，然后在良好的、未破坏的沥青混凝土表面铺洒表面处置层。

当水泥混凝土面板出现剥蚀、碳化等现象时，其修理可按照《混凝土坝养护修理规程》(SL 230)中有关规定执行。面板变形缝止水带出现整体破坏、严重渗漏或严重老化现象时，应按照《水工建筑物塑性嵌缝材料技术标准》(DL/T 949)的规定及时进行更换。如果混凝土面板出现水下缺陷，则可按照《混凝土坝养护修理规程》(SL 230)中有关水下修理的规定执行。

此外，对于沥青混凝土面板而言，其修理包括表面修理、层间修理和大面积重修。修理前应分析沥青混凝土破坏的原因，根据《土石坝沥青混凝土面板和心墙设计规范》(SL 501)和原设计制定相应的修理方案，并将库水位降至修理范围以下。沥青混凝土面板修理可采用简式断面或复式断面结构形式。对于沥青混凝土面板修理及细部处理施工按照《水工沥青混凝土施工规范》(SL 514)的有关规定执行。

2.4.5 坝体裂缝修理

坝体裂缝修理可采用翻松夯实法、灌土封口法、开挖回填法、充填式黏土灌浆法或开挖回填与充填式黏土灌浆相结合的方法。

2.4.5.1 裂缝处理原则

土石坝坝体发生裂缝时，应根据裂缝特征，按以下原则进行修理：

1) 对表面干缩、冰冻裂缝以及深度小于 1 m 的浅层裂缝，可采用翻松夯实法、灌土封口法进行修理。

2) 对深度不大于 3 m 的沉陷裂缝，可采用开挖回填法进行修理。若为沉陷裂缝，需待裂缝发展趋于稳定后采用。若库水位较高不易采用全部开挖回填或开挖有困难时，可采用开挖回填与下部充填式黏土灌浆相结合的方法处理。

3) 对深度大于 3 m 的深层裂缝，可采用充填式黏土灌浆或采用上部开挖回填与下部灌浆相结合的方法处理。但滑坡主裂缝不宜采用灌浆法进行处理。

在满足上述原则的基础上，对纵横向裂缝的处理采用下列方法：横向裂缝因有顺缝漏水、坝体穿孔的危险，因此为安全起见，对各类大小的横缝均用开挖回填法进行彻底处理，可以参照干缩裂缝的处理方法。纵向裂缝，若其纵缝宽度和深度都不大，且对大坝整体安全影响不大，可不必开挖回填，只需封闭缝口，以防止雨水渗入即可，对于因管涌通道引起的裂缝，要首先处理管涌，再处理裂缝。对伴随有滑坡、坍陷险情出现的裂缝，应先抢护滑坡、坍陷险情，待脱险并趋于稳定后，必要时再按照上述方法处理裂缝；对于不伴随滑坡、坍陷，并已趋于稳定的裂缝，可采用上述方法抢护。在采用上述方法抢护险情时，必须密切注意上游水雨情的测报预报，并备足料物，保证质量，突击完成。

2.4.5.2 翻松夯实和灌土封口修理

1) 翻松夯实法施工时，应将缝口土料翻松并湿润，然后夯压密实，封堵缝口，在面层再

铺约 100 mm 厚的砂性土保护层,防止裂缝继续开裂。寒冷地区应在坝坡或坝顶用块石、碎石、砂性土作保护层,保护层厚度应大于当地冻土深度。

2）灌土封口法施工时,应采用干而细的砂壤土从缝口灌入缝内,并用竹片或板条填塞捣实,然后在缝口用黏性土封堵压实。

2.4.5.3 开挖回填处理方法

采用开挖回填方法处理裂缝一般适用于裂缝深度不超过 2 m、已停止发展的裂缝。具体方法如下(见图 2.4-3)：

1）开挖方法可采用梯形楔入法、梯形加盖法和梯形“十”字法,见图 2.4-4。其中,梯形楔入法宜用于裂缝不太深的非防渗部位,梯形加盖法宜用于裂缝不深的防渗斜墙及均质土坝迎水坡裂缝修理,梯形“十”字法宜用于坝体或坝端的横向裂缝修理。

2）裂缝开挖长度应超过裂缝两端 2.0 m、深度超过裂缝尽头 0.3～0.5 m;开挖坑槽底部宽度至少 0.5 m,边坡应满足稳定及新旧填土接合要求。

3）坑槽开挖应做好安全防护工作;防止坑槽进水、土壤干裂或冻裂;挖出的土料要远离坑口堆放。

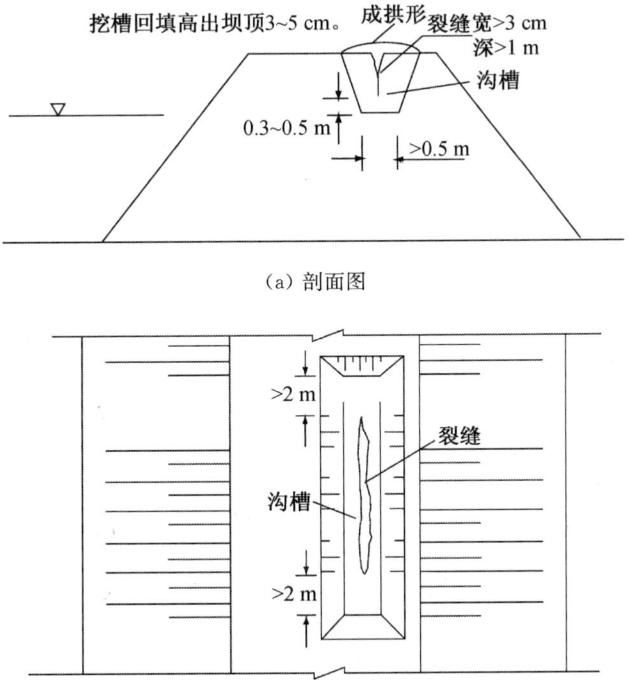

(a) 剖面图

(b) 平面图

图 2.4-3 开挖回填示意图

4）回填土料需符合坝体土料设计要求;对沉陷裂缝要选择塑性较大的土料,并控制含水量大于最优含水量的 1%～2%。

5）回填时要分层夯实,需特别注意坑槽边角处的夯实质量,要求压实厚度为填土厚度的 2/3。

6）对贯穿坝体的横向裂缝,应沿裂缝方向,每隔 5 m 挖“十”字形接合槽一个,开挖的宽度、深度与裂缝开挖的要求一致。

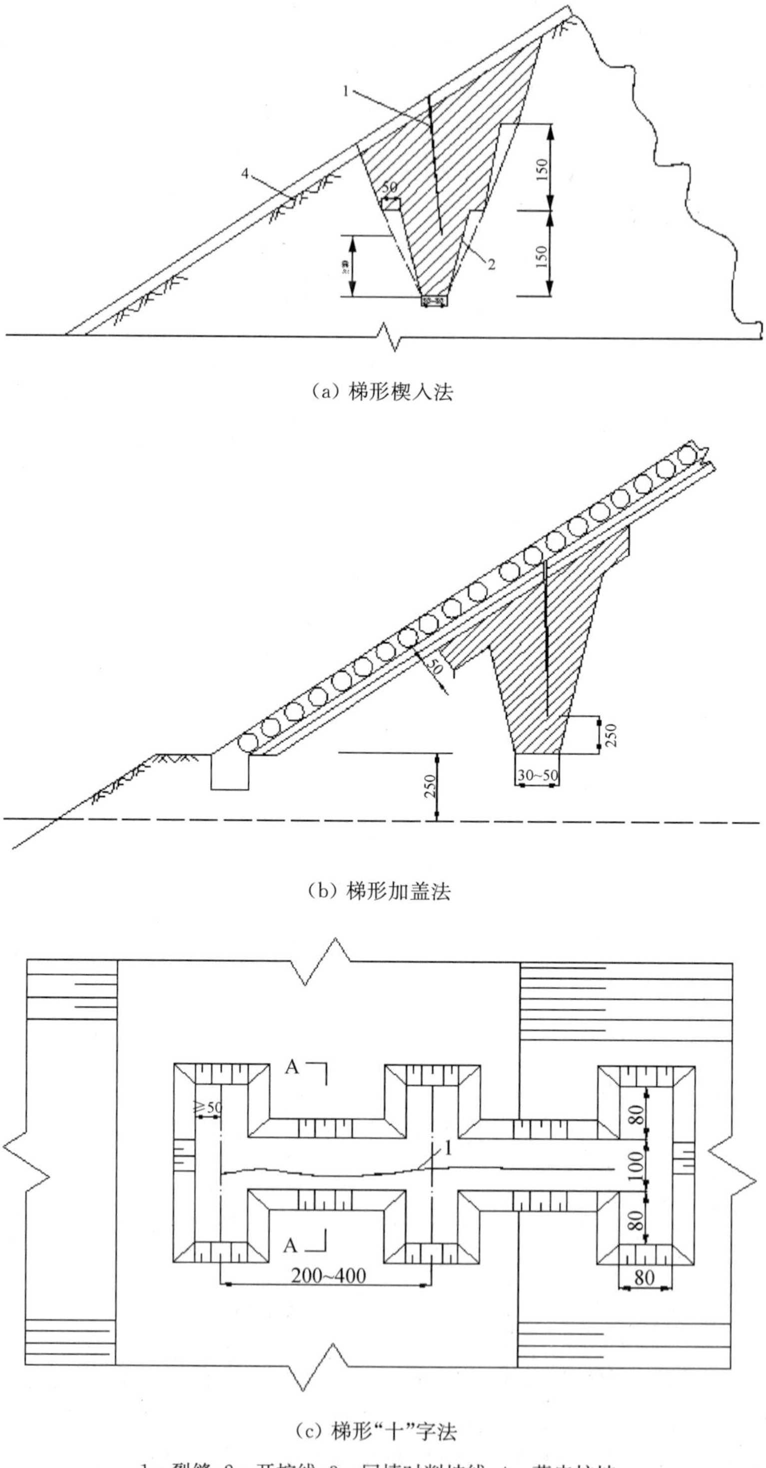

(a) 梯形楔入法

(b) 梯形加盖法

(c) 梯形“十”字法

1—裂缝;2—开挖线;3—回填时削坡线;4—草皮护坡

图 2.4-4 开挖回填处理裂缝示意图(单位:cm)

2.4.5.4 充填式黏土灌浆处理方法

充填式黏土灌浆处理除应按《土坝灌浆技术规范》(DL/T 5238)规定执行外，还应满足以下要求：

1) 应根据隐患探测和分析成果做好灌浆设计。每条裂缝都应布孔；较长裂缝应在两端和转弯处及缝宽突变处布孔；灌浆孔与导渗或观测设施的距离不应少于 3 m。

2) 造孔时必须采用干钻、套管跟进方式进行，孔径宜为 50～76 mm。

3) 浆液配制的土料应选择具有失水性快、体积收缩小的中等黏性土料，一般以黏粒含量在 20%～45%为宜；浆液浓度应在保持浆液对裂缝具有足够的充填能力条件下，稠度愈大愈好，泥浆的比重一般控制在 1.45～1.70 g/cm^3；为使大小缝隙均能良好地充填密实，可在浆液中掺入重量为干料的 1%～3%的硅酸钠(水玻璃)或采用先稀后浓的浆液；浸润线以下可在浆液中渗入干料重的 10%～30%的水泥，以便加速凝固。

4) 灌浆压力应在保证坝体安全的前提下通过试验确定，一般灌浆管上端孔口压力采用 0.05～0.3 MPa；施灌时灌浆压力应逐步由小到大，不得突然增加；灌浆过程中，应维持压力稳定，波动范围不得超过 5%。

5) 施灌时应采用“由外到里、分序灌浆”和“由稀到稠、少灌多复”的方式进行。在设计压力下，灌浆孔段经连续 3 次复灌，不再吸浆时，灌浆即可结束；施灌时需密切注意坝坡稳定及其他异常现象，发现突然变化应立即停止灌浆。

6) 封孔应在浆液初凝后(一般为 12 h)进行。先应扫孔到底，分层填入直径 2～3 cm 的干黏土泥球，每层厚度一般为 0.5～1.0 m，然后捣实；均质土坝可向孔内灌注浓泥浆或灌注最优含水量的制浆土料捣实。

7) 雨季及库水位较高时，不宜进行灌浆。

当采用开挖回填与充填灌浆相结合的方法处理裂缝时，应先沿裂缝开挖一定深度的坑槽，开挖完成后立即回填；回填时应按照充填灌浆的要求进行布孔，并预埋灌浆管；回填完成后，应按照充填灌浆的方法对下部裂缝进行灌浆处理。

2.4.5.5 坝体裂缝处理案例

(1) 工程概况

某水库主坝坐落在深厚覆盖层基础上，为带内铺盖的壤土斜心墙堆石坝，最大坝高 160 m，坝顶长 1 667 m，坝顶宽 15 m。主坝 185.00 m 高程以上上游坡坡比为 1∶2.6，以下为 1∶3.5；高程 155.00 m 以上下游坡坡比为 1∶1.75，以下为 1∶2.5。采用造孔深 82 m、厚 1.2 m 的混凝土防渗墙及基岩帷幕灌浆进行坝基防渗，混凝土防渗墙向上插入斜心墙 12 m，向下嵌入基岩 1～2 m，形成主坝的主垂直防渗系统；利用坝前泥沙淤积和拦洪围堰的壤土斜墙、主坝上爬式内铺盖形成水平辅助防渗体系。主坝基础深厚砂砾石覆盖层采用两道垂直防渗处理。上游围堰斜墙下采用塑性混凝土防渗墙和高压旋喷灌浆幕相结合的防渗措施。共采用 17 种坝料进行分区填筑。

(2) 裂缝基本情况

2001 年 7 月 24 日(库水位 192.00 m)，巡检发现主坝坝顶下游侧桩号 D0+727 以北距下游侧路缘石内侧 40～60 cm 处有一条长约 100 m、最大开口宽度约 10 mm 的非连续纵向裂缝(参见图 2.4-5)。2002 年 5 月坝顶铺设六棱砖时，裂缝被覆盖。2003 年 10 月 18 日(华西秋雨期间)巡视检查发现主坝下游侧桩号 D0+690 以北距下游侧路缘石 0.80～1.20 m

处，六棱砖缝间有 1 条长 160 m、最大宽度约 4 mm 的连续缝隙。为进一步查明裂缝情况，2004 年 8 月拆除了该处坝顶路面的六棱砖，发现裂缝基本平行于坝轴线，距下游侧路缘石距离为 0.80～1.20 m，自桩号 D0＋130 延续到桩号 D0＋757，长约 627 m(图 2.4-6)。从坝体剖面可见裂缝基本竖直，位于坝体 3 区过渡料内，与防渗体的距离约 6.3 m。缝深自六棱砖面算起为 2.60～3.90 m，裂缝在平面上的开口宽度为 2～100 mm，其中 30 mm 及以下的占 75.7%。

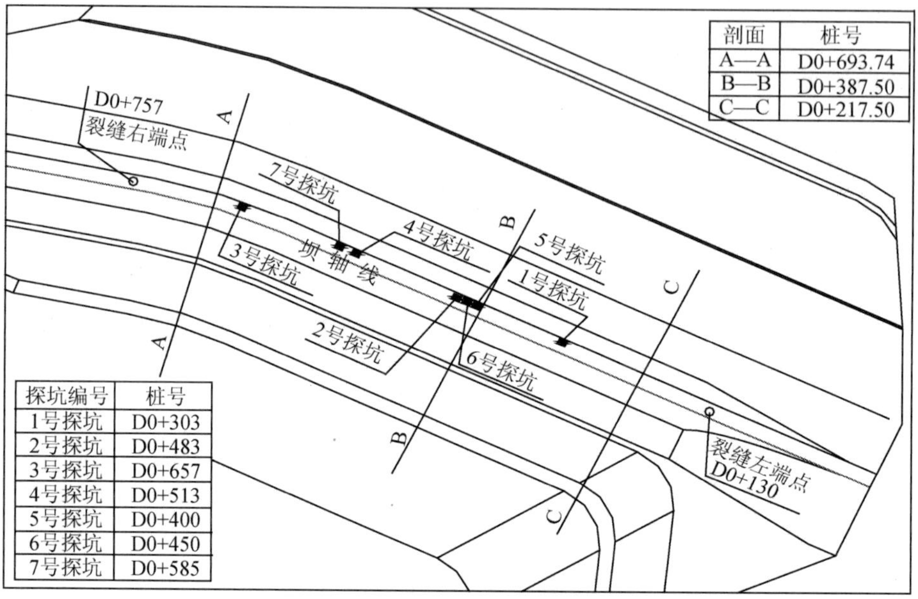

剖面	桩号
A—A	D0+693.74
B—B	D0+387.50
C—C	D0+217.50

探坑编号	桩号
1号探坑	D0+303
2号探坑	D0+483
3号探坑	D0+657
4号探坑	D0+513
5号探坑	D0+400
6号探坑	D0+450
7号探坑	D0+585

图 2.4-5　主坝坝顶裂缝及探坑平面位置图

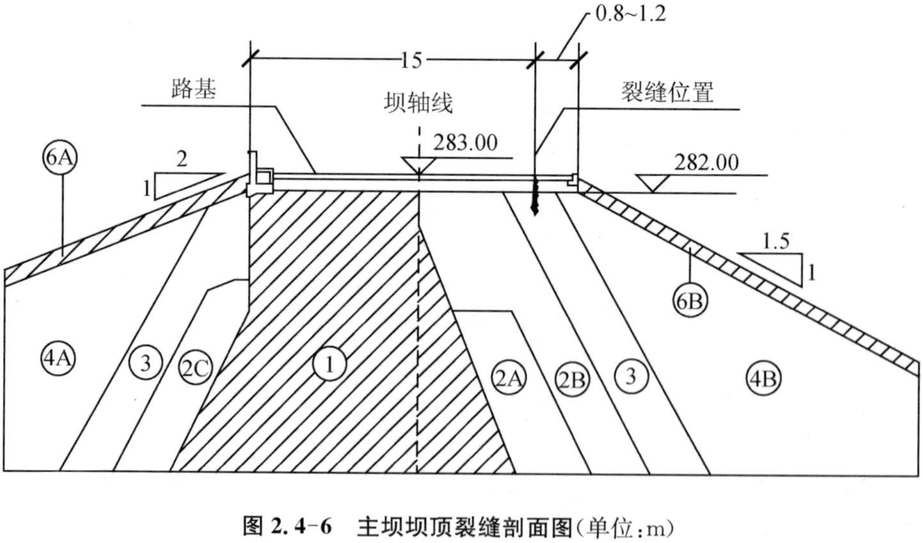

图 2.4-6　主坝坝顶裂缝剖面图(单位：m)

(3) 裂缝处理方案

1) 临时性防护处理

2004 年 7—11 月，对裂缝及探坑进行了临时防护性处理，处理措施如下：

① 将桩号 D0＋130～D0＋757 间坝顶下游侧路缘石上游 4.0 m 范围内六棱砖拆除；

② 沿坝顶路缘石向上游开挖宽 3.0 m、深 15 cm 槽，再以裂缝为中心，开挖宽 60 cm、深 20 cm 的梯形槽；

③ 采用最大粒径 10 mm 的砂砾料充填裂缝，用钢钎捣实；探坑用最大粒径为 200 mm 的砂砾料回填，层厚 0.3 m，夯实后干密度不小于 2.0 g/cm^3；

④ 梯形槽及裂缝周边开挖区域回填黏土与砂砾石的混合料，掺和比例为 1∶1，层厚 0.15 m，压实干密度不小于 1.68 g/cm^3；

⑤ 在回填后的表面铺设复合土工膜，膜厚不小于 0.5 mm，幅宽不小于 2.5 m，下游端与路缘石黏接，上游端埋入路基内的深度不小于 10 cm，然后在土工膜上铺设 2～3 cm 厚的细砂，再铺六棱砖。

2) 永久性裂缝处理方案

① 开挖回填

开挖回填法是裂缝处理比较彻底的一种方法，用于处理深度不大的表层裂缝及防渗部位的裂缝。本工程为由于坝体不均匀变形产生的浅层纵向裂缝，宽度和深度较小，对坝身安全无较大威胁，可对纵向裂缝进行开挖回填处理。回填时，应采用与坝体填筑相同的土料回填，分层碾压夯实。针对不同的裂缝性状，采取以下不同的处理方案：

a. 裂缝深度大于 2.0 m 且全部开挖回填工程量太大时，采用开挖回填与灌沙相结合的方法。将桩号 D0＋130～D0＋757 间坝顶下游侧路缘石上游 3.0 m 范围内地面六棱砖拆除，并剪开土工膜；沿坝顶路缘石向上游开挖宽 2.0 m、深 50 cm 的槽，再以纵向裂缝为中心，开挖底宽 80 cm、深 160 cm 的梯形槽(含表层 100 cm 的路基料层)；对槽底裂缝进行细沙充填，遇空洞等用钢钎捣实；梯形槽及裂缝周边开挖区域回填与原 3 区过渡料类似的填料，填筑层厚 20 cm；干碾密实(勿洒水)，压实度按原设计控制。

b. 细小裂缝在坝面清理干净后直接采取适当洒水拍实措施。裂缝处理完成后，在回填后的表面铺设复合土工膜，膜厚不小于 0.5 mm，幅宽不小于 2.5 m，下游端与路缘石黏接，上游端埋入路基内的深度不小于 10 cm，然后在土工膜上铺设 2～3 cm 厚的细砂，再铺六棱砖。

② 增设变形监测设施

目前坝顶上下游两侧各布设一条测线，其中上游侧测线距防浪墙上游侧边线 1.5 m，下游侧测线距坝顶下游边线 0.5 m，可见坝顶部位的变形测点均布置在堆石体中。根据《土石坝安全监测技术规范》(SL 551—2012)，变形监测包括防渗体变形，对本工程而言，宜布设坝体心墙的变形测点。鉴于主坝坝顶已铺设面层及六棱砖，为不影响路面通行和外观，建议在心墙顶部增设深式变形标点，并做好管口保护。

3) 非工程措施

在裂缝处理工程措施落实前，还须采取以下非工程措施：

① 加强巡查工作力度，在做好日常巡查工作的同时，应对本次出现裂缝部位的坝顶及附近区域加强巡查。

② 进一步加强大坝安全仪器监测工作，对已设置的项目主坝表面变形监测、坝体沉降监测、裂缝部位的土体位移计等项目仍应继续加强监测，及时分析研究，注意其发展趋势。

③ 应加强对气象情况的了解，为应急准备工作争取时间。

④ 应特别做好土工布、编织袋、黏土等材料的物资准备工作。

2.4.6 坝体滑坡修理

2.4.6.1 一般原则

坝体滑坡修理宜用于已经发生且滑动已终止的滑坡（指滑坡体已相对稳定或滑动发展极为缓慢，可进行永久性处理的滑坡），或经过临时抢护需进行永久性处理的滑坡。凡因坝体渗漏引起的坝体滑坡，修理时应同时进行渗漏处理。此外，滑坡处理前，应防止雨水渗入裂缝内，可用塑料薄膜等覆盖封闭滑坡裂缝，同时应在裂缝上方开挖截水沟，拦截和引走坝面雨水。滑坡修理应根据滑坡类型、滑坡状况、滑坡成因、已采取的抢护措施、滑坡修理方法适用性等因素综合考虑，按“上部削坡减载，下部压重固脚”的原则，采用开挖回填、加培缓坡、压重固脚、混凝土防渗墙、导渗排水等多种方法进行综合处理，其中值得一提的是，导渗排水处理滑坡，主要是指采用导渗沟的形式，利用导渗沟将坝坡内的渗水安全导出，使坝坡干燥，增加稳定性，同时以沟代撑，稳定坝坡。在选用以上几种方法时宜遵循以下几个原则：

1）因坝身单薄、坝坡过陡引起的滑坡，可采用加培缓坡的方法进行修理。因滑坡体底部脱离坝脚而出现的深层滑坡，可采用压重固脚的方法进行修理。因排水体失效、坝坡土体饱和而引起的滑坡，可采用导渗排水的方法进行修理。

2）因坝身填筑碾压不实，浸润线过高而造成的背水坡滑坡，在有条件放空水库的情况下，应以上游防渗为主，辅以下游压坡、导渗和放缓坝坡。上游防渗可增加黏土斜墙。当水库不能放空时，可采取抛土或放淤方法防渗，也可采用混凝土防渗墙。

3）坝体有软弱夹层或抗剪强度较低，且背水坡较陡而造成的滑坡，如清除夹层有困难，应以放缓坝坡为主，辅以坡脚排水压重的方法进行处理。

4）因坝体土料含水量较大、孔隙水压力过大而引起的滑坡，可采用放缓坝坡、压重固脚和加强排水的方法。对迎水坡滑坡，应降低库水位，在滑坡体坡脚抛筑透水压重体，在透水压重体上填土培厚坝脚；如不具备降低库水位条件时，应采用水上抛石或沙袋、土工模袋的方式进行压坡固脚。

5）因排水设施堵塞而引起的背水坡滑坡，可采用分段清理排水设施，恢复排水能力的方法。如无法完全恢复排水能力时，可在排水体上部设置贴坡排水，然后在滑坡体下部修筑压重体。

2.4.6.2 开挖回填修理方法

开挖与回填的次序应符合上部减载、下部压重的原则，不应在滑坡体上部压重。具体的开挖回填修理要求如下：

1）应彻底挖除滑坡体上部已松动的土体，再按设计坝坡线分层回填夯实。若滑坡体土方量很大不能全部挖除时，可将滑弧上部能利用的松动土体移做下部回填土方，回填时由下至上分层回填夯实。

2）开挖时，对未滑动的坡面要按边坡稳定要求放足开口线；回填时应将开挖坑槽时的阶梯逐层削成斜坡，做好新老土的接合。

3）应严格控制填土施工质量，土料的含水率和干容重应符合设计要求。

4）应恢复或修好坝坡的护坡和排水设施。

2.4.6.3 加培缓坡修理方法

该方法适用于坝身单薄、坝坡过陡引起的滑坡。具体要求如下：

1）应按坝坡稳定分析确定放缓坝坡的坡比。

2）修理时应将滑动土体上部进行削坡，按放缓的坝坡加大断面，分层回填夯实。

3）回填前应先将坝趾排水设施向外延伸或接通新的排水体。

4）回填后应恢复和接长坡面排水设施和护坡。

2.4.6.4 压重固脚修理方法

压重固脚方法常用的有镇压台和压坡体两种形式，该方法适用于滑坡体底部脱离坝脚的深层滑动情况。具体要求如下：

1）修理时应根据当地土料、石料资源和滑坡的具体情况采用适当的形式。

2）镇压台或压坡体应沿滑坡段全面铺筑，并伸出滑坡段两端 5～10 m，其高度和长度应通过稳定分析确定。石料镇压台的高度一般为 3～5 m；压坡体的高度一般为滑坡体高度的 1/2 左右，边坡为 1∶3.5～1∶5.0。

3）当采用土料压坡体时，应先满铺一层厚约 0.5～0.8 m 的砂砾石滤层，再回填压坡体土料。

4）镇压台和压坡体布置不应影响坝容坝貌，并应恢复或修好原有排水设施。

2.4.6.5 导渗排水修理方法

该方法适用于排水体失效、坝坡土体饱和而引起的滑坡。具体要求如下：

1）导渗沟的下部必须伸到坝坡稳定的部位或坝脚，并与排水设施相通。

2）导渗沟之间滑坡体的裂缝，必须进行表层开挖、回填封闭处理。

2.4.7 坝体渗漏修理

2.4.7.1 一般原则

土石坝坝体具有一定透水性，渗漏不可避免，渗漏可分为正常渗漏和异常渗漏。当渗漏水从导渗排水设施排出，出逸坡降小于允许值，不会引起土体渗透破坏时，称为正常渗漏。当渗漏存在渗透破坏或渗漏量较大而影响蓄水兴利和工程效益时称为异常渗漏。对于异常渗漏，应认真检查、观测、研究分析，并根据分析结果采取必要的处理措施，减小渗漏或防止渗漏扩大。

当坝体发生渗漏时，遵照“上截下排”的原则进行处理。在上游坝坡采取截渗措施，堵截渗漏途径。截渗可采用抛投细粒土料、加固上游黏土防渗铺盖、抽槽回填、铺设土工膜、套井回填、混凝土防渗墙、劈裂灌浆、高压喷射灌浆、帷幕灌浆、充填灌浆、级配料灌浆等方法。在下游坝坡采取导渗排水措施，将坝体内的渗水导出，以增强坝坡稳定。导渗排水修理可采用贴坡排水、棱体排水、褥垫排水、坝体内竖向排水层和水平排水层、排水沟、减压井、透水盖重等方法。修理时应视渗漏成因及具体情况，有针对性地采取经济可靠的处理措施。此外，水库库底的淤积会增加铺盖的厚度，使新建水库渗漏量随水库运行时间的延续而减少，因此对于新建水库的渗漏可在经过一段时间的试运行后再分析决定是否进行修理以及采取何种措施。以下介绍修理措施及所需要遵循的原则。

(1) 选用截渗方法处理渗漏时宜遵循以下原则：

1) 抛投细粒土料法宜用于微小裂缝引起且规模较小的渗漏。抛投细粒土料仍不能止漏时应采取其他截渗措施。

2) 加固上游黏土防渗铺盖法宜用于水库具备放空条件，且当地有做防渗铺盖的土料资源的情况。

3) 抽槽回填法宜用于渗漏部位明确且高程较高的均质坝和斜墙坝渗漏处理。

4) 铺设土工膜法宜用于均质坝和斜墙坝渗漏处理。

5) 套井回填截渗法宜用于均质坝和宽心墙坝渗漏处理，或黏土心墙坝心墙加高处理。

6) 混凝土防渗墙法宜用于坝基、坝体和绕坝渗漏的综合处理。

7) 劈裂式灌浆法宜用于坝体质量普遍不好，坝后坡有大面积散浸或多处明显渗漏、浸润线出逸点过高，问题性质和部位不能完全确定的渗漏处理。

8) 高压喷射灌浆宜用于软弱土层、砂层、砂砾石层地基渗漏的处理，也可用于含量不多的大粒径卵石层和漂石层地基的渗漏处理。当卵石、漂石层过厚、含量过多时不宜采用。

9) 帷幕灌浆法宜用于非岩性的砂砾石坝基和基岩破碎的坝基渗漏处理。

10) 充填灌浆宜用于隐患多而分散的低矮土石坝渗漏处理。

11) 上层为相对不透水，下层为强透水的双层地层结构坝基，可采取上游做黏土铺盖与下游排水减压井相结合的方法，不宜采用劈裂灌浆法。

(2) 选用导渗排水修理时宜遵循以下原则：

1) 贴坡排水宜用于均质坝的坝面渗流处理。

2) 棱体排水宜用于下游有水的情况，其顶部高程应超出下游最高水位 0.5 m 以上。

3) 褥垫排水宜用于下游无水的情况。

4) 倾斜或垂直的内部竖向排水层加坝体水平排水层宜用于成层性的较高土石坝，降低施工期产生的孔隙水压力。

5) 排水沟、减压井或两者相结合宜用于透水坝基表层有一层相对不透水层以及有一定的渗流量的情况，但不应超过允许水力坡降。

6) 透水盖重宜用于坝体相对不透水下的坝址下游部位。

7) 反滤层宜用于细料和粗料之间过渡区以及渗水出口处，如下游棱体排水、靠坝体侧面和靠坝基的底面、上游坡底面、黏土心墙和粗料壳之间等。

2.4.7.2　抽槽回填处理方法

该方法适用于渗漏部位明确且高程较高的均质坝和斜墙坝。具体要求如下：

1) 库水位必须降至渗漏通道高程以下 1 m。

2) 抽槽范围必须超过渗漏通道高程以下 1 m 和渗漏通道两侧各 2 m，槽底宽度不小于 0.5 m，边坡应满足稳定及新旧填土接合的要求；必要时应加支撑，确保施工安全。

3) 回填土料应与坝体土料一致；回填土应分层夯实，每层厚度 10～15 cm，要求压实厚度为填土厚度的2/3；回填土夯实后的干容重不得低于原坝体设计值。

2.4.7.3 土工膜截渗处理方法

该方法适用于均质坝和斜墙坝。具体要求如下：

1）土工膜厚度选择应根据承受水压大小而定。承受30 m以下水头的可选用非加筋聚合物土工膜，铺膜总厚度0.3～0.6 mm；承受30 m以上水头的宜选用复合土工膜，膜厚度不小于0.5 mm。

2）土工膜铺设范围应超过渗漏范围上下左右各2～5 m。

3）土工膜连接一般采用焊接，热合宽度不小于0.1 m。黏接可用胶合剂也可用双面胶布粘贴，黏接要求均匀、牢固、可靠。采用胶合剂黏接时，黏接宽度不小于0.15 m。复合土工膜连接应先缝合底层土工布，再焊接土工膜，最后缝合上层土工布。

4）铺设前应进行坡面处理，先将铺设范围内护坡拆除，再将坝坡表层土挖除30～50 cm，彻底清除树根杂草；坡面修整平顺、密实；然后沿坝坡每隔5～10 m挖防滑沟一道，沟深1.0 m，沟底宽0.5 m。

5）土工膜铺设时沿坝坡由下而上纵向铺放，同时周边用“V”形槽形式埋设好；铺膜时不应拉得太紧，以免受压破坏；施工人员不允许穿带钉的鞋进入现场。

6）回填保护层要与土工膜铺设同步进行；保护层可采用砂壤土或砂，厚度不小于0.5 m。修理时先回填防滑槽，再填坡面，边回填边压实。保护层上面再按设计恢复原有护坡。

2.4.7.4 套井回填处理方法

套井回填是水库大坝坝体除险加固和防渗漏处理的一种施工方法，就是用冲抓机造孔，然后用黏土回填并用夯实锤夯实黏土，施工完成后相当于在坝体中构筑了一道黏土防渗墙。适用于均质坝和宽心墙坝，其中对排距以及造孔机具有一系列的要求。对于排距而言，要根据坝高和渗漏情况确定，一般坝高在25 m以下时，可考虑一排套井，在施工中再根据渗漏情况增设加强孔；坝高超过25 m，达到40 m时，可考虑布置两排或三排套井，若钻井直径为1 100 mm时，两排套井的排距为0.89 m，井距为0.86 m，三排套井时，排距为0.83 m，井距为0.95 m。对于造孔机具而言，一般都采用浙江省天台县机械厂生产的8JZ－95型冲抓式打井机。其中所涉及的要求具体如下：

1）套井井位一般沿坝轴线偏上游布置，两端须超过渗漏范围3～5 m，井底高程在渗漏高程以下1～2 m。井距视打井方式而定，采用冲抓式打井机具造孔时，开孔直径在1.1～1.2 m时，井距0.8～0.9 m。

2）打井造孔严格按“先主井、后套井”的顺序施工；造孔时应先打相邻两个主孔，主孔回填后再打两孔之间套孔。造孔要求连续作业、不停歇，并严格控制井孔垂直度。

3）打井完毕后立即连续进行分层回填黏土夯实。回填土料选用含水量符合设计要求、颗粒松散的黏壤土，分层回填厚度以0.3～0.5 m为宜；夯击时夯锤落距2～3 m，夯击次数20～25次；回填时应保持井底无水。

4）修理过程中若出现严重塌孔时，可用土回填击实后再进行冲抓；当井底有渗水时，可倾倒干土，反复抓尽，直至把水吸干。

2.4.7.5 劈裂式灌浆处理方法

该方法适用于坝体质量普遍不好，坝后坡有大面积散浸或多处明漏，问题性质和部位不

能完全确定的隐患。劈裂式灌浆除应按《土坝灌浆技术规范》(DL/T 5238)规定执行外，还应符合如下规定：

1）根据坝体土质、隐患性质和坝高等情况，合理确定劈裂后形成的防渗泥墙厚度，一般为5～20 cm。

2）布置孔位时，灌浆孔一般布置在渗漏坝段的坝轴线或略偏上游位置，两端超过渗漏范围3～5 m；首先按单排孔实施，河槽段终孔距离一般为3～5 m，弯曲坝段和岸坡段应缩小孔距，终孔距离一般为2～3 m。若单排孔实施完毕仍达不到截渗要求时，可在第一排孔的上游侧增加灌浆排数，排距一般为0.5～1.0 m。

3）造孔时需分1、2、3序造孔，灌完第1序孔后，视情况再造第2、3序孔；造孔深度大于隐患深度2～3 m，如副排孔处无隐患，则孔深应约为相应主排孔深的1/3。坝体造孔必须采用与钻、套管跟进的方式进行。

4）浆液配制应满足20%以上的黏粒含量和40%以上的粉粒含量要求；浆液容重一般为12.7～15.7 kN/m^3，黏度达到30 s以上。

5）灌浆压力通过现场试验确定，灌浆管孔口上端压力值不宜超过50 kPa。

6）灌浆时应先灌河槽段，后灌岸坡段和弯曲段，采用孔底灌浆全孔灌注的方式进行。开始先用稀浆，经过3～5 min后再加大泥浆稠度；灌浆中先对第一序采用“少灌多复”方式轮灌，每孔每次平均灌浆量以孔深计，每米孔深控制在0.5～1 m^3；当浆液升至孔口，经连续3次复灌不再吃浆时，可终止灌浆；每孔灌浆次数应在5次以上，两次灌浆间隔时间不少于5 d。

7）每孔灌完后拔出注浆管，向孔内注满容重大于14.7 kN/m^{3}的稠浆进行封孔，直至浆面升至坝顶不再下降为止。

8）整个灌浆过程中需对坝体变形、渗流状况以及灌浆压力、裂缝、冒浆等项目进行监测，保证灌浆期间坝体安全和灌浆质量；发现异常变化时，应立即停止灌浆，经查明原因、进行必要处理后，才能继续再灌。

9）雨季及库水位较高时不宜灌浆。

2.4.7.6 混凝土防渗墙截渗方法

混凝土防渗墙是利用专门机具，在坝体或地基中建造槽孔，以泥浆固壁，采用直升导管法向槽孔内浇筑混凝土，形成连续混凝土防渗墙，截断渗漏途径的防渗措施。该方法适用于坝身质量差、渗漏范围普遍的均质坝和心墙坝，且宜用于坝基、坝体和绕坝渗漏的综合处理。混凝土防渗墙形式一般采用槽孔式防渗墙，施工时应在水库放空或低水位条件下进行，并应与坝体防渗体连成整体。混凝土防渗墙除应按《水利水电工程混凝土防渗墙施工技术规范》(SL 174)的规定执行外，还应符合如下规定：

1）防渗墙宜沿坝轴线偏上游布置，防渗墙底支承在坚实的基岩上，且宜嵌入不透水或相对不透水岩面以下0.5～1.0 m；防渗墙厚度按抗渗、抗溶蚀要求计算确定，一般为0.8～1.0 m；槽孔长度根据坝体填筑质量、混凝土连续浇筑能力确定，一般为4～9 m。对于处理坝基的防渗墙，其上部要与坝体防渗体相连接，下部要嵌入基岩弱风化层；对于处理坝体的防渗墙，其下部要与基础的防渗体相连接；对于处理坝体、坝基的防渗墙，可以从坝顶造槽孔，直达基岩的弱风化层。

2）建造槽孔应设置测量控制基准点以进行中心线和高程控制；槽孔应分单、双号孔，先完成单号孔的建造及混凝土浇筑后再进行双号孔施工，间隔时间一般为 7 d；槽孔孔壁应保持平整垂直，孔斜率不得大于 0.4%；一、二期槽孔套接孔的孔位中心在任一深度的偏差值，不得大于设计墙厚的 1/3；槽孔水平断面上不应有梅花孔和小墙，为保证钻孔的垂直精度，造孔机具均要设置导向装置。其中在保证造孔安全成墙的前提下，槽孔越长，套接接缝越少，墙的防渗性能越好，国内建造砼防渗墙的槽孔长度，短的 1.85 m，长的达 38.2 m，实际操作中，可灵活选用。

3）防渗墙混凝土等级根据抗渗要求确定，抗渗等级一般为 S6～S8，抗压强度等级宜为 0.8～1.0 MPa。混凝土配合比根据混凝土在直升导管内自然流动和在槽孔内自然扩散的要求确定，入孔时坍落度宜为 18～22 cm，扩散度为 34～48 cm，最大骨料粒径不大于 4 cm。

4）泥浆下浇筑混凝土采用直升导管法，导管直径一般为 20～25 cm，相邻导管间距不大于 2.5 m，导管距孔端距离为 1.0～1.5 m，二期槽孔为 0.5～1.0 m；导管底部孔口应保持埋在混凝土面下 1～6 m；槽孔内混凝土面应均匀上升，高差不大于 0.5 m，混凝土上升速度每小时不小于 1.0 m；混凝土终浇面应高出墙顶设计要求 50 cm 左右。

5）浇筑过程中应随时检测混凝土的各项性能指标；每 30 min 测一次槽孔内的混凝土面，每 2 h 测一次导管内的混凝土面，防止导管提升时脱空。

6）如发现泥浆浸入混凝土内时，应立即停止浇筑，并抽出泥浆和清洗槽孔，再重新按开始浇筑时的工序进行浇筑。

2.4.7.7 导渗沟法处理方法

该方法适用于均质土坝下游坝坡发生散浸渗漏的处理。背水坡大面积散浸时，可开挖导渗沟、铺设反滤料、土工布和加筑透水后戗等办法，使渗水集中排出，降低浸润线，避免带走土体颗粒，使险情稳定。具体要求如下：

1）导渗沟形状可采用“Y”“W”“I”等形状，不允许采用平行于坝轴线的纵向沟，详见图 2.4-7。

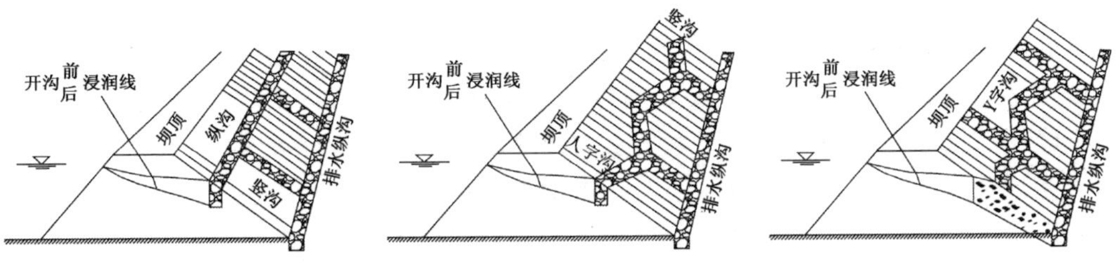

(a) 纵横沟　　(b)“人”字沟　　(c)“Y”字沟

图 2.4-7 导渗沟开沟示意图

2）导渗沟长度以坝坡渗水出逸点至排水设施为准，深度 0.8～1.0 m，宽度 0.5～0.8 m，间距视渗漏情况而定，一般为 3～5 m。

3）沟内按滤层要求回填砂砾石料，填筑顺序按粒径由小到大、由周边到内部，填成封闭的棱柱体，不同粒径的滤料要严格分层填筑；也可用无纺布包裹砾石或砂卵石料，填成封闭的棱柱体，详见图 2.4-8。

4）导渗沟顶面应铺砌块石或回填黏土保护层，厚度为 0.2～0.3 m。

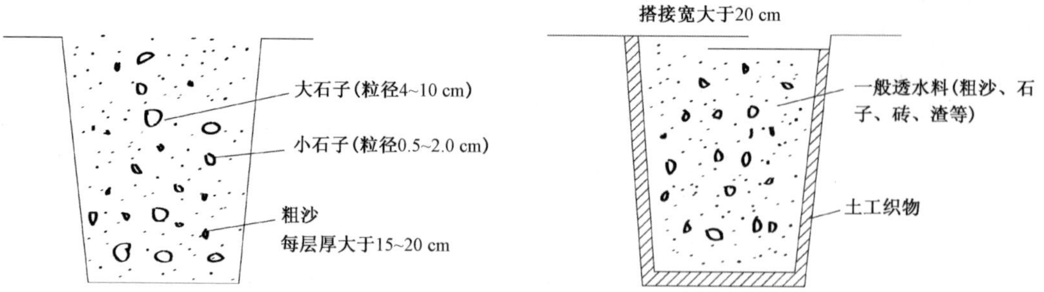

(a) 沙石导渗沟　　(b) 土工织物导渗沟

图 2.4-8　导渗沟铺填示意图

2.4.7.8　贴坡式砂石反滤层导渗法

1) 铺设范围应超过渗漏部位四周各 1 m。当坝身渗漏严重、散浸面积大,甚至遍及整个坝坡时,说明浸润线出逸点高,土坝坝身单薄,此时宜用导渗培厚,详见图 2.4-9。

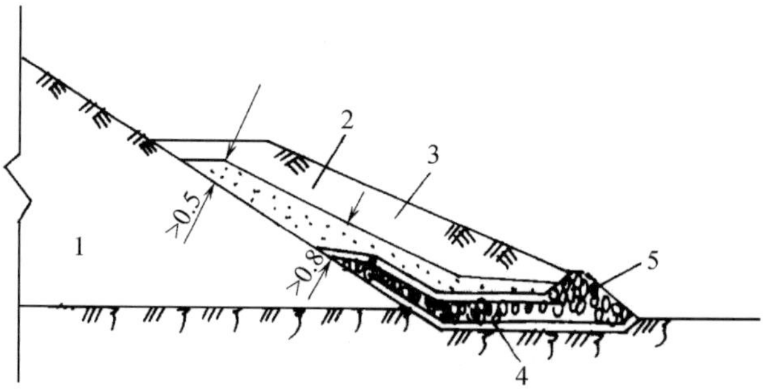

1—原坝体;2—砂层(图中标注位置不对);3—贴坡体;4—原滤水体;5—新做滤水体

图 2.4-9　贴坡培厚导渗示意图(单位:m)

2) 铺设前应进行坡面清理,将坡面草皮杂物清除干净,深度为 0.1～0.2 m。

3) 滤料铺设时按砂、小石、大石、块石保护层的次序由下至上逐层铺设,不得混淆;砂、小石、大石各层厚度为 0.15～0.2 m,块石保护层厚度为 0.2～0.3 m。

4) 经反滤层导出的渗水必须引入集水沟或滤水坝趾内排出。

5) 当坝基发生翻水冒沙、管涌或流土现象时,则不宜开沟导渗,可采用压渗措施导渗,即在渗水出露地段适当范围内,先铺设反滤料垫层,然后填石料或土料压盖。它可以平衡渗压,延长渗径,既能排出渗水,又能保护土体不被冲走。常用的压渗方式有石料压渗、土料压渗和土工织物压渗。

① 砂石料充足时可选用石料压渗。修理时先清理铺设范围内的杂物和软泥,对涌水涌沙较严重的出口用块石或砖块抛填,以消杀水势,同时在已清理好的大片有管涌或流土群的面积上,普遍盖压粗砂一层,厚约 20 cm,其上先后再铺小石子和大石子各一层,厚度均约 20 cm,最后压盖块石一层,予以保护,见图 2.4-10。

② 土料压渗法用于沙土料源较丰富的地方。修理时先将渗水范围内的杂物清除,用透水性大的沙土修筑平台。根据地基土质条件分析弱透水层底部垂直向上渗压分布情况和修筑压渗台的土料物理力学性能,确定其在自然容重或浮容重情况下,平衡自下向上的承压水

头的渗压台所必需的厚度，以及因修筑渗压台导致渗径的延长、渗压的增大所需要的台宽与台高，见图 2.4-11。

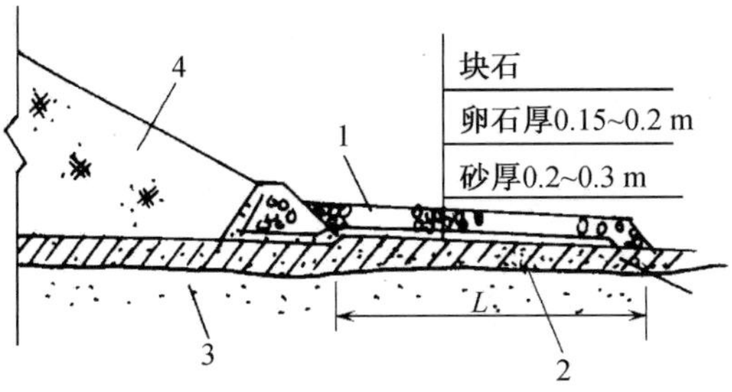

1—压渗台；2—覆盖层（滤料垫层）；
3—坝基透水层；4—坝体

图 2.4-10　石料压渗台示意图

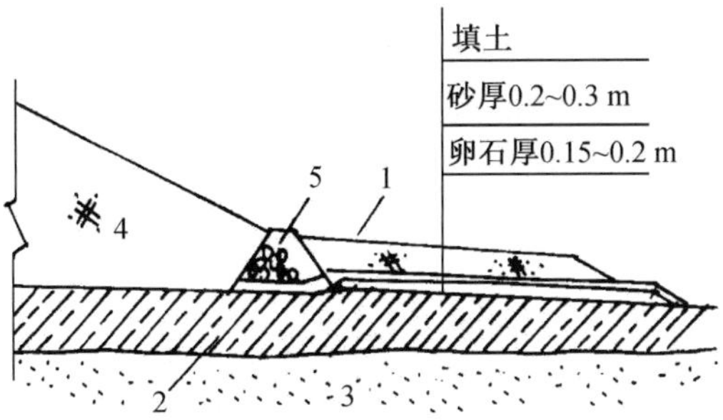

1—压渗台；2—覆盖层；
3—透水层；4—坝体；5—滤水体

图 2.4-11　土料压渗台示意图

③ 土工织物压渗法适用于铺设反滤料面积较大的情况。在清理地基时，要把一切带有尖、棱的石块和杂物清除干净，并加以平整。先铺一层土工织物，上铺砂石透水料，最后压块石或沙袋一层，见图 2.4-12。

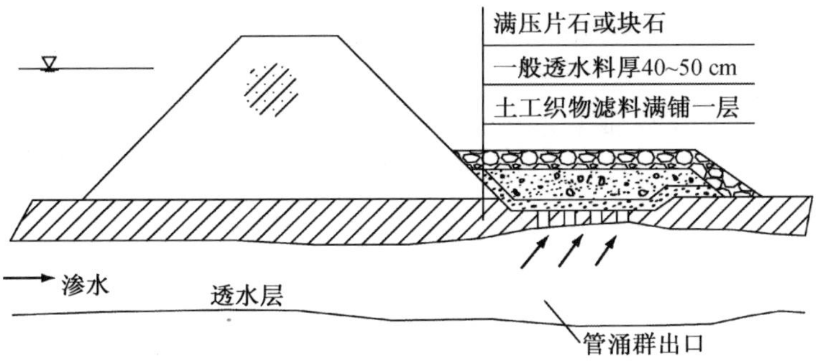

图 2.4-12　土工织物反滤压盖示意图

2.4.7.9　土工织物反滤层导渗方法

该方法的铺设范围、坡面清理同贴坡式砂石反滤层导渗方法，示意图见图 2.4-13。具体要求如下：

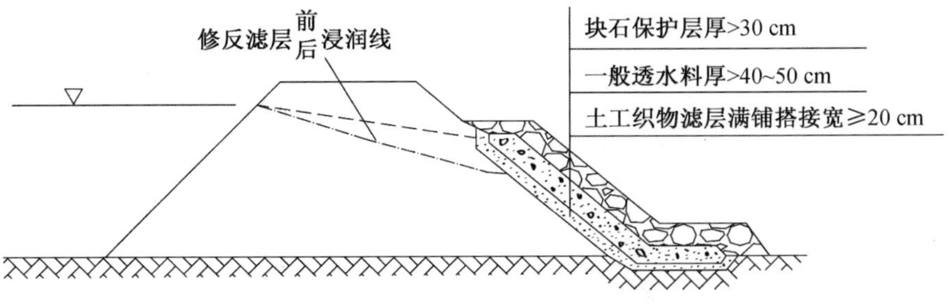

图 2.4-13　土工织物反滤层示意图

1）在清理好的坡面上满铺土工织物。铺设时，沿水平方向每隔 5～10 m 做一道“V”形防滑槽加以固定，以防滑动；然后再满铺一层透水砂砾料，其厚度为 0.4～0.5 m；最后再压 0.2～0.3 m 厚的块石保护层；铺设时严禁施工人员穿带钉的鞋进入现场。

2）土工织物连接采用缝接、搭接或黏接。缝接时土工织物边重压宽度 0.1 m，用各种化纤线手工缝合 1～2 道即可；搭接面宽度 0.5 m；胶接面宽度 0.1～0.2 m。

3）导出的渗水必须引入集水沟或滤水坝趾内排出。

4）铺设土工膜时坝坡的坡度不得陡于 1∶2.5，保护层垂直于坝坡的厚度不小于 50 cm。

2.4.8 坝基渗漏和绕坝渗漏修理

在弄清地基工程地质和水文地质条件的前提下，进行渗流复核计算，选择经济、合理、可靠的修理方案。修理方法应根据地基工程地质和水文地质，渗漏，当地砂石、土料资源等具体情况，采用加固上游黏土防渗铺盖、建造混凝土防渗墙、高压喷射灌浆、灌浆帷幕、下游导渗及压渗等方法处理。此外，若工程现场具备相关条件，可以考虑采用射水法建造混凝土防渗墙、铺设土工膜等修理方法。

2.4.8.1 加固上游黏土防渗铺盖方法

该方法适用于具有放空条件的水库，且当地有做防渗铺盖的土料资源。具体要求如下：

1）黏土铺盖的长度应满足渗流稳定的要求，根据地基允许的平均水力坡降确定，一般大于 5～10 倍的水头。

2）黏土铺盖的厚度应保证其不致因受渗透压力而破坏，一般铺盖前端厚度不小于 0.5～1 m；与坝体相接处为 1/6～1/10 水头，一般不小于 3 m。

3）对于砂料含量少、层间系数不符合反滤要求、透水性较大的地基，必须先铺筑滤水过渡层，再回填铺盖土料。

4）铺盖土料应选用相对不透水土料，其渗透系数应小于地基砂砾石层的 1/100，并在等于或略高于最优含水量的情况下压实。

2.4.8.2 高压喷射灌浆处理方法

高压喷射灌浆是利用置于钻孔中的喷射装置射出高压水束冲击破坏被灌地层结构，同时将浆液灌入，形成按设计方向、深度、厚度和结构形式，与地基紧密结合的、连续的防渗帷幕体。该方法适用于最大工作深度不超过 40 m 的软弱土层、砂层、砂砾石层地基渗漏的处理，也可用于含量不多的大粒径卵石层和漂石层地基的渗漏处理，在卵石、漂石层过厚、含量过多的地层不宜采用。高压喷射灌浆除应按《水电水利工程高压喷射灌浆技术规范》(DL/T 5200)的规定执行外，还应符合如下规定：

1）灌浆处理前，应详细了解地基工程地质和水文地质资料，选择相似的地基做灌浆围井试验，取得可靠技术参数后，进行灌浆设计。采用充填式灌浆，则要事先做好隐患探测和分析，进行充填式灌浆设计，准备好灌浆材料和机具，然后按布孔、造孔、制浆、封孔的工艺流程进行。

2）灌浆孔轴线一般沿坝轴线偏上游布置；有条件放空的水库，灌浆孔位也可以布置在上游坝脚部位；凝结的防渗板墙应与坝体防渗体连成整体，伸入坝体防渗体内的长度不小于 1/10 的水头；防渗板墙下端应落到相对不透水层的岩面。

3）根据高喷灌浆经验，单排孔孔距一般为 1.6～1.8 m，双排孔孔距可适当加大，但不超过 2.5 m；喷射形式一般采用摆喷、交叉折线连接形式；喷射角度一般为 20°～30°。

4）喷射设备应选用带有质量控制自动检测台的三管喷射装置。主要技术参数：水压力 25～30 MPa，水量 60～80 L/min，气压 0.6～0.8 MPa，气量 3～6 m^3/min，灌浆压力 0.3 MPa以上，浆量 70～80 m^3/min，喷射管提升速度 6～10 cm/min，摆角 20°～30°，喷嘴直径 1.9～2.2 mm，气嘴直径 9 mm，水泥浆比重 1.6 左右。

5）在只单独处理坝基渗漏，而坝体不需要处理的情况下，防止高压水、气切割地层的混合液体回流时破坏坝体结构，则坝体钻孔应采用干钻套管跟进方法进行，管口应安设浆液回收设施，防止灌浆时浆液破坏坝体；地基灌浆结束后，坝体钻孔应按本规定进行封孔。若坝体与坝基一并处理时，可以不采用该项措施。

6）高喷灌浆施工时应按照布孔、钻孔、安设喷射装置、制浆、喷射、定向、摆动、提升、成板墙、冲洗、静压灌浆、拔套管、封孔的工艺流程进行。

7）质量检查一般采用与墙体形成三角形的围井，布置在施工质量较差的孔位处，做压水试验，测定 ω 值或 K 值。

2.4.8.3 灌浆帷幕防渗方法

除应进行灌浆帷幕设计和按《水工建筑物水泥灌浆施工技术规范》(SL 62)的规定执行外，还应符合以下规定：

1）非岩性的砂砾石坝基和基岩破碎的坝基可采用此法。

2）灌浆帷幕的位置应与坝身防渗体接合在一起。

3）帷幕深度应根据地质条件和防渗要求而定，一般应落到相对不透水层。

4）浆液材料应通过试验确定。一般可灌比 M10、地基渗透系数超过每昼夜 40～50 m 时，可灌注黏土水泥浆，浆液中水泥用量占干料的 20%～40%；可灌比 M15、渗透系数超过每昼夜 60～80 m 时，可灌注水泥浆。

5）造孔时，要求坝体部分干钻、按套管跟进方式进行；在坝体与坝基接触面没有混凝土盖板时，要求坝体与基岩接触面先用水泥砂浆封固套管管脚后，再进行坝基部分的钻孔灌浆工序。

2.4.8.4 坝后导渗与压渗方法

1）当坝基为双层结构，坝后地基湿软，根据地基地质情况，可开挖排水明沟导渗或打减压井；坝后土层较薄、有明显翻水冒沙以及隆起现象时，应采用压渗处理。

2）排水明沟可采用平行坝轴线或垂直坝轴线布置，并与坝趾排水体连接；垂直坝轴线布置的导渗沟的间距视地基渗漏程度而定，一般为 5～10 m，在沟的尾端设横向排水干沟，将各排水沟的水集中排走；排水沟的底部和边坡，均应采用滤层保护。

3）压渗台范围和厚度应根据渗水出露范围和渗水压力确定。压渗台形式应根据当地土料或石料资源情况而定，可采用土料压渗台或石料压渗台；实施时，应先铺设滤料垫层，再铺填石料或土料。

此外，还可采用砂土压渗和铺设土工膜防渗等方法，具体应按照工程实际灵活采用。

2.4.8.5 潜孔冲击高压旋喷桩

潜孔冲击高压旋喷桩又称为 DJP 工法，是一种可在杂填土、粒径较大的卵砾石层、碎石、块石、基岩等复杂地层施工旋喷桩的新技术。其原理为：利用潜孔锤冲击器进行钻进，同时冲击器侧面的喷嘴可喷射高压水射流切割土体；到达预定深度后，提升钻杆，喷嘴喷射高压水泥浆，对钻杆四周的土体进行二次切割和搅拌，加上潜孔锤释放的垂直高压气流所产生的翻搅和挤压作用，使已成悬浮状态的土体颗粒与高压水泥浆充分混合，形成直径较大、混合均匀、强度较高的水泥土桩。目前传统止水帷幕技术存在的主要问题有：①砂、卵砾石地层无法直接成孔，引孔则极易塌孔；②设备自动化程度低，过程控制依赖人工，质量保证率较低；③设备成孔垂直度差、成桩直径不均匀；④工序复杂，施工效率低；⑤材料利用率低、造价高；⑥产生废浆较多，环境污染严重。相比传统止水帷幕技术，DJP 工法的技术特点有：

（1）钻进喷浆一体化

现有其他旋喷工艺，除在较软地层外，在密实砂层、卵砾石层、支护桩扩径等复杂地层和场地条件下，均需先引孔，且引孔难度大、极易塌孔，无法保证成桩质量；应用时均需要两套设备，一套引孔设备预先成孔（部分情况下尚需要套管护壁），另一套设备进行高压喷射注浆，工序较为烦琐，工效也较低。而潜孔冲击高压旋喷桩通过潜孔锤与喷射器有机结合，可同步解决复杂地层条件下的钻进和喷浆成桩难题，一套设备完成全部施工工作，即钻进、喷浆一体完成，工序减少一半，工效提升一倍以上。

（2）拓展了旋喷桩的地层适用范围

采用的钻头钻具有主动冲击能力，钻进效率高，对坚硬块体、岩石、硬地层（卵石地层）通过能力强，冲击钻头下部主动受力，易于控制钻杆竖直度，成功解决了在软硬相间复杂地层中的应用问题。不仅适用于素填土、杂填土、黏性土、砂土等一般地层，而且适合于难以钻进的砂卵石、砾石、漂石、人工填海地层、抛石、混凝土旧基础、基岩等复杂地层，即使是在支护桩＋止水帷幕支护体系中，也可以在两根支护桩中间位置施工，可以克服支护桩扩径所形成的障碍。

（3）成桩质量显著改善

对于旋喷桩成桩质量最关键的因素主要是成孔竖直度和成桩直径，在竖直度的改进方面，DJP 工法设备采用上、下双动力进行钻进，潜孔锤的牵引导向性可保证施工过程中的竖直度不断修正，钻杆刚度大，钻机自稳能力强，竖直度偏差可控制在±0.5%以内，比其他工艺提升一倍以上；在成桩直径方面，DJP 工法钻进过程中喷射的水流和提升过程中喷射的浆液均压力较高，前者充分切削土体，加大影响范围，后者通过二次高压将浆液与四周土体进行混合，加之潜孔锤底不断排出的高压气，可以通过挤压、渗透进一步扩大成桩直径，从而形成大直径、均匀性较好的水泥土固化体。

（4）自动化控制、施工效率高

采用全自动控制系统和高精度北斗导航系统，桩位偏差精度±2 cm，施工过程实时记录，提升过程控制能力和质量水平。设备高度集成化，如：钻进喷浆一体化工艺、全自动搅浆后台、自动化参数控制、不需接拆钻杆等使施工步骤大幅简化，施工效率为其他旋喷工艺的2～3 倍。

2.4.9 排水导渗设施的修理

（1）排水沟（管）的修理应符合以下几个要求：

1）当部分沟（管）段发生破坏或堵塞时，应将破坏或堵塞的部分挖除，按原设计断面进行修复。

2）排水沟（管）修理时，应根据沟（管）的结构类型（浆砌石、砖砌、预制或现浇混凝土），分别按相应的材料及施工规范进行施工。

3）当沟（管）的基础（坝体）被冲刷破坏时，应使用与坝体同样的土料，先修复坝体，后修复沟（管）设计断面。

（2）坝下游减压井、导渗体和滤水坝的修理应符合以下几个要求：

1）当减压井发生堵塞或失效时，可采用洗井冲淤的方法进行修理；修理时按照掏淤清孔、洗孔冲淤、安装滤管、回填滤料、安设井帽、疏通排水道等程序进行。

2）当导渗体和滤水坝发生堵塞或失效时，可采用翻修清洗的方法进行修理；修理时必须先拆除堵塞部位的导渗体或滤体，清洗疏通渗水通道，按设计重新铺设反滤料，按原断面恢复导滤体。

3）贴坡式和堆石坝趾滤水体的顶部要进行封闭，或沿与坝体接触部位设截流沟或矮挡土墙，防止坝坡土粒进入滤水体内发生堵塞现象。

4）做好坝下游周边的防护工程，防止山坡雨水倒灌影响导渗排水效果。

5）为防止坝坡土粒进入滤水坝趾内，滤水坝趾顶部要进行封闭处理或设排水沟。

2.4.10 坝下埋涵(管)修理

混凝土涵（管）壁渗漏修理应按《混凝土坝养护修理规程》（SL 230）中有关混凝土渗漏处理的规定执行。浆砌石涵出现灰浆脱落或裂缝漏水时，应将砌缝或裂缝洗涤干净，用玻璃纤维堵塞漏缝，再用掺有水玻璃的快速水泥砂浆勾缝。若涵（管）质量差、洞壁单薄、漏水严重或发生断裂时可采用内衬和套管进行加固。衬砌或套管后，过水断面及通过流量均相应减少。若因地基不均匀沉陷而导致涵（管）断裂时，应首先加固地基，再修复涵（管）结构。如断裂部位在进、出口附近，可直接挖出松软土体，用三合土分层填筑夯实；如断裂部位在中段，可在洞内钻孔进行基础固结灌浆或开挖基础换土回填。若涵（管）因未做截水环引起渗漏，可在坝体迎水坡一侧增建截水墙。若因涵（管）进口形状不当而产生空蚀，应改善进口形状。进口形状宜改成椭圆形，闸门槽与洞身之间应设渐变段。对无压洞及部分开启的有压洞，可在负压区设置通气孔。涵（管）混凝土的磨损、空蚀、剥蚀和碳化修理可按《混凝土坝养护修理规程》（SL 230）的规定执行。

2.4.11 边坡修理

边坡修理前应按《水利水电工程边坡设计规范》（SL 386）的规定进行边坡治理和加固设计。对于15 m以上的土质边坡和30 m以上的岩质边坡，或地质条件、环境条件特别复杂的边坡，应进行特殊设计。同时，边坡修理应综合考虑边坡治理与加固、边坡水土保持和生态恢复等各方面的因素，做到环保，并与周围环境相协调。边坡修理应优先采取治理措施，若仍不能满足要求或难以实施时采取加固措施。在对边坡进行治理和加固时可采用以下措施中的一种或多种相结合，具体如下：

（1）减载、削坡和压坡。

（2）排水和防渗。包括修建坡面及坡顶截水沟、排水沟、排水孔，边坡内部排水井、排水

洞等。

(3) 坡面防护。包括用于土质边坡的各种形式的护砌和人工植被，用于岩质边坡的喷混凝土、喷纤维混凝土、挂网喷混凝土以及柔性主动支护、土工合成材料防护等措施。

(4) 边坡锚固。包括各种支护锚杆、预应力锚索、抗滑洞塞等。

当边坡需要采取锚固措施进行加固时，可采用锚杆与挡土墙、锚杆与抗滑桩、锚杆与混凝土格构、锚杆与混凝土塞或混凝土板相结合的支护形式，其中边坡锚固修理应按《水利水电工程锚喷支护技术规范》(SL 377)的规定执行，挡土墙、抗滑桩等的修理应按《水电水利工程边坡施工技术规范》(DL/T 5255)的规定执行。当挡土墙发生倾斜、凹凸、滑动及下沉时，应先消除侧压因素，再选择锚固法、套墙加固法或增设支撑墙等进行加固。严重损坏的挡土墙应将损坏部分拆除重建。对于较高等级的边坡，应在修理时增加安全监测设施，对边坡的变形、渗流等进行监测。

2.5 白蚁及其他动物危害的防治

2.5.1 白蚁生物特性

白蚁属节肢动物门，昆虫纲，等翅目，在分类地位上，白蚁属较低级半变态昆虫，蚂蚁则属于较高级的全变态昆虫。全世界已定名的白蚁有 2 600 余种，我国有 500 余种。白蚁分类系统最初由 Holmgren 分成 4 个科。1949 年 Snyder 将其分成 5 个科 14 个亚科，以后又追加了 2 个新科，共计 7 个科，分别为澳白蚁科(Mastotermitidae)、原白蚁科(Termopsidae)、木白蚁科(Kalotermitidae)、草白蚁科(Hodotermitidae)、鼻白蚁科(Rhinotermitidae)、齿白蚁科(Serritermitidae)和白蚁科(Termitidae)。其中危害较严重的有土木栖的家白蚁(也叫台湾乳白蚁)、土栖的黑翅大白蚁、黄翅大白蚁和散白蚁属的黑胸散白蚁、黄胸散白蚁、堆沙散白蚁等。其主要生活习性如下：

(1) 群体性。白蚁生物的一大特点是营群体生活，不同类群的群体不尽相同，所包括的个体数量有多有少，少的成百上千，多的可达 200 万个以上。白蚁群体的大小不仅随着种类不同而不同，在同一种白蚁中，也随着群体的发育过程和盛衰状况，随着季节的变化，营养以及其他生活条件的变动而变化。但不管白蚁群体的大小如何，所包括的数量多少，所有个体总是集群成一个单独的生活单元。脱离群体的个体在自然界里无法长期存活，更不可能繁殖后代。这种个体间的互相依存、共同生活的现象和其他群居性昆虫有着很大的不同。

(2) 多型现象。根据形态和机能上的差异，黑翅土白蚁可以分为生殖型和非生殖型两大类，每种类型又可分为若干品级。白蚁组织及分工情况见图 2.5-1。

生殖型白蚁的主要机能是繁殖，有发育完全的生殖器官，在群体中主要起交配和产卵的作用。根据其繁殖特点又可分为两个品级：①蚁王和蚁后，在巢群中一般只有一对，但往往也可见到一王二后，一王三后或五后或二王四后的，其功能是繁殖后代；②有翅成虫，一般称为繁殖蚁，是巢群中除王与后外能进行交配生殖的个体，但在原巢内是不能交配产卵的，一定要在分群移植，脱翅求偶，兴建新巢后开始交配繁殖后代。非生殖型白蚁有工蚁和兵蚁两

图 2.5-1　白蚁组织及分工图

个品级，其生殖器官发育不完全，无生殖力。根据其担负的是劳动还是作战的任务，有工蚁与兵蚁之分：①工蚁：在蚁群中数量最多，占群体数量的绝大部分，担任巢内很多繁杂的工作，如建筑蚁冢，开掘隧道，修建蚁路，培养菌圃，采集食物，饲育幼蚁、兵蚁和蚁后，清洁卫生，看护蚁卵等。在无兵蚁的种类中，它们还要负责抵御外敌。②兵蚁：是群体的防卫者，虽有雌雄之分，但不能繁殖。兵蚁的头部长而高度骨化，上颚特别发达，但已失去了取食功能，而成为御敌的武器，还可用上颚堵塞洞口、蚁道或王宫入口。由于兵蚁失去了取食功能，因而食物由工蚁饲喂。兵蚁分两型：大颚型兵蚁——上颚形成各种奇异的形状，好似一把二齿的大叉子。象鼻型兵蚁头延伸成象鼻状，当它与敌搏斗时，可喷出胶质分泌物，涂抹敌害。黑翅土白蚁的生活史如图 2.5-2 所示。

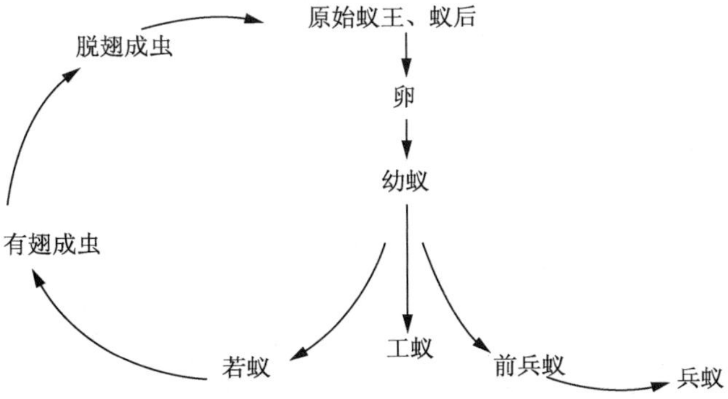

图 2.5-2　黑翅土白蚁的生活史

(3) 生活周期。黑翅土白蚁的生活周期有分飞和建群两个步骤。黑翅土白蚁的分飞多发生在4—6月。分飞落地的有翅成虫，会原地翘起腹部，不断地振动四翅进行引诱，雄虫多方探索、找寻，一旦接触则双双脱去翅膀进行追逐，寻找适宜场所开掘入土孔道，钻入建巢。脱翅成虫入土4～10 d开始产卵，第一批卵71～98粒，约在20 d内产完，每天产卵4～6粒，第一批卵产完后约有1～1.5个月的间歇期。卵粒产出后经36～47 d即可孵化。自卵孵化至出现工蚁，最快经历19 d，最慢不超过30 d，期间经过3次蜕皮，1、2、3龄幼蚁龄期各经历约6～8 d。幼蚁发育为兵蚁有一个前兵蚁龄期，前兵蚁是幼蚁经第二次蜕皮后分化出来的，再蜕皮一次就发育为兵蚁。多数蚁巢在未出现工蚁前就产生了前兵蚁，前兵蚁发育为兵蚁需经历11～12 d，所以兵蚁往往晚于工蚁出现。工蚁出现后，并不立即出巢取食，约经10～15 d待工蚁具有一定数量，且出现兵蚁后才筑路离开巢腔。随后，巢内堆积食料（草根、树皮），数天后即出现一些颗粒状黑褐色的营养基质，进而将营养基质组合成树枝状或网状结构，一旦长出白球菌后便成为疏松的、海绵状的菌圃，颜色亦由黑褐色转为黄褐色。研究认为，初期单腔巢群从建巢开始到出现副巢，发展为两个以上的菌圃，要经历2～3年。

（4）巢穴。白蚁是巢居生活昆虫，蚁巢是白蚁集中生活的大本营，但群体活动范围可扩展到巢外相当远的距离。各类白蚁不论如何生活，都有或简或繁的蚁巢，有些在地上筑垄高达9 m，基部直径20～30 m，有的筑巢在地下，也有的筑在墙壁里、树木中。在天然环境中脱离蚁巢的白蚁很难长期生存，所以蚁巢在白蚁生活中占有极其重要的地位。蚁巢不仅保护白蚁群体免受外敌的侵害，而且提供一个适于白蚁生活的稳定环境。蚁巢内的温度经常保持在温暖的幅度内，冬季巢内温度高于巢外，而在夏季巢内温度却低于巢外。黑翅土白蚁的主巢温度通常处于25～28℃，当冬季周围土温降至9～19℃时，巢内温度不低于20℃，夏季巢外酷暑，而巢温仍然相对稳定。巢内湿度的保持也是依赖于蚁巢的外壳，白蚁自身的活动和菌圃的代谢作用，都可以调节巢内的温度和湿度。蚁巢由单腔到多腔，其结构由简单到复杂，巢区范围由小到大。蚁巢的发展按照时间分为幼年巢和成年巢两个阶段。幼年巢的主要结构类型有：

1）单腔空巢（入土深在6～28 cm，巢腔大小在1～4 cm）；

2）单腔菌巢（入土深在10～78 cm，巢腔大小在3～14 cm）；

3）上位少腔巢（入土深在20～65 cm，巢腔大小在13～28 cm）；

4）下位少腔巢（入土深在27～90 cm，巢腔大小在11～35 cm）。

其中3）、4）类型的上位、下位指在多个腔巢（菌巢）中，蚁王、蚁后所在腔巢（菌巢）的位置靠上或靠下。

成年巢的主要结构类型有：

1）层积多腔巢（埋深在85～320 cm，巢腔大小在35～50 cm，一般有13年以上历史）；

2）块积多腔巢（埋深在85～320 cm，巢腔大小在70～75 cm，一般有20年以上历史）；

3）萎缩多腔巢（埋深在85～320 cm，巢腔大小在90 cm，一般有40年以上历史）。

按其候飞室、空腔、菌圃、泥骨有无或多少，蚁巢分为3大类7种基本形式，具体如下：

1）单腔巢（无候飞室），仅有一个腔室，结构简单，尚无卫星菌圃（即无副巢），根据腔室中菌圃有无还可分为两种类型：①单腔空巢，这是巢群新建100 d内的蚁巢，这类巢群仅仅是一个极简单的馒头型小空腔，周壁光滑，底面平坦，尚无菌圃和其他结构；②单腔菌巢，此类菌巢仍只有一个腔室，单腔直径3～14 cm，但腔室中开始出现菌圃，菌圃馒头状，通常恰好充满全腔，脱翅成虫居住在菌圃下，无特殊居室，仍可自由活动。蚁路细小，数量不多，不易发现。

2）寡腔巢（无候飞室），这类蚁巢由一个主巢和若干卫星巢组成。主巢内有菌圃、蚁王和蚁后，并有王宫；王宫结构简单，通常直接造在主巢腔壁内。卫星巢数目不等，通常亦有菌圃，但无王宫，不住蚁王、蚁后；具菌圃的卫星巢通常称“卫星菌圃”，它与主巢菌圃一样，内住大量工蚁、兵蚁、幼蚁，也置卵；另有一些卫星巢内无菌圃，成为“空腔”，空腔通常也有蚁路与主巢连接，有工蚁、兵蚁往来，但通常不住白蚁。寡腔巢比单腔巢有进一步的发展，蚁群处于成长上升阶段，蚁王和蚁后封闭于王宫内，但蚁群不能产生有翅成虫，蚁巢系统中缺乏候飞室等结构。

3）多腔巢（有候飞室），巢腔总数在 40 个以上，主巢高度分化，整个巢的结构达到最完善的程度。此时的白蚁群体发育成熟，能够产生有翅成虫，蚁巢结构上出现分飞孔突构筑于地面。常见黑翅土白蚁巢穴如图 2.5-3 所示。

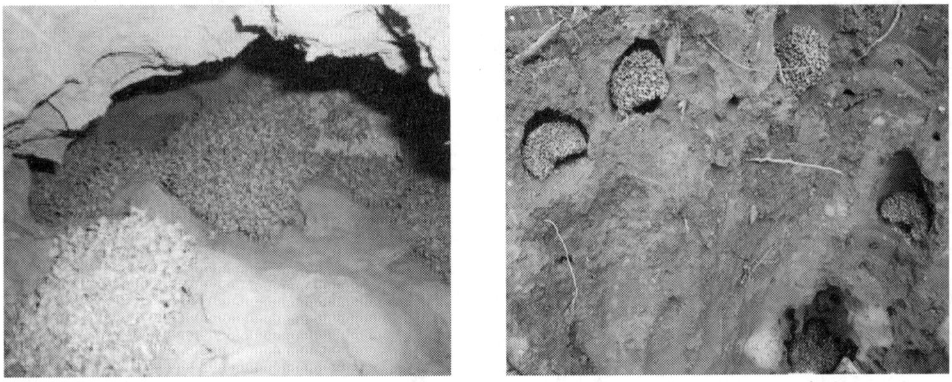

图 2.5-3　黑翅土白蚁巢穴

（5）生活规律。白蚁是一种组织性强、高度分工的昆虫，白蚁为了适应环境和生存，有一定的生活规律，具体如下：

1）群栖性，白蚁是一种营巢穴生活的昆虫，不论何种白蚁，都营建巢穴，把巢当作大本营。但由于白蚁种类不同，蚁巢结构有简单和复杂之分。庞大的蚁巢，穿掘的隧道虽然纵横密布，但均连接若干主道通往主巢，构成一个整体，蚁群中蚁王、蚁后长住在王宫。有翅繁殖蚁的性器官没有成熟，如果不是受惊，是不会远离巢心的；工蚁、兵蚁有专门职能，要频繁外出，不是去而不返。在外活动期间最长一般为 4～7 d，内部联系十分密切，看上去犹如一个有机整体。

2）趋暗性，白蚁畏光趋向于阴暗，过的是隐蔽的生活。它外出采食吸水，在地下或者木材内部穿掘隧道。即使离开物体到另一处取食点，也要事先筑好泥管式或泥被式的通道，与外部光亮隔绝。

3）趋湿性，白蚁的生活对水的要求极高，若离开水无法生存，黑翅土白蚁本身含水量达 79%。

4）整洁性，白蚁群个体间相遇时互相清洁，不仅互相舐吮，而且互相喂食，彼此还吞食同类的尸体，及时搬走粪便和脱皮等排泄物。

5）趋温性，白蚁和其他昆虫一样，也是变温动物，喜温性昆虫，气温的高低是影响白蚁分布的主要因素；不同种类的白蚁对温度要求也有显著差别。如北方能生活的黑胸散白蚁可以适应北方各省低温。

6）敏感性，白蚁对外界干扰反应十分敏感。

7）嗜好性，白蚁食谱中，纤维素占很高的比重。

8）分群性，白蚁的传播，主要靠羽化分群，黑翅土白蚁幼年巢发展到成年巢，必须经过5年以上的发展过程，才能形成成熟巢，出现有翅成虫分化现象。

（6）环境因素。黑翅土白蚁巢群的建立和发展与环境条件有着密切的关系，具体如下：

1）温度。温度对产卵繁殖、发育、出土取食活动、主巢转移方式等都有明显的影响。平均室温23.7℃时卵期为47 d，24.7℃时卵期为38 d。产卵量随时间的增加而增加，以28～30℃时的产卵量增长最快。另外，卵粒在巢内的堆放位置、方式也随气候变化而产生相应变换。头年9月至来年6月，卵粒一般集中堆放在主巢中部，7—8月份，当蚁巢周围土温升到26℃后，卵粒堆放分散，除主巢中部外，卫星菌圃、主路、空腔中都堆放大量卵粒。温度对脱翅成虫繁殖力的影响也表现在对卵粒的形成、卵成熟的快慢和产卵行为的抑制方面。在15℃环境中生活的脱翅成虫不产卵，经剖腹检查卵巢内没有成熟卵粒，仅可模糊分辨出个别卵粒，可见低温对繁殖力的影响主要表现在抑制卵的形成方面。

2）湿度。黑翅土白蚁是喜欢潮湿的蚁种，脱翅成虫入土建巢时对水分要求较高。用黄色黏壤做基质配对饲养时看出，当含水量为25.7%时，脱翅成虫入土建巢顺利；当含水量为21.1%时，5 d后入土率仅为11.1%，含水量为18.3%时，5 d后均未入土。

3）土壤。黑翅土白蚁与土壤环境是一个不可分割的有机整体，土壤条件不同，必然导致蚁巢发生变动。由于土质不同，蓄水性能也不一样。经测定，黄色黏壤中蚁巢周围土壤含水量比黄色沙壤高4.8%～6.8%。因此在黄色黏壤中多数成熟蚁群的主巢入土深度比黄色沙壤的浅，入土在150 cm以上的仅占总数的21.1%，而黄色沙壤中的要占55.6%。土壤厚度不同，蚁巢位置移动的情形和巢区范围都不同。山地、坡地、平地、农耕地、林地等都有着不同的土层厚度。一般在土层深厚地段建立和发展起来的巢群巢区范围都不大，蚁巢位置移动的情形与堤坝上巢群位移相似，主要是垂直向下移或由坡面水平向内移。而在土层浅薄、石砾较多地段发展起来的巢群，其发育过程常因蚁巢的向下发展受到限制，有一个较大的水平方向迁移，整个巢群的最大距离可超过10 m，这与堤坝上土壤结构均匀条件下巢群位移的情形全然不同。

4）与食料分布的关系。食料的自然分布对初期单腔巢群建立有明显的影响。巢群建立之初，群内个体少，幼蚁比例大，工蚁无远距离取食的能力，所以多在30 cm内的根系密集层中建巢，蚁巢入土不深，对出巢觅食相对有利。

5）与白球菌等真菌的关系。从菌圃的形成过程可知，白球菌是菌圃形成的一个必不可少的条件，同时白球菌也是幼蚁等获得蛋白质源的重要营养物质。

2.5.2 白蚁危害特征

2.5.2.1 白蚁病害分布情况

在世界范围内，除南极洲外，白蚁在各大洲都有分布，其危害面积约占全世界陆地总面积的50%，尤其是在热带、亚热带地区，白蚁造成的危害更为严重。在我国，到目前为止，东自中国台湾地区，西达西藏东南部，南起南海诸岛，北至辽宁省，除黑龙江、吉林、内蒙古、宁夏、青海和新疆等省区外，全国 25 个省、市、自治区均有白蚁分布，其危害面积接近全国总面积的 40%。特别是长江以南各省白蚁的危害尤为严重。我国堤坝白蚁主要危害种类的分布见表 2.5-1，白蚁危害情况的普查结果见表 2.5-2。

表 2.5-1　堤坝白蚁主要危害种类的分布

种类	分布	危害程度
黑翅土白蚁	湖北、湖南、广东、广西、江苏、浙江、江西、福建、台湾、四川、贵州、海南、安徽、云南等	严重
海南土白蚁	湖南、福建、广东、广西、云南	其中广东南部、广西、海南比较严重
囟土白蚁	安徽、江苏等	较严重
黄翅大白蚁	广东、广西、安徽、福建等	较严重

表 2.5-2　12 省区堤坝白蚁危害情况普查表

省区	普查工程/座	有蚁害工程/座	蚁害率/%
江苏	776	358	46
浙江	839	613	73
安徽	455	293	64
福建	167	152	91
江西	95	89	94
湖北	1 038	822	79
湖南	115	81	70
河南	94	64	68
广东	176	158	90
广西	134	119	89
四川	3 460	1 073	31
云南	88	78	89
合计	7 437	3 900	52

2.5.2.2　大坝白蚁的来源

一般而言，大坝白蚁的产生主要有下列 4 个方面的原因：

（1）基础内旧隐患。建造堤坝前，未能清除堤坝基础内的白蚁蚁巢给堤坝带来的蚁患。由此产生的大坝白蚁危害早且严重，往往是大坝出现早漏的原因。

（2）附近山坡、森林中的白蚁蔓延到大坝上。山坡上枯萎的树木、竹根和杂草经常滋生白蚁，它们为了生存和发展，便到处寻找饵料和水源，其活动直径在 50 m 范围左右。而土坝背水坡和堤防内外坡一般都有草皮护坡，这是黑翅土白蚁生活繁衍所需的食物；堤坝内的土壤温度、湿度都适宜白蚁生存。因此，山坡上的白蚁容易蔓延到堤坝上来。

(3) 分飞到大坝上。在白蚁分飞季节，由于大坝周围夜间灯火明亮，容易将附近山坡和田野中有翅成虫吸引到大坝附近来，在大坝内建立新群体，营巢繁殖。这是大坝黑翅土白蚁的主要来源。

(4) 大坝管理不善招来白蚁。经常在大坝上晒柴草、堆放木材、农作物秸秆等，过后又不及时清理；有的在大坝的背水坡、平台上种植许多白蚁喜吃的树木饵料，招致白蚁危害。

以上白蚁来源中，附近山坡、森林中的白蚁蔓延和分飞到大坝上是大坝白蚁存在的主要原因。可见，白蚁防治工作涉及工程的各个阶段，在工程开工之前、施工中、竣工后交付使用的长时间内，以及周围林业作物种植的选择方面，均要按照防治白蚁的要求，采取各种必要的措施来创造出一个不利于白蚁生长的环境，从而使大坝免受白蚁危害。

2.5.2.3 白蚁危害土坝的机理

大坝白蚁的危害对象主要是土质大坝，从有翅成虫分飞落在大坝上，雌、雄配对入土筑巢形成成年巢，大约要 8～10 年的时间，这段时间内白蚁个体数量激增，整巢达到数十万只甚至更多。白蚁需要大量的食物饵料和水分，需大量的工蚁修筑蚁道，出去觅食、汲水。大坝白蚁建立的幼龄巢，入土初期，在大坝的表层内约 15 cm 左右，随着幼龄巢的发展和白蚁个体数量增加，巢位的深度逐渐向大坝深处移动。如我国南方大坝白蚁危害的主要品种黑翅土白蚁主巢深度在 1～3 m 左右。成年巢群的主巢穴直径在 60～80 cm 左右，也有大的主巢直径在 1 m 以上，最大的玉龙河堤防副巢腔的直径可达 3 m 以上。除主巢外，还有数十个甚至上百个大小不一的菌圃腔，分布在主巢的周围，俗称卫星菌圃。菌圃与主巢之间均有蚁道相通，形成四通八达的蚁道网络。蚁道口径越接近主巢就越高大，越远离主巢越矮小。主巢最大的蚁道口径可达 10 cm 左右，最小的达 1～2 cm 左右。蚁道的形状均为拱形，蚁道内壁修筑得十分光滑，便于白蚁爬行。蚁害一方面破坏了大坝的完整性，降低了大坝的抵御能力；另一方面，由主巢腔挖掘出的大型蚁道口径较大(底径×高常为 5 cm×7 cm，有的更大)，使得蚁道贯穿大坝的内外坡。一般白蚁主巢位都在浸润线之上，水位不超越主巢腔底水平线时，大坝是不会发生漏水险情的，如果在汛期中水库、堤防出现较高水位，超越主巢腔底水平线时，水流就会贯穿大坝上、下游坡，发生渗漏、管漏险情。蚁害导致的大坝漏水险情，大致有以下几个历程，具体如下：

(1) 管漏。①先漏清水。若大坝的质量尚好，白蚁修筑的蚁道就坚固结实，蚁道内壁光滑，当水流从迎水坡进入蚁道时，不管水如何混浊，开始漏水时，出水口流出的水都是清水，这是因为浊水从蚁道入水口进入蚁道，可能中间要经过无数个菌圃的过滤和穿过主巢腔，故流出的水总是清水，并伴随有白蚁在清水中冲出。②漏出浊水并带有巢碎。漏清水一段时间后，由于蚁道被水流冲刷而遭破坏，随后水流中带有泥沙流出，水位不断升高，水压加大，菌圃也被冲碎而随浊水一起流出，这时险情加剧，尤其是主巢腔被洪水冲击，越冲越大，很有可能造成塌窝、滑坡等严重事故。

(2) 下游坝坡湿润、牛皮涨。坝体填筑质量比较好时，白蚁修筑的蚁道坚实而内壁光滑，水流入蚁道后，一时难以冲坏，故形成管漏。而对于坝体填筑质量欠佳，用风化土、半风化土、混合料填筑的堤坝，白蚁在此堤坝内修筑的蚁道质量就不太坚实，也不太畅通，遇到石块则转弯，尽管蚁道内壁也用好的黏土筑成，但质量也不牢固，非常容易被水冲刷致坏，难以形成管漏，这时水流由内坡进入蚁道后，在下游坝坡就会形成散浸，甚至牛皮涨现象，严重时造成滑坡事故。

(3) 塌窝。管漏严重时，将主巢腔内的大量泥土冲刷出大坝外，由于泥土的重力作用，瞬间就会造成主巢腔顶塌落，若是坝体断面不大，白蚁主巢腔往往修筑在堤坝顶或内外坡的肩下约 2 m 的深度，水位这时已超越主巢腔底的水平高度，故塌窝一发生，就有崩堤垮坝的灾难发生。

(4) 崩堤垮坝。从管漏到塌窝至崩堤垮坝的演化历程，少则数小时，多则数十小时，甚至更长时间，这主要取决于洪水水位升涨速度和堤坝大小、断面厚度以及堤坝质量和蚁巢在大坝内的位置等因素，另外就是抢险措施是否及时和科学。

2.5.3 白蚁危害检查

2.5.3.1 现场调查

白蚁危害现场调查范围应包括水利工程蚁患区和水利工程蚁源区，其具体范围如下：

1) 工程蚁患区：水库土石坝为坝体、坝两端及离坝脚线 50 m 内；土质堤防为堤身、离堤脚线 50 m 内；土质高填方渠道为挡水堤堤身、离堤脚线 10 m 内。

2) 水利工程蚁源区：水库土石坝为坝两端及离坝脚 50～500 m；土质堤防为离堤脚线 50～100 m；高填方渠道为离堤脚线 10～100 m。在上述区域之外有山体和树林的，外延范围宜统一扩大至 1 000 m。

白蚁危害现场调查可采用人工踏勘法、引诱法、挖巢法等方法。

(1) 人工踏勘法

人工踏勘法的调查内容包括：

1) 蚁患区与蚁源区白蚁活动的地表迹象；

2) 蚁源区与蚁患区内树木、植被和建筑物等白蚁危害的情况；

3) 蚁患区发生湿坡、散浸、漏水、跌窝、滑坡等现象的部位是否存在白蚁活动的地表迹象；

4) 水库大坝迎水坡是否存在白蚁汲水线，浪渣中是否有白蚁蛀食物；

5) 蚁患区与蚁源区地面白蚁巢真菌指示物生长与分布情况；

6) 对正在进行改建、扩建、加固施工的水利工程，从施工时去掉的地表土壤或挖土后留下的工程断面中查找蚁道、巢腔等情况；

7) 在可能有白蚁活动的部位，将白蚁喜食的植物根部翻开，检查是否有白蚁活体及蚁路等活动迹象。

(2) 引诱法

1) 引诱堆。将饵料直接放在地表，加盖遮光，堆间隔宜为 10 m；

2) 引诱坑。在土壤中开挖长 500 mm、宽 400 mm、深 300 mm 的坑，将饵料放置其中并加盖，坑间隔宜为 10 m；

3) 引诱桩。将土栖白蚁喜食的木料削制成长 250 mm、宽 50 mm、高 50 mm 的桩，直接插入土壤中约 200 mm，桩间隔宜为 10 m；

4) 监测装置。采用专用的白蚁监测装置并按使用说明进行安装。

(3) 挖巢法

1) 经检查发现水利工程存在土白蚁或大白蚁蚁巢，但不能根据外露迹象判断蚁巢的成熟程度时，可采用挖巢法；

2）挖巢完成后，应及时清除周围松动的土体，并采用与工程原土料一致或类似的土料回填，夯实至原貌；

3）汛期或高水位情况下不得挖巢。

图 2.5-4 为白蚁活动痕迹和隐患位置示意图。

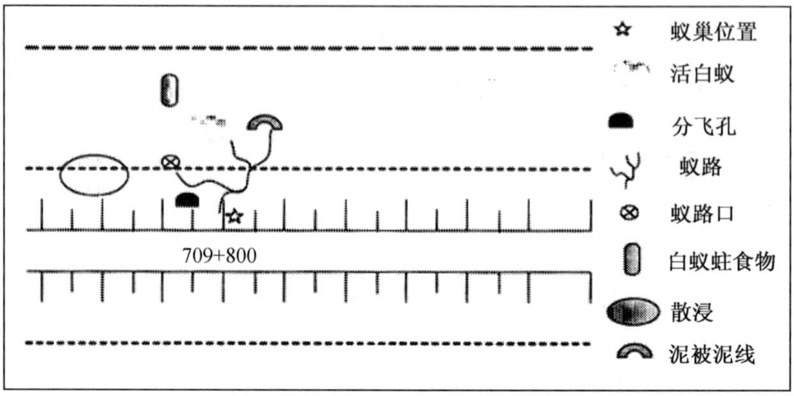

图 2.5-4　白蚁活动痕迹和隐患位置示意图

2.5.3.2　基于仪器的探测方法

除了传统的白蚁检查外，蚁巢探测还可根据前期人工踏勘，采用地球物理探测方法、高密度电阻率法探测法等，通过人工和仪器相结合的普查方法，确定白蚁的分布情况。

（1）地球物理探测方法

电磁场理论应用已遍及地学、生命科学、医学、空间科学、信息科学等几乎所有技术科学领域，同时这些工程技术领域对电磁理论研究也不断地提出各种新的要求。电磁法勘探是基于电磁波在导电介质中的传播特性，通过天然或人工场源在大地中激励的交变电磁场，研究电磁场的空间和时间分布，分析观测到的电磁场信号，得到地下目标体的电性分布特征的一种地球物理方法。岩层导电性差异是一般电法勘探工作的物理前提。电磁法就是利用岩层电阻率的差异，来解决有关地质问题，达到探测的目的。将电磁法探测技术应用于堤坝工程的隐患探测在理论上具有可行性，实际工程上也有不少应用。电磁法物探的反演分析方法一般是对接收到的响应（视电阻率或磁导率等）进行整理，根据电阻率的异常变化，确定地下异常体的位置、大小等信息。正演分析一般根据给定的地球模型求解地球物理电磁场理论值，对于一定的激励，将相应情况下的频率域结果转换到时间域，在时间域里进行有限离散计算，即在每一时间步计算网格空间各点的场量，随时间的推进，可以直接模拟电磁波的传播及其与其他地质体的相互作用过程，使电磁场的时间域特性被直接反映出来。它可以直接给出非常丰富的电磁场问题的时间域信息，给复杂的物理过程绘出清晰的图像。这样直接在时间域内对电磁场的信号进行分析，可对电磁场在地下的传播和散射的整个过程有更加全面的了解，从而对电磁场探测的有效性给出更精确的评估。

（2）高密度电阻率法探测方法

高密度电阻率法是以岩、土导电性的差异为基础，研究人工施加稳定电流场作用下地中传导电流分布规律的探测方法。其理论基础与常规电阻率法相同，不同的是方法技术。高密度电阻率法实际上是一种阵列勘探方法，野外测量时只需将全部电极（几十至上百根）置于观测剖面的各测点上，然后利用程控电极转换装置和微机工程电测仪便可实现数据的快速和自动采集，将测量结果送入微机后，还可对数据进行处理并给出关于地电断面分布的各种图示结果。高密度电阻率法探测原理如图 2.5-5 所示。

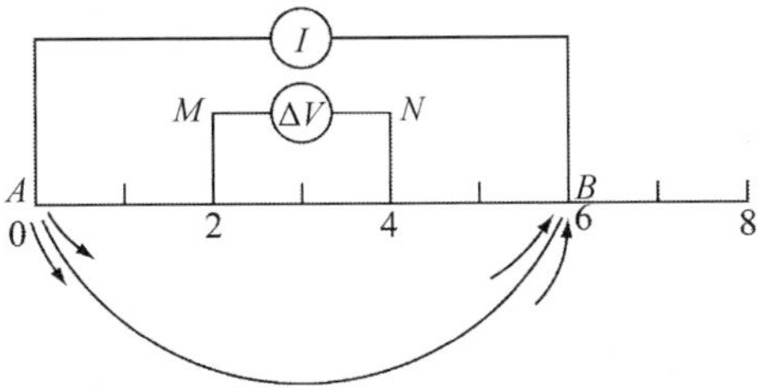

图 2.5-5 高密度电阻率法原理示意图

高密度电阻率法的数据采集系统由主机、电极转换器和电缆等组成，主机通过电极转换器控制各电极的高压供电与测量状态，并发出工作指令、向电极供电、加压并接收、存储测量数据。野外工作时，将多个电极按一定的间隔布置，观测过程中电极按一定规律组合，一次布极可采用不同的测量装置。具体现场测量分为固定断面扫描测量和变断面连续滚动扫描测量两种。

高密度电阻率法正演分析一般采用有限元或有限差分法，根据地下电性介质的分布来研究场的分布，并把场的分布转化成相应的视参数值来表示。在二维地电条件下，点电流源场的计算可归为若干个给定波数下的傅立叶变换电位 $V(x,\lambda,z)$ 所满足的二阶偏微分方程的边值问题。点源二维有限元方法研究场的分布，其研究步骤为：①区域剖分：将地电断面分为一系列小的单元，如矩形、三角形。②线性插值：假设单元内位场呈线性变化，单元内电性参数均匀。③单元分析及合成：对每个单元进行泛函分析并对各单元求和。④解方程求场分布：利用泛函极小与微分方程的对应关系，得到线性方程组，通过解线性方程组得到场的分布。

高密度电阻率法反演分析通常需采用最优化方法。最优化方法主要靠调节模型子块的电阻率来减少正演值与实测电阻率的差异。反演程序使用的二维模型由一系列矩形格子构成，把地下空间分成许多模型子块。矩形格子的排列受拟断面图数据点分布的松散约束。在反演程序中，允许对二维模型每层的厚度和深度进行调整，可以通过设置模型顶层厚度、层厚增加系数、模型深度增加系数来调整模型与数据点的相对位置关系。由于电法勘探的垂向分辨率随深度增加而下降，设定反演模型子块层的厚度随深度增加而加大，可在 1.0～1.35 倍深度间调整，一般选择模型层厚增加率为 10%或 25%。模型深度增加系数允许改变反演模型层的深度，使模型与钻孔或其他资料的已知深度保持一致。由此产生的模型最底排格子深度为等效勘察深度。

探地雷达技术具有探测速度快、采集数据量大、定位准确、操作灵活、可实现连续透视扫描以及二维彩色图像实时显示等独特的优点。探地雷达的原理如下：通过向地下发射尖锐脉冲式电磁波和接收其反射回波，得到直观的地下图像。地下不同物体具有不同的性质，如导电率、介电常数和磁导率，对雷达或电磁波的传播具有重要的影响。一般说，导电率高，吸收雷达波强烈，雷达波通过这些介质，振幅衰减快。介电常数大，雷达波在这种介质中的传播速度小。真空的介电常数 $\varepsilon_{空}=1$，雷达波在真空中的传播速度最高，等于光速 $C=3\times$

10^8 m/s。水的介电常数 $\varepsilon_{水}=81$，雷达波在水中的传播速度 $V_{水}=C/\sqrt{\varepsilon_{水}}=C/9\approx3\times10^7$ m/s。研究表明，引起雷达脉冲反射的主要原因是各个面层的介电常数不同，这是由于各层的物质和结构不同造成的。常见介质的电性参数值见表 2.5-3。

表 2.5-3　常见介质的电性参数值

媒质	电导率/(S/m)	介电常数(相对值)	电磁波速度/(m/ns)
空气	0	1	0.3
水	$10^{-4}\sim3\times10^{-2}$	81	0.033
花岗岩(干)	10^{-8}	5	0.15
灰岩(干)	10^{-9}	7	0.11
灰岩(湿)	2.5×10^{-2}	8～10	0.11～0.095
黏土(湿)	$10^{-1}\sim1$	8～12	0.11～0.087
混凝土	$10^{-9}\sim10^{-8}$	6～15	0.12～0.077
钢筋	∞	∞	

在实际探测过程中，天线沿地面移动，脉冲信号不断地被发射和接收，显示系统将经 A/D 转换后得到的数据信号按一定方式进行编码排列及处理，以二维形式给出连续的地下纵向剖面成像图像。图像的水平坐标表示地面不同的位置；垂直坐标为脉冲的双程传播时间，该时间可以换算为深度 Z，计算公式为：

$$Z=\frac{t\cdot c}{2\sqrt{\varepsilon_r}} \tag{2.5-1}$$

式中：c 为电磁波在空气中的传播速度($c=0.3$ m/ns)；ε_r 为介质的相对介电常数；t 为脉冲从地表到目标物再从目标物反射回地表的双程传播时间。

探地雷达接收到的信号的强弱与探地雷达天线的特征、土壤对信号的衰减、目标的深度与反射特征、雷达的工作频率和发射功率有关。堤坝内部可能出现的空洞都有雷达波反射界面，此为探地雷达探测空洞的有效方法。存在于堤坝中的蚁巢、蚁道与周围土壤介电常数存在较大的差异，根据电磁波反射原理，在分界面会对探地雷达发射的电磁波产生反射，即为应用探地雷达探测白蚁巢的依据。图 2.5-6 为出现空洞的典型雷达图像。依照探地雷达工作原理及工作经验，空洞上方的地质雷达波形常常会显示抛物线状的圆弧，圆弧顶中心对应洞中心，圆弧顶深则表示洞的埋深，而洞的下底由于上顶信号过强压制，使得下部信号较模糊，洞在测线方向的水平宽度有时因上顶信号强也难以确定，依据经验亦可判别。

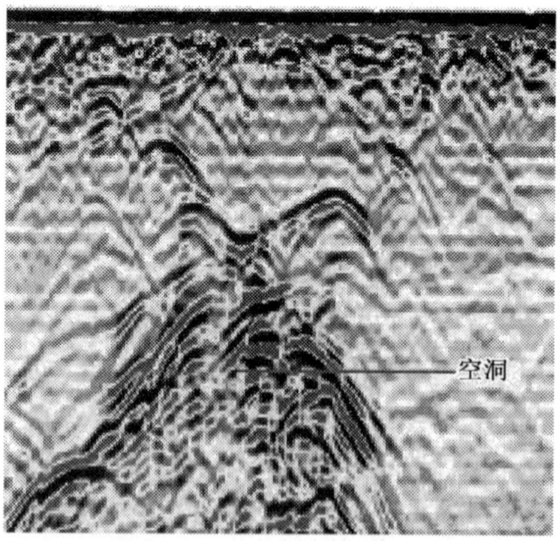

图 2.5-6　空洞异常雷达图像

2.5.4 白蚁危害评估

水利工程白蚁危害等级可分为3级：Ⅰ级，白蚁轻微危害或存在白蚁危害潜在风险，等级指数记为1；Ⅱ级，白蚁中度危害，等级指数记为2；Ⅲ级，白蚁严重危害，等级指数记为3。具体评定标准如下：

水利工程检查单元内发现土白蚁或大白蚁危害，且符合下列情况之一的，检查单元白蚁危害等级评定为Ⅰ级：

1）检查单元蚁患区内发现白蚁活动地表迹象或取食点，且每单元少于10处；

2）检查单元蚁患区内开挖出蚁巢，主巢巢腔最小直径小于或等于250 mm，或最大蚁后体长小于等于30 mm；

3）检查单元蚁患区内白蚁巢真菌指示物只有1处，或分飞孔堆间限数量小于或等于5个；

4）检查单元蚁源区内仪器探测时疑似蚁巢在3处以上，或开挖出成年蚁巢1处。

水利工程检查单元内发现土白蚁或大白蚁危害，且符合下列情况之一的，检查单元白蚁危害等级应评定为Ⅱ级：

1）检查单元蚁患区内发现白蚁活动地表迹象或取食点，且每单元10处及以上；

2）检查单元蚁患区内开挖出蚁巢，主巢巢腔最小直径大于250 mm且小于或等于350 mm，或最大蚁后体长大于30 mm且小于或等于50 mm；

3）检查单元蚁患区内白蚁巢真菌指示物多于1处，或分飞孔数量多于5个；

4）检查单元蚁源区内开挖出成年巢，平均每年多于3个；

5）检查单元内因白蚁危害造成湿坡、散浸等危害水利工程安全的一般险情。

水利工程检查单元内发现土白蚁或大白蚁危害，且符合下列情况之一的，检查单元白蚁危害等级应评定为Ⅲ级：

1）检查单元蚁患区内开挖出蚁巢，主巢巢腔最小直径大于350 mm，或最大蚁后体长大于50 mm；

2）检查单元蚁患区内发现多个白蚁成熟巢群；

3）检查单元工程主体上发现贯穿性蚁道；

4）检查单元内因白蚁危害造成漏洞、跌窝、脱坡等危害水利工程安全的重大险情。

2.5.5 白蚁危害防治

（1）生物防治

在自然界中，生物普遍存在着天敌。应用天敌来控制白蚁的数量，以降低白蚁的危害，这种防治白蚁的方法称为生物防治。生物防治通过保护和利用天敌，通过天敌控制达到平衡白蚁种群的目的。

1）巢内天敌：致病性微生物有黄曲霉、腐木真菌，其次有球孢白僵菌和蜡状芽孢杆菌。另外，还有一些寄生性螨。

2）巢外天敌：主要有穿山甲、蚂蚁、蟑螂、蜻蜓、翘尾隐翅虫、步行虫、蜥蜴、蟾蜍、青蛙、

蝙蝠、鸟类和家禽等。

(2) 物理及机械防治

物理机械防治法的内容相当广阔，包括利用人工、器械和热、光、电、波等物理方法来防治白蚁。

1) 挖巢法：是不用药物直接毁灭巢群的一种方法。根据不同种白蚁的找巢方法，查明蚁巢后，就可用简单的工具直接挖出，或找到线索后，追踪挖出。如黄球白蚁、土垅大白蚁、云南土白蚁等，均在地表筑白蚁冢，蚁巢十分明显。

2) 诱杀法：利用白蚁的趋性，如趋食性、有翅成虫的趋光性、趋化性等，创造一些条件，满足趋性的要求，引诱白蚁集中，进行杀灭。

3) 灯光诱杀：从巢中飞出的有翅成虫具有强烈的趋光性，利用各种光源将有翅成虫诱集而歼之，是消灭大量有翅成虫简易而有效的方法。

4) 食饵诱杀：该方法适用于土栖和土木栖的种类，特别对于群体分散、找巢比较困难，或者侵害的是活植物，用药可能引起不良影响情况的，更宜采取此法。首先，选择白蚁喜爱的食物，如新鲜松木、甘蔗、松树皮或添加一点食糖等做引诱物，在被侵物附近挖长、宽、深各 30 ~ 40 cm 的土坑埋藏，或直接堆放于地面，用洗米水淋湿的麻袋覆盖。以后每隔 10 ~ 15 d 检查一次，当发现大批白蚁被引诱集中时，便将引诱物连同白蚁一齐取出烧杀。然后换新鲜引诱物，连续诱杀，直到无白蚁被诱来为止。

(3) 化学防治

用于防治白蚁的药剂，发展较快，品种较多，按其来源及发展过程分为：

① 无机药剂：三氧化二砷(灭蚁粉)、亚砷酸钠、CCA 等。

② 有机药剂：灭蚁灵、氯丹、辛硫磷、毒死蜱、敌杀死等。

③ 植物性药剂：除虫菊、苦楝、闹羊花、青蒿等。

2.5.6 其他动物危害防治

1) 人工捕杀。在具有危害性的动物经常活动出没的地方，设置笼、铁夹、竹弓、陷阱等捕杀。

2) 诱饵毒杀。将拌有药物(如有机磷农药和磷化锌鼠药等)的食物，放在动物经常出没的地方，诱其吞食后中毒死亡，但应注意防止家畜误食。

3) 开挖追捕。对狐、灌等较大的害坝动物，可采用人工开挖洞穴追捕。

4) 锥探灌浆。用锥探灌浆方法将拌有药物的黏土浆液灌入巢穴内，驱赶或堵死动物，填塞洞穴。

5) 对驱走或捕杀害坝动物后留在坝体内的洞穴，应及时采取开挖回填或灌浆填塞等方法进行处理，不留隐患。

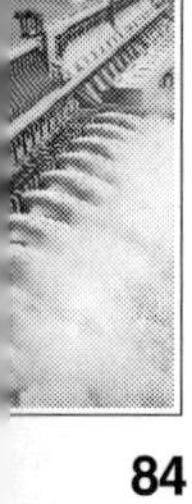

2.6 土石坝险情抢护

抢险是为防止险情扩大、避免水库工程失事而进行的紧急抢护工作。统计历年来的水库抢险实践经验与教训，水库大坝应急抢险不仅仅是水库出险后立即降低库水位，组织人员、物力对出险部位进行的紧急抢修，这只是水库应急抢险的一个方面，是一种工程技术措施；水库应急抢险还应包括另一个方面，即非工程措施，如严密的抢险组织指挥系统，严格的各级组织责任制，明确的险情预警系统以及可操作性强的应急抢险预案等，降低水位、预警等都属于非工程措施。因此，水库抢险措施包括工程技术措施和非工程技术措施。

2.6.1 险情抢护原则

（1）工程措施

水库安全管理与抢险要贯彻“安全第一、常备不懈，以防为主、全力抢险”的防汛工作方针，局部利益服从全局利益，将保障人民的生命安全作为首要目标。

根据工程发生的不同险情采用相应的抢险工程措施。这些措施在水库防汛应急抢险预案中要有明确规定，包括抢险方法、所需抢险物资、抢险队伍和责任人等。在工程应急抢险时，应掌握以下 3 条原则：

1）按永久性要求抢修的险情，应按永久性要求进行一次性抢修。

2）不能按永久性要求抢修的险情，要采用临时性措施抢修，防止险情扩大，确保大坝安全。

3）凡按临时性措施抢修的险情，抢修后必须跟踪巡视，汛后必须彻底加固处理。

（2）非工程措施

非工程措施主要体现在编制水库大坝安全管理应急预案，明确抢险管理机构和预警体系等方面。

1）抢险应急管理

当小型水库出险时，一般由县级防汛抗旱指挥部组织抢险，乡镇政府和行政村配合做好有关抢险工作。

2）预警体系

预警体系是指能及时、准确地昭示风险前兆，并能及时提供警示的机构、制度、网络、举措等构成的预警系统，其作用在于超前反馈、及时布置、防风险于未然，打信息安全的主动仗。建立一套适合小型水库的预警系统是保障水库安全运行、保障生命和财产安全的重要手段。

小型水库预警系统一般由人工巡视检查、水文测报系统、预警流程、通信系统、报警设施、应急管理组织等部分组成。在险情发生之前的预警主要靠人工巡视检查、水文测报系统。出险后需要一套处置程序，另外还需确定预警的范围和预警的等级。

2.6.2 降低库水位抢险

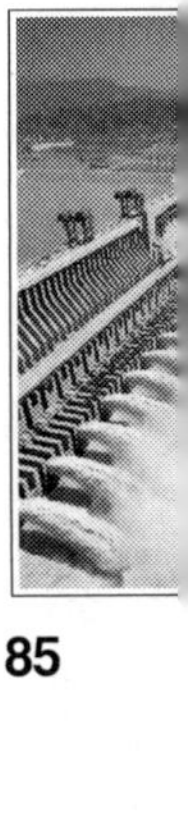

险情发生后，应迅速降低库水位，减轻险情压力和抢修难度。因为当水库发生险情时，在库水位接近校核洪水位或持续高水位的情况下，大坝渗透压力、渗透比降、水压力增加，将会加剧漏洞、管涌和流土等渗流的危险状况；并且在高水位作用下的滑动力增加，大坝更易出现边坡失稳、发生滑动的状况；坝体涵管在地基土大量流失的情况下，将会发生严重渗透

破坏，并会造成洞身塌陷、断裂、下沉，坝坡出现塌坑等危险情况；泄水建筑物（溢洪道）、输水涵洞（管）闸门因水压力过大而无法正常开启与关闭，高水位亦可能导致漫坝状况。当工程出现险情时，降低库水位一般是抢险工作的第一步工程措施，同时也是最有效的工程措施之一。降低库水位的思路和原则：水利工程均设有泄水建筑物或输水建筑物来宣泄洪水，首先应利用现有的输、泄水建筑物降低库水位。当输、泄水建筑物下泄流量尚不能满足降低库水位时，应采取其他的工程措施进行降低库水位（如水泵抽水、虹吸管、增加溢洪道泄洪量及开挖坝体泄洪），在降低库水位的过程中应考虑大坝本身的安全及下游影响范围内的防洪安全。

采用工程措施降低库水位的方法一般可分为常规工程措施和非常规工程措施。常规工程措施如水泵排水、虹吸管排水等；非常规工程措施如增加溢洪道泄流量及开挖坝体泄洪等。

(1) 水泵排水

特点：水泵为常见排水设备，规格型号较多，可根据不同的排水需要选择；其结构简单，操作容易且便于运输；水泵在社会建设中应用较为广泛，易于筹措；一般对下游建筑物不会产生冲刷影响。

适用范围：由于水泵受排水量的限制，其排水强度不大，一般适用于库容较小的工程抢险，并结合其他排水方法进行应用。如 2004 年某水库发现其下游渗漏严重，为排除险情，先后调用了 17 台小水泵、11 支虹吸管和一台 0.7 m^3/s 的大流量水泵进行排洪，历时 31 h，减轻了垮坝险情。

(2) 虹吸管排水

特点：虹吸管的应用原理较简单，并广泛应用于水利工程中；安装工艺简单；主材及配件较为普遍，一般市场均能购买，而且价格低廉；外塑料管较轻便、运输强度低，可采用人工搬运，对地处偏僻、交通不便的病险水库尤为重要；拆卸方便，使用完毕可作为防汛物资储备；连接方式方便，可根据排水量及排水速度选择管径大小及组数。

适用范围：由虹吸管的原理可知，管内的真空有一定的限制，真空度一般限制在 7 ~ 8 m 水柱以下，因此，进水口至最高点的高差不宜超过 8 m，虹吸管排水一般适用于坝体高度较低的水库排水，对于中高坝水库排水降低库水位的操作较为复杂。

(3) 增加溢洪道泄流能力

增加溢洪道泄流能力措施以增加溢洪道泄流断面面积、改善洪水出流条件为主，可通过下面 3 种方法实施：

1) 增加溢洪道过水宽度。根据溢洪道所在位置及型式，将溢洪道拓宽，增加泄流量。如位于山岙处的开敞式溢洪道，可对溢洪道两边进行开挖，增加溢洪道过水宽度。

2) 降低溢洪道底高程。降低溢洪道底高程应根据溢洪道的堰型选用合适的方法，对于人工筑建的实体堰，应先将堰体进行人工拆除。对于开敞式堰体，应结合溢洪道基础的工程地质条件状况，采用不同的非常规工程措施。

3) 选择适宜的山坳垭口。

增加溢洪道泄流能力的特点：溢洪道增加泄流断面后，其泄流量的增加幅度较大，可相对快速地降低库水位，特别是在还有后继洪峰的情况下，可以有效地控制库水位，防止工程险情状况恶化。

适用范围：该方法以溢洪道工程结构状况为基础，只有当溢洪道工程结构合适时方可使用。拓宽溢洪道增加泄流量只能在库水位高于溢流堰顶高程的情况下使用。而降低溢洪道堰顶高程增加泄流量一般只能将库水位控制在某一高程以下，而难以达到放空水库的效果。因此，增加溢洪道泄流能力比较适用于上游还有来水的情况下控制大坝水位。如：某水库在1998年6月26日，M3测压管水位仅比库水位低0.6 m，表明漏水严重。经研究决定，采用爆破方式，在溢洪道部位长20 m范围内，降低溢流堰高程2 m以降低库水位，将溢流堰高程145.75 m降低至143.70 m，其中5 m宽部分降低到141.50 m。由于溢洪道全部建在基岩上，施工十分困难，抢险工作历时6 d，确保了大坝安全。

（4）开挖坝体泄洪

开挖坝体泄洪亦称为破坝泄洪，即在大坝（副坝）坝顶合适部位开槽进行泄洪，坝顶开槽完成后，在槽内四周铺设土工膜、彩条带等防冲护面材料。应特别注意防冲材料的四周连接固定，以防被水冲走。有条件时可以采用钢管（如脚手架钢管）网格压住防冲材料，钢管网格采用锚杆深入坝体土中加固，见图2.6-1。

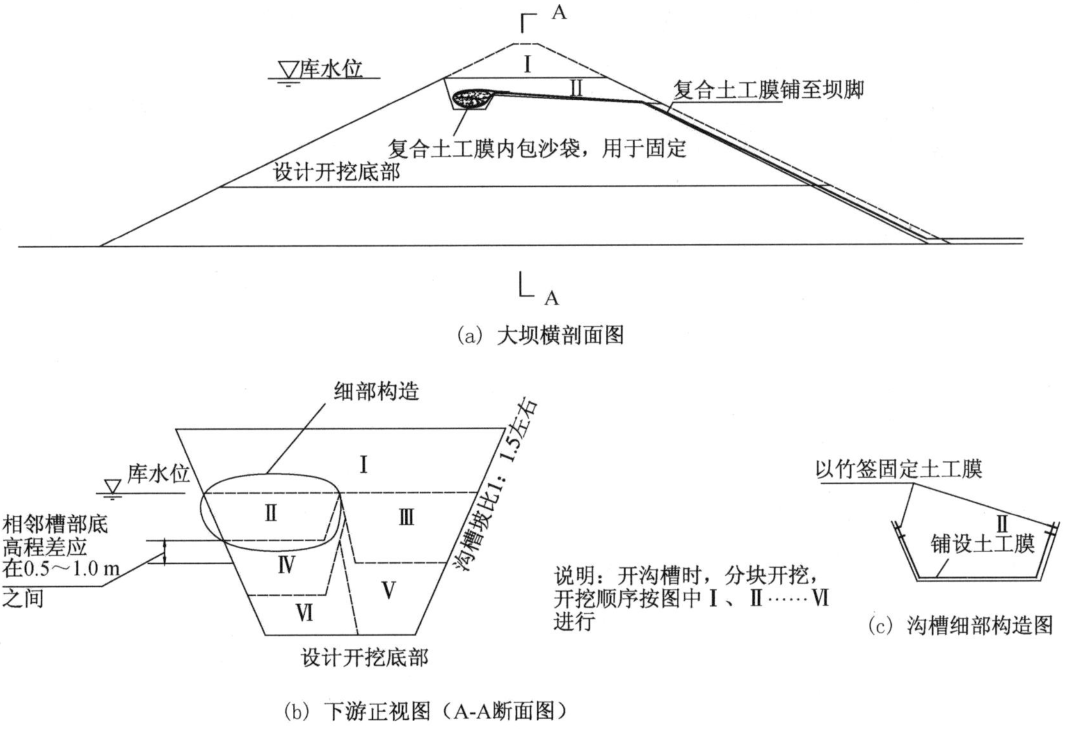

图2.6-1 挖坝泄洪方法示意图

特点：可快速降低水库水位；可采用大型机械设备进行施工，施工进度较快；可根据抢险的需要控制水库水位高程。

适用范围：大坝出现严重险情，可能发生溃坝时，考虑到下游保护对象的重要性，水库难以用简易措施在短时间内排除险情的情况下，可采用挖坝泄洪。该方法一般应用在坝高比较低的小型土石坝上；开挖的坝体要依次分层开挖；每层的溢流水深不超过0.5～0.6 m为宜，流速不要超过3.5～4 m/s；在库水位降至预定要求水位后，对剖出的临时泄水通道要进行加固，要能满足当年安全度汛的要求。如：某水库，总库容 13 万 m^3，2004 年 8 月 25 日，由左坝头的老涵管封堵失效出现严重渗漏并有泥沙带出（两个渗漏点流量分别为 50 L/s、60 L/s），导致下游坝坡出现两个塌坑，坝坡坝面内陷，危及大坝安全。由于降雨不止，溢洪道为岩石基础，无法快速开挖，水库仅有一直径 0.5 m 的放水涵管，库水位无法实施有效降低。由于左坝头是老溢洪道位置，此处坝体仅有 10 m 高，适合在坝顶开挖临时泄水通道以降低库水位。8 月 26 日上午启动坝体开挖降低库水位方案，水位逐步下降至 493.70 m，险情基本得到控制。

采用工程措施降低库水位时应注意以下事项：

1）在降低库水位过程中，应考虑在库水位骤降工况下的上游坝坡的抗滑稳定情况，必要时采取措施确保工程安全。

2）虹吸管安装须挖槽降低坝顶高程，其开挖面须做好保护措施，并做好虹吸管出口防冲措施，宜将出口延长至外坡脚范围外，并做好简单的消能设施。

3）采用增加溢洪道泄流能力、开挖坝体等措施降低库水位时，应考虑下游坝脚的消能防冲保护。另外在降低溢洪道底高程时，采用非常规措施应注意方案实施的可行性，同时避免因非常规措施引起其他险情。

4）挖坝泄洪存在一定的风险，只有在其他方法难以实施时才考虑采用。应考虑溃坝风险，因此要及时动态地掌握水库的库容、蓄水位，正确确定除险方案和下游人员安全转移的范围。

2.6.3　洪水漫顶抢险

洪水漫顶是由于大坝防洪标准偏低，或遭遇超标准洪水或大洪水时，因泄洪设施出险，导致泄洪能力下降，洪水位高出坝顶而造成库水从坝顶漫溢的现象，其极有可能导致溃坝，必须全力抢险。洪水漫顶抢险首先应考虑加大泄洪流量，增加泄洪能力，降低库水位，其具体的思路、方法、原则详见 2.6.2 节；其次亦可采用临时加高坝顶的办法，防止洪水漫顶。临时加高坝顶的思路是根据上游来水情况及水位上涨情况，临时增加坝顶高程，防止洪水漫顶，同时在大坝下游坡设置防护设施，组织水库安全影响地区的人员紧急转移，将其撤离到安全地带。

2.6.3.1　临时加高坝顶方法

（1）抢筑坝顶土袋挡水子堰

该方法示意图见图 2.6-2。具体方法如下：

1）人员组织。应将抢险人员分成取土、装袋、运输、铺设、闭浸等小组，分头各行其是，做到紧张有序，忙而不乱。

2）土袋准备。土袋可用编织袋、麻袋，袋内装土七八成满，不要用绳子扎口，以利铺设。

3）铺设进占。在距上游坝肩 0.5～1.0 m 处，将土袋沿坝轴线紧密铺砌，袋口朝向背水面，堰顶高度应超过推算的最高水位 0.5～1.0 m。堰高不足 1.0 m 的可只铺设单排土袋，较高的子堰应根据高度加大底层土袋的排数；铺设土袋时，应迅速抢铺完第一层，再铺第二层，上下层土袋应错缝铺砌。

4）止水。铺砌土袋的同时，应进行止水工作。止水方式可采用在土袋迎水面铺塑料薄

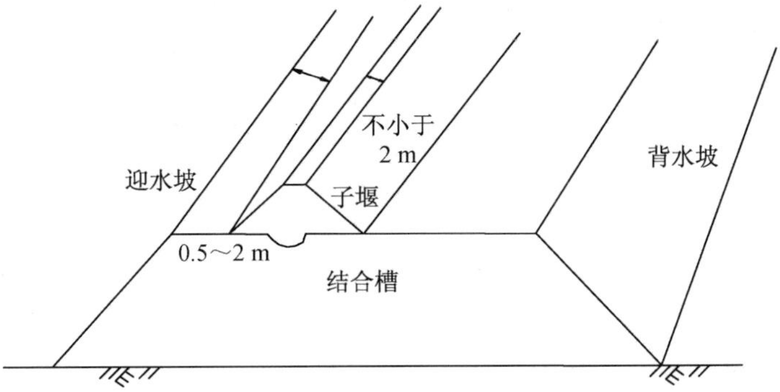

图 2.6-2　土料挡水子堰示意图

膜或在土袋后打土堤墙的方式；采用塑膜止水时，塑膜层数不少于两层，塑膜之间采用折扣搭接，长度不小于 0.5 m，在土袋底层脚前沿坝轴线挖 0.2 m 深的槽，将塑膜底边埋入槽内，再在塑膜外铺一排土袋，将塑膜夹于两排土袋之间；采用土堤墙止水时，要在土袋底层边沿坝轴线挖宽 0.3 m、深 0.2 m 的接合槽，然后分层铺土夯实，土堤墙边坡不小于 1∶1。

5）随着水位上涨，应始终保持挡水子堰高过洪水位直至洪水下落到原坝顶以下，大坝脱险为止。

临时加高坝顶方法的特点：可以快速施工，将坝顶加高至洪水位以上；抢险土袋等防汛物资比较容易寻找；不会影响原坝体结构。

适用范围：水库库容较小时，因遭遇短历时强降雨而引起库水位的暴涨情况时，可采用临时加高坝顶的方法，但这项抢险措施与推算洪水位有密切的关系，因此要求应能够准确掌握相应的水文、气象等资料。

2.6.3.2　加固防浪墙方法

加固防浪墙以确保其在水压力作用下保持稳定，因此应快速在防浪墙后侧用土袋抢筑临时支撑体，见图 2.6-3。具体做法同坝顶临时挡水子堰。

1）根据推算洪水的上涨情况，做好抢筑子堰的材料、机具、人力、进度和取土地点、施工路线等安排，抢在洪水之前完成子堰。

2）抢筑子堰应全坝段同步施工、保证质量，特别是加高部位的止水工作。并指定专人巡视检查，发现问题，及时处理。

3）确定除险方案和下游人员安全转移的范围。

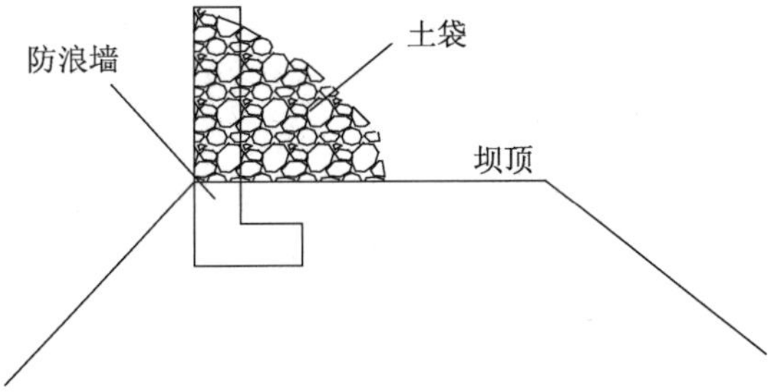

图 2.6-3　加固防浪墙示意图

4）由于水库在高洪水位时往往伴随着坝体渗漏加剧的情况，造成流土、管涌等险情，以及坝体浸润线抬高，土体饱和造成坝坡滑坡等其他险情，因此在漫顶抢险时应注意坝体的各种变化情况，及时采取相应的措施，确保坝体安全。

2.6.3.3　大坝临时过水措施

临时过水措施是在大坝坝顶至下游坝坡铺设防渗、防冲材料（如土工膜、彩条带等），利用坝体临时过水，应特别注意防冲材料的四周连接固定，以防被水冲走。有条件时可以采用钢管（如脚手架钢管）网格压住防冲材料，钢管网格采用锚杆深入坝体加固。

坝体临时过水方法的特点：技术简单，施工迅速，抢险物资容易准备。

适用范围：大坝下游坝坡必须为堆石坝边坡，坡度较缓，同时对坝体两岸山体也有一定的要求。这种方法只针对短历时洪水，且洪量较小的情况，同时应能够准确掌握相应的水文、气象等资料。

1）在迫不得已的情况下才可以考虑这一措施。防渗防冲材料的铺设应覆盖下游坝坡并延伸到坝脚以外一定的距离，这是一个关键。

2）做好下游人员的安全转移。

2.6.3.4 其他非常保坝措施

水库防洪安全标准是有一定限度的，而遭遇超标准洪水时，保坝以维护人民安全的责任则是无限的。为了以较小的损失，避免垮坝造成的巨大灾难，需要采取非常保坝措施。

（1）破副坝保主坝

该措施针对大坝由主、副坝组成的情况。一般主坝宜高于副坝 0.5～1.0 m。有的副坝内可设炸药室，以确保临危及时溃决。破副坝应综合考虑副坝位置、高度、基础及坝型等条件，还应考虑扒口后泄量对下游的影响及汛后副坝恢复的工程量。选取的副坝最好在远离主坝的山坳里，以免溃决后危及主坝。被破副坝的高度一般不高于 10 m，最好副坝破后的底部高程略高于正常溢洪道堰顶高程或汛期限制水位，以便汛末及时蓄水兴利，减少汛后恢复副坝的工程量。副坝基础最好是未风化的基岩，其次是半风化岩，最差的是黏土、砂土或砂砾石。如为软基，破坝后基础将被冲深，溃口的单宽流量增大较快，库水位将发生骤降，易引起主坝滑坡，危及主坝安全，甚至会引起河流改道，对下游危害极大。如副坝较长，可将副坝用混凝土墩分成数段，遇到不同机遇的洪水分段扒开泄洪。如河北省岳城水库，副坝高 8 m，长 560 m。用中墩将副坝分成两段，遇 5 000 年一遇洪水，只需破一段泄洪。如遇超过 5 000 年一遇洪水，破两段泄洪。破坝坝型以黏土斜墙砂砾石坝为宜。该种坝型当洪水漫溢坝顶后，坝身砂砾石坝体易被洪水冲垮，能保证及时泄洪。

（2）采用非常溢洪道

非常溢洪道的启用标准，要根据各水库重要性、地形、地质条件、启用后对下游的影响以及水库修复难易、对水库效益影响的程度等方面，通过方案比较，慎重确定。并要进一步明确规定是以达到相应的水位，还是洪峰流量作为启用依据。例如水库启用标准为万年一遇，那么水库到底按入库流量超过万年一遇洪水还是以水库水位高于万年一遇洪水位作为启用非常措施的依据。在一般情况下，当水库具有较大调洪能力时，以水库水位作为依据较安全。因为相应的启用水位是采用相应启用标准最不利的洪水典型通过调洪计算求得的，比较可靠，而且采用水位作为启用依据也比较明确。但也要注意当时气象、雨情的变化情况。如库水位虽已达到启用数据，但上游降雨已停止，水库水位不再上升。此种情况下可不必启用非常措施，以避免造成不必要损失。

2.6.3.5 提高防洪标准的永久性工程措施

提高大坝防洪标准的工程措施，一是加高大坝，增加水库调蓄洪水能力，这对削减洪峰的作用较大，对下游淹没影响也较小；二是扩建或增建溢洪道，加大洪水泄量。这对削减洪峰的作用不是太大，但对下游淹没影响较大。据统计，单独采用加高大坝措施的水库，最大泄量一般为最大入库洪峰流量的40%以下；单独采用扩建或增建溢洪道措施的水库，最大泄流量一般为最大入库洪峰流量的70%以上。因此，对下游防洪有重大要求的大坝，应尽可能采取以增加坝高为主结合扩建泄洪设施的办法。结合国内常用的工程措施，分别简述如下。

(1) 大坝加高

大坝加高一般采取以下两种措施：

1) 戴帽加高。从原坝顶以上直接加高。迎水面利用防浪墙直立升高，背水面以陡坡与原下游坡面相接。这是一项工程量最少、工期短、经济、易行的有效措施。但增加的高度有限，一般为1～2 m，最大不宜超过3 m。如福建省的汀溪土坝(中型水库)，大坝质量比较好，累计沉陷量仅占坝高的1%，已趋于稳定。大洪水后，经复核，防洪标准偏低，主副坝戴帽加高50 cm，即满足可能最大洪水标准的要求，加高投资仅10万元。又如吉林省石头口门土坝(大型水库)，为提高防洪标准，戴帽加高3 m，上下游坝坡经复核也是稳定的，与其他方案相比较，大坝加高在经费和劳力上都最省。

2) 从大坝背水坡培厚加高。增加高度可以根据需要来定。如山西省漳泽土坝(大型)，防洪标准仅为百年一遇洪水。为提高水库防洪标准，从背水坡坝脚培厚加高大坝5 m，同时改建了坝内输水洞工程。

(2) 溢洪道扩容

一般采取以下措施：

1) 溢洪道拓宽。在地形、地质条件许可而且增加开挖量不大的情况下，将原溢洪道拓宽。如福建省溪东水库(中型)，溢洪道堰顶高程不变，堰宽由57 m拓宽到67 m。

2) 溢洪道拓宽、底槛降低，并安设闸门。如福建省活盘水库(中型)，经过洪水复核，设计洪水位超过坝顶1.25 m。为此，将溢洪道底槛降低2.5 m，拓宽1.5 m，并安设闸门，采取这一措施，还可以提高灌溉效益，把正常高水位提高2.5 m，相应库容增加到3 500万 m^3。

3) 溢洪道不拓宽，底槛降低，并安设闸门。如福建省杜塘水库(中型)，设有6 m高的溢流堰，自由溢流。提高防洪标准时，充分利用这一有利条件，将原有堰槛降低3.5 m，并增建4道闸门，加大泄量，满足了要求的防洪标准。

4) 增设溢洪道。如北京市密云水库(大型)，为了提高防洪标准，增建了一个新溢洪道。这样投资可能大一些，但施工不受已建工程制约。

(3) 加高大坝与改建或增建溢洪道相结合

一般采用以下4种不同的做法：

1) 大坝适当加高与溢洪道拓宽相结合。如北京市官厅水库(大型)，由于水库泥沙淤积严重，防洪标准低。水库下游有北京市，需要提高防洪标准。大坝加高7 m，由坝的背水坡脚培厚加高。左岸溢洪道原净宽20 m，扩宽为52 m，设闸室4孔，每孔净宽13 m。泄洪流量由原1 200 m^3/s增加为6 000 m^3/s，防洪标准达到了可能最大洪水标准。同时，增大了库容，提高了供水效益。

2) 大坝适当加高与降低溢洪道堰槛相结合。如福建省东圳水库(大型)，为提高防洪标准，加高4 m，原有溢洪道宽度不变。将2 m高的堰槛拆除，并更换闸门5扇，以加大泄量，满足了防洪标准的要求。

3) 大坝加高与溢洪道增设闸门相结合。如福建省眉力水库(中型)，主坝加高4.5 m，副坝加高 4 m，溢洪道由原来无闸门的宽顶堰改为有闸门的实用堰，宽度和深度不变。正常水位由 67.6 m 提高到 72.8 m。增加有效库容 890 万 m^3。投资少，效益高。

4）大坝适当加高与增设溢洪道相结合。如福建省黄岗水库（中型）采用该方式。

2.6.4 风浪险情抢护

风浪险情是指大坝临水坡遭受风浪冲击，破坏坝坡结构的一种险情。当风浪在坝坡上反复冲击时，坝坡易产生真空，出现负压区，使坝身土料或护坡被水流冲击淘刷，遭受破坏。轻者使坝坡冲成陡坎，严重者可至溃坝。

2.6.4.1 抢险思路和原则

风浪抢护的原则：一是消减风浪冲击力；二是加强临水坡的抗冲力。利用漂浮物防浪可以削减波浪的高度和冲击力，这是一种比较有效的方法。由于波浪的能量多半集中于水面上，所以把漂浮物置放在临水坡前，波浪经过漂浮物后，其运动的规律被打乱，水质点的速度因而减缓，各质点相互干扰，能量减小。另一种方法是增加临水坡的抗冲能力，利用防汛物资，经过加工铺压，保护临水坡，增加抗冲能力。

2.6.4.2 抢险方法

（1）木排防浪

选用直径 5～15 cm 的圆木，采用绳缆或钢丝扎木排，重叠 2～4 层，总厚度 30～50 cm，宽 1.5～2.5 m，长 3～5 m，置于距迎水坡 1～50 m 的距离，起到防浪的作用。一般用一块或几块连接起来，圆木排列的方法应当和波浪传来的风向垂直。木排下适当坠以块石或砂石袋，可增强防浪效果。一般来讲，木排的长度和厚度均与水深有关，木排越长，消浪效果越好，厚度在水深的 1/10～1/20 时，消浪效果最好。木排的排放位置一般与水面宽度和坝前水深有关，当离堤坝临水坡的距离相当于浪长的 2～3 倍时，挡浪效果较好，见图 2.6-4。

木排防浪适用于木材较多的地方，其结构较为牢固，消浪效果好。但木排制作较复杂，技术要求高，当木排绳缆断开或者木材开裂时，有撞击大坝等危险。

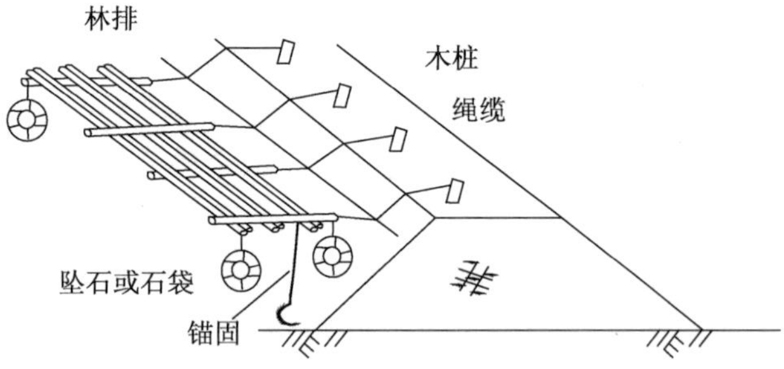

图 2.6-4　木排防浪示意图

（2）挂柳防浪

选用枝叶繁茂的大柳树，将其树冠倒挂于岸坡前，树干部分固定于坝顶，进行防浪。由于柳树枝梢的面积较大，其消浪效果比较好，这种方法一般适用于 1～5 级以下的风浪，其缺点是在时间稍长的情况下，柳叶腐烂，同时由于枝杈摇动，可能损坏大坝边坡。

（3）挂枕防浪

采用柳枝、秸料或芦苇扎成直径 0.5～0.8 m 的枕，置于坝坡前，另一端用绳索固定于坝顶的桩上，当风浪较大时，可采用连环枕防浪，就是用绳缆、木杆或竹竿将多个枕联系在一起做成连环枕。其优点是可以就地取材，造价省，且枕料柔软，不会破坏坝坡，消能效果也较好。其缺点是枕料易腐朽，使用时间较短，其次是坝顶的木桩可能对坝身产生一定的破坏。

（4）土工织物防浪

利用土工织物铺放在坝坡上，以抵抗波浪的破坏作用。

（5）柳箔防浪

在风浪较大、坝坡上土质较差的坝段，把柳、稻草、苇或其他秸料捆扎并编织成排，固定在坝坡上，以防止风浪冲刷。这种方法适用于小型水库的低坝上。

（6）土袋防浪

该方法适用于土坡抗冲性能差，当地缺少秸、柳等软料，风浪冲击较严重的坝段。一般风浪达到 4 级时，可使用土、沙袋防浪。风浪达到 6 级时，可使用石袋。

（7）柴草防浪

在坝的迎水坡受风浪冲击范围内，沿顺坝坡打签桩一排，将柳枝、秸料、芦苇等梢料分层铺填在坝与签桩之间，直至高出水面约 1.0 m，再压以块石或土袋，以防梢料漂浮。如水位上涨，防护高度不足，可采用同法，退后作第二级或多极桩柳防浪。

2.6.5 震损水库应急抢险技术

（1）液化险情应急抢险技术

1）坝脚上下游地面用填土压重

坝脚的上下游如果判明是易液化砂土，可以填筑黏壤土或砂壤土压重，在Ⅶ度地震区压重厚 1.0～1.5 m，Ⅷ度地震区压重厚 2～2.5 m。与坝的上下游坡衔接。压重应达到坝脚以外的宽度 $B \geqslant 3D$，式中 D 为从地面算起向下的可能液化喷砂的深度。坝体填土和坝脚上下游压重都应压实，其压实度应达到 0.98 以上，这样才能抵抗喷砂冒水的压力顶穿上下游填土和坝体填土。

2）振冲挤密法

对基础和坝脚上下游的易液化砂用此工艺加固是行之有效的。其加固深度要达到砾质砂层。振冲挤密的坝脚上下游范围应达到 $B \geqslant 3D$。

3）强夯法

强夯法上下游范围也应达到 $B \geqslant 3D$。

4）防渗加固措施

基础的易液化砂用上述工程措施处理后能防止液化，但并不能防止渗漏，所以还必须采取防渗措施，例如在坝的上游部位或中心部位采取增设混凝土防渗墙、铺设土工膜，设高压喷射板墙、振动沉模板墙等防渗措施。

5）围封

闸站等建筑物基础液化围封混凝防渗墙、高压喷射板墙、深层搅拌桩等。

（2）震损土石坝跌窝及塌陷险情应急抢险技术

根据跌窝（陷坑）险情出现的部位及原因，采取不同的措施，以“抓紧翻筑抢护，防止险情扩大”为原则，在条件允许的情况下，可采用翻挖分层填土夯实的方法予以彻底处理。当水位很高、跌窝较深时，可进行临时性的填土处理。如跌窝处伴有渗水、管涌或漏洞等险情，也可采用填筑导渗材料的方法处理。

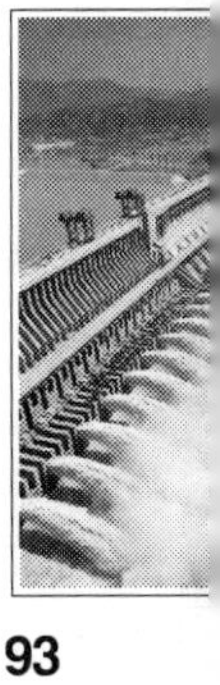

1）翻筑夯实

凡是在条件许可，而又未伴随渗水、管涌或漏洞等险情的情况下，均可采用此法。先将跌窝内的松土翻出，然后分层填土夯实，直到填满跌窝，恢复大坝原状为止。如跌窝出现在水下且水不太深时，可修土袋围堰或桩柳围堰，将水抽干后，再行翻筑。如跌窝位于坝顶或临水坡，宜用防渗性能不小于原坝土的土料，以利防渗；如跌窝位于背水坡，宜用透水性能不小于原坝土的土料，以利排水。翻筑夯实跌窝示意图如图 2.6-5 所示。

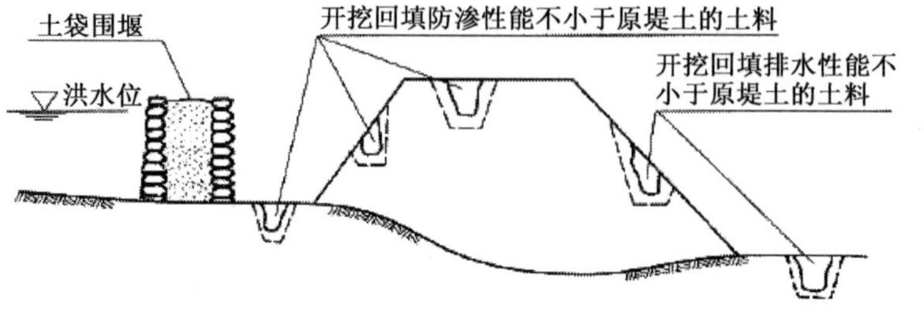

图 2.6-5　翻筑夯实跌窝示意图

2）填塞封堵

当跌窝出现在水下时，可用草袋、麻袋或土工编织袋装黏性土或其他不透水材料直接在水下填实跌窝，待全部填满后再抛黏性土、散土加以封堵和帮宽。要封堵严密，不使水在跌窝处形成渗水通道。填塞封堵跌窝示意图如图 2.6-6 所示。

3）填筑滤料

当跌窝发生在大坝背水坡，伴随发生渗水或漏洞险情时，除尽快对大坝迎水坡渗漏通道进行截堵外，对不宜直接翻筑的背水跌窝，可采用填筑滤料法抢护。先清除跌窝内的松土或湿软土，然后用粗砂填实，如涌水水势严重，按背水导渗要求，加填石子、块石、砖块、梢料等透水材料，以消杀水势，再予填实。待跌窝填满后，可按砂石滤层铺设方法抢护。填筑滤料抢护跌窝示意图如图 2.6-7 所示。

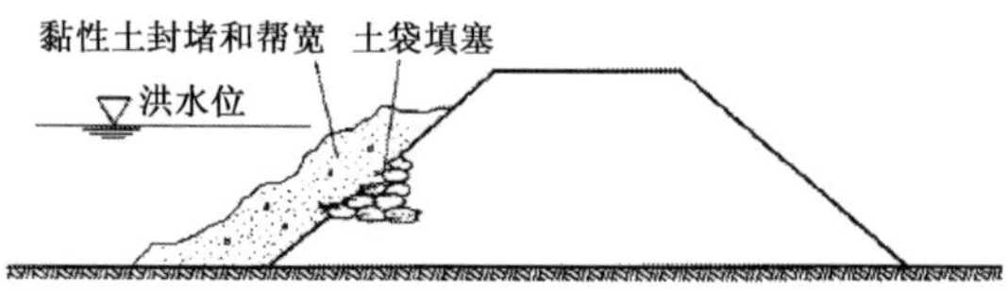

图 2.6-6　填塞封堵跌窝示意图

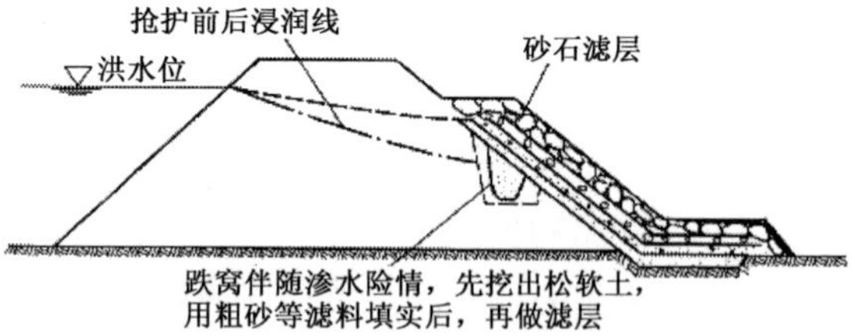

图 2.6-7　填筑滤料抢护跌窝示意图

（3）震损土石坝体浪墙损坏及漫溢险情应急抢险技术

漫溢险情的抢护应以预防为主，土石坝漫溢抢修应按“水涨坝高”原则，在坝顶修筑子坝，抢筑子坝必须全线同步施工，不得留有缺口。坝垛防漫溢抢修应按“加高止漫”原则，在坝垛顶部修筑子坝；按“护顶防冲”原则，在坝顶铺设防冲材料防护。

1）纯土子坝（埝）

纯土子坝应修在坝顶靠临水坝肩一侧，其临水坡脚一般距坝肩 0.5～1.0 m，顶宽 1.0 m，边坡不陡于 1∶1，子坝顶应超出推算最高水位 0.5～1.0 m。抢筑前，沿子坝轴线先开挖一条接合槽，槽深 0.2 m，底宽约 0.3 m，边坡 1∶1(图 2.6-8)。清除子坝底宽范围内原坝顶面的草皮、杂物，并把表层刨松或犁成小沟，以利新老土接合。土料选用黏性土，填筑时分层填土夯实。

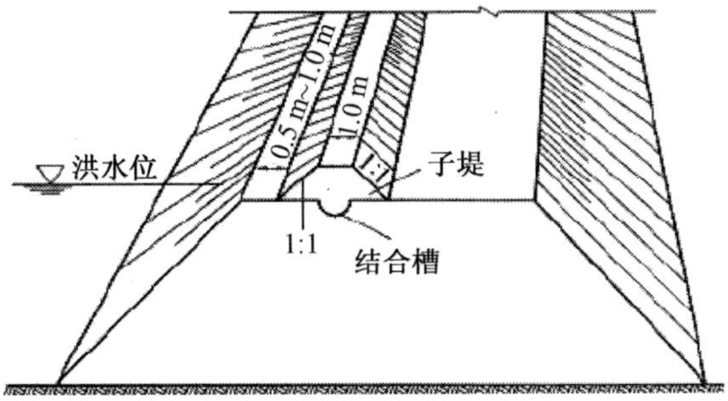

图 2.6-8　纯土子坝示意图

2) 土袋子坝

土袋子坝(图 2.6-9)适用于坝顶较窄、风浪较大、取土较困难、土袋供应充足的坝体。一般用草袋、麻袋或土工编织袋，装土七八成满后，将袋口缝严，不要用绳扎口，以利铺砌。土袋后面修土戗，随砌土袋，随分层铺土夯实，土袋内侧缝隙可在铺砌时分层用砂土填垫密实，外露缝隙用麦秸、稻草塞严，以免土料被风浪抽吸出来。子坝顶高程应超过推算的最高水位，并保持一定超高。

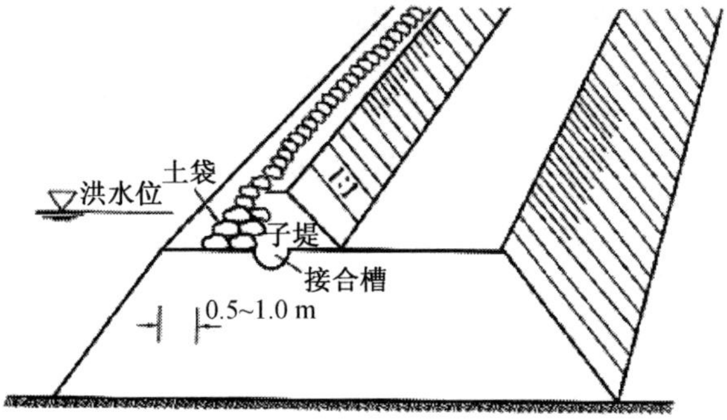

图 2.6-9　土袋子坝示意图

3) 桩柳(木板)子坝

当土质较差，取土困难，又缺乏土袋时，可就地取材，采用桩柳(木板)子坝(图 2.6-10)。在临水坝肩先打木桩一排，将柳枝、秸料或芦苇等捆成长 2～3 m，直径约 20 cm 的柳把，用铅丝或麻绳绑扎于木桩后(亦可用散柳厢修)，自下而上紧靠木桩逐层叠放。然后在柳把后面散放一层厚约 20 cm 的秸料，然后再分层铺土夯实，做成土戗。此外，若坝顶较窄时，也可用双排桩柳子坝。在水情紧急、缺乏柳料时，也可用木板、门板、秸箔等代替柳把，后筑土戗。

4) 柳石(土)枕子坝

当取土困难，土袋缺乏而柳源又比较丰富时，适用此法(图 2.6-11)。在坝顶临水一侧按“品”字形堆放柳石枕。第一个枕距临水坝肩 0.5～1.0 m，并最好在其两端打木桩 1 根，以固定柳石(土)枕，防止滚动，或在枕下挖深 0.1 m 的沟槽，以免枕滑动和防止顺坝面渗水。

枕后用土做戗，戗下开挖接合槽，刨松表层土，并清除草皮杂物，以利接合。然后在枕后分层铺土夯实，直至戗顶。戗顶宽一般不小于 1.0 m，边坡不陡于 1∶1，土质较差时，应适当放缓坡度。

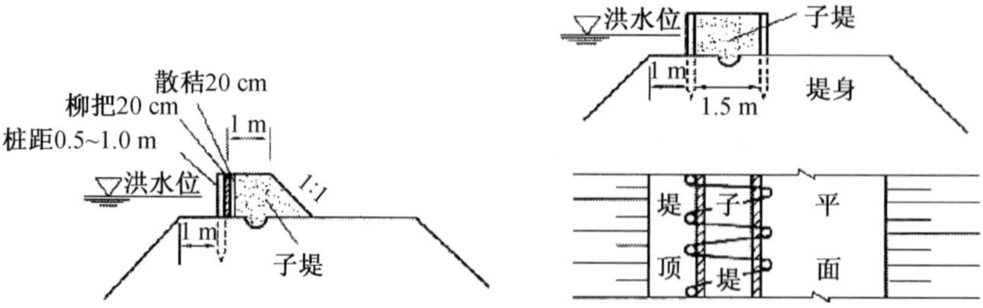

(a) 单排桩柳子堤　　(b) 双排桩柳子堤

图 2.6-10　桩柳(木板)子坝示意图

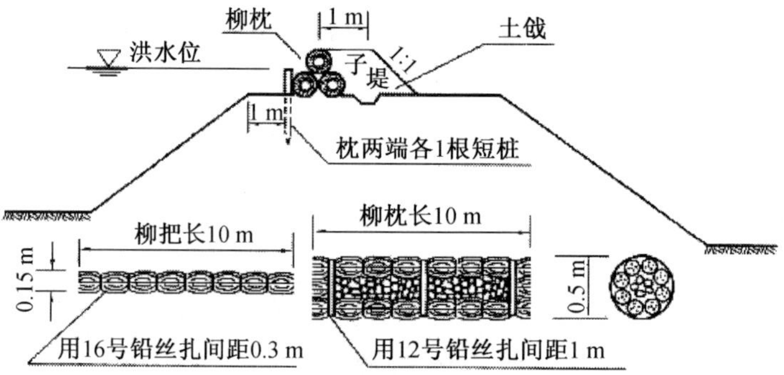

图 2.6-11　柳石(土)枕子坝示意图

5）土工织物土子坝

土工织物土子坝(图 2.6-12)的抢筑方法基本与纯土子坝相同，不同的是将坝坡防风浪的土工织物软体排铺设高度向上延伸覆盖至子坝顶部，使坝坡防风浪淘刷和坝顶防漫溢的软体排构成一个整体，收到更好效果。

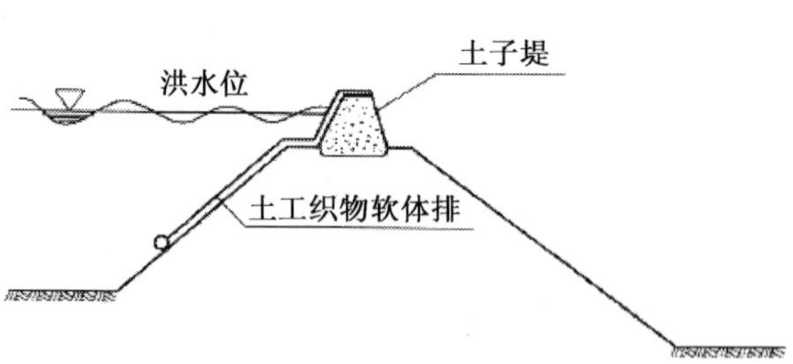

图 2.6-12　土工织物土子坝示意图

6）坝顶防冲

当来不及在坝顶抢筑子坝时，为防止过坝水流冲刷破坏，可在坝顶铺设柳料(图 2.6-13)、土工织物等防冲材料防护。

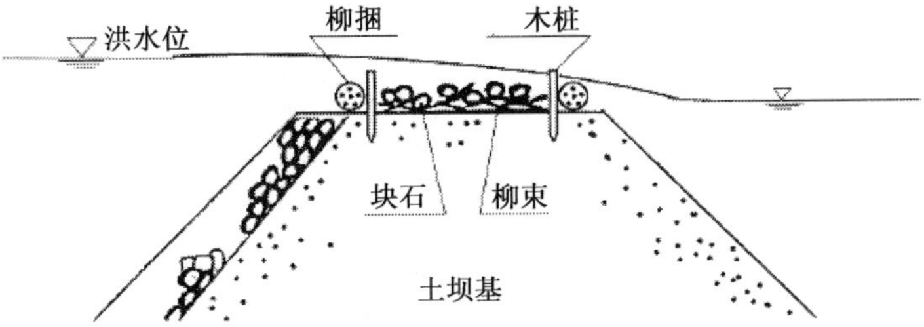

图 2.6-13　柳料护顶示意图

在铺设土工织物护顶时，用木桩将土工织物固定于坝顶，木桩数量视具体情况而定，一般行间距 3 m。为使土工织物与坝顶结合严密，不被风浪掀起，可在其上铺压土袋一层。

2.6.6　险情抢护的非工程措施

（1）通信设施

保障水库出险应急救援通信畅通是实现应急联动与应急指挥中心正确、及时决策的基础和有效保证，某些情况下甚至是影响应急工作效率的关键因素。因此通信部门应以确保突发情况下的通信畅通为目标，建立应急通信网络，完善应急通信保障体系。在某些特殊地区比如地震多发区，地震通常易损坏无线通信基站，从而导致电网中断，影响信息传送，故通信部门应在固定通信基站配备应急电源，或者启动应急移动式基站，与当地政府、专业应急指挥和救援机构合作统一配备卫星电话。尝试应急状况下使用统一的应急通信号码，实现讯息群发，统一接收和指挥，即可大大提高应急信息传送效率。

（2）交通运输设施

交通运输设施正常运行对保障应急物资及时供应起着十分关键的作用。应急状况下的交通运输设施保障包括交通运输工具数量、种类，运输渠道、方案优化、道路畅通等。灾情发生后，一方面大规模的应急物资需调运，不同物资、不同供应地选择采用不同类型的交通运输系统，依灾区的交通条件决定使用何种交通工具来实现物资的集结；根据预测的所需物资量分配交通运输工具规模；根据物资装卸方式、场所、包装规范、交接模式来优化运输方案；另一方面要及时修复被破坏的道路、桥梁设施，在收费站等地方设立快速运输通道，以保证物资、受伤人员安全运送。

（3）专业救援设施

水库大坝出现重大险情时需通过专业仪器设备检测大坝的确切出险部位、险情类型，如裂缝、渗漏这些险情需要用激光法、电位法等才能确定裂缝深度、长度，渗漏量等，一般水库管理单位可能仅配备了简单的、常用的、易操作的小工具，有时候甚至就地取材，用树枝或矿泉水瓶协助诊断险情。显然这些并不能满足水库遭受重大险情如震损后应急检测的需求。因此水行政主管部门组织专家进行现场勘查时应为这些水库提供必要仪器，适当情况下联系仪器生产商及其他单位予以帮助。汶川地震后水库管理部门以及水行政主管部门开始考虑为每一座水库的管理单位配备必要的智能化监测、检测仪器，并开展讲座培训水库管理人员对仪器的操作，使得日常管理和应急态下的救援更加规范、科学。

(4) 后勤服务设施

后勤服务设施跟通常灾后应急后勤服务类似，主要包括医疗设施和应急生活服务设施。如地震及水库震损可能造成人员伤亡，往往需要在灾区现场进行医疗诊断和抢救，因此医疗设施包括诊断设备和手术器械。医疗设施要考虑到方便携带、快速诊断，手术类物品可使用一次性的，如果需要重复使用则应解决消毒问题。应急生活服务设施包括基本设施、一般设施和综合设施。基本设施是指应急避难场所应有简易的活动板房，应急供水、供电设施，应急厕所、排污设施，卫生防疫设施，临时的垃圾应急清运设施等；一般设施主要有应急消防设施、应急物资储备设施等；在已有的这些基础上，还需要增设部分配套的设施，比如应急停车场、应急停机坪、应急通风设施等等。

2.7 土石坝工程养护修理案例分析

2.7.1 某水库应急与永久加固工程

(1) 工程概况

某水库建于 20 世纪 60 年代，为小型水库，工程枢纽建筑物由拦河坝、溢洪道、输水隧洞等组成，拦河坝为淤泥质黏土斜墙土石混合坝，最大坝高 15 m。坝体分区填筑，自上游至下游依次分为 4 个填筑区，分别为淤泥质黏土填筑区、反滤区、过渡区、下游堆石填筑区。坝基下伏深厚的淤泥质黏土地层。溢洪道位于左端坝头，为开敞式无闸门控制溢洪道。图 2.7-1 为大坝横剖面图。

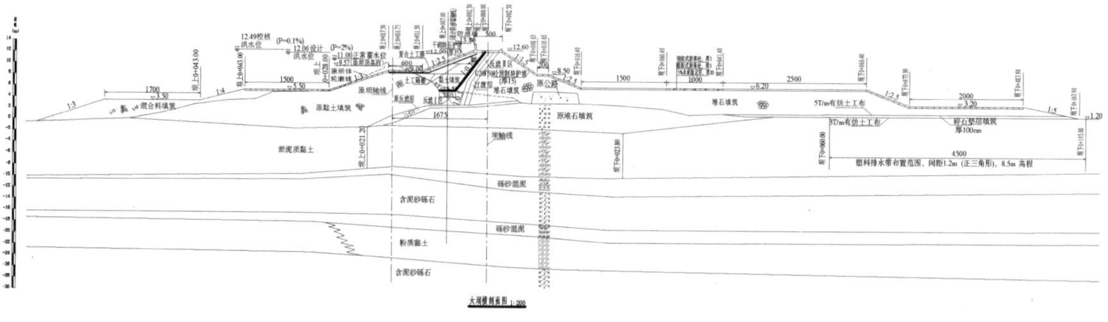

图 2.7-1 大坝横剖面图

(2) 工程出险过程

在对该水库例行现场巡查时，巡查人员发现靠近右坝头上游坝坡干砌石护坡出现松动滑落现象，迎水面干砌石与防浪墙接合部存在长约 8 m、宽 5 cm 的纵向裂缝，坝顶路面砖出现宽1 cm 纵向拉开裂缝(如图 2.7-2、图 2.7-3 所示)。至当日晚间，上游坝坡马道附近水面出现漩涡，下游坝坡镇压层与坝脚处漏水量约达 1 m^3/s，此时水库满库运行。大坝巡查人员觉得情况可疑，立即按有关规定将情况上报当地政府。

在接到大坝可能出现的险情汇报后，某县各级部门启动紧急抢修工作。在组织研究紧急抢修方案的同时，备用有关抢险物资、材料，组织抢险队伍。傍晚前后，发现在上游坝面砌石松动区水库水面出现漩涡，随即采取铺设棉被、帆布，抛填编织袋装土、黏土的紧急抢修措施。

同时，由专业技术人员组成的专家组赴现场协助紧急抢修，经现场察看、分析研究后形成一致意见：降低水库水位是当务之急，鉴于水库放空设施泄流能力太小，在溢流堰顶采取爆破作业开凿缺口泄流。随着水库水位的持续下降及上游坡面的黏土抛填，下游坝脚处的渗水量明显减小。并在上游坝坡马道附近出露漏水塌坑。

(3) 工程应急加固措施

1) 继续在溢流坝爆破作业形成缺口，进一步降低水库水位；

图 2.7-2　大坝下游坝脚渗水

图 2.7-3　大坝上游砌石松动

2) 对上游坝面已形成的坝面塌坑及附近区域进行处理，其处理步骤如下：

① 对塌坑进行检查，查明塌坑的桩号、高程、深度、范围、空隙情况等。

② 清理现状坝面以上的黏土。

③ 对塌坑采用瓜子片进行充填并拍打压实，使塌坑底部形成一个较平整的弧面。采用编织袋装黏土回填，编织袋间空隙采用瓜子片充填并拍打压实。编织袋表面铺设土工布 1 道。土工布表面铺设黏土，并拍打压实，黏土表面高程应不低于原坝面和马道高程。

④ 在黏土表面铺设彩条布 1 道，彩条布表面采用编织袋装黏土压重。

经过以上应急加固处理，大坝下游坝脚渗流量明显减少，大坝坝体无新的沉降变形，大坝险情已得到有效控制。

(4) 永久加固处理措施

虽然经过紧急抢修，大坝渗漏得到明显控制，但仍存在较大安全隐患。经分析，坝体渗流出逸点位置坝体原堆石层和坝体黏土间反滤层不满足规范要求，易产生渗透破坏。

大坝永久加固处理方案如下：

对坝体塌坑的抢险回填料尽量挖除，挖至大坝原有填筑黏土，采用黏土分层碾压回填。

然后进行水泥黏土灌浆处理，灌浆孔设 4 排，梅花形布孔。灌浆结束后在灌浆体中间进行坝体混凝土防渗墙施工，墙厚 80 cm，防渗墙穿透坝体黏土层、反滤层、堆石填筑层和坝基下伏淤泥质黏土层，防渗墙墙底嵌入弱风化岩中 0.5 m。

经过以上处理，坝体渗流稳定和坝坡稳定均能满足规范要求，大坝安全得到保证。

2.7.2 某水电站大坝异常渗漏原因分析及放空处理

(1) 工程概况

某水电站位于湖南省，工程以发电为主，兼有防洪、供水等综合利用功能，水库总库容 3.6 亿m^3。大坝为混凝土面板堆石坝，最大坝高 120.0 m，该工程于 1992 年开工建设，1998 年 12 月下闸蓄水，2005 年工程竣工，2006 年 3 月通过了由湖南省水利厅组织的竣工验收。

(2) 存在的主要问题及水下检查

工程运行 9 年后，坝后量水堰监测的渗漏量逐年增加：1998 年 12 月下闸蓄水至 2008 年 5 月，渗漏量测值在 20 ~ 110 L/s 区间变化；2008 年 6 月—2011 年 10 月，渗漏量由 110 L/s 发展至 900 L/s；2010 年 11 月后库水位较前期降低 10 ~ 20 m 运行，但大坝渗漏量仍急剧上升，2011 年 10 月—2012 年 9 月，库水位同样在 510.00 m 左右，渗漏量由 900 L/s 增大至 1 240 L/s(见图 2.7-4)。

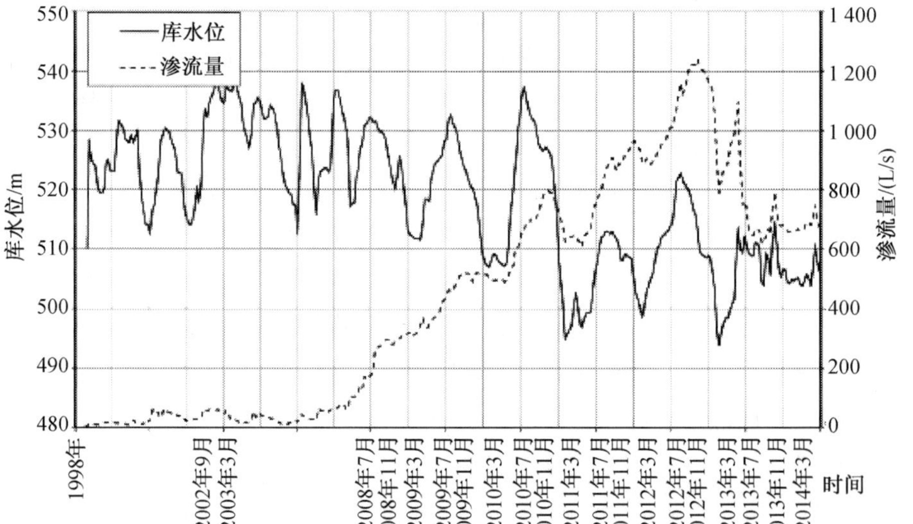

图 2.7-4 某水电站蓄水后至 2014 年 6 月大坝渗漏量过程线

2010 年底，通过对面板坝渗漏采用新型水下声呐查漏、水下示踪高清摄像、水下导管示踪等多种渗漏检测技术进行水下综合检测，得到检测结论：1)渗漏区主要位于左岸高程 475.00 m 以下面板及趾板附近，右岸未见明显渗漏；2)渗漏区可分为集中渗漏点(流速1.1×10^{-1}～6.6×10^{-1}m/s)、缓渗带(流速 1×10^{-4}～9×10^{-4}m/s)和慢渗带(流速 1×10^{-5}～9×10^{-5}m/s)；3)最大集中渗漏点分别为 L6 面板、高程 469.00 m 处和 L7 面板、高程 472.00 m 处，流速分别为 0.66 m/s、0.32 m/s，均位于大坝左岸下部面板范围内。

（3）大坝异常渗漏原因分析

该工程属于我国早期设计和施工的面板堆石坝，鉴于当时面板堆石坝的设计、施工水平以及缺少在陡峻地形上修建面板堆石坝的工程经验，未在两岸特别是左岸周边缝以下陡峻岸坡设置低压缩区；垫层料细料含量偏低，过渡料对垫层料未能形成有效的反滤保护；其次，坝前铺盖区未设置粉砂、粉土或粉煤灰，表面填料已逐步失去止水功能，致使大坝运行多年后发生了异常渗漏。根据放空水库后左岸 A3～A4 段周边缝及周边面板塌陷深度达到 245 cm 的情况分析，大坝异常渗漏的主要原因是左岸 A3～A4 段周边缝以下岸坡陡峻引起左岸岸坡部位坝料变形过大，导致周边缝及垂直张性缝止水剪切破坏而产生库水入渗；由于垫层料的细料含量偏低，缺乏有效的自稳性能而引起垫层料流失，而过渡料对垫层料又无法形成有效的反滤保护以阻止垫层料流失和渗漏通道的扩大；同时，黏土铺盖无法对大坝渗漏产生“自愈”功能，抑制大坝渗漏的进一步发展。因此，在库水入渗形成渗漏通道后造成了垫层料流失和面板脱空，从而加剧面板的变形和破坏，导致大坝异常渗漏。

（4）水库放空处理及效果分析

工程管理单位于 2010—2013 年 4 月陆续开展了水下检查、委托设计单位进行大坝渗漏处理方案论证等工作。2013 年汛前，对已查明的大坝渗漏区（即面板左下区域）进行了水下应急处理，先后 3 次水下抛投碎石级配料及机制砂。应急处理后大坝渗漏量有所减少，库水位维持在高程 509.00 m 左右运行时，大坝渗漏量约为 690 L/s，但未从根本上解决大坝渗漏问题。2013 年后库水位限制在死水位附近运行。为彻底消除大坝安全隐患，管理单位委托设计单位进行大坝渗漏治理设计工作，采用放空水库大坝渗漏治理方案。2014 年 12 月水库全部放空，挖除了 475.00 m 高程以下面板上游铺盖区及盖重区料后，发现左岸 L5～L6 面板高程约 490.00 m 处小范围塌陷区，塌陷面积约 50 m^2，最大塌陷深度 76 cm，塌陷区面板破损严重。在 L4～L7 面板高程 473.00 m 以下发现大面积塌陷区，塌陷面积约 250 m^2，最大塌陷深度 245 cm，塌陷区周边缝及周边面板破损严重。分析认为，左岸面板塌陷区是大坝渗漏的主要通道。

1）混凝土面板修复

首先对左岸塌陷区面板及周边破损严重或裂缝密集的面板采用混凝土切割机械将面板切割成 1.0 m×1.5 m 的小块，并清除仓面面板碎块。左岸面板清除范围为：L4-1 面板高程 471.00 m 以下，L4-2 面板高程 481.50 m 以下，L5、L6 面板高程 496.50 m 以下，L7 面板高程 483.00 m 以下区域，并采用无轨滑模重新浇筑钢筋混凝土面板。新浇混凝土面板厚度与该部位原设计混凝土面板厚度相同。高程 483.00 m 以下配筋为双层双向钢筋（ϕ28、ϕ22Ⅱ级钢筋）；高程 483.00 m 以上为单层双向钢筋（ϕ22Ⅱ级钢筋），钢筋与原混凝土钢筋焊接。混凝土面板原设计强度为 C25，考虑到混凝土后期强度的增长，且本次混凝土面板浇筑完成达到设计强度后将开始挡水，因此提高混凝土设计强度等级为 C35。混凝土性能设计指标 C35W12F100，粗骨料采用二级配，坍落度 4～6 cm，含气量 4%～6%，极限拉伸率（1.0～1.1）$\times 10^{-4}$。

2）混凝土面板脱空处理

垫层料沉降变形或颗粒流失等原因引起的面板与垫层料脱空将直接影响面板的受力状态，导致面板裂缝。水库放空后，通过地质雷达探测，发现大部分脱空集中于面板中上部区域，高程 501.00 m 以上面板大部分存在脱空，最大脱空深度大于 7 cm，一般深度在 3～5 cm 之间；高程 460.00～501.00 m 区域面板脱空最大深度 6 cm，一般深度在 3～5 cm 之间。面板脱空采用表面垂直孔灌浆的处理方案。通过在面板上布置灌浆孔，搭设施工平台，用钻机垂直面板钻孔，穿过混凝土面板至脱空部位进行灌浆。灌浆材料选用粉煤灰水泥砂浆，水泥采用 42.5 级普通硅酸盐水泥，粉煤灰采用Ⅱ级粉煤灰。

3）混凝土面板裂缝处理

水库放空后，采用非金属超声波检测仪和裂缝测宽仪对大坝面板混凝土裂缝进行了全面的无损检测。发现高程 501.00 m 以上裂缝 322 条，长度共计 3 778.9 m；高程 460.00～501.00 m 裂缝 81 条，长度共计 970.6 m，且大部分均为贯穿性裂缝。对检测的裂缝均进行了处理。高程 501.00 m 以下裂缝粘贴 SR 防渗盖片；高程 501.00 m 以上裂缝采用喷涂聚脲处理。

4）垫层处理

大坝渗漏多年，渗漏区受水流冲刷，垫层料中细颗粒被水流逐步带走，粗颗粒被架空，形成疏松垫层。对疏松垫层采用加密灌浆进行处理；对重新浇筑大面积面板下的垫层采用回填改性垫层料进行修复。对疏松垫层及重新浇筑面板的周边垫层均用铅直钻孔加密灌浆进行处理。孔径不小于 50 mm，面板明显塌陷、破损区域及其周边 1 m 范围的灌浆孔孔深为 6 m，其余部分孔深为 3 m。灌浆材料为 42.5 级普通硅酸盐水泥和Ⅱ级粉煤灰。要求灌注后的垫层料干密度大于 2.20 g/cm^3，孔隙率小于 18.5%；过渡料干密度大于 2.15 g/cm^3，孔隙率小于 21%。在凿除左岸 L4～L7 破损面板后，采用满足规范要求的垫层料碾压修复方案。垫层修复时原则上采用原垫层所用的材料及级配组成，并采用改性垫层料填筑。垫层料回填后适时削坡修整至原垫层设计轮廓面。垫层料设计最大粒径 80 mm，设计干密度 2.20 g/cm^3，小于 0.075 mm 细粒含量控制在 4%～8%，小于 5 mm 细料含量 35%～55%，渗透系数 10^{-3}～10^{-4} cm/s，压实后具有低压缩性、高抗剪强度。改性垫层料采用在级配垫层料中掺 5%～8%（重量比）的水泥拌和而成。施工时，改性垫层料适当加水湿润，拌和均匀进行填筑，填筑时采用平板分薄层压实。

5）止水修复

止水修复包括对左岸塌陷区破损面板部位周边缝和垂直缝底部止水进行更换，并对本高程所有周边缝和面板的表面塑性止水进行了全面更换。对左岸明显破碎塌陷区的周边缝凿除混凝土至下部铜止水片，对底部铜止水片进行更换，并与原底部铜止水片焊接；对重新浇筑的面板布设底部铜止水片。周边缝和垂直缝的底部止水结构形式及材料与原设计相同，采用 1.2 mm 厚紫铜止水片。对所有表面塑性止水材料进行全面更换，周边缝、垂直张性缝、垂直压性缝、面板顶部与防浪墙底水平缝及本次新浇筑面板与原面板的施工缝顶部均采用 SR 塑性填料；填料顶部采用 SR 防渗盖片覆盖，两边采用不锈钢条压边，并用膨胀螺栓锚固。

6）帷幕补强加固

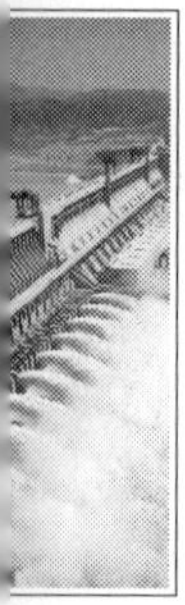

原设计帷幕深度按照深入岩体透水率 3 Lu 控制。放空水库后对左岸趾板线高程 525.00 m 以下（A2～A4）、河床部位（A5～A6）以及右岸高程 475.00 m 以下沿原趾板下帷幕轴线布设了 16 个帷幕检查孔（先导孔），根据已完成的 9 个孔压水试验成果（共计 103 段）可知：透水率≤3 Lu 的仅 11 段，占比 10.68%，透水率≥10 Lu 的段数达 45 段，占比达 43.69%。压水试验成果表明，河床部位趾板检查孔浅层平均透水率大于两岸。帷幕灌浆后从灌浆统计的单位平均耗灰量看，Ⅰ序孔平均单位耗灰量为 262.4 kg/m，Ⅱ序孔平均单位耗灰量为201.2 kg/m，Ⅲ序孔平均单位耗灰量为 115.4 kg/m。Ⅱ序孔平均单位耗灰量较Ⅰ

序孔降低 23.3%，虽然Ⅲ序孔平均单位耗灰量仍较大，但Ⅲ序孔平均单位耗灰量较Ⅱ序孔降低42.4%，递减效果明显，灌浆成果符合单位耗灰量递减规律。

7）面板上游铺盖区及盖重区回填

考虑到目前大坝及面板变形均已稳定，为了避免面板渗漏不易检查的弊端，同时，由于铺盖区及盖重区位于大坝治理工程施工关键线路上，为减轻下闸蓄水前施工进度的压力，大坝处理后不再全面恢复面板前铺盖区及盖重区至原顶高程 475.00 m。为避免河床部位反向排水顶托面板及面板前建筑垃圾的堆积，在河床深部约 440.00 m 高程以下设置铺盖区及盖重区；后因下闸蓄水前铺盖区及盖重区出渣施工进度紧张，顶部高程改为 445.00 m。

8）放空处理效果

大坝放空处理后于 2015 年 4 月 6 日下闸蓄水，扣除降雨因素，5 月库水位 510.65 m，对应的大坝渗漏量为 21.94 L/s；6 月库水位 521.46 m 对应的渗漏量为 25.94 L/s；10 月库水位 538.68 m，对应的渗漏量为 59.31 L/s。上述数据说明，经过放空处理后的渗漏量已大幅减少，与同规模的面板堆石坝相比，目前的大坝渗漏量已在正常范围内。

2.7.3 某大坝面板止水检查与修复处理

某工程为Ⅱ等工程，水库为大(2)型水库(图 2.7-5)，主要建筑物东主坝、西主坝、副坝、溢洪道、输水放空洞为 2 级建筑物，其设计洪水标准为 100 年一遇，校核洪水标准为 2000 年一遇；消能防冲及其他建筑物为 3 级建筑物，其设计洪水标准为 50 年一遇，校核洪水标准为 100 年一遇；泄洪渠、临时建筑物为 4 级建筑物。

大坝为面板堆石坝，最大坝高(西主坝)37.20 m，工程于 1997 年 12 月正式开工；1998 年 11 月截流；1999 年 5 月完成西主坝填筑；1999 年 8 月完成东主坝填筑；于 2000 年 4 月下闸封孔蓄水，2001 年 1 月正式供水，发挥效益。

图 2.7-5　工程东主坝上游

2.7.3.1 东主坝上游止水系统概况

上游止水系统由帷幕灌浆、砼防渗墙、砼趾板、砼防渗面板、混凝土防浪墙等结构组成，接缝部位采用铜片止水和 SR 止水。

1）趾板

谷底趾板部位(桩号东 0＋066.500 m 以右)清除表层耕植土、表层粉质黏土层以及振冲碎石桩施工所填砂砾石，置于粉质黏土层上(alQ_{43})，为灰褐色～灰黄色，可塑～硬塑，平均开挖深度 2 m，高程为 7.15 m。

岸墙地基岩石主要为弱风化晶屑熔结凝灰岩，受 F_{210} 断层影响，节理密集发育，岩体破碎，局部呈强风化状。左岸山坡部位趾板(桩号东 0＋000 m～东 0＋066.500 m)基础置于弱风化基岩上，平均开挖深度 3～7 m。地基岩石为熔结凝灰岩，受 F_{20} 断层影响，小断层和节理发育，节理主要以 N35°～60°W 和 N45°～65°E 为主，以闭合或微张为主，充填铁锰质等。地基岩石较为破碎，属Ⅲ类岩体。趾板、岸墙地基进行了固结灌浆，孔间距 2 m，孔深5 m，对主要断层进行了槽挖处理并加强灌浆。

趾板混凝土浇筑先于坝体填筑，与坝体填筑交替上升。混凝土由 0.40 m^3 拌和机拌制，黄河汽车载装 1 m^3 吊罐运输，12 t 吊机提升吊罐直接入仓。趾板混凝土浇筑按常规方法进行，于 1998 年 10 月 30 日开浇，2000 年 4 月 27 日全部完成。

2）面板

东主坝面板混凝土滑模施工于 1998 年 11 月开始，2000 年 8 月完工。防渗面板材料为 C25 钢筋混凝土，宽度分别为 6 m、12 m，厚度为 40～30 cm，三角块面板采用翻板施工，翻板采用标准钢模。其他部位采用滑模施工。

面板混凝土采用 0.4 m^3混凝土搅拌机拌和，入仓料距模具上口 40 cm 范围内均匀布料，插入式振捣器振捣(止水周围采用小振捣器振捣)，振捣间距不大于 40 cm，插入深度达新浇筑混凝土底部。仓面混凝土的坍落度被控制在 2～4 cm。每仓混凝土浇筑完毕后，匀速、同步提升滑模，每次滑升调度控制在 30～40 cm，滑升速度控制在 1.00～1.50 m/h。混凝土浇筑后及时压抹、修整表面。面板每滑升 8～10 m，即覆盖塑料薄膜，混凝土终凝后覆盖草袋并洒水养护，养护至蓄水为止。

3）接缝

东主坝周边缝及趾板伸缩缝均设底部止水铜片及顶部 SR 两道止水，面板垂直缝设底部止水铜片一道，各自形成独立封闭体系。

SR 止水表面设 PVC 盖片，盖片内设 SR 塑性填料，盖片两侧用镀锌角钢及镀锌膨胀螺栓进行固定。

铜片止水采用卷材在现场用机械加工成型。

2.7.3.2 主坝上游止水系统水下检查情况

考虑到水库运行多年，为了进一步了解水库主坝上游止水系统的运行情况，2013 年年底，业主对主坝上游止水系统进行水下检查。水下检查采用潜水员控制探头直接采集法，探头采用高精度水下彩色电视摄像系统(即借助小型彩色电视摄像机直接观察和记录水底图像)；渗漏检查采用在接缝部位喷高锰酸钾溶剂水下示踪的检查方法。

根据水下检查可知，水库主坝上游止水系统正常运行，未发现渗漏，但仍存在以下缺陷：

1）普遍存在表面压条锈蚀严重、鼓包扁塌变形等情况；

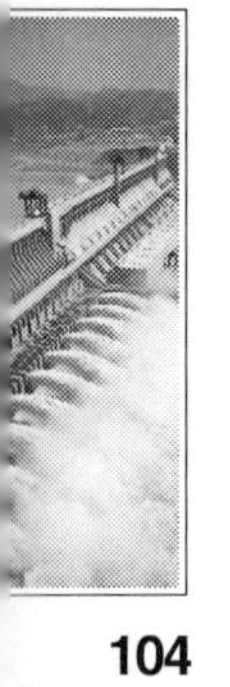

2）部分面板垂直缝缝面产生错台、局部存在张开现象；

3）部分混凝土面板存在裂缝及砂化现象。

水下检查主要缺陷统计详见表 2.7-1。

表 2.7-1　水库东主坝水下检查主要缺陷情况统计表

序号	部位		主要缺陷情况
1		左岸周边缝	鼓包扁塌变形、压条锈蚀
2		6# 面板接缝	右边高出 5～10 mm
3	东主坝	8# 面板接缝	缝宽 5～8 mm
4		9# 面板接缝	缝宽 5～10 mm
5		右岸周边缝	鼓包扁塌变形、压条锈蚀

水库水下检查典型情况详见图 2.7-6～图 2.7-8。

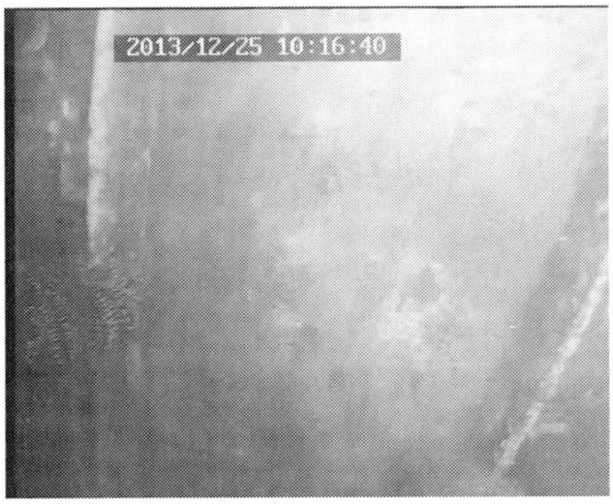

图 2.7-6　东主坝 9# 面板接缝张开(缝宽 5～10 mm)

图 2.7-7　东主坝右岸周边缝压条锈蚀

图 2.7-8　水下示踪检查

2.7.3.3　主坝上游止水系统 SR 填料检测情况

为了进一步了解水库主坝上游止水系统 SR 填料的运行情况，业主对主坝上游止水系统表层 SR 止水进行取样检测。

取样部位分别为水位变动区的周边缝位置和面板顶缝位置，方式为打开保护盖片，每处取出 5 kg SR 填料送至实验室进行黏结延伸率性能检测，样品取出后，采用新的 SR 填料恢复原有防渗系统。

现场取样照片详见图 2.7-9。

图 2.7-9 现场取样

根据现场取样情况可知，存在以下几点问题：

1）SR 填料存在局部塌陷、流挂现象，但填料流失程度不严重；

2）SR 盖片存在局部破损和老化现象，部分盖片边缘搭接处密封程度降低，存在渗漏隐患；

3）SR 盖片两侧的角钢和螺栓全部出现不同程度的锈蚀；

4）水位变动区混凝土表面砂化现象明显。

根据 SR 填料取样材料延伸率检测可知：SR 填料试样检测平均延伸率值为 530%，大于塑性止水材料标准指标 300%，样品检测结论为合格。

2.7.3.4 缺陷原因分析

根据水下检查可知，该水库主坝上游止水系统目前运行正常，未发现渗漏（河床段趾板上部黏土回填层保持完整），但仍存在以下缺陷：

（1）普遍存在表面压条锈蚀严重、鼓包扁塌变形等情况；部分面板垂直缝缝面产生错台、局部存在张开现象；

（2）部分混凝土面板存在裂缝及砂化现象（特别是水位变动区）。

经分析，可能存在以下几个原因：

（1）镀锌材料涂层被腐蚀

由于水库建设年代较早，为 20 世纪 90 年代，相应的 SR 止水压条及膨胀螺栓均采用镀锌钢材。

为防止钢板表面遭受腐蚀，延长其使用寿命，在钢板表面涂了一层金属锌，这种涂锌的薄钢板称为镀锌板。镀锌钢板由于镀锌层不均匀、夹渣、划伤或擦伤、氧化等原因，容易出现镀锌层破坏，防腐能力下降等情况。同时，由于本工程镀锌角钢及镀锌膨胀螺栓长期处于水库水下环境中，加剧了对镀锌钢板的腐蚀。故水库主坝上游防渗系统接缝部位普遍存在压条锈蚀现象，分析为镀锌材料涂层被腐蚀导致。

（2）混凝土防裂性能较差

水库建设年代较早，为 20 世纪 90 年代，虽然强度等级为 C25，满足现行规范的最低要求，但建造时对抗裂性能要求较低，未提出具体的措施和要求，故面板防裂措施不足可能是导致部分混凝土面板产生裂缝的原因之一。

(3) 运行时间较长，柔性止水材料未进行补充、表层盖片老化

水库建设时采用的SR填料及保护盖片材料性能与目前的SR填料、盖板差距较大，质量存在一定差距。运行后SR填料从未进行过补充等处理，经初步分析，其可能导致SR表层盖片局部鼓包扁塌变形，同时，根据现场检查分析，盖片存在老化等现象。

(4) 面板存在不同程度的变形

由于主坝存在一定程度的水平、垂直位移，从而导致面板垂直缝局部产生张开现象，而西主坝由于位移较大，垂直缝张开缝宽也较大，且一定高程以上部分缝面产生错台现象。

同时，混凝土面板由于阳光暴晒及水位变动等原因，局部存在砂化现象。

2.7.3.5 更新方案

(1) 趾板接缝、周边缝接缝更新方案

更换趾板接缝、周边缝接缝现有镀锌钢板压条、膨胀螺栓、SR盖片；对SR填料流失部分进行充填恢复。新设压条材料为不锈钢，宽度为5 cm，厚度为5 mm。新设膨胀螺栓材料为不锈钢，尺寸为M10。新设SR盖片材料为三元乙丙橡胶增强型SR防渗保护盖片（鼓包式），厚度为6 mm。

SR填料流失部分在原SR盖片拆除后，在现有填料表面涂刷HK-963水下黏合剂，再粘贴SR塑性填料，安装SR盖片及压条。

更新处理时，高程28.05 m以下由潜水员进行水下安装，高程28.05 m以上由施工人员进行常规无水陆上安装。

趾板接缝、周边缝接缝更新处理标准型式详见图2.7-10、图2.7-11。

(2) 面板垂直缝更新方案

对面板垂直缝的防渗安全性进行加强，新设垂直缝顶部止水，形成表层防渗封闭系统。

1) 现表层设有SR止水部分

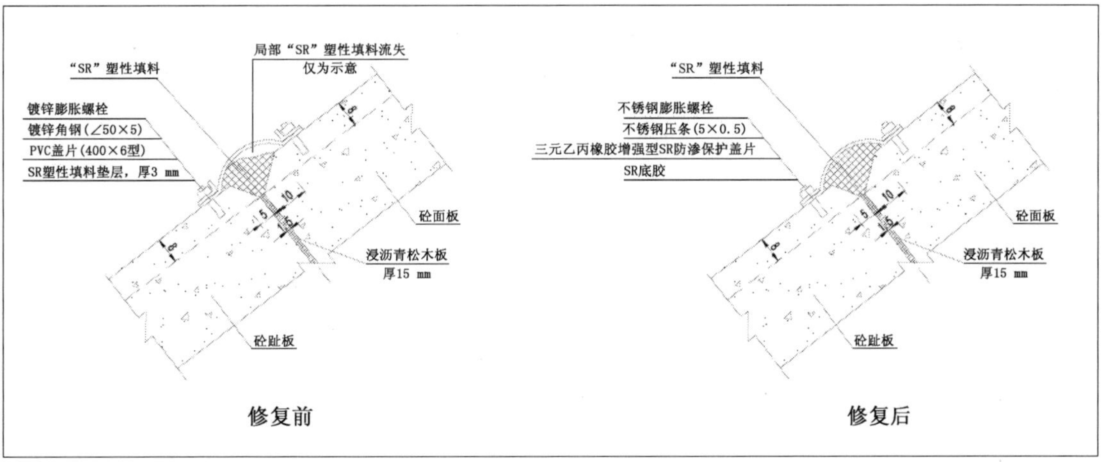

图2.7-10 周边缝更新处理标准图（单位：cm）

对面板垂直缝表层设置有SR止水部分更换现有镀锌钢板压条、膨胀螺栓、SR盖片（外型由平面式更换为鼓包式，并补充相应SR塑性填料）。新设压条材料为不锈钢，宽度为

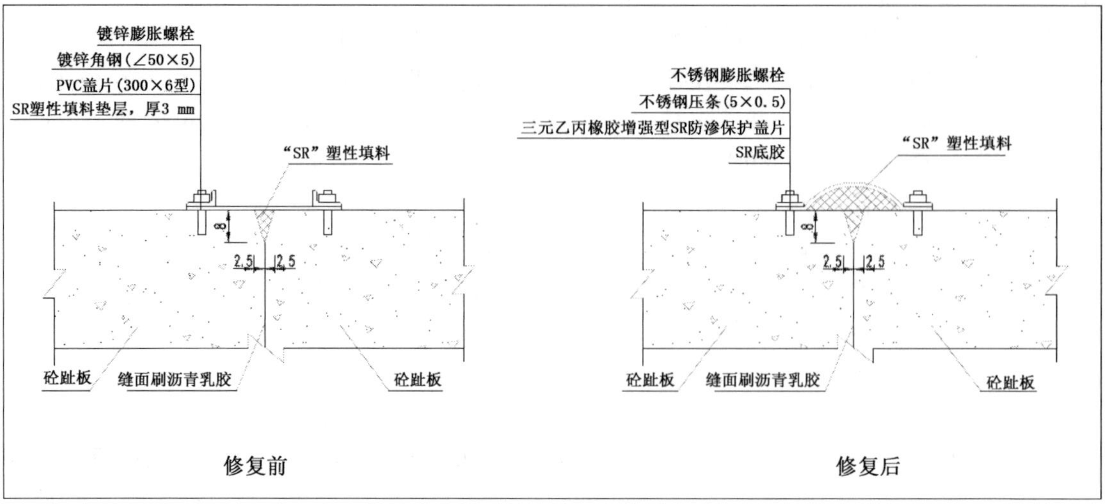

图 2.7-11　趾板接缝更新处理标准图(单位：cm)

5 cm，厚度为 5 mm。新设膨胀螺栓材料为不锈钢，尺寸为 M10。

新设 SR 盖片材料为三元乙丙橡胶增强型 SR 防渗保护盖片(鼓包式)，厚度为 6 mm。

原 SR 盖片拆除后，如发现有 SR 填料流失的，在现有填料表面涂刷 HK-963 水下黏合剂，再粘贴 SR 塑性填料，安装 SR 盖片及压条。

高程 28.05 m 以下由潜水员进行水下安装，高程 28.05 m 以上由施工人员进行常规无水陆上安装。

面板垂直缝(设有 SR 表层止水部分)更新处理标准型式详见图 2.7-12。

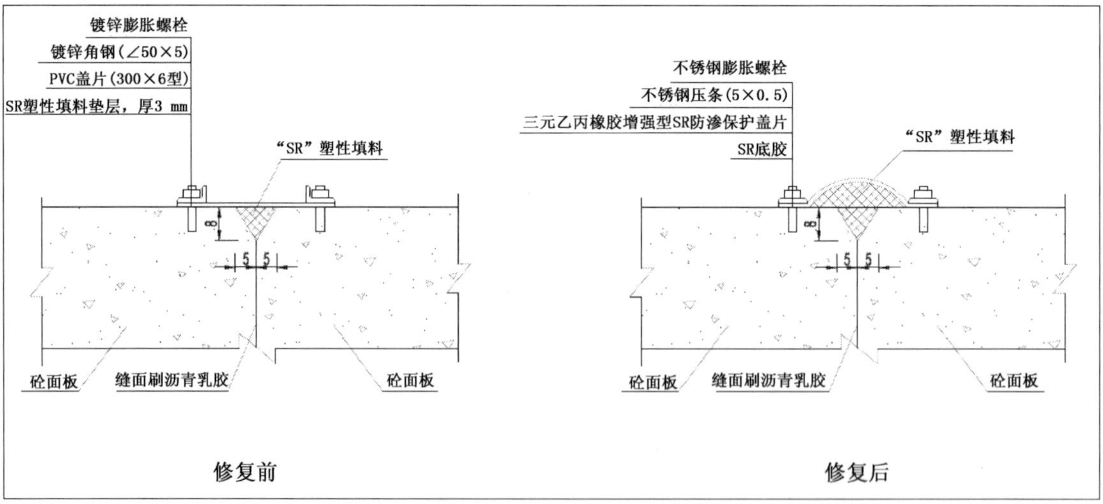

图 2.7-12　面板垂直缝(设有 SR 表层止水部分)更新处理标准图(单位：cm)

2) 现表层未设止水部分

原混凝土防渗面板垂直缝只设有底止水一道，表层未设止水部分，本次采用新建表层 SR 止水进行更新处理。

在面板垂直缝一侧面板上开槽，槽宽 5 cm（考虑到现有面板混凝土保护层厚度为5 cm），槽深 10 cm，底部嵌 ϕ50 氯丁橡胶棒，槽内嵌填 SR 填料，表层设 SR 止水。

新设压条材料为不锈钢，宽度为 5 cm，厚度为 5 mm。

新设膨胀螺栓材料为不锈钢，尺寸为 M10。

新设 SR 盖片材料为三元乙丙橡胶增强型 SR 防渗保护盖片（鼓包式），厚度为 6 mm。

高程 28.05 m 以下由潜水员进行水下安装，高程 28.05 m 以上由施工人员进行常规无水陆上安装。

面板垂直缝（未设 SR 表层止水部分）更新处理标准型式详见图 2.7-13。

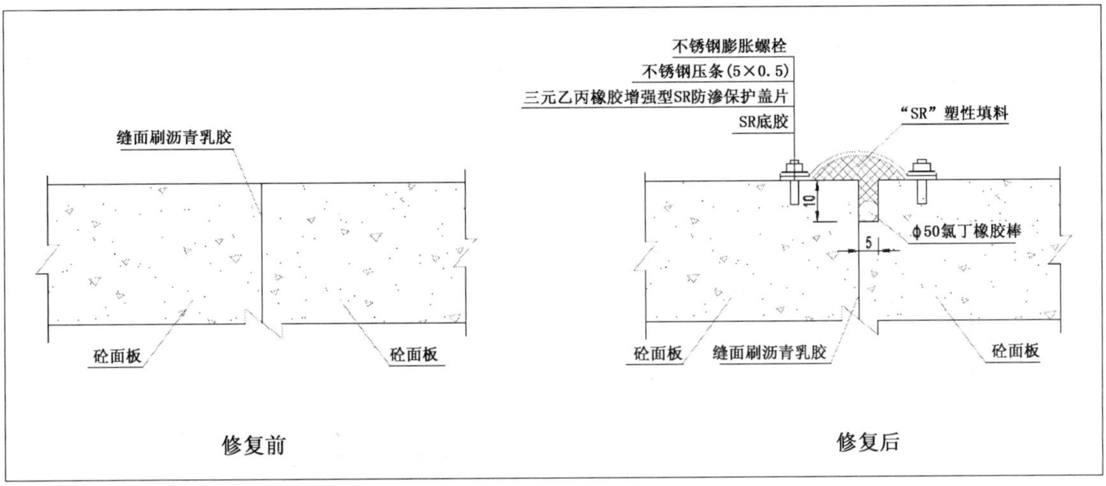

图 2.7-13　面板垂直缝（未设 SR 表层止水部分）更新处理标准图（单位：cm）

第 3 章

混凝土坝工程养护修理

3.1 概述

3.1.1 混凝土坝病害概况

据国际和中国大坝委员会统计，坝高 60 m 以上的大坝中，混凝土坝约占 58.0%～73%，并且大坝越高，混凝土坝所占比例越大，尤其是拱坝。因此，高坝的型式主要为混凝土坝。据统计发现，混凝土坝的主要重大缺陷和隐患有设计洪水标准偏低、坝基及库岸地质、施工质量、设计失误和运行管理等问题，尤其是 20 世纪 60—70 年代修建的大坝，由于多种原因，隐患病害尤为严重，其中混凝土坝主要存在裂缝、溶蚀、冻融、温度疲劳和日照碳化等病害，特别是裂缝。电力部门定期检查的 96 座水电站大坝的隐患和病险结果见表 3.1-1。

表 3.1-1　96 座大中型水电站大坝隐患和病险的统计表

序号	缺陷或隐患	数量/座	比例/%
1	防洪标准低，不满足现行规范的规定，有的大坝在运行中曾发生洪水漫顶事故，造成巨大损失	38	39.6
2	坝基存在重大隐患，断层、破碎带和软弱夹层未做处理或处理效果差，有的在运行中局部发生性态恶化，使大坝的抗滑安全度明显降低	14	14.6
3	坝体稳定安全系数偏低，不满足现行规范的规定	5	5.2
4	结构强度不满足要求，坝基、坝体在荷载作用下出现超过允许的拉、压应力	10	10.4
5	坝体裂缝破坏大坝的整体性和耐久性，有的裂缝贯穿上下游，导致渗漏严重，有的裂缝规模大且所在部位重要，已影响到大坝的强度和稳定	70	72.9
6	坝基扬压力或坝体浸润线偏高，坝基或坝体渗漏量偏大，有的坝体大量析出钙化物	32	33.3
7	泄洪建筑物磨损、空蚀损坏严重，有的大坝的坝后冲刷坑已影响到坝体的稳定	23	24.0

续表

序号	缺陷或隐患	数量/座	比例%
8	混凝土低强度，混凝土遭受冻融破坏严重，表层混凝土剥蚀或碳化较深，有的大坝在泄洪时溢流面发生大面积混凝土被冲毁事故	10	10.4
9	近坝区上下游边坡不稳定，有的曾发生较大规模的滑坡	10	10.4
10	水库淤积严重	10	10.4
11	水工闸门和启闭设备存在重大缺陷，有的已不能正常挡水和启闭运行，影响到安全度汛	27	28.1
12	大坝安全监测设施陈旧、损坏严重，测值精度低，可靠性差，部分大坝缺少必要的监测项目和设施		>80

从表 3.1-1 中可以看出，除防洪标准偏低等以外，裂缝、溶蚀、冻融、温度疲劳和日照碳化等是混凝土坝的主要隐患病害，其中裂缝、溶蚀和冻融病害分别占总坝数的 72.9%、33.3%、10.4%。

美国的圣佛兰西斯坝为一座实体重力坝，平面上呈拱形布置，坝高 62.5 m，顶宽 5 m，底宽 53.4 m，库容 4 700 万 m^3。工程于 1924 年 4 月开工，1926 年 5 月建成。1928 年 3 月 12 日午夜突然溃决，约 70 min 内库水全部泄出，下游损失重大。该坝是迄今为止所有失事重力坝中最高的一座。该大坝坐落在云母片岩（左岸约占坝基的 2/3）和红色砾岩（右岸约占坝基的 1/3）的坝基上，两种岩层接触部分为一断层，大坝横跨在断层上。右岸地基的红色砾岩有遇水软化崩解的特性。大坝未设齿墙，也未进行基础灌浆。关于大坝的溃决原因，事故陪审团裁决报告结论认为：大坝溃决并非由于断面设计错误或筑坝材料缺陷，而是由坐落的地基岩层破坏导致。大坝基岩质量差，而设计未能与较差的地基条件相适应，是造成事故的主要原因。坝基地质条件是保证大坝安全的重要条件，必须有足够的承载力、抗滑稳定性和渗透稳定性。坝址选择时必须充分论证，对于选定的局部不能满足要求的坝址，应采取工程措施加固，使其达到建坝和保证长期稳定运行的条件。由此可见，混凝土坝最危险的病害是坝体稳定性不足，最常见的病害是坝体裂缝和漏水。裂缝和漏水若影响大坝正常工作，需要对大坝进行加固处理。混凝土坝维修养护的主要内容包括日常安全防护、日常养护和常见病害修理，浆砌石坝可参照执行。

3.1.2 混凝土坝病害特点

3.1.2.1 重力坝病害特点

重力坝一般为混凝土或砌石结构，运行一定时间后易出现以下结构病害：

1）地基未作认真处理，或者地基恶化，导致大坝沿建基面抗滑稳定不能满足要求。

2）坝基防渗帷幕不满足要求，渗漏严重，排水不畅，坝基扬压力超过设计采用值，降低坝体抗滑稳定安全性。

3）坝体表面、廊道、泄水管道以及闸墩等部位出现危害裂缝。

4）坝体混凝土出现严重碳化现象。

5）坝体混凝土强度严重降低。

6）砌石坝砌筑砂浆或细石混凝土不密实，石料风化严重，坝体整体性能降低。

7）坝体混凝土出现贯穿性裂缝，导致混凝土钙化物析出，坝体渗漏。

3.1.2.2 拱坝病害特点

拱坝一般为混凝土或砌石结构，运行一定时间后，除存在与重力坝相类似的病害现象外，还容易出现以下一些病害问题：

1）拱座及坝肩岩石块体的稳定性存在问题，这是影响拱坝安全的重要因素，必须予以高度重视。

2）由于坝体结构单薄，部分拱坝体型不合理。

3）坝体局部应力较大，超过材料允许强度。

4）坝体容易出现裂缝，严重者坝上、下游面出现贯穿性劈头缝。

5）砌石拱坝防渗结构不满足要求。

3.1.3 病害事故成因

3.1.3.1 重力坝病害事故成因分析

（1）重力坝裂缝成因分析

混凝土重力坝裂缝的形成与发展主要由温度变化引起，混凝土重力坝结构件会随着温度变化而产生变形。当变形受到约束时，便产生了裂缝，约束程度越大裂缝越宽。工程实践表明，由于温度变化而造成混凝土重力坝出现裂缝的因素极其复杂：①由基础不均匀沉降引起，混凝土重力坝由于基础不均匀会造成沉降，使重力坝结构受迫，从而导致裂缝。②由冰冻引起，水在设灌浆或灌浆不饱满的混凝土构件孔道中结冰，可能产生沿孔道方向的纵向裂缝。③由钢筋锈蚀引起，由于钢筋的生锈过程实际上是电化学反应过程，这种效应可在钢筋周围的混凝土中产生胀拉应力，如果混凝土的保护层比较薄，不足以抵抗这种拉应力时，就会沿着钢筋形成一条顺筋裂缝。顺筋裂缝一旦产生，又进一步促进钢筋锈蚀程度的增加，形成恶性循环，最后导致混凝土保护层剥落，甚至钢筋锈断。这种顺筋裂缝对结构的耐久性影响最大。

如四川省耿达水电站因基础为深覆盖层，闸体向下游水平位移和垂直位移趋势性变化明显，造成$1^{\#}$非溢流坝段与紧邻的$3^{\#}$泄洪闸坝段间错位逐年增加，曾发生过两坝段坝顶门机轨道水平错位达24 mm，门机上游侧轨道垂直错位5 mm，下游侧轨道错位10 mm；两坝段横缝上游塑料止水带剪断的现象。

（2）重力坝失稳成因分析

工程实践和试验研究表明，基岩上的重力坝的失稳破坏可能有两种类型：一种是坝体沿抗剪能力不足的薄弱层面产生滑动，包括沿坝与基岩接触面的滑动以及沿坝基岩体内连续软弱结构面产生的深层滑动；另一种是在荷载作用下，上游坝踵以下岩体受拉产生倾斜裂缝以及下游坝趾岩体受压发生压碎而引起倾倒滑移破坏。

如法国Bouzey重力坝因设计时未考虑作用于坝基上的扬压力而失事；美国奥斯汀(Austin)重力坝，有152 m长的坝段沿石灰岩中的页岩软弱夹层发生滑动破坏。

（3）重力坝渗漏成因分析

在大坝上下游水位差作用下，库水会通过坝基岩土中的孔隙、裂隙或溶洞等通道向下游渗漏。沿大坝两侧岸坡岩土中的渗漏称为绕坝渗漏。当坝基渗漏或绕坝渗漏的水量很大时，不仅会造成库水的流失，而且对坝基产生渗透压力，或对岩土中的微细颗粒产生冲刷，或对岩土中的可溶部分产生化学溶解等不良作用。为此，修建大坝时要对坝基渗流进行控制，将其不利影响减少到规定的安全范围内。

如辽宁省彰武县闹德海水库由于两岸坝端基岩岩体完整性差，库区节理较发育，库水沿裂隙发生绕坝渗漏。

根据岩土透水性质的不同，坝基渗漏可分为三种主要类型：①孔隙性渗漏：通过砂砾石孔隙产生的渗漏，一般呈均匀流，渗漏量的大小主要取决于土的粒度成分及其渗透系数。②裂隙性渗漏：通过岩石中节理裂隙产生的渗漏。当裂隙很多且互相切割时，渗流近似均匀流；当裂隙发育不均一或不规则时，渗流常呈脉状流。③管道式渗漏：通过石灰岩、白云岩等可溶岩中的溶洞产生的渗漏，渗漏量的大小取决于溶洞的大小和多少。这三种类型在坝基中可以在不同部位同时存在，也可以单独出现，主要取决于坝基的岩土分布和地质结构条件。

英国北威尔士 Eigiau 大坝施工时坝基开挖深度远低于设计标准，导致坝基质量差，多年来一直存在的渗漏问题也未引起重视。1925 年 11 月 2 日晚上，坝基发生冲刷破坏从而引发大坝溃决。该事故还导致下游 Coedty 土石坝发生漫顶溃坝，最终造成 16 人死亡。

3.1.3.2　拱坝病害事故成因分析

（1）温度变化引起的事件类型

拱坝坝体厚度相对较单薄，拱坝又是边界受到约束的高次超静定结构，因此，运行期周围环境温度变化，易在坝内引起温度应力，一般在设计时均会考虑。然而，若考虑不周或者使拱坝处在设计工况以外的条件下运用，则往往会因拉应力超限而引起开裂事故，这类事故在拱坝上相当普遍。

如意大利坎卡诺拱坝，施工后期坝体中出现了首批裂缝，裂缝的成因主要是坝体两面的温度变化及其所造成的拉应力，此外温度作用产生的混凝土收缩对裂缝也可能产生影响。

（2）地震引起的事件类型

实践表明，地震并未引起过拱坝严重破坏或溃坝的事件。这一方面证明拱坝在结构上具有较好的动力适应性，抗震性能良好，因而在美国、日本、苏联等国家的强震区修建了一批高拱坝且运行正常。但另一方面也应注意，地震对拱坝拱座岩体和附属建筑物如进水塔、隧洞等也有造成严重破坏的实例，尤其是在距震源近和地震持续时间较长的地区。如美国的帕卡伊玛（Pacoima）拱坝、智利的腊贝耳（Rapel）拱坝和秘鲁的弗雷尔（Frayle）拱坝，坝体虽为轻度开裂，但拱座岩体都曾发生坍滑，引水隧洞、进水塔或溢洪道都曾发生不同程度的破坏。

（3）洪水漫顶引起的事件类型

拱坝坝体质量较好，坝基和两岸岩体也较坚实完整，故短期洪水漫顶一般不致产生失事和破坏。但若设计洪水误差过大，泄洪能力过小，坝基和拱座岩体抗冲能力差，则也可能造成严重破坏事故。如瑞士帕拉奈得腊（Palaqnedra）坝处于暴雨区，1978 年 8 月 7 日出现特大洪水时，洪峰流量超过设计值的 2 倍，汇流时间短，来势凶猛，将上游大片林区和岸坡的土层冲下淤满水库，洪水漫顶后冲走左岸拱座下游的冰积土层，坝体虽未垮塌，但大坝稳定性受到严重影响。再如美国莫伊埃(Moyie)坝，洪水漫顶将左岸坝座岩体和溢洪道冲走，造成失事。

(4) 库内外岸坡岩体崩塌造成的事件类型

水库蓄水后库水位变化和地表水渗入可能引起岩体抗滑能力下降，促使岩层由蠕动而滑崩。最为典型的事例是意大利的瓦依昂拱坝，该拱坝位于意大利东部阿尔卑斯山区派夫河支流瓦依昂河上，坝址河谷深而窄，坝顶弦长仅 160 m，地基岩石为灰岩，节理发育。拱坝厚 3.4 m，坝高 262 m，拱冠梁底厚 22.1 m，厚高比仅 0.08，是当时世界上已建最高，可能也是最薄的拱坝。大坝混凝土浇筑于 1959 年底完成，考虑到瓦依昂坝址两岸坝座上部岩体内裂隙发育，采用 100 t 预应力锚索对两岸坝肩部位岩体进行了加固(锚索长 55 m，左岸 125 根，右岸 25 根)，此外还使用了大量一般锚筋，对波速低于 3 000 m/s 的岩体进行固结灌浆加固。加固工程于 1960 年 9 月完成。1963 年 10 月 9 日夜，瓦依昂水库水位达 700.00 m 时，大坝上游近坝左岸约 2.5 亿 m^3 巨大岩体突然发生高速滑坡，以 25 m/s 的速度冲入水库，使 5 500 万 m^3 的库水产生巨大涌浪，约 3 000 万 m^3 水翻越坝顶泄入底宽仅 20 m 的狭窄河谷。翻坝的水流在右岸超出坝顶高度达 250 m，左岸达150 m。水流以巨大流速滚向下游。在滑坡与漫顶同时发生的情况下，坝体经受住了远超过设计标准的巨大推力考验，并未倒塌，但大滑坡的石碴掩埋了水库，堆石高度超过坝顶百余米，使大坝、电站、水库完全报废。

(5) 坝体材料质量恶化引起的事件类型

1) 混凝土施工工艺不按规程、规范实施，致使混凝土浇筑质量很差。国外 20 世纪 40 年代前建造的大坝施工质量问题较多，如美国的科罗拉多拱坝，国内中、小型拱坝也有类似情况。

2) 混凝土碱性骨料反应导致坝体开裂、膨胀和剥蚀甚至坝被废弃。典型事例有美国的鼓后池拱坝等。

3) 大坝接缝灌浆质量差，引起渗漏的事例有葡萄牙的卡勃里耳(Cabril)、瑞士的舍天雷腊(Zervreila)坝。

4) 新旧大坝结合缝质量差，承受荷载后产生开裂，其中有中国的寸塘口、陈村拱坝，瑞士的图莱斯(Toules)拱坝等。

(6) 扬压力超限引起的事件类型

扬压力对大坝与坝基岩体均能产生破坏作用。它不但自身具有随时间和空间分布而变化的特性，而且还会引起其他作用力的变化，例如使滑动面内抗剪强度降低，对坝体胶结材料有溶蚀作用，对岩层中充填物有冲蚀及溶解作用等。由于早期拱坝设计中不考虑扬压力作用，不采用排水措施，因而发生破坏的事件较多。最典型的是中国的梅山连拱坝、秘鲁的弗雷尔拱坝、奥地利的施莱盖斯(Schlegeis)拱坝和法国的波尔特(Bort)拱坝，后者水库放空并在坝上游修建防渗铺盖后才得以改善。

(7) 坝基破坏引起的事件类型

大坝与地基会产生相互作用，需要重视地基的变形性、渗透性和稳定性。良好的坝基应具有足够的抗变形和承载能力，透水性小且岩体完整稳定，以免变形过大引起地基破坏，渗透水压过大导致扬压力超限及坝体或坝座岩体滑动失稳。然而事实上，每一座大坝坝基均受地质构造和自然环境等影响，往往难以完全满足上述要求。且除了坝基大面积沉陷外，拱坝地基破坏一般多发生在局部地质不良范围内，如软弱夹层、裂隙发育带和断层破碎区等，这些局部缺陷往往难以在勘探阶段查勘清楚。

最典型的为法国马尔帕塞拱坝失事，该大坝位于法国东部莱郎河上，为双曲薄拱坝，坝高 66 m，坝顶长 223 m，拱圈中心角 135°，坝顶厚 1.5 m，拱冠梁底厚度 6.76 m。左岸有带翼墙的重力推力墩，长 22 m，厚 6.5 m，到地基面的混凝土最大高度为 11 m，开挖深度 6.5 m。在坝顶中部设无闸门控制的溢洪道。坝基为片麻岩。坝址范围内有两条主要断层：一条为近东西向的 F1 断层，倾角 45°，倾向上游，断层带内充填含黏土的角砾岩，宽度 80 cm；另一条为近南北向的 F2 断层，倾向左岸，倾角 70°～80°。工程于 1952 年开工，1954 年全部建成。水库库容 5 100 万 m^3。1959 年 12 月，由于连降暴雨，水库首次蓄满，大坝突然溃决失事，造成 421 人死亡，100 余人失踪，财产损失达 300 亿法郎，约是工程投资的 52 倍。当时全世界已建的 600 多座拱坝中，它是第一座失事的现代双曲拱坝，也是直到当时拱坝建筑史上唯一一座瞬间几乎全部破坏的拱坝。法国政府先后三次组织调查委员会进行事故调查、鉴定，并由法庭进行审理。1962 年夏对外公布官方的最终报告，委员会委托法国电力公司对大坝应力作了复核，还对拱的独立工作工况进行了校核，对左岸重力墩也进行了复核，在拱圈单独作用下重力墩是安全的。冲走的附有基岩的大量混凝土块，均未发现混凝土与岩石接触面有破坏迹象，混凝土质量良好，由此判断，坝失事是由坝基岩石引发的。委员会认为，水的渗流在坝下形成的压力引发了第一阶段的破坏。马尔帕塞坝失事至今已 60 年，其失事的原因一直未取得完全一致的认识。但坝工界绝大多数专家都认为坝基内过大的孔隙水压力引发坝肩失稳是造成失事的主要原因。马尔帕塞拱坝的失事警示我们必须重视坝肩稳定问题，重视不利地质构造和长期运行的渗透水压力对坝肩稳定的不利影响。

(8) 其他

其他如勘测设计不当引起的事件类型，较典型的有葡萄牙的卡勃里耳拱坝和中国的常峪口拱坝。这两座坝都在坝体设计体型优化之后，再在施工前临时加厚坝的顶部拱圈，导致下游坝面的中上部位水平开裂严重。另外，瑞士坝工专家黑索格曾指出，3 座失事或报废的法国拱坝——马尔帕塞、加日和托拉以及 3 座发生损坏的奥地利拱坝——施莱盖斯、科恩布赖和席勒格伦得均分别出自同一设计者(法国的柯因和奥地利的魏德曼)。黑索格称该现象为设计者的倾向性——采用有利的计算假定而低估了坝内拉应力。当时设计者已设计了近 50 座拱坝，绝大多数是薄拱坝，并取得了巨大成功。然而他过分自信和过高地评估拱的作用，忽略了对坝基的仔细查勘和大坝自身稳定条件的评估等。

3.2 混凝土坝工程巡视检查

混凝土坝破坏一般也是一种由小到大、由轻到重、由量变到质变的过程。为此，开展混凝土坝日常检查是养护修理的基础，是发现工程异常和损坏的重要手段，因此应按照相关规程规范规定对混凝土坝及其枢纽所包含的其他水工建筑物、地下洞室、边坡、设施等进行检查。

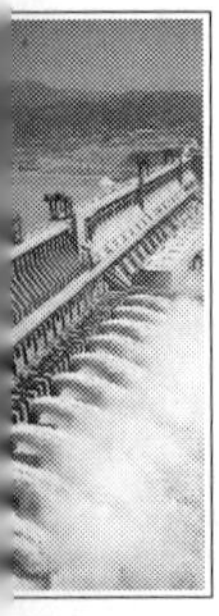

3.2.1 一般规定

运行管理单位应根据《混凝土坝养护修理规程》(SL 230)规定，结合所管辖混凝土坝枢纽的实际情况确定检查项目和内容。同时，运行管理单位应制订详细的检查方案，并经技术负责人审批后执行。在检查过程中，检查人员应对异常和损坏部位作出详细说明，并摄影或录像，以备专项调查和养护修理时查阅。对于消力池等建筑物的水下部分应定期抽干进行检查，或采用水下视频等方法进行检查。对于多泥沙河流上的大坝，应定期检查近坝区水库泥沙淤积情况。此外，检查宜与大坝安全监测巡视检查结合进行，也应结合设计、施工、运行和安全监测成果等对检查结果进行综合分析，查明病害成因，确定病害类型与规模，制定养护修理方案。

检查是养护修理的基础，是发现工程异常和损坏的重要手段，因此需按照本规程和有关规范的规定对混凝土坝及其枢纽所包含的其他水工建筑物、地下洞室、边坡、设施等进行检查。其中检查项目和内容应结合需要检查的对象制订，详见《混凝土坝养护修理规程》(SL 230)和《混凝土坝安全监测技术规范》(SL 601)中的现场检查部分。检查方案主要包括检查项目、检查内容、检查时间、检查频次、检查人员组成、检查路线、检查工具、检查方法与检查记录等具体内容。其中，对消力池进行定期抽水或水下视频检查的周期一般为 5 ~ 10 年，宜与大坝安全定期检查时间相同，一般在每次大坝安全定期检查前进行。两次大坝安全定期检查期内抽水检查或水下视频检查的次数不应少于 1 次。此外，《混凝土坝安全监测技术规范》(SL 601)“现场检查”一章较为详细地规定了检查的各项内容和方法，其中部分检查内容与养护、修理需要检查的内容重复，其检查结果可直接引用，作为养护和修理的依据。这样做可以大大减少检查的工作量，避免人力和物力的浪费。

3.2.2 检查分类和次数

(1) 日常检查

日常巡视检查应以表面缺陷、裂缝、剥蚀、渗漏和影响枢纽正常运行的外界干扰等检查为主，由管理单位组织有经验的专业人员进行，每月不少于一次，汛期视汛情增加次数；库水位达到设计水位前后时，每天至少一次。如遇特殊情况和工程出现异常时，应增加次数。

(2) 年度检查

年度检查除日常巡视检查的内容外，还应根据枢纽实际情况适当增加混凝土磨损与空蚀检查、混凝土碳化检查、水下检查、淤积检查等内容，每年汛前、汛后及高水位、死水位、低气温及冰冻较严重地区的冰冻和融冰期进行。管理单位负责人应组织全面检查，每年不少于 2 次。

(3) 特别检查

特别检查应以专项检查为主，兼顾日常巡视检查的内容。当坝区及其附近发生有感地震、大坝遭受大洪水、库水位骤升骤降以及发生其他特殊情况时，管理单位负责人应立即组织检查，并报上级主管部门。对于特别检查，必要时组织专人对可能出现险情的部位进行连续监视。如果混凝土坝枢纽既符合年度检查的需要，又符合特别检查的需要，可以将特别检查与年度检查结合起来进行。

3.2.3 检查项目和内容

日常巡视检查、年度检查与特别检查的内容应有所区别和侧重。日常巡视检查主要针对日常巡视中容易被直观发现的缺陷,如混凝土裂缝、剥蚀、坝体与坝基渗漏、金属结构腐蚀与变形、岩土体裂缝与表面松动、排水导渗设施损坏与淤堵等。年度检查主要针对不易被直观发现或特殊运行工况下才可能出现的缺陷,如混凝土碳化、混凝土冻融剥蚀、泄洪道(洞)与消力池混凝土磨损和空蚀、水下缺陷、淤积等。特别检查主要针对特殊工况下出现了险情或有险情征兆时有明显变化的缺陷,如迅速增大的混凝土裂缝、渗漏量突变的渗漏、迅速增加的大坝、围岩与边坡变形等。

3.2.3.1 日常巡视检查内容

1) 混凝土表面缺陷。包括蜂窝、麻面、孔洞、缺棱掉角、挤压破坏等。

2) 混凝土与墙体裂缝。包括裂缝的类型、部位、尺寸、走向和规模等。

3) 混凝土剥蚀。包括剥蚀的部位、深度、范围和规模等。

4) 渗漏。包括坝体、坝基渗漏,绕坝渗流,围岩及边坡渗漏,闸门渗漏,堵头渗漏等,以及渗漏的类型、部位、渗漏量、规模、水质和溶蚀现象等。

5) 钢筋锈蚀。包括钢筋混凝土结构的露筋现象和锈蚀程度。

6) 围岩及边坡表面裂缝、坍塌、鼓起、松动,滑坡等。

7) 建筑物的倾斜或不均匀沉降。

8) 边坡支挡与支护结构的完好性。

9) 所有排水与导渗设施的完好性、堵塞状况及排水状况。

10) 接触缝与变形缝的开合状况,变形缝止水设施的完好性与渗漏情况。

11) 外界干扰。包括影响枢纽正常与安全运行的杂物、动植物危害等。

3.2.3.2 年度检查内容

除日常巡视检查的内容外,还应包括如下内容:

1) 过流部位混凝土的裂缝、磨损与空蚀状况。

2) 混凝土碳化深度与规模。

3) 混凝土冻融剥蚀情况。

4) 位于水下的缺陷。

5) 水库淤积。包括淤积高程、淤积厚度、淤积物的种类、水下地形以及支流河口是否有拦门坎等。

6) 过流部位(包括过流隧洞、泄洪洞、泄洪孔、溢洪道等)的表面。

3.2.3.3 特别检查内容

特别检查应包括因大洪水、有感地震、库水位骤升骤降以及其他影响大坝安全的情况发生后出现的下列险情和异常情况:

1) 大坝、地下洞室、边坡等部位变化异常的裂缝。

2) 大坝、两岸坝肩、地下洞室、边坡等部位变化异常的渗漏。

3) 大坝、地下洞室、边坡、金属结构等部位变化异常的变形。

4) 非常严重的混凝土碳化。

3.2.4 检查方法和要求

1）常规检查可采用目视、耳听、手摸、鼻嗅、脚踩等直观方法，或辅以锤、钎、钢卷尺、放大镜、石蕊试纸等简单工具器材。

2）年度检查和特殊检查之前应安排好水库调度，为检查输水、泄水建筑物或进行水下检查创造条件，同时应做好电力安排，为检查工作提供必要的动力和照明。对于要检查的部位，应排干其内部积水，清除检查部位的堆积物。必要时安装或搭设临时交通设施，便于检查人员行动和接近检查部位。同时务必采取安全防范措施，确保检查工作、设备及人身安全。此外还需要准备好工具、设备、车辆或船只，以及测量、记录、绘草图、照相、录像等器具以确保检查工作的正常进行。

3）特殊检查可采用开挖探坑（或槽）、探井、钻孔取样或孔内电视、向孔内注水试验、投放化学试剂、潜水员探摸或水下电视、水下摄影或录像、超声波、雷达探测等方法，对工程内部、水下部位或坝基进行检查。具备条件时，可采用水下多波束等设备对库底淤积、边坡崩塌堆积体等进行检查。

4）检查人员应由专业人员组成，检查工作必须由经验丰富、熟悉本工程情况的专业技术人员主持。检查人员不应任意变动。

5）现场记录必须及时整理，并结合监测资料编写检查报告和建立档案，此外，检查记录、图件、影像资料和检查报告的纸质文档和电子文档等均应整理归档。

3.3 混凝土坝工程防护

针对混凝土坝工程的特点，其防护工作包括混凝土碳化与氯离子侵蚀防护、混凝土冻害防护、化学侵蚀防护等。

3.3.1 混凝土碳化与氯离子侵蚀防护

1）对碳化可能引起钢筋锈蚀的混凝土表面应采用涂料涂层全面封闭防护。碳化与氯离子侵蚀引起钢筋锈蚀时，应采用涂料涂层封闭等防护措施。

2）对有氯离子侵蚀的钢筋混凝土表面可采用涂料涂层封闭防护，也可采用阴极保护。

3.3.2 混凝土冻害防护

（1）冰压损坏防护措施

对于易受冰压损坏的部位（包括溢洪道的胸墙、闸墩、闸门等部位），可采用人工、机械破冰或安装风、水管吹风、喷水扰动等防护措施。

（2）冻拔、冻胀损坏防护措施。

1）冰冻期注意排干积水、降低地下水位，减压排水孔应清淤、保持畅通；

2）采用草、土料、泡沫塑料板、现浇或预制泡沫混凝土板等物料覆盖保温；

3）在结构承载力允许时可采用加重法减小冻胀损坏。

（3）冻融损坏防护措施

1）冰冻期注意排干积水，溢流面、迎水面水位变化区出现的剥蚀或裂缝应及时修补；

2）易受冻融损坏的部位，包括坝面易积水处，溢流面，放空后的输、泄水洞（管）等可采用物料覆盖保温或采取涂料涂层防护；

3）防止闸门漏水，避免发生冰坝和冻融损坏。

严寒地区冰冻期，要及时排干坝面积水，防止冻融破坏，溢流面、迎水面水位变化区出现的剥蚀或裂缝要及时修补；大坝易受冰压损坏的部位，要采用人工、机械破冰等防护措施；坝面可采用草、土料、泡沫塑料板等物料覆盖保温；融冰期要防止流冰撞击坝体。

3.3.3 混凝土化学侵蚀防护

1）已形成渗透通道或出现裂缝的溶出性侵蚀，可采用灌浆封堵或加涂料涂层防护。

2）酸类和盐类侵蚀可采取下列防护措施：

① 加强环境污染监测，减少污染排放。

② 轻微侵蚀可采用涂料涂层防护，严重侵蚀可采用浇筑或衬砌形成保护层防护。

3.3.4 防护材料

常用防护材料可按表 3.3-1 选用。防护涂料老化后应及时更新。

表 3.3-1 常用防护材料与施工方法

名称或类型	适用范围、性能	施工方法
环氧砂浆涂料	防碳化、防氯离子渗透，耐磨、耐化学侵蚀	人工刷涂、高压无气喷涂
呋喃改性环氧涂料	防碳化	人工刷涂、高压无气喷涂
环氧沥青厚浆涂料	防碳化、防氯离子渗透，耐磨、耐化学侵蚀	人工刷涂、高压无气喷涂
丙烯酸涂料	防碳化	人工刷涂、高压无气喷涂
聚氨酯涂料	防碳化、防氯离子渗透，耐磨、耐化学侵蚀	刷涂、喷涂，高压无气喷涂
氯丁胶乳沥青防水涂料	防碳化、防氯离子渗透、防水，耐化学侵蚀	人工刷涂、高压无气喷涂
耐蚀类石材 耐蚀类陶瓷 耐蚀密实混凝土板	防碳化、防氯离子渗透、防水，耐酸蚀	耐蚀水泥砂浆衬砌
聚氯乙烯板、膜	耐酸蚀，防水	合成树脂胶粘剂粘贴
丙乳水泥涂料	防碳化	人工刷涂

注：1. 化学侵蚀防护的设计与施工可按《工业建筑防腐蚀设计规范》（GB 50046）和《建筑防腐施工及验收规范》（GB 50212）执行；2. 化学侵蚀防护工程量较大时，其材料、施工方法可根据侵蚀介质性质与浓度，结合一些成功防护实例，经过材料性能对比试验和现场工艺验证来确定；3. 防护用各类砂浆材料在《混凝土坝养护修理规程》（SL 230）附录 B、附录 C 和附录 D 中列出。

3.4 混凝土坝工程养护

3.4.1 混凝土表面养护

1）混凝土建筑物表面及沟道等应经常清理，保持表面清洁整齐，无积水、散落物、杂草、垃圾和乱堆的杂物、工具等。

2）过流面应保持光滑、平整；泄洪前应清除过流面上可能引起冲磨损坏的石块和其他重物。

3）混凝土建筑物表面出现轻微裂缝时，应加强检查与观测，并采取封闭处理等措施。

4）出现渗漏时，应加强观测，当设备运行带来安全隐患，或对混凝土表面及表面装饰物产生破坏时，应采取导排措施。

5）混凝土表面剥蚀、磨损、冲刷、风化等类型的轻微缺陷，宜采用水泥砂浆、细石混凝土或环氧类材料等及时进行修补。若缺陷规模较大，则应纳入修理的范畴。

3.4.2 排水设施养护

1）混凝土坝坝面、廊道、地下洞室、边坡及其他表面的排水沟、排水孔应经常进行人工或机械清理，保持排水通畅。

2）坝体、基础、溢洪道边墙及底板、地下洞室、护坡等的排水孔应经常进行人工掏挖或机械疏通。疏通时不应损坏孔底反滤层。无法疏通时，应在附近增补排水孔。

3）集水井、集水廊道的淤积物应及时清除。抽排设备应经常进行维护，保证正常抽排。

4）地下洞室的顶拱、边墙等部位出现渗漏且渗漏量较小时，应增设排水孔，并设置导排设施，将渗漏水就近排入排水沟内。若渗漏量较大或渗漏面积较大，则应分析渗漏原因，然后采取相应的修理措施。

3.4.3 变形缝止水设施养护

各类变形缝止水设施是指坝体横缝，溢洪道，输、泄水洞（管），厂房等变形缝止水设施。各类变形缝止水设施应保持完整无损，无渗水或渗漏量不超过允许范围。同时也应定期清理各类变形缝止水设施下游的排水孔，保持排水通畅。

（1）沥青井养护应采取的措施

1）出流管、盖板等设施应经常保养，溢出的沥青应及时清除。

2）沥青井应每5～10年加热一次，沥青不足时应补灌，沥青老化时应及时更换，更换的废沥青应回收处理。

（2）变形缝填充材料养护应采取的措施

1）变形缝充填材料老化脱落时应及时更换相同材料或应用较为成熟的新材料进行充填封堵。

2）变形缝填充施工前应将变形缝清理干净。若存在渗漏现象，应先进行渗漏处理，保持缝内干燥。

3.4.4 地下洞室养护

1）地下洞室的衬砌混凝土养护应按3.4.1节混凝土表面养护的规定执行，发现局部衬砌漏水时，应加强观测，并采取封堵和导排措施。

2）地下洞室内的排水廊道、排水沟、排水孔出现淤积、堵塞或损坏时，应及时采取人工掏挖、机械疏通或高压水冲洗等方法进行疏通和修复。

3）应加强洞室顶拱、边墙等部位的检查，及时清除裸露岩体表面松动的石块，清理隧洞内的积渣；应对地下厂房渗漏点进行截堵或导排，并做好通风防潮工作。

4）应加强对地下厂房内岩锚吊车梁的观测，发现裂缝时，应按《混凝土坝养护修理规程》(SL 230)第5章的规定及时分析处理。

5）过流隧洞应定期进行排干检查与维护。应经常清理过流隧洞进口附近的漂浮物。

6）地下洞室围岩若出现大面积掉块的现象，应采用喷锚或混凝土衬砌的方法加以保护。喷锚施工应按《水利水电工程锚喷支护技术规范》(SL 377)的规定执行，混凝土衬砌施工应按《水工混凝土施工规范》(DL/T 5144)的规定执行。

3.4.5 闸门及启闭设备养护

3.4.5.1 闸门表面养护措施

1）应定期清理闸门、拦污栅上附着的水生物和杂草污物等，确保梁格排水畅通。

2）应定期清理门槽、底坎处的碎石、杂物以防卡阻。

3）应做好支承行走装置的润滑和防锈。

3.4.5.2 闸门防腐处理

闸门的腐蚀一般分为化学腐蚀和电化学腐蚀两类。同时，钢闸门防腐蚀措施主要有两种。一种是在钢闸门表面涂上覆盖层，将钢材母体与氧或电解质隔离，以免产生化学腐蚀或电化学腐蚀。另一种是供给适当的保护电能，使钢结构表面积聚足够的电子，成为一个整体阴极而得到保护，即电化学保护。

钢闸门防腐处理前需进行表面处理，清除钢闸门表面的氧化皮、铁锈、焊渣、油污、旧漆及其他污物。经过处理的钢闸门要求表面无油脂、无污物、无灰尘、无锈蚀、干燥、无失效的旧漆等。目前钢闸门表面处理方法有人工处理、火焰处理、化学处理和喷砂处理等。人工处理就是靠人工铲除锈和旧漆。火焰处理是对旧漆和油脂有机物进行燃烧，使之碳化而清除。化学处理是利用碱液或有机溶剂与旧漆层发生反应来除漆，利用无机酸与钢铁的锈蚀产物进行化学反应清理铁锈。喷砂处理方法较多，常见的干喷砂除锈除漆法是用压缩空气驱动砂粒通过专用的喷嘴以较高的速度冲到金属表面，依靠砂粒的冲击和摩擦除锈、除漆。

3.4.5.3 闸门防水与止水养护措施

1）应定期检查止水的整体性，不应有断裂或撕裂。

2）及时清理杂草、冰凌或其他障碍物。

3）应及时更换松动锈蚀的螺栓。水封座的粗糙表面应进行打磨或涂抹环氧树脂，保持光滑平整。

4）应定期调整橡胶水封的预压缩量，使松紧适当；应采取措施防止橡胶水封老化，出现老化现象时应及时更换。

5）应做好木水封的防腐处理。

6）应做好金属水封的防锈处理。

3.4.5.4　闸门启闭设备养护措施

1）应定期清理机房、机身、备用电源、闸门井以及操作室等。

2）应及时更换和添加润滑油，保持设备润滑良好。设备润滑部分在每月检查时若发现油质不合格或油位降低，则应及时清洗相关的润滑设备，并更换新油或加油至正常油位。

3）应定期量测电机绝缘电阻，保持电机干燥。

4）应定期清除钢丝绳表面的污物，清洗后涂抹油脂保护，且应保证每3年对其进行1次润滑油的更换。

5）设备金属结构、外壳、机架、罩壳及闸门等的除锈刷漆宜每5年进行1次。

此外，在运行过程发现闸门有振动和爬行等异常现象时，应及时分析原因，必要时采取相应的处理措施。对于备用电源及通信、避雷、照明等设施应经常维护，保持正常工作状态。

3.4.6　其他养护

1）有排漂设施的应定期排放漂浮物；无排漂设施的可利用溢流表孔定期排漂，无溢流表孔且漂浮物较多的，可采用浮桶、浮桶结合索网或金属栅栏等措施拦截漂浮物并定期清理。

2）应定期监测（指排沙、清淤前、后对坝前及进水口淤积情况的监测）坝前泥沙淤积和泄洪设施下游冲淤情况。淤积影响枢纽正常运行时，应进行冲沙或清淤；冲刷严重时应进行防护。

3）应定期检查大坝管理信息系统的运行状况，线路、网络、设施出现故障时应及时排除或更换。

4）应加强安全护栏、防汛道路、界桩、告示牌等管理设施的维护与维修。

3.5　混凝土坝工程修理

混凝土坝工程的修理包括混凝土表层损坏的修理，混凝土建筑物裂缝的处理，混凝土渗漏的处理，伸缩缝止水设施修理，基础及绕坝渗漏处理，剥蚀、磨损、空蚀及碳化修理。在修理工作中，首先应做好工程的养护工作，防止损坏的发生和发展；在发生损坏后，必须及时修理，防止扩大；在修理时应做到安全可靠、技术先进、注重环保、经济合理。

3.5.1　混凝土表层损坏的修理

混凝土表层修理常用方法有水泥砂浆修补、预缩砂浆修补、喷浆修补、喷混凝土修补、混凝土真空作业修补、压浆混凝土（预填粗骨料混凝土）修补和环氧材料修补等。

3.5.1.1 水泥砂浆修补

水泥砂浆修补工艺较简单，首先全部除掉已损坏的混凝土，并对修补部位进行凿毛处理，然后在工作面保持湿润状态的情况下，将拌和好的砂浆用铁抹抹至修补部位，反复压光后按普通混凝土要求养护。当修补部位深度较大时，可在水泥砂浆中掺适量砾料，以增强砂浆强度和减少砂浆干缩。

3.5.1.2 预缩砂浆修补

预缩砂浆是经拌和好之后再归堆放置 30～90 min 使用的干硬性砂浆。拌制良好的预缩砂浆抗压强度可达 30～35 MPa，抗拉强度可达 2.5～2.8 MPa，与混凝土的黏结强度可达 1.7～2.2 MPa。采用预缩砂浆修补高流速区混凝土的表层缺陷，不仅强度和平整度可以保证，而且收缩性小，成本低廉，施工简便，可获得较好效果。当修补面积较小或工程量较少时，若如无特殊要求，可优先选用预缩砂浆修补。具体如下：

(1) 材料与配比

水泥以采用与原混凝土同品种新鲜水泥为原则，水泥品种可按混凝土标号要求选用。砂料用 1.6 mm 孔径的筛子过筛，其细度模数为 1.8～2.0。水灰比 0.3～0.34，灰砂比 1∶2～1∶2.5，并掺入水泥重量 1/10 000 左右的加气剂。

(2) 拌制方法

将称量好的砂、水泥混合搅拌均匀，再掺入加气剂的水溶液翻拌 3～4 次(此时砂浆仍为松散体，不是塑性状态)，归堆放置 30～90 min 使其预先收缩后，即能使用。水灰比应根据环境因素适当调整。现场鉴定砂浆含水量时，用手能将砂浆握成团状，手上有潮湿而又无水析出表示含水量适当。由于加水量少，要注意水分均匀分布，防止阳光照射，避免出现干斑而降低砂浆质量。

(3) 修补工艺

将修补部位的损坏混凝土清除，进行凿毛、清洗，在边缘最小深度大于 2 cm 时即可铺填预缩砂浆。在铺填预缩砂浆前，先涂一层厚 1 mm 的水泥浆，其水灰比为 0.45～0.50，然后填入预缩砂浆，分层捣实，直至表面出现少量浆液为止。每次铺料层厚 4～5 cm，捣实后为 2～3 cm。层与层之间应用钢丝刷或竹刷刷毛，以加强层间结合，否则会产生成层脱壳现象。最后一层的表面必须用铁抹反复压实抹光，并与原混凝土接头平顺密实。侧面施工时要求立模板，分层立模、分层铺填夯实，同时一次加入量不宜过多。铺填完成后的 4～8 h 内由专人养护，宜采用湿草袋覆盖并洒水养护。待强度达到约 5.0 MPa 时，应用小锤敲击检查，若声音清脆，则质量良好；若有沙哑声，则为脱壳或结合不良，须凿去重填。

3.5.1.3 喷浆修补

喷浆修补是将水泥、砂和水的混合料经高压通过喷头喷射至修补部位。目前常用的修补喷浆多用干料法。喷浆一般可分为刚性网喷浆、柔性网喷浆和无筋素喷浆。刚性网喷浆是指喷浆层有金属网，并承担水工结构中的全部或部分应力。柔性网喷浆是指喷浆层仅起护面作用，不承担结构应力。混凝土缺陷修补中的挂网喷浆就是指的柔性网喷浆。至于无筋素喷浆，则多用于浅层缺陷的修补。

3.5.1.4 喷混凝土修补

喷混凝土是经施高压将混凝土拌料高速注入修补部位，其密度及抗渗能力比一般混凝土大，且具有快速、高效、不用模板以及把运输、浇注、捣固结合在一起的优点。

3.5.1.5 混凝土真空作业修补

真空作业是采用真空系统将浇筑的混凝土中多余的水量提早吸出，以增加混凝土的早期强度、提高混凝土质量、缩短拆模期限的一种修补方法。混凝土真空作业的装置有移动式和固定式两种。移动式装置可装在汽车上或拖车上，固定式装置的主要设备包括真空泵、真空槽、连接器等。混凝土经真空作业后，其强度提高。但当混凝土的水泥用量大于400 kg/m^3，水灰比为0.4以下时，真空作业效果大大降低，不宜再用。

3.5.1.6 压浆混凝土(预填粗骨料混凝土)修补

压浆混凝土是将一定级配的洁净粗骨料预先填入模板中，并埋入灌浆管，然后通过灌浆管用泵把水泥砂浆压入粗骨料间空隙中胶结而成为密实的混凝土。

压浆混凝土早期强度增长较缓慢，但后期有显著增长，并有较高的抗渗能力，如90 d龄期的抗渗能力可达1.5 MPa以上，其强度可以达到普通混凝土的强度。它不仅适用于一般抗渗要求高的部位修补，而且也适用于钢筋稠密、埋设件复杂，结构尺寸要求精确度较高以及水下不易浇筑捣固的部位修补。有抗冻要求的压浆混凝土，应在试验合格后才能使用。

3.5.1.7 环氧材料修补

环氧材料用于混凝土表层修补的有环氧基液、环氧石英膏，环氧砂浆和环氧混凝土等。环氧材料具有较高的强度和抗蚀、抗渗能力，能与混凝土等材料很好地黏结，是一种较好的修补材料。但价格较高，工艺比较复杂，在修补工程量大的情况下，宜与其他方法配合使用，如损坏部位面积较大，且深度超过2 cm时可先用预缩砂浆填补，而将表面预留0.5～1 cm深度，再涂抹环氧砂浆作保护层。

3.5.2 混凝土建筑物裂缝的处理

3.5.2.1 裂缝修补原则

裂缝宽度大于钢筋混凝土结构允许的最大裂缝宽度时，应进行裂缝修补。裂缝宽度小于钢筋混凝土结构允许的最大裂缝宽度时，可根据裂缝规模、外观要求等决定是否进行修补。钢筋混凝土结构允许的最大裂缝宽度见表3.5-1。

表3.5-1 钢筋混凝土结构允许的最大裂缝宽度 单位：mm

环境条件类别	钢筋混凝土结构	预应力混凝土结构	
	最大裂缝宽度/mm	裂缝控制等级	最大裂缝宽度/mm
一	0.40	三	0.20
二	0.30	二	/
三	0.25	一	/
四	0.20	一	/
五	0.15	一	/

注：1. 当结构构件承受水压且水力梯度 $i>20$ 时，表列数字宜减小0.05；2. 结构构件的混凝土保护层厚度大于50 mm时，表列数字可增加0.05；3. 若结构构件表面设有专门的防渗面层等防护措施时，最大裂缝宽度允许值可适当加大。4. 表中规定适用于采用热轧钢筋的钢筋混凝土结构和采用预应力钢丝、钢绞线、螺纹钢筋及钢棒的预应力混凝土结构；当采用其他类别的钢筋时，其最大裂缝宽度控制要求可按专门标准确定。5. 对于严寒地区，当年冻融循环次数大于100时，最大裂缝宽度宜适当减小。6. 环境类别条件：一类为室内正常环境；二类为室内潮湿环境，露天环境，长期处于地下或水下的环境；三类为淡水水位变动区，有轻度化学侵蚀性地下水的地下环境，海水水下区；四类为海上大气区，轻度盐雾作用区，海水水位变化区，中度化学侵蚀性环境；五类为使用除冰盐的环境，海水浪溅区，重度盐雾作用区，严重化学侵蚀性环境。7. 裂缝控制等级：一级为严格要求不出现裂缝的构件；二级为一般要求不出现裂缝的构件；三级为允许出现裂缝的构件。

裂缝修补前应开展裂缝调查，并判定裂缝类型。裂缝修补原则如下：

1）裂缝尚未威胁到混凝土构件的耐久性或防水性时，应根据裂缝宽度判断是否需要修补。

2）确认必须进行修补的裂缝，应根据裂缝类型制定修补方案，确定修补材料、修补方法和修补时间。

3）静止裂缝可即时进行修补，并根据裂缝宽度和干湿环境选择修补材料和修补方法。

4）活动裂缝应先消除其成因，并观察一段时间，确认已稳定后再按静止裂缝的修理方法进行修补。不能完全消除成因，但确认对结构、构件的安全性不构成危害时，可使用具有弹性或柔韧性较好的材料进行修补。

5）尚在发展的裂缝应分析其原因，采取措施制止或减缓其发展。待裂缝停止发展后，再选择适宜的材料和方法进行修补或加固。

3.5.2.2 裂缝调查

裂缝调查分为基本调查、补充调查及专题研究。裂缝调查应制定详细的调查方案，明确调查手段和调查方法。

（1）基本调查

基本调查包括裂缝状况及其附近情况、裂缝发展情况、影响使用情况、设计资料、施工情况以及安全监测资料、建筑物运行及周围环境情况。具体内容如下：

1）裂缝状况调查

裂缝状况调查包括：裂缝宽度、裂缝长度；混凝土建筑物的两个对应表面裂缝的位置是否对称、廊道内是否漏水，以此判断裂缝是否贯穿；裂缝形态有无规律性；裂缝开裂部位有无钢筋锈蚀和盐类析出。

2）裂缝附近调查

裂缝附近调查包括：裂缝附近混凝土表面的干、湿状态，污物和剥蚀情况；裂缝及其端部附近有无细微裂缝。

3）裂缝发展情况调查

裂缝发展情况调查包括：观察裂缝宽度和长度的变化，及其与环境、建筑物作用（荷载）的相关性。

4）影响建筑物使用的调查

影响建筑物使用的调查包括：裂缝的漏水量、析出物、钢筋锈蚀、外观损伤，建筑物有无异常变形等。

5）设计资料调查

设计资料调查包括设计依据、设计作用（荷载）、结构计算成果、钢筋及结构断面图、建筑材料及有关试验数据等。

6）施工情况调查

施工情况调查包括：混凝土原材料调查（见表3.5-2）；钢筋种类、强度指标和试验资料；混凝土的设计配合比和施工配合比；浇筑及养护情况（包括搅拌、运输、浇筑、养护和施工环境条件）；混凝土试验资料（包括坍落度、含气量、抗压强度、抗拉强度、极限拉伸值、弹性模量等）；基础情况（包括基岩种类、岩性、变形模量、断层及基础处理等）；使用模板情况（包括模板种类、制作与安装、拆模时间等）；施工中的裂缝记录。

7）安全监测资料调查

安全监测资料调查包括：裂缝发生前后建筑物的变形、渗流、应力、温度、水位等的变化。

表 3.5-2　混凝土原材料调查

原材料	调查内容
水泥	种类及牌号、品质检验资料
骨料	种类、产地、岩质、颗粒级配、表观密度、吸水率、杂质含量（黏土、有机杂质、盐类、泥块等）、碱活性
外加剂	种类及牌号、品质检验资料、掺量
水	水质分析

8）建筑物运行情况及周围环境调查

建筑物运行情况及周围环境调查包括：运行期实际作用（荷载）及其变化情况；气温变化情况；相对湿度变化情况；建筑物距海岸或盐湖的距离、海风风向及环境污染等。

（2）补充调查

补充调查包括：建筑物结构尺寸；混凝土劣化度；钢筋及其锈蚀状况；实际作用（荷载）；基础变形；裂缝详查以及建筑物运行及环境变化条件的详查。具体内容如下：

1）补充测量

当建筑物或构件实际断面尺寸与设计不符时，应进行测量并与设计图核对。

2）混凝土质量状况调查

① 建筑物混凝土强度试验，可采用钻取混凝土芯样进行强度试验，当无法取芯样或不允许取芯样时可采用回弹仪进行检测；

② 碳化深度试验，凿孔、向孔内喷洒 1% 的酚酞溶液进行检测，已碳化的混凝土不变色，未碳化的混凝土变为红色；

③ 氯化物含量试验按《水工混凝土试验规程》（SL 352）的规定执行。

3）钢筋状况调查

① 破损试验：将混凝土凿至主筋位置，观测保护层厚度、钢筋位置、钢筋用量及钢筋锈蚀情况，对钢筋腐蚀程度按表 3.5-3 进行评估。

表 3.5-3　钢筋腐蚀度等级

等级	钢筋的状态
Ⅰ	铁锈呈黑皮状或整体薄而致密、混凝土表面不带锈斑
Ⅱ	部分有小面积的斑点状浮锈
Ⅲ	虽无明显的断面缺损，但沿钢筋圆周或全长已产生浮锈
Ⅳ	已产生断面缺损

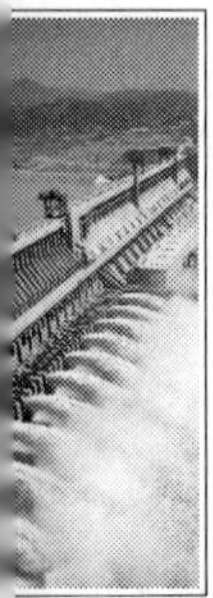

② 非破损试验：测定钢筋保护层厚度可用钢筋探测仪，钢筋的锈蚀情况可用电化学法测定。

③ 抗拉试验：当钢筋属Ⅲ级腐蚀度以上、必须校核结构承载力时，应取样作钢筋抗拉试验或测定钢筋的截面积，取样后及时修复。

4）结构作用（荷载）调查

① 开裂时实际作用（荷载）是否超过设计作用（荷载）。

② 除设计作用（荷载）外，建筑物是否有以下因素引起的应力：气温、冰冻、干缩及吸水等引起的建筑物自身变形约束所产生的应力；冲击、振动、共振等瞬时作用（荷载）引起的应力。

5）基础变形调查

地基或建筑物有异常变形，应迅速调查，并对建筑物进行校核。

6）裂缝详查

① 表层裂缝深度可用凿槽法检测，深层裂缝和贯穿裂缝的深度可用超声波仪、面波仪等仪器检测。

② 在裂缝处用环氧粘贴玻璃条，检查裂缝宽度变化；用游标卡尺或千分表、测缝计等测定裂缝宽度，同时记录结构物的变形、作用（荷载）及环境条件。

7）建筑物运行及环境条件变化详查

① 建筑物用途变更。

② 年冻融次数。

③ 地下水含硫酸根离子和镁离子等的浓度。

④ 工业污水酸、碱、盐的含量。

⑤ 大气的含盐量。

（3）专题研究

专题研究包括：结构计算；混凝土材料试验；构件静荷载试验；结构振动试验等。

专题研究的具体内容如下：

1）根据建筑物实际尺寸、钢筋数量和直径、材料及其物理力学性能、作用（荷载）和运行环境、裂缝的长度深度进行结构应力和抗滑稳定计算，分析建筑物开裂部位的应力及抗滑稳定性。

2）混凝土材料试验

包括混凝土孔隙率试验；混凝土碱骨料反应试验；微观结构分析（可采用偏光显微镜观察、X射线衍射试验判定骨料中的碱活性矿物和采用电子显微镜观察骨料的碱活性反应生成物）。

3）构件静荷载试验

① 构件荷载试验的加载方法可采用油压千斤顶法、重物法等。

② 构件荷载试验的测定项目及测试仪表见表3.5-4。

表3.5-4 构件荷载试验的项目及测试仪表

测定项目		测定仪表
变形		水准仪、千分表、差动变压器式位移计、应变计式变位计、测微计
应变	钢筋	电阻应变计
	混凝土	电阻应变计、位移传感器
基础位移		经纬仪、水准仪、百分表、差动变压器式沉降计、倾斜仪

4）结构振动试验

① 运行荷载或运行机械在运转过程中引起的应力疲劳试验。

② 结构固有频率试验。

③ 地震影响的振动试验。

(4) 裂缝调查仪器和调查方法

裂缝调查可采用如下调查仪器和调查方法：

1) 裂缝宽度可采用塞尺、游标卡尺、千分表、裂缝刻度尺、刻度放大镜和测缝计进行量测。对于活动裂缝和尚在发展的裂缝，可采用环氧粘贴玻璃条检测裂缝宽度变化。裂缝宽度调查记录内容见表 3.5-5。

表 3.5-5　裂缝调查记录表

日期：________年______月______日　　　　气温：________℃　　　　相对湿度：________%

序号	裂缝编号	位置	走向				宽度/mm	长度/m	深度/m	渗漏	溶蚀	备注
			垂直	水平	倾斜	环向						
1												
2												
⋮												

量测工具：________　　　　量测人：________　　　　记录人：________

2) 裂缝深度可采用凿槽法和取芯法进行检测，也可采用超声波仪和面波仪等仪器进行检测。

3) 其他调查项目采用相关的专业仪器进行检测。混凝土内部缺陷检测可采用超声脉冲法、声发射法、脉冲回波法、射线法、雷达波反射法、红外热谱法等。

3.5.2.3　裂缝成因分析

混凝土结构裂缝主要有设计、施工、运行管理和其他方面等原因。具体如下：

(1) 设计方面的原因

1) 由于设计考虑不周，如断面过于单薄、孔洞面积所占比例过大，或配筋不够以及钢筋布置不当等，致使结构强度不足，建筑物抗裂性能降低。

2) 分缝分块不当，块长或分缝间距过大、错缝分块时搭接长度不够。

3) 温度控制不当，造成温差过大，使温度应力超过允许值。

4) 基础处理不善，引起基础不均匀沉陷或扬压力增大而使建筑物发生裂缝。

5) 设计不当或模型试验不符合实际情况，泄水时水流引起建筑物振动开裂。

(2) 施工方面的原因

1) 混凝土养护不当，使混凝土水分消失过快而引起干缩。

2) 基础处理、分缝分块、温度控制或配筋等未按设计要求施工。

3) 浇筑混凝土时由于施工质量控制不严，使混凝土均匀性、密实性和抗裂性差。

4) 模板强度不够或振捣不慎，使模板发生变形或位移。

5) 施工安排不当，如上下层混凝土间歇期不够或太长，以及拆模过早等。

6) 施工缝处理不当，或出现冷缝时未按工作缝要求进行处理。

7) 混凝土凝结过程遇外界温度骤降，未做好保温措施，使混凝土表面剧烈收缩。

8) 使用了收缩性较大的水泥，或含碱量大于 6/1 000 的水泥并掺用有碱性反应的骨料，

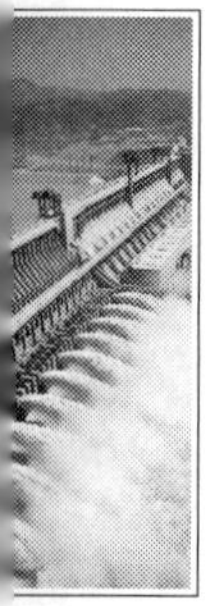

或含有大量碳酸氢离子的水，使混凝土产生过度收缩或膨胀。

（3）运用管理方面的原因

1）建筑物运用未按规定执行，在超设计荷载下使用，使建筑物承受的应力大于容许应力。

2）维护不善，或者冰冻期间未做好防护措施等而引起裂缝。

（4）其他方面原因

1）由于地震、爆破、冰凌、台风和超标准洪水等引起建筑物的振动，或超设计荷载作用而发生裂缝。

2）含有碳酸气（或亚硫酸气）的空气，或含有大量碳酸氢离子的水，均对混凝土有侵蚀作用，产生碳酸盐类，因收缩而引起裂缝。

3）由于尚未硬化的混凝土的沉降收缩作用而引起裂缝。

综合上述四方面原因，将混凝土损坏和产生裂缝的主要原因列入表 3.5-6 中。

表 3.5-6　混凝土裂缝形成的主要原因

分类			原因
材料	原材料	水泥	水泥的非正常凝结； 水泥的水化热； 水泥的非正常膨胀； 水泥含碱量高
		骨料	质量低劣； 使用了碱活性骨料
		拌和水	拌和水含有氯化物
		外加剂	使用不当
	混凝土		配合比设计不合理； 混凝土的沉降及泌水； 混凝土的收缩
施工	混凝土	拌和	掺合料拌和不匀； 拌和时间过长
		运输浇筑	运输时改变了配合比； 浇筑顺序不合适； 浇筑速度不当； 振捣不足
		养护	硬化前受到振动或加荷； 初期养护时急骤干燥； 初期冻害
		温控	温控设计不合理； 浇筑温度过高； 通水冷却不及时； 新浇混凝土气温骤降无保温措施
	钢筋	钢筋	钢筋被扰动； 保护层厚度不足
	模板	模板	模板变形； 模板漏浆； 支撑下沉； 过早拆模

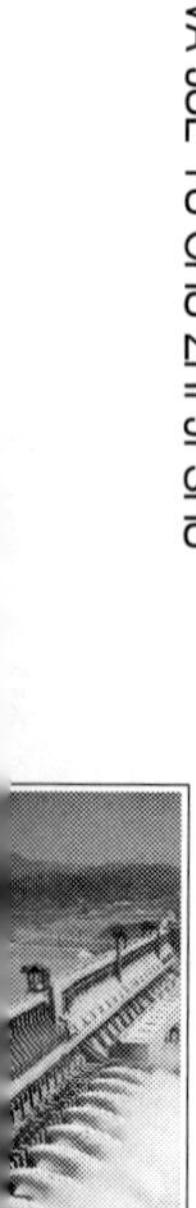

续表

分类			原因
使用与环境	物理	温湿度	环境温湿度的变化； 构件两面的温湿度差； 反复冰融； 火灾； 表面加热
	化学	侵蚀	酸碱盐类的侵蚀； 碳化引起的钢筋锈蚀； 氯离子侵入使钢筋锈蚀
结构及作用（荷载）	作用（荷载）	长期作用（荷载）组合	运行中的荷载在长期荷载组合之内； 运行中的荷载超过长期荷载组合
		短期作用（荷载）组合	运行中的荷载在短期荷载组合之内； 运行中的荷载超过短期荷载组合
	构造设计		断面及钢筋用量不足、受力钢筋直径过粗混凝土强度等级不当； 钢筋接头、锚固、构造筋等设计不当
	支承条件		不均匀沉陷； 冻害
其他			其他

分析裂缝成因时，应根据基本调查结果与表 3.5-6 对照分析开裂原因。根据基本调查结果不能推断开裂原因时，应进行裂缝补充调查，并根据补充调查结果分析开裂原因。根据补充调查结果仍不能推断开裂原因时，应进行专题研究。在此基础上，根据裂缝宽度、裂缝深度、裂缝走向、裂缝宽度变化趋势等，对裂缝类型进行判别。根据裂缝调查结果及裂缝成因分析结果，结合设计对水工建筑物提出的使用要求，对出现裂缝的水工建筑物作出修补或补强加固的判断。

3.5.2.4 混凝土表面裂缝处理

（1）表面涂抹

表面涂抹方法包括用水泥浆、水泥砂浆、防水快凝砂浆、环氧基液及环氧砂浆等涂抹在裂缝部位的混凝土表面。具体如下：

1）水泥砂浆涂抹

先将裂缝附近的混凝土表面凿毛，并尽可能使糙面平整，经洗刷干净后，洒水使之保持湿润，然后用 1∶1～1∶2 的水泥砂浆在其上涂抹。涂抹时混凝土表面不能有流水，最好先用纯水泥浆涂刷一层底浆(厚约 0.5～1.0 mm)，再将水泥砂浆一次或分几次抹完。涂抹总厚度一般为 1.0～2.0 cm，最后用铁抹压实、抹光。砂浆配制时所用砂子不宜太粗，一般为中细砂。水泥可用普通硅酸盐水泥，其标号不低于 40 号。温度高时，涂抹 3～4 h 即需洒水养护，并防止阳光直射，冬季应注意保温，切不可受冻，否则所抹的水泥砂浆经冻后轻则强度降低，重则报废。

2）防水快凝砂浆涂抹

防水快凝砂浆是在水泥砂浆内加入防水剂(同时又是快凝剂)，以达到速凝和提高防水性能的目的。防水剂可采用成品，也可以自行配制。

涂抹工艺：先将裂缝凿成深约 2 cm、宽约 20 cm 的毛面，清洗干净并保持表面湿润，然后在其上涂刷一层防水快凝灰浆（厚约 1 mm），硬化后即涂抹一层防水快凝砂（厚度 0.5～1.0 cm），再抹一层防水快凝灰浆，又抹一层防水快凝砂浆，直至与原混凝土面齐平为止。

3）环氧砂浆涂抹

根据裂缝所处环境分别选用不同配方，如对干燥状态的裂缝可用普通环氧砂浆；对潮湿状态的裂缝，则宜用环氧焦油砂浆或用以酮亚胺作固化剂的环氧砂浆。

（2）表面粘补

表面粘补即用胶黏剂把橡皮或其他材料粘贴在裂缝部位的混凝土面上，达到封闭裂缝防渗堵漏的目的。止水材料有橡皮、氯丁胶片、塑料带或紫铜片等。利用环氧材料胶黏剂粘贴橡皮时有夹板条法和划缝法两种施工方法。

（3）凿槽嵌补

凿槽嵌补是沿混凝土裂缝凿一条深槽，槽内嵌填各种防水材料，如环氧砂浆及预缩砂浆等，以防渗水。它主要用于修理一般对结构强度没有影响的裂缝。

（4）喷浆修补

喷浆修补是在裂缝部位并已凿毛处理的混凝土表面，喷射一层密实而且强度高的水泥砂浆保护层，达到封闭裂缝，防渗堵漏或提高混凝土表面抗冲耐蚀能力的目的。根据裂缝的部位、性质和修理要求及条件，可以分别采用无筋素喷浆、挂网喷浆，或挂网喷浆结合凿槽嵌补等修理方法。

3.5.2.5　混凝土内部裂缝处理

内部裂缝处理是指在裂缝内部采用灌浆处理，其施工方法通常为钻孔灌浆，但对于浅缝和某些仅需防渗堵漏的裂缝，则可采用骑缝灌浆方法。灌浆材料常用的有水泥和化学材料，按裂缝性质、开度及施工条件等选定。对开度大于 0.3 mm 的裂缝，一般可采用水泥灌浆；对开度小于 0.3 mm 的裂缝，宜采用化学灌浆，而对于渗透流速较大（大于 0.7 cm/s）或受温度变化影响（如伸缩缝等）的裂缝，则不论其开度如何，均宜采用化学灌浆处理。

（1）水泥灌浆

水泥灌浆一般是在建筑物上钻孔埋管，然后灌注。其技术要求如下：

1）钻孔。一般采用风钻孔，孔径 36～56 mm，孔距 1.0～1.5 m。除骑缝浅孔外，不得顺裂缝钻孔，钻孔轴线与裂缝面交角一般应大于 30°，孔深应穿过裂缝面 0.5 m 以上。如果钻孔为两排或两排以上，应尽量交错或呈梅花形布置。

2）冲洗。每条裂缝钻孔完毕后，即进行冲洗，其顺序是按竖向排列孔自上而下逐孔进行。

3）止浆或堵漏处理。缝面冲洗干净后即可进行止浆或堵漏处理，其方法一般有水泥砂浆涂抹、环氧砂浆涂抹、凿槽嵌堵、胶泥粘贴等。

4）管路灌浆。一般用直径 19～38 mm 的钢管作为灌浆管，钢管上部加工丝扣。钢管安装前先在外壁裹上旧棉絮，并用麻（铁）丝捆紧，然后用管子钳旋入孔中，埋入深度视孔深和灌浆压力而定。孔口、管壁周围空隙可用棉絮或其他材料塞紧（有的再加铁器卡紧），并用水泥砂浆封堵，以防止冒浆或灌浆管从孔口脱出。

（2）化学灌浆

化学灌浆材料与水泥相比，一般具有良好的可灌性，可以灌入 0.3 mm 或更小的细裂

缝，同时化学灌浆材料可调节凝结时间，适应各种情况下的堵漏防渗处理，特别能堵住涌水。化学灌浆一般以不吸浆为结束标准，原则上以吸浆量小于 0.01 L/min，并延长适当时间或以基本不吸浆为结束标准，但在实际灌浆过程中往往难以控制。中国水科院结构材料所在引大入秦盘道岭隧洞裂缝化灌处理中用吸浆量小于 0.02 L/5 min 作为灌浆结束标准，容易控制。因此本书选用吸浆量小于 0.02 L/5 min 作为化学灌浆结束标准。此外，有些材料具有较高的黏结强度，或具有一定弹性，对于恢复建筑物的整体性及对伸缩缝处理效果较好。因此，凡是不能用水泥灌浆进行内部处理的裂缝，均可考虑采用化学灌浆。相关内容如下。

1）施工程序

混凝土内部裂缝化学灌浆施工程序见图 3.5-1。

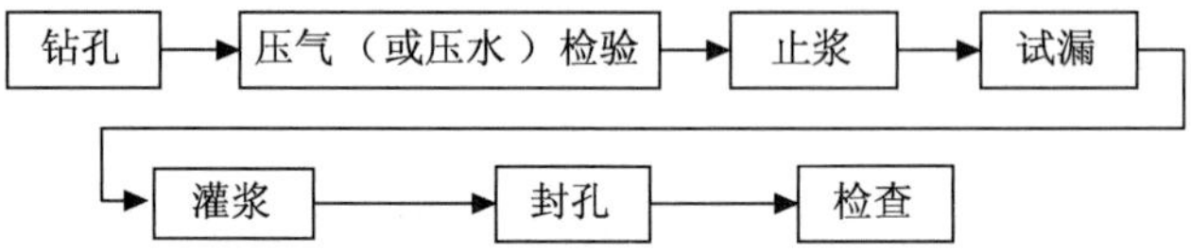

图 3.5-1　混凝土内部裂缝化学灌浆施工程序

2）技术要求

① 钻孔

a）布孔方式。通常分为骑缝孔和斜孔两种。骑缝孔钻孔工作量小，孔内占浆少，且缝面不易被钻孔灰粉堵塞。但缝面止浆要求高，灌浆压力受限制，扩散范围较小。斜孔的优缺点和骑缝孔相反，并根据裂缝的深度和结构物的厚度，可分别布置成单排孔或多排孔。因此，对于结构物厚度不大的裂缝，应尽量采用骑缝灌浆。如为大体积建筑物，且裂缝又深，浆液扩散范围不能满足要求时，则应用斜孔辅助。骑缝孔多采用灌浆嘴施灌，斜孔一般埋设灌浆管施灌。

b）孔距及孔径。孔距系根据浆液扩散性能、裂缝开度、缝面畅通情况、建筑物结构尺寸及埋设件布置等因素而定，一般可采用 1.5～2.0 m。由于钻孔一般为风钻孔，为了减少孔内占浆量，孔径宜采用 30～36 mm。

c）孔口设备的安装形式与水泥灌浆相似，由于化学材料有较强的黏结力，因此必须涂脱模剂以免胶结灌浆管。一般是在灌浆塞上涂黄油后贴薄绵纸，再用聚氯乙烯塑料薄膜套上。

② 压气（或压水）检验

a）压气检验。对于甲凝及环氧树脂等憎水性材料，最好采用压气检验的方法。压气时可在缝外面刷上肥皂水，以检查钻孔与缝面畅通情况；并用耗气量来检查结构物内部是否有大的缺陷，以推估吸浆量等。气压一般宜稍大于灌浆压力。

b）压水检验。对于丙凝、聚氨酯等亲水性材料，可用压水试验的方法。压水时可在水中加入颜料，以便观察。

c）缝面止浆。化学灌浆材料的渗透性能较好，造价高，为保证灌浆质量、节省浆液，要求对缝面进行严格而又细致的止浆。止浆方法一般是沿缝凿槽，洗刷干净后再嵌填环氧砂浆或其他速凝早强的砂浆，并将表面压实抹光。

d）试漏。目的在于检查止浆效果，以及选择主灌浆孔。根据灌浆材料的不同，可分别采用压气或压水试漏，压力应大于灌浆压力。当发现止浆有缺陷时，应在灌浆前进行修补。

3.5.2.6 裂缝修补材料、施工环境和养护要求

1）应选用标号不低于 42.5 的硅酸盐水泥、普通硅酸盐水泥，受侵蚀性介质影响或有特殊的要求时，按有关规范或通过试验选用。

2）应选用质地坚硬、清洁、级配良好的中砂，砂的细度模数宜为 2.4～2.6。

3）各种混凝土及砂浆的配合比应通过试验确定。

4）修补施工前宜进行工艺性试验。

5）修补施工宜在 5～25℃环境条件下进行，不应在雨雪或大风等恶劣气候的露天环境下进行。

6）树脂类修补材料宜干燥养护不少于 3 d；水泥类修补材料应潮湿养护不少于 14 d；聚合物水泥类材料应先湿养护 7 d，再干燥养护不少于 14 d。

3.5.3 混凝土渗漏的处理

3.5.3.1 渗漏处理介绍

（1）渗漏的种类

水工混凝土建筑物的渗漏，按其发生的部位可分为下列几种：

1）建筑物本身渗漏，如由裂缝、结构缝、伸缩缝和蜂窝空洞等引起的渗漏。

2）建筑物基础渗漏。

3）建筑物与基础岩石接触面渗漏。

4）绕过建筑物的渗漏，如绕坝渗漏。

（2）渗漏的成因

混凝土建筑物产生渗漏的原因是多方面的，即使最密实的混凝土，本身仍存有气孔和小孔隙，在水压力作用下也具有一定的渗透性。一般水工混凝土由于设计或施工上的缺陷，或在运用中遭受意外破坏作用，都容易导致建筑物发生渗漏。例如：

1）由于勘探工作做得不够，地基留有隐患，水库蓄水后引起渗漏。

2）由于设计考虑不周，在某种应力作用下，使混凝土产生裂缝，引起渗漏。

3）混凝土施工时未振捣密实，局部产生蜂窝，或因混凝土温差过大和本身干缩而产生裂缝，都会引起渗漏。

4）设计、施工中采取的防渗措施不良，或运用期间由于物理、化学因素的作用，使原来的防渗措施失效或遭受破坏，引起渗漏。如帷幕破坏、伸缩缝止水结构破坏或沥青老化、混凝土受侵蚀后抗渗性能降低、预制混凝土涵管接头处理不好、混凝土与基岩接触不良等。

5）遭受强烈地震及其他破坏作用，使混凝土建筑物或基础产生裂缝，引起渗漏。

（3）渗漏的危害

1）建筑物本身渗漏，将使建筑物内部产生较大的渗透压力，甚至影响建筑物的稳定。如果是有侵蚀性的水，还会产生侵蚀破坏作用，使混凝土强度逐渐降低，缩短建筑物的使用寿命。在寒冷地区，渗漏水在露头处冻结成冰堆，会使建筑物受到冻融破坏，特别是坝后式电站，还会威胁电站建筑物及机电设备的安全。

2）坝基渗漏、接触面渗漏或绕坝渗漏，会增大坝基扬压力，影响坝身稳定。

（4）需要进行渗漏处理的情况

1）作用(荷载)、变形、扬压力值超过设计允许范围。

2）影响大坝耐久性、防水性。

3）基础出现管涌、流土及溶蚀等渗透破坏。

4）变形缝止水结构、基础帷幕、排水等设施损坏。

5）基础渗漏量突变或超过设计允许值。

6）影响设备安全运行和耐久性。

（5）渗漏处理需要注意的几个事项

1）发现渗漏现象时，应首先进行调查分析，查明原因，判断渗漏的危害性，决定是否处理。

2）渗漏处理应遵循“上截下排、以截为主、以排为辅、先排后堵”的原则。

3）渗漏处理方案应根据渗漏调查、成因分析及渗漏处理判断的结果，结合具体工程结构特点、环境条件(温度、湿度、水质等)、时间要求、施工作业空间限制，选择适当的修补方法、修补材料、工艺和施工时机，达到预期的修复目标。

4）防水堵漏宜靠近渗漏源头。对于建筑物本身渗漏的处理，凡有条件的，宜在迎水面堵截。

5）渗漏处理宜在枯水期内进行。

6）漏水封堵后表面应选用水泥防水砂浆、聚合物水泥砂浆或树脂砂浆等进行保护。

7）选择修补材料时，应考虑修补材料对水质的无污染性和修补材料在特定环境下的耐久性。

3.5.3.2 渗漏调查及处理方法

（1）渗漏调查

渗漏调查可分为基本情况调查、调查分析及专题研究。渗漏调查应制定调查方案，明确调查手段和调查方法。其中基本情况调查应包括渗漏状况、溶蚀状况、安全监测资料、设计资料、施工情况、运行管理状况、建筑物使用功能、安全性、耐久性、美观等。在经过渗漏调查之后，应当对调查结果进行分析，其包括：①渗漏状况详查，分析渗漏量与库水位、温度、湿度、时间的关系。②工程水文地质状况和水质分析。③按实际作用(荷载)进行设计复核。④取样测定混凝土抗压强度、容重、抗渗等级和弹性模量等。

经过基本情况调查和调查分析仍不能查明渗漏水来源及途径时，应进行专题研究。

（2）渗漏处理方法

不同渗漏类型的处理方法详见表3.5-7。

表3.5-7 不同渗漏类型的处理方法

序号	渗漏类型	适用条件	渗漏处理方法	备注
1	集中渗漏	水压小于0.1 MPa	直接堵漏法 导管堵漏法 木楔堵塞法	直接堵漏法在漏水孔较小时采用，木楔堵塞法和导管堵漏法在漏水孔较大时采用
		水压大于0.1 MPa	灌浆堵漏法	也可用于混凝土密实性差、内部蜂窝孔隙较大的情况

续表

序号	渗漏类型	适用条件	渗漏处理方法	备注
2	裂缝渗漏		直接堵塞法 导渗止漏法 动水灌浆堵漏法	水压较小时采用直接堵塞法；水压较大时采用导渗止漏法；水压大、流速快、渗漏量大采用动水灌浆堵漏法
3	散渗	轻微散渗	表面涂抹粘贴法	
		大面积散渗	喷射混凝土(砂浆)法	
		严重渗漏、抗渗性能差的迎水面	防渗面板法	
		混凝土密实性较差或网状深层裂缝产生的散渗	灌浆法	
4	变形缝渗漏		嵌填法 粘贴法 锚固法 灌浆法 补灌沥青法	补灌沥青法适用于沥青井止水结构的渗漏处理
5	基础渗漏		灌浆法	
6	绕坝渗漏	岩体破碎	灌浆法	可补设排水孔或导渗平洞
		岩溶渗漏	灌浆法 堵塞法 阻截法 铺盖法 下游导排法	
		土质岸坡	铺盖法	同时在下游面设反滤、排水设施

3.5.3.3 散渗或集中渗漏的处理

混凝土由于蜂窝、空洞、不密实及抗渗标号不够等缺陷，引起散渗或集中渗漏时，可根据渗漏部位、渗漏程度和施工条件等，采取以下一种或多种方法处理。具体如下：

(1) 灌浆处理

灌浆适用于建筑物内部混凝土密实性较差、裂缝孔隙比较集中的部位。灌浆材料用水泥，也可用化学材料，应根据具体情况选用。

(2) 表面涂抹

表面涂抹适用于大面积细微散渗及水头较小部位，并宜在水位较低时进行。

(3) 筑防渗层

防渗层适用于大面积的散渗情况。对于闸、坝等挡水建筑物，防渗层一般做在迎水面；对于隧洞、涵管等输水建筑物或某些水下建筑物，也有做在背水面的。防渗层结构一般有混凝土或钢筋混凝土护面，水泥喷浆(即无筋素喷浆或挂网喷浆)和刚性防渗层3种形式。刚性防渗层即水泥浆及砂浆防水层，一般在建筑物背水面采用4层，在迎水面采用5层，总厚度约12～14 mm。

(4) 堵塞孔洞

该法适用于集中射流孔洞。当射流流速不大时，先将孔洞稍微扩大并凿毛，然后将快凝胶泥塞入孔洞中堵漏，若一次不能堵绝，可分几次进行，直至堵绝为止。当射流流速较大时，可先在孔洞中楔入棉絮或麻丝，以降低流速和漏水量，然后再行堵塞。

(5) 套管或内衬

此法适用于漏水范围大，洞壁很薄，且缩小洞径不影响用水要求的涵洞(管)。内衬可采用锯板、钢筋混凝土或预制钢筋混凝土块，套管可采用铸铁管、钢管或钢筋混凝土管等。

(6) 混凝土回填

此法适用于局部混凝土疏松，或有蜂窝空洞而造成的渗漏。施工时，先将质量差的混凝土全部凿除，再用现浇或压浆混凝土回填。如空洞较大，用现浇混凝土回填时，可加锚筋或预埋灌浆管进行灌浆。

3.5.3.4 裂缝渗漏处理

裂缝渗漏处理可采用直接堵塞法、导渗止漏法和灌浆法等，一般先止漏后修补，裂缝修补应按《混凝土坝养护修理规程》(SL 230)第5章的规定执行。大坝上游面水平裂缝的渗漏处理应进行专项设计。本书参考《混凝土坝养护修理规程》(SL 230)相关说明，得到以下关于裂缝渗漏的处理方法：

(1) 坝(闸)体裂缝渗漏的处理

根据裂缝发生的原因及其对结构影响的程度、渗漏量大小和集中分散等情况，分别采取以下处理措施：

1) 表面处理

对渗漏量较大，但渗透压力不影响建筑物正常运用的漏水裂缝，在漏水出口进行处理时，应采取如下导渗措施：

① 埋管导渗。在裂缝渗漏集中部位埋设引水铁管(其数量视渗漏情况而定)，然后用旧棉絮沿裂缝填塞，使漏水集中从引水管排出，再用快凝灰浆或防水快凝砂浆迅速回填封闭槽口，最后封堵引水管。

② 钻孔导渗。用风钻在漏水裂缝一侧(水平缝则在缝的下方)钻斜孔，穿过裂缝面，使漏水从钻孔中导出，然后封闭裂缝，从导渗孔灌浆填塞。

2) 内部处理

采用灌浆充填漏水通道，达到堵漏目的。根据裂缝特征，可分别采用骑缝或斜缝钻孔方式；按裂缝开度和可灌性，可分别进行水泥灌浆或化学灌浆；根据裂缝渗漏情况，又可分别采取全缝灌浆或局部灌浆方法。有时为了灌浆的顺利进行或保证灌浆的可靠性，还需先在裂缝上游面采取表面处理堵漏或在裂缝下游面采取导渗并封闭裂缝的措施。

3) 结构处理结合表面处理

对于影响建筑物整体性或破坏结构强度的渗水裂缝，除内部处理外，有的还需采取结构处理结合表面处理的措施，以达到防渗、结构补强或恢复整体性的要求。结构补强措施多种多样，必须通过专门验算和技术经济比较选定。

(2) 涵洞(管)裂缝渗漏的处理

涵洞(管)裂缝渗漏处理按渗漏对结构强度有无影响分别采取相应措施。对影响结构强度的渗漏，在堵漏的同时需进行结构补强。对不影响结构强度的一般渗漏，可分别采取以下所述环氧胶粘贴橡皮或灌浆处理措施，但若为外水内渗的，则还需考虑在洞外采取回填或做止水环等措施，以防接触冲刷。具体如下：

1) 环氧胶黏剂粘贴橡皮

此法适用于洞(管)内受温度影响的环(横)向裂缝。修补时沿裂缝两侧对原混凝土面凿毛，凿毛深度以使橡皮粘贴后其表面尽量与洞（管）壁齐平为原则。

2）灌浆处理

此法适用于直径较大的涵洞（管）的一般裂缝漏水及涵管与围护体（亦称涵衣）之间的接缝纵向漏水情况，且多在洞内进行。当采用水泥灌浆时，可先沿洞壁钻孔，灌浆孔应由疏到密，梅花形布设。钻孔可用风钻或人工打孔，孔深以不打穿洞（管）壁、围护体为限，但基础部分钻孔可适当加深。孔口封闭采用纯压式的阻塞器。灌浆时如有冒浆现象，应先行封堵，并预留排气、排水孔，直至排气、排水孔冒出稠浆后，用木楔或其他方法塞住。对洞壁灌浆处理后，待浆液已终凝尚要沿裂缝重新凿槽时，用高标号水泥砂浆或环氧砂浆等封堵。当采用化学灌浆时，要预先凿槽嵌堵裂缝，再骑缝粘贴灌浆管嘴进行灌浆。灌浆后 1～2 d 将管嘴剔下，并用环氧水泥浆填补压平，最后沿整个封闭带均匀涂刷一层环氧基液。但对沿涵管外壁与围护体之间的接缝纵向渗漏宜采用钻孔灌浆。

3.5.3.5　变形缝渗漏处理

变形缝渗漏处理可采用嵌填法、粘贴法、锚固法、灌浆法及补灌沥青等。宜采用热沥青进行补灌，当补灌沥青有困难或无效时，可采用化学灌浆。以上各方法在下面将一一介绍。

（1）嵌填法

嵌填法的弹性嵌缝材料可选用橡胶类、沥青基类或树脂类等，施工应满足下列工艺要求：

1）沿缝凿宽、深均为 50～60 mm 的“V”形槽。

2）清除缝内杂物及失效的止水材料，并冲洗干净。

3）槽面涂刷胶黏剂，槽底缝口设隔离棒，嵌填弹性嵌缝材料。

4）回填弹性树脂砂浆，应与原混凝土面齐平。

（2）锚固法

锚固法施工应符合下列规定：

1）局部修补时应做好变形缝的止水搭接。

2）防渗材料可选用橡胶、紫铜、不锈钢等片材，锚固件可采用锚固螺栓、钢压条等。

3）锚固金属片材施工应满足下列工艺要求：

① 沿缝两侧凿槽，槽宽 350 mm，槽深 80～100 mm。

② 在缝两侧各钻一排锚栓孔，排距 250 mm，孔径 22～25 mm，孔距 500 mm，孔深 300 mm，并冲洗干净，预埋锚栓。

③ 清除缝内堵塞物，嵌入沥青麻丝。

④ 挂橡胶垫，再将金属片材套在锚栓上。

⑤ 安装钢垫板、拧紧螺母压实。

⑥ 片材与缝面之间充填密封材料，片材与坝面之间充填弹性树脂砂浆，结构示意图见《混凝土坝养护修理规程》(SL 230)。

4）锚固橡胶板施工应满足下列工艺要求：

① 沿缝两侧各 300 mm 范围将混凝土面修理平整。

② 凿“V”形槽，槽宽、深 50～60 mm，并冲洗干净。

③ 在缝两侧各钻一排锚栓孔，排距 500 m，孔径 40 mm，孔深 400 mm，孔距 500 mm。

④ 用高压水冲洗钻孔，将树脂砂浆放入孔内，插入直径 20 mm、长 450 mm 的锚栓，锚栓应垂直迎水面。

⑤ “V”形槽内涂刷胶黏剂，铺设隔离棒再嵌填嵌缝材料。

⑥ 在锚栓部位浇一层宽 120 mm 树脂砂浆垫层找平。

⑦ 根据锚栓位置，在橡胶片上开孔，将宽 600 mm、厚 6 mm 的橡胶片套在锚栓上，及时安装压板，拧紧螺母。

（3）灌浆法

灌浆法施工应满足下列工艺要求：

1）灌浆材料可选用弹性聚氨酯、改性沥青浆材等。

2）沿缝凿宽、深 50～60 mm 的“V”形槽。

3）在处理段的上、下端骑缝钻止浆孔，孔径 40～50 mm，孔深不应超过原止水片，清洗后用树脂砂浆封堵。

4）骑缝钻灌浆孔，孔径 15～20 mm，孔距 500 mm，孔深 300～400 mm。

5）用压力水冲洗钻孔，将直径 10～15 mm、长 150～200 mm 的灌浆管埋入钻孔内 50 mm，密封灌浆管四周。

6）冲洗槽面，用快凝止水砂浆嵌填。

7）逐孔洗缝，控制管口风压 0.1 MPa，水压 0.05～0.1 MPa。

8）灌浆前对灌浆管进行通风检查，风压不应超过 0.1 MPa。

9）自下而上逐孔灌注，灌浆压力宜为 0.2～0.5 MPa，灌至基本不吸浆时并浆，后结束灌浆。

（4）补灌沥青

补灌沥青指大坝沥青井渗漏的处理。对于沥青井加热方法，刘家峡大坝采用电加热法，丹江口大坝采用蒸汽加热法，效果都很好，其施工应符合下列要求：

1）沥青井加热可采用电加热法或蒸汽加热法。

2）蒸汽加热时，加热前用风水轮换冲洗加热管，加热的进气压力宜为 0.3～0.4 MPa，回气压力宜为 0.1～0.2 MPa，持续加热 24～36 h。

3）井内沥青膏加热温度应控制在 120～150℃。

4）打开出流管检查沥青熔化和老化程度。

5）补灌的沥青膏配比应由试验确定。

6）补灌的沥青膏经熔化熬制后灌注井内，灌注后膏面应低于井口 0.5～1.0 m。

7）沥青灌注完成后应对井口、管口加盖保护。

3.5.3.6　基础及绕坝渗漏处理

混凝土建筑物的基础有非岩基和岩基两种。对非岩基渗漏的处理，可参照土坝渗漏处理的有关方法进行。对于岩石基础，如出现扬压力升高，或排水孔涌水量增大等情况，则可能是原有帷幕体失效、基岩断层裂隙增大、混凝土与基岩接触不密实或排水系统堵塞。因此，首先要查清有关部位的排水孔和测压孔的工作情况，然后根据原设计要求、施工情况进行综合分析，以确定处理方法。参考如下：

（1）如查明原帷幕深度不够，可加深原帷幕。加深后如下部孔距不满足要求时，则还要加密钻孔。

（2）如混凝土与基岩相接产生渗漏，可采用接触灌浆处理。接触灌浆钻孔的孔深，一般钻至基岩面以下 2 m，如该部位需要同时做帷幕补强灌浆时，可结合进行，其方法是：帷幕补强灌浆孔钻至基岩 2 m 即进行接缝灌浆，然后继续钻进做帷幕补强灌浆，对于防渗性能差的帷幕应加密灌浆孔。如果帷幕补强灌浆是采用自下而上的灌浆方式，则接缝灌浆可区别为专门的孔段灌浆，即接缝处的灌浆孔段的段长控制在 2 m 以内，针对接缝进行灌浆。

(3) 若有断层破碎带垂直或斜交于坝轴线，贯穿坝基，造成渗漏，除在该处适当加深加厚阻水帷幕外，还应根据破碎带构造情况增设钻孔，进行固结灌浆。

(4) 如查明是排水设备不畅或堵塞，可设法疏通，必要时增设排水孔以改善排水条件。

(5) 关于绕坝渗漏处理，若山体岩石比较破碎，宜采用水泥灌浆作防渗帷幕；若山体岩石节理裂隙发育，宜采用水泥灌浆或化学灌浆作防渗帷幕。

(6) 对于岩溶渗漏可采用灌浆、堵塞、阻截、铺盖和下游导排等处理措施。

(7) 在岸坡坝肩下游应布置导渗排水设施；土质岸坡宜采用上游回填黏性土等防渗铺盖与下游面增设反滤、排水设施相结合的方法。

(8) 喀斯特发育的岩溶地区和断层裂隙较多、大裂隙地区的绕坝渗漏可采用级配料灌浆技术进行处理，施工应按《土石坝养护修理规程》(SL 210)的规定执行。

需要指出的是，绕坝渗漏的处理主要是加强或增设岸坡上游防渗体（包括垂直防渗和水平防渗），切断绕渗通道，下游可根据需要补做或增设反滤排水措施。当坝端山体岩石破碎，可采用岸坡黏土贴坡防渗，贴坡范围应扩大到坝端渗水可能影响的范围，也可在坝端山体上游大量抛土截渗。当山体单薄岩石破碎时，可采用水泥灌浆作帷幕，岸坡节理裂缝发育，可考虑用化学材料灌浆。当坝端山包有石灰岩溶洞时，应首先设法堵洞，然后再作防渗处理。在岸坡坝端下游出逸点以下，应做好导渗排水措施。

3.5.3.7　帷幕补强灌浆及固结补强灌浆

帷幕补强灌浆或固结补强灌浆的施工程序为：

钻孔 → 洗孔 → 压水试验 → 灌浆 → 封孔 → 打检查孔

其技术要求分述如下：

(1) 钻孔

根据孔深要求，一般在 8 m 以内的浅孔，可用风钻打孔；超过 8 m 的深孔，宜用机钻钻孔。孔深和钻孔布置等最好通过现场试验确定，一般也可参考如下情况进行。

1) 钻孔布置

① 坝基帷幕补强灌浆，主要是增强原来帷幕的连续性和密实性。如原有帷幕的整体性较差或渗透性较大，没有起到预期防渗作用，最好在原帷幕基础上加密灌浆孔。如原帷幕厚度不够，则需要增设新的孔排，加厚帷幕。应注意使新的孔排灌浆与原帷幕形成整体。

② 固结灌浆，系根据需要补强部位的具体情况布置钻孔，一般多采用梅花形，最终孔距一般为 3～6 m，而排距等于或略小于孔距。如原已进行固结灌浆，可在原基础上加密灌浆孔。

2) 孔深

① 坝基帷幕补强灌浆孔，如为加密加厚原帷幕，则按原帷幕深度钻孔；若需加深帷幕则应根据具体地质情况而定。

② 为堵塞岩石裂隙而进行固结灌浆时，孔深应根据岩石裂隙及破碎情况确定，至少应深入岩层 2 m。

3) 孔径

帷幕灌浆孔的孔径一般采用 75～91 mm，检查孔的孔径应不小于 110 mm。如固结灌浆采用风钻钻孔时，开孔直径不宜小于 56 mm，终孔直径不小于 36 mm。

（2）灌浆

1）灌浆塞安装

灌浆塞下入孔内预定位置，使射浆管底部距孔底约 20 cm。当用于化学灌浆时，为了减少孔内占浆，还在射浆管外装设有木质外套。木质外套是由两个半圆木合成，用铁丝或铁皮捆上，套在射浆管外，放入孔内。

2）灌浆压力

① 选定基岩帷幕灌浆压力的原则，是在不破坏岩石结构的前提下，尽量采用较高的压力，以便有效地将浆液压入岩石裂隙中。但在表层段的灌浆压力，应不小于设计水头值，底部段则可达到几倍设计水头。一般可根据基岩具体情况，结合已灌的成果或做灌浆试验来选定，也可通过灌浆压力计算公式计算得到，或参考同类型灌浆工程使用的经验数据来选定，并在灌浆过程中进行调整。

② 基岩浅层帷幕灌浆或固结灌浆，采用最大灌浆压力时，有条件的应埋设仪器进行观测，如发现较大变形，应降低压力。灌浆压力值一般以孔口进浆压力为准。

③ 隧洞固结灌浆压力，应根据隧洞的混凝土强度、岩石性质及渗透水头等有关条件，通过试验而定，也可参照施工或历年加固使用的最大灌浆压力灌注。

3）灌浆材料。帷幕补强灌浆和固结补强灌浆的材料，可根据灌浆部位的可灌性、重要性、渗漏程度和施工条件等进行技术经济比较后选定。目前在混凝土与砌石建筑物上常用的灌浆材料有以下两类：

① 水泥。一般使用硅酸盐水泥，它是目前工程上广泛采用的一种灌浆材料，在选用时宜优先考虑。只有当遇到细微缝隙、大的集中渗流等情况，认为水泥灌浆不能达到预期效果时，才考虑选用其他灌浆材料。

② 化学材料。材料的选择可根据灌浆目的和水文地质条件等因素确定。目前用于帷幕灌浆的有丙凝、铬木素、丙凝水泥、丙强和聚氨酯等。

3.5.4 伸缩缝止水设施修理

混凝土坝坝段间伸缩缝止水结构的修补措施有下述几种方法：

（1）补灌沥青。对沥青井止水结构，应先采用加热补灌沥青法进行止水，当补灌有困难或无效时，再用其他止水方法。

（2）化学灌浆。根据渗漏情况，进行全缝灌浆或局部灌浆。钻孔可以骑缝也可以从缝两侧钻斜孔。灌浆材料可采用聚氨酯、聚酯树脂或丙凝等具有一定弹性的化学材料。

（3）补做止水设施。上游面补做止水设施，必须在降低水位的情况下进行。下面分别介绍坝面补做止水结构和坝面加镶铜片两种具体做法：

1）坝面补做止水结构

① 沿坝段间的上游面伸缩缝，凿一宽约 28 cm、深 14 cm 的“V”形槽。并将槽两旁各 20 cm 范围内原混凝土面修理平整。

② 钻孔插筋。

③ 掏出原伸缩缝内堵塞物，嵌入浸沥青的麻丝，并在槽壁上涂抹沥青漆。

④ 将 3 根内径为 19 ~ 25.4 mm 的无缝钢管作为蒸汽加热管，底部用三通连接，并以预

埋在槽壁上的锚筋固定。安装前用 50 MPa 的压力压水检查管路接头的焊接质量。安装后再用大于 3 MPa 的压缩空气进行检查,合格后封堵管口。

⑤ 安装止水结构。安装顺序是先挂橡皮,再将紫铜片套在锚栓上。在焊接止水铜片及加工锚栓孔时,要求尺寸准确,并与现场锚筋位置相符,以免反复焊割产生冷脆。

⑥ 安装钢垫板及钢箍、旋紧螺母压实。

⑦ 随安装随灌注沥青,一次灌注沥青高度应低于安装的止水结构高度 30 cm。

⑧ 向沥青井通蒸汽加热,补灌沥青。

⑨ 再在表面加钢丝网水泥喷浆,以保护止水铜片免遭漂浮物直接碰撞,并在补灌沥青井时维持井内温度,不致过快散失热量。

2)坝面加镶铜片(或镀锌片)

① 沿伸缩缝中心线两边各凿一条槽,槽宽 3 cm、深 4 cm,两条槽中心距 20 cm。槽口尽量做到齐整顺直。

② 沿伸缩缝凿一条宽 3 cm、深 3.5 cm 的槽,并将槽内清扫干净。

③ 将石棉绳放在盛有 60 号石油沥青的锅内,加热至 170~190℃,并浸煮 1 h 左右,使石棉绳内全部浸透沥青。

④ 用毛刷向缝内小槽薄薄刷上一层沥青漆,然后用手锤、扁凿把沥青石棉绳嵌入槽缝内,表面基本平整。沥青石棉绳表面距槽口面保持 2.0~2.5 cm。

⑤ 把紫铜片或镀锌铁片加工。紫铜片厚度不宜小于 0.5 mm,紫铜片长度不够时,可以搭接并用铆钉铆固。铆钉头附近如有孔隙,应同时焊补。

⑥ 用毛刷将配好的环氧基液在两边槽内刷一层,然后在槽内填入环氧砂浆,并将紫铜片嵌入填满环氧砂浆的槽内。将紫铜片压紧后,再用烧热的小铁抹沿边烫平,使环氧砂浆与紫铜片紧密接合,然后加支撑将紫铜片顶紧,待固化后才拆除。

⑦ 在紫铜片面上和两边槽口环氧砂浆上刷一层环氧基液,待固化后再涂上一层沥青漆,经 15～30 min 后再涂一层冷沥青胶泥,作为保护面。所有涂层不能有气泡产生,涂刷应均匀。

3.5.5 剥蚀、磨损、空蚀及碳化修理

3.5.5.1 剥蚀、磨损、空蚀及碳化修理的一般规定

(1)混凝土出现剥蚀、磨损、空蚀、碳化等现象时须及时进行检查,并根据检查结果进行评估,必要时进行修补。

(2)修理前一般进行剥蚀、磨损、空蚀及碳化调查,调查应制定调查方案,明确调查手段和调查方法。

(3)剥蚀、磨损、空蚀、碳化修理一般遵循下列原则:

1)以"凿旧补新"方式为主,即清除损伤的老混凝土,浇筑回填能满足特定耐久性要求的修补材料。

2)清除损伤的老混凝土时,保证不损害周围完好的混凝土,凿除厚度应均匀,避免出现薄弱断面。

3)选用工艺成熟、技术先进、经济合理的修补材料,并按有关规范和产品指南严格控制施工质量。

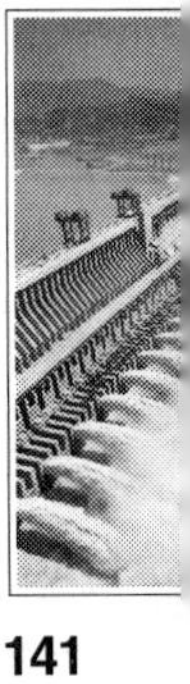

(4) 修理完成后须加强养护工作，尽量避免或延缓剥蚀、磨损、空蚀、碳化现象的再次发生。

(5) 基面处理一般应符合以下要求：

1) 剥蚀损伤的混凝土应凿除并清理干净。

2) 一般采用圆片锯等切槽，形成整齐规则的边缘，轮廓线间夹角不宜小于90°。

3) 对钢筋锈蚀引起的剥蚀，混凝土凿除时应暴露钢筋的锈蚀面，并进行除锈处理。

4) 采用水泥基材料修补时，基面应吸水饱和，但表面不能有明水；采用树脂基材料修补时，基面宜保持干燥或满足修补材料允许的湿度要求。

5) 回填修补材料前，基面应涂刷与修补材料相适应的基液或界面黏结材料。

6) 修补厚度大于150 mm时，应布设锚筋。

(6) 修补材料的选择一般应符合以下要求：

1) 修补厚度小于20 mm时宜选用聚合物水泥砂浆或树脂砂浆；厚度为20～50 mm时宜选用水泥基砂浆；厚度为50～150 mm时宜选用一级配混凝土；厚度大于150 mm时宜选用二级配混凝土。

2) 考虑了修补材料与基底材料间变形的相互协调性，选择修补材料时应遵循性能相似原则，修补材料的力学性能和物理性能应与基底混凝土相似。

(7) 修补材料回填施工一般应符合以下要求：

1) 回填低流动性砂浆和混凝土时，应振捣密实并及时抹面，抹面时应反复揉压、拍打，但不应加水，高强硅粉混凝土抹面后应立即覆盖保湿。

2) 修补材料应在界面黏结材料适用时间内回填。

3) 修补表面应光滑平整。

4) 过流面大体积混凝土的修补施工宜采用滑模、真空作业。

(8) 修理材料、施工环境和养护应符合3.5.2.6条的规定。

3.5.5.2　剥蚀、磨损、空蚀及碳化调查

应根据水工建筑物的运行工况，定期对易遭受冲磨与空蚀破坏的混凝土结构进行观测与检查，及时编写检测报告。

1. 冻融剥蚀调查

冻融剥蚀调查分为基本调查、补充调查和专题研究。冻融剥蚀的调查应包括下列内容：

(1) 基本调查

1) 剥蚀的部位特征：朝向、过水情况、是否属水位变化区或易被水所饱和的部位等。

2) 气温特性：气温年变化、历年最低气温、最冷月平均气温、气温正负交替次数、冻融循环次数、混凝土最大冻深等。

3) 剥蚀区特征：破坏形态、区域大小、深度、钢筋外露情况等。

4) 设计资料：设计依据的规范、设计说明书、设计图、混凝土的设计指标等。

5) 施工情况：材料、配合比、浇筑与养护、试验数据、质量控制、环境条件、竣工资料。

6) 管理状况：冻融剥蚀发展过程、养护修理记录，是否有冲磨剥蚀、钢筋锈蚀、水质侵蚀等病害发生或联合作用。

7) 影响运行情况：安全性、耐久性、美观等。

(2) 补充调查

补充调查应包括混凝土抗压强度、动弹性模量、抗冻等级、抗渗等级检测等，必要时可对

损伤混凝土进行微观结构分析，若经补充调查仍不能判断剥蚀原因，则应进行专题研究。

（3）专题研究

若剥蚀破坏是由多种因素叠加引起的，还应进行室内材料试验、模型试验和强度复核等专题研究。

2. 钢筋锈蚀剥蚀调查

钢筋锈蚀剥蚀调查分为基本调查和补充调查。钢筋锈蚀剥蚀的调查应包括下列内容：

（1）基本调查

1）混凝土剥蚀情况：剥蚀区的部位、范围、顺筋裂缝、疏松剥落等。

2）钢筋状况：钢筋的位置、直径、保护层厚度以及钢筋锈迹和露筋等。

3）运行及环境条件：作用（荷载）及其变化、冻融、磨损、空蚀、化学侵蚀及水位、温度、湿度、风向等。

4）设计资料：计算书、设计图、混凝土强度等级、耐久性指标、配筋及保护层厚度等。

5）施工情况：材料、配合比、浇筑与养护、质量控制、施工环境及竣工资料等。

6）管理情况：剥蚀发展过程、养护修理记录，碳化深度、氯离子含量等监测资料。

（2）补充调查

1）混凝土剥落的特征、施工缺陷等。

2）混凝土抗压强度、抗渗等级、碳化深度、氯离子含量检测等，必要时可进行微观结构分析。

3）钢筋锈蚀情况及强度检测。

4）环境有害介质及其含量的检测。

钢筋锈蚀剥蚀调查的方法如下：

1）目视检查。钢筋锈蚀剥蚀破坏时，会有如下形态特征：

① 有锈迹透过保护层渗到混凝土表面。

② 钢筋所在位置的混凝土表面出现与钢筋平行的细裂缝。

③ 裂缝在混凝土厚度范围内从一根钢筋延伸向另一根钢筋，保护层局部剥离空鼓（若用锤子敲击，会有清晰的空洞声）。

④ 混凝土保护层局部呈片状剥离崩落，使钢筋外露，处于自由锈蚀状态。

2）仪器测试。

① 利用钢筋位置和保护层厚度测试仪检测钢筋的位置和保护层的厚度。

② 利用酚酞指示剂测定混凝土的碳化深度。

③ 由于氯离子侵蚀引起的钢筋锈蚀，采用硝酸银滴定和电位滴定等方法测定氯离子侵入深度。

④ 利用自然电位法测量混凝土中钢筋的电位及其变化规律，判断钢筋所处的状态。

⑤ 测量混凝土电阻率，当实测值大于12 000 Ω·cm时，可判定不发生锈蚀；当实测值小于5 000 Ω·cm且自然电位法判定具备锈蚀条件时，可判定已发生钢筋锈蚀；实测值介于5 000～12 000 Ω·cm时表明可能存在锈蚀。

3）破样检查法。对可能发生锈蚀的部位，可凿去局部保护层，直接观察钢筋的锈蚀程度。

3. 磨损和空蚀调查

磨损和空蚀调查分为基本调查、补充调查、水工模型试验和专题研究。磨损和空蚀的调

查应包括下列内容：

(1) 基本调查

1) 磨损和空蚀状况。

2) 过水情况。

3) 泥沙特性。

4) 过水面不平整度。

5) 磨损和空蚀的发展过程。

6) 设计资料。

7) 施工情况。

8) 管理状况。

(2) 补充调查

1) 校核结构物的体形和尺寸。

2) 复核水力计算书及水工模型试验报告。

3) 过水面状况详查：冲坑、冲沟、裂缝、混凝土强度等。

(3) 水工模型试验和专题研究

经补充调查仍不能断定空蚀原因时，应进行水工模型试验和专题研究。其中，泄水建筑物经短期运行即发生较严重磨蚀破坏，或长期运行发生周期性、重复性破坏时，应重新审查与评估结构布置与体形设计的合理性，必要时通过模型试验再行论证。此外，混凝土碳化修理前应进行碳化深度调查。碳化深度调查方法如下：

1) 选用适当的工具在混凝土表面形成直径约 15 mm 的孔洞(深度应大于混凝土的碳化深度且大于 10 mm)。

2) 向孔洞内滴或者喷 1%的酚酞酒精溶液。

3) 用游标卡尺或碳化深度测定仪测定没有变色的混凝土的深度。

3.5.5.3 混凝土剥蚀、磨损及空蚀成因分析

混凝土产生冻融剥蚀的主要原因见表 3.5-8。

表 3.5-8 混凝土冻融剥蚀的主要原因

分类		原因
环境条件	气温	环境气温的正负变化使混凝土遭受反复的冻融
	饱水条件	处于水位变化区
		天然降水或渗漏水积存
混凝土原材料	水泥	水泥品种选用不适当
	掺和料	掺用不适当
	骨料	品质低劣
	外加剂	未掺引气剂或引气效果差
设计	抗冻等级	抗冰等级偏低，水灰比过高

续表

分类		原因
施工	拌和	混凝土配合比现场控制不严
		拌和时间短、不均匀，含气量不足
	运输浇筑	运输、浇筑过程改变了混凝土配合比
		运输、浇筑过程中含气量损失过多
		浇筑振捣不密实
		施工工艺不当
	养护	初期养护时干燥失水
		早期受冻
其他		运行管理不善等

混凝土产生钢筋锈蚀剥蚀的主要原因见表3.5-9。

表3.5-9　混凝土中钢筋锈蚀的主要原因

分类		原因
环境条件	有害介质	钢筋保护层碳化或中性化
		钢筋保护层被氯离子侵入
		水中的有害介质侵蚀
	温度	冻融
	湿度	干湿循环
	水流	冲刷磨损
混凝土原材料	水泥	水泥品种选用不当
	掺合料	掺用不适当
	骨料	砂石料中含泥土杂质
		砂石料的氯盐含量超标
	外加剂	所用外加剂引入了过多的氯盐
	水	水质不符合规范要求
设计	构件	构件的几何形状不佳，保护层厚度不足
		混凝土耐久性设计指标偏低
施工	拌和	混凝土配合比现场控制不严
		混凝土拌和时间短，不均匀
	运输、浇筑	运输、浇筑过程改变了混凝土配合比
		浇筑振捣不密实
		钢筋错位，保护层厚度不足
	养护	早期养护不充分

续表

分类		原因
运行条件	运行条件改变	超载、温度应力、地基不均匀沉降引起的裂缝
		应力疲劳作用使微裂纹扩展

混凝土产生磨损和空蚀的主要原因见表 3.5-10。

表 3.5-10　混凝土磨损和空蚀的主要原因

分类		原因
建筑物的设计轮廓曲线（体形）	体形	建筑物几何形状不合理
		建筑形式复杂（弯道、跌坎、变坡、收缩、扩散渐变段等）
	进水口	进口曲线不合理
	门槽	矩形门槽宽深比不合理
	岔洞	主支洞夹角、出口收缩比、岔尖形式不合理
	出口	出口断面收缩不合理
	消能工	消能工布置不合理
		池内设消力槛、消力墩、趾墩等不合理
		挑流鼻坎体形不合理
	护面	设计护面材料的抗磨损、抗空蚀能力低，抗磨损、抗空蚀材料与基底混凝土温度变形不一致
含沙水流	悬移质	悬移质冲刷磨损
	推移质	推移质冲击磨损、空蚀
	杂物	杂物磨损
施工	施工质量	过水面施工质量差
		护面与基面的粘结不牢固
		模板变形
		泄水建筑物进口、消力池或水跃区内的石碴、施工残余物未消除
	不平整度	施工表面与设计不符
		过水面有升坎、跌坎、凹陷、凸起
		过水面上有钢筋头或预埋件露头
运行管理	水流	闸门开启方式不合理
		泄流流速偏高
	维护	表面破损未及时修补

3.5.5.4　冻融剥蚀及碳化修理

（1）冻融剥蚀修理前应先凿除损伤混凝土，然后回填能满足抗冻要求的修补材料，并采取止漏、排水等措施。

(2) 冻融剥蚀和碳化修理施工时，修补材料浇筑回填宜分层施工，且在上一层修补材料浇筑完成但尚未初凝或完全固化前浇筑下一层。如上一层凝固或固化后施工下一层，应凿毛上一层表面，并涂刷黏结剂。

(3) 修补材料一般应符合以下要求：

1) 修补材料可选用水泥基修补材料和树脂基修补材料等；冻融剥蚀修补材料的抗冻等级应符合《水工混凝土结构设计规范》(SL 191)的规定。

2) 配制抗冻混凝土及砂浆所用原材料除应符合规范规定外，还应符合以下要求：

① 应选用强度等级不低于 42.5 的硅酸盐水泥、普通硅酸盐水泥。

② 应掺用引气剂和减水剂，质量应符合《混凝土外加剂》(GB 8076)的规定。

③ 可掺用硅粉或Ⅰ级粉煤灰，硅粉应符合《水工混凝土硅粉品质标准暂行规定》的规定，粉煤灰应符合《用于水泥和混凝土中的粉煤灰》(GB/T 1596)的规定，粉煤灰和硅粉的掺量应通过试验确定。

④ 砂的细度模数宜为 2.3～3.0；骨料中含有活性骨料成分时，应进行专门试验论证。

3) 混凝土、砂浆的配合比应通过试验确定，抗冻性能试验应按《水工混凝土试验规程》(SL 352)的规定执行。对不具备抗冻试验条件的小规模修补工程，其混凝土的含气量、水灰比应按照有关规范的规定选用，抗冻砂浆的含气量不应低于 7%。

4) 常用冻融剥蚀、碳化修补材料见表 3.5-11 和表 3.5-12。

表 3.5-11　大面积剥蚀修补材料与修补层厚度范围

混凝土或砂浆种类	修补厚度/mm	
	上限	下限
混凝土		30
水泥砂浆	40	20
聚合物水泥混凝土		30
聚合物水泥砂浆	40	10
树脂混凝土	40	15
树脂砂浆	15	5

表 3.5-12　小面积剥蚀修补材料与修补层厚度范围

混凝土或砂浆种类	修补厚度/mm	
	上限	下限
聚合物水泥砂浆	25	12
环氧砂浆	12	6
聚酯树脂砂浆	12	6

3.5.5.5　钢筋锈蚀引起的混凝土剥蚀修理

(1) 钢筋锈蚀剥蚀修补一般应符合以下要求：

1) 对碳化引起的钢筋锈蚀，应将保护层全部凿除，处理锈蚀钢筋，用高抗渗等级的混凝

土或砂浆修补，并用防碳化涂料防护。

2）对氯离子侵蚀引起的钢筋锈蚀，应凿除受氯离子侵蚀损坏的混凝土，处理锈蚀钢筋，用高抗渗等级的材料修补，并用涂层防护。

（2）修补材料一般应符合以下要求：

1）修补材料宜选用抗渗等级不低于W12的水泥混凝土及砂浆、聚合物水泥混凝土及砂浆，对遭受严重侵蚀的部位可选用树脂混凝土及砂浆。

2）修补材料的性能不应低于建筑物材料原设计指标。

3）配制水泥混凝土及砂浆所用的原材料除应符合规范的规定外，对有氯离子侵蚀的环境中，水泥混凝土和砂浆中还应掺用钢筋阻锈剂，聚合物水泥砂浆及混凝土和硅粉砂浆及混凝土可掺用阻锈剂。

4）混凝土及砂浆的水灰比宜小于0.40。

（3）常用钢筋锈蚀剥蚀修补材料见表3.5-11和表3.5-12。

3.5.5.6 磨损和空蚀修理

（1）空蚀修理可通过修改体形、控制和处理不平整度、设置通气设施等降低空蚀强度的方法，也可采用高抗空蚀材料护面的方法，同时在运行过程中通过改变泄流运行方式降低空蚀危害。

（2）磨损和空蚀破坏修理一般应符合以下要求：

1）磨损破坏应采用高抗冲耐磨材料进行修补；空蚀破坏应采用高抗空蚀材料进行修补。

2）空蚀破坏修理应符合以下要求：

① 若空蚀为体形不合理原因引起，须修改体形。

② 若空蚀为表面不平整原因引起，须对表面进行处理，处理后的不平整度应符合规范的规定。

③ 应增设通气减蚀设施。

（3）磨损和空蚀破坏的修补材料应符合以下要求：

1）修补悬移质磨损破坏可选用高强硅粉混凝土及砂浆、高强硅粉铸石混凝土及砂浆、铸石板等。

2）修补推移质冲磨破坏可选用高强铁矿石硅粉混凝土及砂浆、高强硅粉混凝土及砂浆等。

3）修补空蚀破坏可选用高强硅粉钢纤维混凝土、高强硅粉混凝土及砂浆、聚合物水泥混凝土及砂浆等，温度变化不大或经常处于水下的部位也可选用树脂混凝土及砂浆。

4）常用磨损和空蚀修补材料见表3.5-11和表3.5-12。

3.6 混凝土建筑物整体性加固

水工混凝土建筑物除了会产生表层损坏、裂缝及渗漏等缺陷外，还会由于设计标准低，布置不合理，施工质量差，管理不善，或意外情况的影响等，而使坝（闸）体结构强度受到破坏，失去整体性，危及建筑物的安全，影响正常运行。因此，应针对具体情况，及时采取防护加固措施，确保建筑物安全运行。

坝(闸)体的整体性加固，需根据运行情况结合原设计、施工资料做专门计算，必要时进行模型试验，以选择合理的加固方案。

3.6.1 抗倾、抗滑稳定性的加固

(1) 结构或基础不当引起的失稳

由于结构尺寸偏小，基础承载力不足，或原采用的地基摩擦系数偏大等情况，经过验算发现安全系数不够，有可能发生倾覆或滑动时，可采取下列措施加固：

1) 增加坝(闸)体的有效重量

① 增大坝(闸)的断面维持平衡，可从坝的上游面或下游面进行。

② 在坝(闸)体上适当部位浇混凝土，增加重量以维持平衡。

③ 对水闸，可以延长其上游护坦，并使之与原护坦锚固成一整体，以增加抗滑能力。

2) 坝(闸)体与基础连成整体

① 预应力锚索加固。主要是增强建筑物与基岩的连接以及基岩本身的整体性，防止或减少建筑物及坝基位移。无论是坝的中部、坝端及岸坡、坝基，采用预应力锚索加固都可收到良好的效果。锚索材料一般采用钢筋、钢丝束和钢丝绳等几种，现在也有采用高强度钢片和扁平弹簧板的。

② 进行接触灌浆，使坝(闸)体与基础连结。

3) 坝(闸)下游加支撑

加支撑可使部分水平压力传到下游地基岩石(土壤)上，或传递到河谷岸坡上。具体做法如下：

① 在护坦下面建造桩支撑。这种方法系在护坦上钻孔打桩，如护坦已冲毁需重建护坦时，则应先打入桩后再将护坦修复。

② 建造重力墙支撑。此法适用于非溢流坝段，而且要求墙底基础有足够的承载能力，否则重力墙仅能起平衡的作用。

③ 建造支撑体并用千斤顶对坝体施加预应力。例如在连拱坝拱垛下游建造混凝土支承块，一块浇在基岩上，一块与拱垛连接，两块间留一定间隙，在间隙中用千斤顶对拱垛施加推力，然后在间隙中分格浇混凝土，达到足够强度后，拆除千斤顶，最后用混凝土填满。

(2) 由扬压力引起的失稳

由于基础处理不良，防渗设施不好或排水设备失效，水位升高后可能引起基础扬压力增加而导致建筑物不稳定时，可以采取下列措施加固。

1) 增加坝(闸)体的有效重量。具体做法同前所述。

2) 坝(闸)体与基础连成整体。如用钢筋锚固法将闸底板或护坦等薄层混凝土结构锚固在岩基中，可以增强其稳定性。锚筋孔的数量、孔径、孔深等可根据具体情况确定。孔内设单根锚筋或锚筋桩。锚筋桩是把几根钢筋集中起来焊成骨架，埋入用回转钻机钻成的孔内，再灌浆锚定。

3) 降低坝(闸)的渗透压力。这是保证和增强坝(闸)稳定性的主要方法之一。

3.6.2 结构补强和整体性的加固

当坝(闸)不能承受实际荷载(如溢流坝大跨度弧形闸门的支腿支座、坝身结构,压力钢管支墩等的承载能力不够),或由于施工质量不好,使坝(闸)体混凝土缺乏足够的密实性,导致水平、竖向施工缝发生开裂,或由于地震及其他破坏作用使坝(闸)体的结构强度降低或整体不够稳定时,可以采取下列措施加固:

1) 补强灌浆。

2) 增加横向或纵向支撑。

3) 锚杆锚固或预应力锚索加固。

3.7 混凝土建筑物水下修理

水库水位无法降低至需修补缺陷部位高程以下,或无法排干水工建筑物内的充填水,或降低水位与排干充填水措施与水下修补相比费用较高时,应进行水下修补。水下淤积物影响枢纽正常运行或效益发挥时,应进行水下清淤(碴)。在水下修补和水下清淤(碴)前,应开展水下调查工作。水下调查前应根据调查对象、调查项目和调查要求等选择水下调查手段,制定水下调查方案,并按编制的方案实施。同时,水下修补宜采用无毒、无污染的环保材料。在进行水下修补时,潜水员水下作业时应符合《潜水员水下用电安全操作规程》(GB 17869)的规定,确保潜水员人身安全。在水下修补完成后宜对水下修补效果进行检查。

3.7.1 水下结构损坏的检查

水下结构损坏的检查方法主要包括如下几种。

(1) 潜水检查

一般由潜水员直接进行探摸检查或携带水下照明工具进行观察检查。

(2) 简易工具检查

对于静水深小于 2.0 m 的水平部位,或坡度较缓的斜面部位如闸底板、消力池等,可用水下检查筒进行检查。检查时用船运送到检查部位,沉放至水下结构的表面,直接观察各部位的冲刷、气蚀、磨损等损坏情况以及泥沙、杂物等的堆积情况。

(3) 水下摄影

水下摄影是由潜水人员将水下摄影机带入水下,对结构损坏部位进行拍照。

(4) 水下电视

利用水下电视机可在水深 200 m 以内观察有关建筑物损坏情况,使用人员可根据荧光屏上的迹象进行素描或拍片,有助于水下检查和监视潜水作业。

3.7.2 水下修补

水下修补可采用潜水法或沉柜、侧壁沉箱、钢围堰法等。沉柜法宜用于水深 2.5～

12.5 m 水下结构水平段和缓坡段的修补，侧壁沉箱法宜用于水下结构的垂直段和陡坡段的修补，钢围堰法宜用于闸室等孔口部位的修补，潜水法可用于水下各类修补。

(1) 水下钻孔

水下钻孔根据施工部位、条件以及钻孔的用途，可分别采用风钻、机钻等方法进行。此外水下钻孔要求供气压力比水上作业大，即供气压力应大于或等于风钻所需正常工作压力、钻孔处静水压力、风压的沿程损失和局部损失的总和。因此，宜缩短风管长度，以降低风压损失。

(2) 水下嵌缝或粘贴堵漏

水下嵌缝宜用于迎水面的裂缝、变形缝的修补，施工应符合以下要求：

1) 凿槽、嵌缝的施工工艺应按《混凝土坝养护修理规程》(SL 230—2015)中 5.4.3 条的规定执行。

2) 凿槽可选用风镐、液压机具、高压水枪等，槽面清洗可选用钢丝刷、液压刷或高压水等。

3) 嵌缝材料可选用水下聚合物水泥砂浆、水下树脂砂浆等。

(3) 水下修补表层缺陷

水下修补表层缺陷，如麻面、蜂窝、浅坑等，与粘贴裂缝堵漏一样，可分别用酮亚胺做固化剂的环氧砂浆或环氧焦油砂浆等水下环氧材料。按缺陷所处的部位，可分为平面、顶面或竖直面修补。

(4) 水下锚固

水下锚固可采用锚筋锚固、锚栓锚固。锚筋锚固宜用于水下混凝土浇筑，锚栓锚固宜用于水下修补锚贴固定。锚固剂可选用水泥基或树脂类等。

(5) 水下混凝土浇筑

根据水深和对混凝土质量的要求不同，除用密闭的工作室在水下浇筑混凝土外，一般还可采用装袋堆筑法、水平进占法、箱底开口法、帆布袋法、导管法、升浆法。其中导管法是通过不透水的金属导管浇筑水下混凝土，具有质量高、整体性好、浇筑速度快、不受水深和仓面大小的限制等优点，是应用最广泛的水下混凝土浇筑方法。

(6) 水下爆破

水下爆破的方法可分为外部装药法和钻孔爆破法。水下爆破的原理基本上与干地上相同，但工作条件有差别，施工较干地上复杂，其特点是：爆破时岩石抛掷受到水的阻力，相对降低爆破的效果；水下装药工作比较困难；爆破材料易受水侵蚀从而降低爆破效率，甚至失效；爆破产生强烈的水冲击波，影响附近水下建筑物的安全等。因此，为保证水下爆破的效果和附近建筑物的安全，必须根据水下爆破的特点，采取相应的措施。在满足《水工建筑物岩石基础开挖工程施工技术规范》(DL/T 5389)和《爆破安全规程》(GB 6722)的有关要求外，还需要满足以下要求：

1) 水下爆破应经充分的论证和必要的现场试验，制定爆破方案。

2) 应采用抗水的或经防水处理的爆破器材。

3) 应采用电或塑料导爆管起爆方式，不应使用导火索起爆方式。

4) 爆破前应对爆区周围重要建(构)筑物、设施进行安全防护。

5) 爆破前应撤离爆破影响范围内的船只、可移动的设施、人员等。

6）应明确爆破冲击波（水击波）和爆破震动的安全控制标准，并加强监测。

（7）水下电焊与切割

水下焊割除遵守有关潜水作业安全规程外，还应注意如下事项：焊把及焊线应绝缘可靠，焊线要拉直，正负极两条导线要分开放置，其间距宜在 1 m 以上；调换焊、割条时，应将电焊机电路切断；在水下切割时，应防止金属构件断落击伤潜水员，如果被切割构件有晃动或坠落可能时，应事先采取措施；当水下作业时间较长时，潜水员应配备滤镜。

水下混凝土施工应符合以下要求：

1）水下混凝土浇筑可采用导管法、泵压法、倾注法、袋装叠置法，宜优先采用导管法。导管法施工技术要求按照《混凝土坝养护修理规程》（SL 230）执行。浇筑水下不分散混凝土时，其直接通过水深不应大于 500 mm。

2）水下混凝土浇筑前应按《混凝土坝养护修理规程》（SL 230）9. 3. 2 条的规定清理基面。

3）水下模板工程除应按《水工混凝土施工规程》（DL/T 5144）的规定执行外，还应按双向受力条件设计，并选用钢模或钢木混合结构，模板应密封、不透水。

4）水下混凝土施工可采用水下电视监控并录像。

常用水下修补材料见表 3. 7-1。

表 3. 7-1　常用水下修补材料

分类	名称	主要技术性能
水下嵌缝材料	水下环氧砂浆	水中抗压强度可达 100 MPa，水中抗拉强度可达 16 MPa，水中黏结强度可达 3. 6 MPa
	SXM 水下快速密封材料	最小初凝时间为 8 min，最小终凝时间为 12 min，抗压强度可达 28 MPa，抗拉强度可达 2. 9 MPa，黏结强度可达 1. 5 MPa
	GBW 遇水膨胀止水条	抗水压 2 MPa 以上，膨胀率可达 200%以上，具有自黏性，黏结强度高于本体强度
水下表面修补材料	HK-963 水下环氧黏结剂	在水中具有较好的涂刷性能，与钢板、混凝土均有很高的黏结力，黏结强度可达 2 MPa 以上
	橡胶片材	分为氯丁橡胶、丁基橡胶和三元乙丙橡胶等，与混凝土有良好的黏结性，黏结剥离力可达 22 N/2. 5 cm，抗拉强度高达 100 MPa，撕裂强度高达 300 MPa
	SR 防渗盖片	抗渗性可达 1. 5 MPa，撕裂强度近 200 N，抗拉强度大于 200 N/5 cm，可适用于冷粘贴
	GB 复合土工膜止水板	拉伸强度大于 10 MPa，断裂伸长率大于 200%，抗渗性可达 3 MPa
	水下不分散混凝土（砂浆）	水中水泥流失率小于 5%，具有自流平、自密实性，保水性好，抗压强度可达 50 MPa，黏结强度可达 2 MPa
	水下聚合物混凝土（砂浆）	包括改性聚酯树脂和改性环氧树脂，抗压强度可达 80 MPa，抗拉强度可达 10 MPa，黏结强度可达 3 MPa

续表

分类	名称	主要技术性能
水下灌浆材料	水下环氧浆材	主要由环氧树脂、水下固化剂、稀释剂、增塑剂及改性剂等组成，具有抗压、抗拉强度高、黏度大的特性，适用于水下裂缝补强灌浆，但可灌性较差
	水溶性聚氨酯浆材	主要由聚氨酯、稀释剂、增塑剂、表面活性剂、催化剂、乳化剂等组成，具有良好的亲水性，可灌性好，低强类型适用于变形缝处理，高强类型适用于补强加固
	聚氨酯/环氧树脂互穿网络浆材	结合了聚氨酯和环氧树脂的双重优点，既可作防渗堵漏，又可作补强加固，可灌性好，抗压、抗拉强度高(80 MPa，13 MPa)
	聚氨酯/甲凝互穿网络浆材	利用了甲凝强度高和可灌性好的优势，克服了甲凝体积收缩的缺点，具有较高的抗压强度和黏结强度，适用于水下变形缝灌浆

3.7.3 水下清淤(碴)

(1) 水下清淤(碴)宜优先利用大坝自有的冲淤建筑物进行水力冲淤。如无冲淤建筑物或水力冲淤不能满足要求时，可采用吸管法和机械挖除法等方法。

(2) 吸管法宜用于粒径小于 100 mm 的淤积物清理，施工一般要符合下列要求：

1) 应由潜水员进行吸管的水下定位和移动，管口宜高出淤积面 100 mm。

2) 清淤时，潜水员距吸管的安全距离应大于 2 m。

3) 供风压力应由现场试验确定。

(3) 机械挖除法宜用于粒径大于 100 mm 的淤积物和堆渣的清理，施工一般要符合下列要求：

1) 近岸边、水深较浅的部位可选用风镐、素铲等开挖机具；水深较深的部位可选用抓斗船、挖泥船等开挖机具。

2) 开挖机具定位导向标志可采用浮标、GPS 等。

3) 开挖不应损坏已有建筑物。

4) 开挖碴料和淤积物应运至指定地点。

(4) 清淤(碴)完成后应进行水下地形测量，对清挖效果进行检查。水下清碴和清淤后高程应满足要求，对于流道内可能影响发电机组安全的淤积物和块碴应清理干净。

3.8 其他养护修理

(1) 有排漂设施的应定期排放漂浮物；无排漂设施的可利用溢流表孔定期排漂，无溢流表孔且漂浮物较多的，可采用浮桶、浮桶结合索网或金属栅栏等措施拦截漂浮物并定期清理。

(2) 坝前泥沙淤积应定期监测。有排沙设施的应及时排淤；无排沙设施的，可利用底孔

泄水排淤，也可进行局部水下清淤。

（3）坝肩和输、泄水道的岸坡应定期检查，及时疏通排水沟孔，对滑坡体应立即处理。

3.9 混凝土坝工程养护修理案例分析

3.9.1 工程概况

某水库建于20世纪70年代，为中型水库，枢纽主要建筑物包括拦河坝、发电站及下游泄洪渠等。拦河坝为细骨料混凝土砌块石重力坝，最大坝高53.0 m，大坝上游面直立，下游坝坡坡比为1∶0.7。坝顶长172.0 m，宽4.0 m，坝顶溢流堰净宽60.0 m，不设闸门控制。

3.9.2 大坝存在的主要问题

根据大坝安全鉴定结论，水库大坝上游混凝土防渗面板存在多条裂缝，缝宽为0.2～0.8 mm不等；大坝背水坡多处高程存在多处渗水点，局部渗水严重；大坝溢流坝段的内部多处出现了拉应力，其最大拉应力为0.25 MPa，不满足规范要求；坝体廊道内存在大量裂缝，部分裂缝处有渗水和钙质析出；部分排水孔排水不畅，排水效果有所降低；大坝变形和渗流观测设施严重老化，无法正常监测大坝的运行情况。

经鉴定，大坝为三类坝，必须进行除险加固处理。

3.9.3 大坝除险加固措施

针对大坝存在的问题，大坝除险加固措施包括以下几个方面：

（1）在大坝上游原混凝土防渗面板迎水面上设置纤维混凝土防渗面板。混凝土防渗面板整体厚度50 cm，面板内布置一层ϕ12 mm@20 cm×20 cm钢筋网。面板设伸缩缝，分缝间距与现有温度缝和伸缩缝一致，缝内设铜片止水一道。

（2）为改善大坝应力条件，将大坝溢流坝段下游坝坡放缓至1∶0.75，溢流坝段处理首先对溢流堰进行凿除，将溢流堰堰面混凝土进行清理、凿毛。对溢流堰进行重新加固处理，溢流堰和挑流鼻坎混凝土采用C25W6F100混凝土，对溢流堰导墙采用C20W4F50混凝土进行加高处理，溢流面和导墙坡度均为1∶0.75。同时相应加高挑流鼻坎高程。

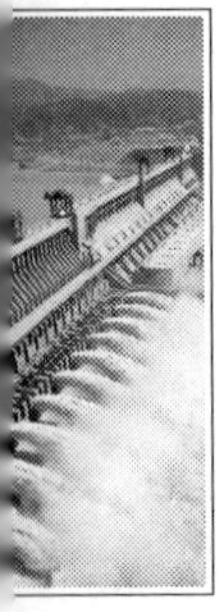

（3）对廊道中的明显漏水点采用水溶性聚氨酯HW灌浆材料进行灌浆处理。对淤堵的扬压力测孔及排水孔进行疏通，对廊道中分布的细小裂缝处采用赛柏斯防渗涂料处理。

（4）按现行规范要求完善大坝安全监测设施

1）变形观测：包括沉降变形观测及水平位移观测。在合适位置设置2个水准基点，从国家水准点引测。主坝坝顶共设10个变形测点，其中4个变形测点为溢流坝段新设测点，6个变形测点为原大坝保留测点，本次只对其强制对中盘进行更换；两岸新设2个工作基点和2个校核基点。

2）接缝监测：在原大坝坝内廊道坝段接缝处增设4套三向测缝计。

3）扬压力监测：在原9个扬压力孔中设置渗压计，共计9支，均通过监测电缆通至中央控制室，实现自动化监测。

4）排水孔布置：对排水不畅的坝基排水孔采用钻机进行疏通处理。排水孔和扬压力观测孔在帷幕灌浆完成并检查合格后钻灌，新设排水孔共11个。

5）绕坝渗流监测：在大坝两岸增设8个绕坝渗流孔，左右岸各设4个。

6）渗漏量监测：在大坝排水廊道增设1套量水堰设备，并通过监测电缆通至中央控制室，实现自动化监测。

7）水情测报系统：为掌握工程上下游水位及水库出库流量情况，分别设立水库坝上、坝下遥测水位站，并在下游泄洪渠设立流量观测站。

通过采取以上加固措施，大坝存在的主要问题均得到有效处理，目前该大坝运行正常。

第 4 章

泄输水建筑物工程养护修理

4.1 概述

泄输水建筑物主要包括溢洪道、输水涵管(洞)等。泄输水建筑物结构形式较多,常见病害主要如下:

(1) 溢洪道

1) 溢洪道没有完建,工程只开挖了一段进水渠,泄槽及出口消能段未施工,出口泄流未设通道。

2) 溢洪道控制段结构单薄,其应力、稳定不满足要求。

3) 泄槽未衬砌,或衬砌不满足要求,冲刷严重,甚至形成巨大冲坑。

4) 泄槽边墙高度不够,断面偏小,不满足抗滑、抗倾要求。

5) 混凝土、砌石结构质量差,老化脱落,结构断裂强度低,不满足结构及抗冲耐磨要求。

6) 溢洪道与土坝连接面垂直,不满足变形及防渗要求。

7) 未布置消能防冲设施或消能防冲设施不满足泄流要求。

8) 溢洪道岸坡滑塌。

9) 溢洪道闸门及启闭设备出现运行故障。

(2) 输水涵管(洞)

1) 涵管(洞)断裂。

2) 水流冲刷引起结构破坏。

3) 涵管(洞)因空蚀破坏。

4) 涵管(洞)衬砌不能满足围岩稳定要求。

5) 涵管(洞)衬砌不满足抗裂要求,衬砌出现纵向裂缝并产生渗漏。

6) 涵管(洞)衬砌混凝土质量较差,出现环向裂缝或温度裂缝并产生渗漏。

7) 涵管(洞)衬砌施工质量差,结构缝存在渗漏。

8) 涵管(洞)衬砌混凝土不满足空蚀和抗冲耐磨要求,混凝土冲蚀破坏。

9) 喷锚支护混凝土脱落。

10) 无衬砌涵管(洞)局部围岩不稳定。

11) 无衬砌涵管(洞)存在局部渗漏,涵管(洞)内水外渗对洞外边坡、邻近建筑物或环境

造成不利影响。

12）涵管（洞）出口消能防冲设施结构破坏。

4.2　泄输水建筑物养护

4.2.1　日常养护工作

4.2.1.1　溢洪道

溢洪道是泄洪、保证水库安全的重要设施，要保证洪水发生后能“启得开（有闸门控制）、过得了、泄得走、不破坏”。为保证溢洪道正常使用，其养护应围绕此目的开展工作。各水库应根据其工程特点，制定日常养护内容，一般应包括以下几方面：

（1）检查溢洪道过水能力。溢洪道过水能力大小直接影响水库大坝安全。全国小型水库垮坝失事原因统计资料显示，因溢洪道过水能力不足而造成失事的占 40%。溢洪道泄水能力是以水文资料分析结果作为设计依据，然而实际洪水是否与设计相符，必须通过实际运行中积累的资料进行复核验证。如湖北省松滋市的木天河小（2）型水库，建成后泄洪频繁，与原设计不符，后经复核发现，原设计集水面积有误（少计算 13 km^2）。因此，随着洪水资料的积累，应定期复核溢洪道过水能力。

（2）检查溢洪道有无阻水现象。溢洪道应保持畅通，不允许有任何阻水现象影响过流能力。

（3）检查溢洪道各部位是否完好无损。发现局部损坏应及时修理，以免溢洪时进一步恶化，导致建筑物破坏。

（4）检查消能效果。溢洪道消能效果好坏虽不直接妨碍泄量大小，但关系到工程安全。若消能效果差，则具有相当破坏力的水流可能冲毁下游建筑物或溢洪建筑物本身。如湖北省钟祥市峡卡河水库溢洪道建在泥质页岩地基上，采用堰挑流消能形式，因地基岩质较弱，冲刷坑未能形成，1991 年 7 月泄洪时鼻坎后冲成 7 m 深陡槽，危及鼻坎安全，不得不采取加固改造措施。

（5）检查闸门及启闭设备。对于设有闸门控制的溢洪道，需经常对金属结构部分进行除锈、涂油漆保护。螺杆或钢丝绳的黄油如有脱落或干涸，应及时添加或更换；传动部分要保证润滑；电气设备和电源要保证完好可靠；各处螺栓如有松动应及时拧紧；止水部分如有漏水现象应及时修理或更换。总的原则是保证闸门和启闭设施启闭灵活、开启及时、制动可靠、闭闸无漏。

4.2.1.2　输水建筑物

输水建筑物是水库大坝的重要组成部分，其作用是输送库水供灌溉、发电、城镇生活或工业用水等，有的还兼作泄洪或放空水库用，通常有隧洞和涵管两种形式。小型水库多采用坝下埋涵管形式，涵管（洞）是坝体的组成部分，其质量直接影响到坝体安全。据统计，因坝下涵管（洞）缺陷造成渗流破坏而导致的土石坝失事约占土石坝失事总数的 15%。因此，必须对坝下涵管（洞）加强养护修理，确保其安全运用。坝下涵管（洞）的日常养护工作，主要是

在放水前、后和放水过程中进行细致检查，以便发现问题及时处理。对于北方寒冷地区，应保证防冰冻设施（如吹气防冰）一直正常工作，以免冰冻对进口控制建筑物（水塔、竖井）造成破坏。输水建筑物日常养护和防护主要包括以下几方面内容：

（1）输水建筑物表面应保持清洁完好，及时排除积水、积雪、苔藓、蚧贝、污垢及淤积的砂石、杂物等。

（2）放水期间须注意打捞上游的漂浮物，严禁船只、木排等靠近输水建筑物进口。

（3）输水建筑物各部位的排水孔、进水孔、通气孔等均应保持畅通；墙后填土区发生塌坑、沉陷时应及时填补夯实；翼墙内淤积物应适时清除。

（4）钢筋混凝土构件表面出现涂料老化，局部损坏、脱落、起皮等，应及时修补或重新封闭。

（5）上下游护坡、护底，陡坡、侧墙、消能设施出现局部松动、塌陷、隆起、淘空、垫层散失等，应及时按原状修复。

（6）输水建筑物闸门须及时作防锈、防老化养护。闸门外观应保持整洁，梁格、臂杆内应无积水，及时清除闸门吊耳、门槽、弧形门支铰及结构夹缝处等部位的杂物。钢闸门出现局部锈蚀、涂层脱落时应及时修复；闸门滚轮、弧形门支铰等运转部位的加油设施应保持完好、畅通，并定期加油。

（7）启闭机防护罩、机体表面应保持清洁、完整；机架不得有明显变形，损伤或裂缝，底脚连接应牢固可靠；启闭机连接件应保持紧固；制动装置应经常维护，适时调整，确保灵活可靠；钢丝绳、螺杆有齿部位应经常清洗、抹油，有条件的可设置防尘设施；启闭螺杆如有弯曲，应及时校正；闸门开度指示器应定期校验，确保运转灵活、指示准确。

（8）电动机外壳应保持无尘、无污、无锈；接线盒应防潮，压线螺栓紧固；操作系统动力柜、照明柜、操作箱、各种开关、继电保护装置、检修电源箱等应定期清洁、保持干净；所有电气设备外壳均应可靠接地，并定期检测接地电阻值。

4.3 泄输水建筑物修理

4.3.1 溢洪道常见病害处理方法

4.3.1.1 处理方法

溢洪道常见的病害有岸坡滑塌、冲刷和淘刷、裂缝和渗漏等。

（1）岸坡滑塌处理

溢洪道岸坡滑塌一般多发生在进口深挖段，通常该部位边坡较陡，易产生此问题。溢洪道岸坡在发生滑塌（土坡）或垮塌崩落（岩石坡）情况或有以上两种趋势的情况下，就应对其岸坡进行处理。处理措施主要包括缓坡减载、护砌固脚、开沟排水等。

1）缓坡减载

该方法是对坡度较陡的岸坡以削坡的形式将其坡度放缓，以减小岸坡的滑动力，土坡坡度一般不小于1∶1.5，岩石坡一般不小于1∶1。若地质条件很差，则应更缓。对垂直高度较大(超过 5 m)的岸坡,应设平台,一般垂直高度 3～5 m 设一平台,以减轻上部土体重量。

2) 护砌固脚

对坡脚及边坡采取各种形式的护砌工程(如浆砌石等),以增加岸坡的稳定性(增大抗阻力)和抗御泄洪水的冲刷。护砌形式有干砌石护坡、浆砌石护坡和浆砌石挡土墙等。

3) 开沟排水

水流是引起岸坡失稳的主要原因。在岸坡上部或平台上都应开挖纵向截流沟和排水沟,将天然降雨来水拦截于沟内引导排出,不使其浸入坡面。截流沟断面大小视来水量大小而定。一般沟底宽 0.3～0.5 m,沟深 0.4～0.6 m,沿截流沟 30～50 m 设横向排水沟将水排入泄洪道内。

(2) 冲刷和淘刷处理

由于施工质量差、不平整、接缝未做止水、底板下没有排水设施、底板厚度不够、消力池长度不够、底部扬压力过大等原因,在动水压力作用下,发生空蚀、底板掀起、底板下淘空、底板变形破坏等现象,必须及时进行处理。

冲刷和淘刷的修理措施主要归结为“封、排、压、光”4 个方面。“封”即加强防渗措施截断渗流,可利用底板下的齿墙,逐段隔离渗水,尽量减少浮托力和动水压力对底板的破坏,并对底板的伸缩缝做好止水;“排”即做好排水系统,布置要合理,将未截住的渗水排出,可在底板下设置纵横排水管;“压”即加厚底板增加自重压住浮托力和脉动压力,使底板不被飘起或掀动;“光”即底板表面要光滑平整,清除施工留下的钢筋头或混凝土柱头,局部错台需打磨成斜坡。

对于局部空蚀部位,除消除产生空蚀的原因外,可用高标号水泥砂浆或环氧丙乳砂浆进行表面涂抹填补处理。底板已淘空部位应彻底翻修,重新浇筑砌筑。

对于海漫受到局部冲刷破坏时,分析找出导致破坏的原因,一般是加固、翻修或重做海漫。如果破坏原因是消力池长度不够或尾水位太低引起,则在海漫部位加做消力槛或增设防冲槽、增建二级消力池等措施。

(3) 裂缝修理

裂缝修理方法主要有恢复整体性、结构补强和防渗、堵漏等,可参照混凝土坝相关方法处理。

(4) 渗漏修理

渗漏处理方案应根据渗漏调查、成因分析及渗漏处理判断的结果,结合具体工程结构特点、环境条件(温度、湿度、水质等)、时间要求、施工作业空间限制,选择适当的修补方法、修补材料、工艺和施工时机,达到预期的修复目标。可参照混凝土坝相关方法处理。

4.3.1.2 工程案例

(1) 大同水库

大同水库位于宾县宾州镇东南部 10 km,大同村南 1 km 处的海里浑河支流三道海里浑河上,是一座以灌溉为主,兼顾防洪、养鱼等综合利用的小(1)型水库。溢洪道位于大坝北侧,是在花岗岩山体中劈开而成的矩形槽,堰型为开敞式无闸宽顶堰,底宽 5 m,设计最大泄量 70 m^3/s。大同水库按无闸方式运行,下游无控泄要求。由于溢洪道堰坎基本冲没,自 1994 年以来,为满足正常运行,溢洪道前设子堰使水位抬高至 102.66 m,遭遇洪水时,拆子堰增大泄量,降低库水位。溢洪道坎底和两边坡无护砌保护,坎部及下游尾水处岩性强风

化，坎上游淤积严重，阻水下泄。采取的加固措施为：将堰体整修为驼峰堰，堰剖面由 3 段圆弧组成，施工简单，同时堰型的整体稳定性和断面应力情况都较好，且流量系数较大，一般在 0.4～0.46；对溢洪道的宽度重新复核并设计，确定溢洪道宽为 10 m。

(2) 勃利大义水库

勃利大义水库溢洪道位于大坝右侧坝端，为开敞式侧槽溢洪道，侧堰宽 25 m，分 10 孔，无闸门及启闭设备，一侧为浆砌石，一侧为开挖后的裸露岩石，堰顶高程为 250.85 m，底板为裸露岩石，尾端挑流消能工程为 1983 年修建。溢洪道由进口段、控制段、消力池及海漫段组成。溢洪道经多年运行，年久失修，左岸浆砌石部分脱落，右岸岸坡无衬砌风化严重，底板基础无衬砌，消能设施不完善，未设尾水渠，陡坡段及消力池内设两道导流墙。采取的加固措施为：清除进口段底板杂草及风化岩堆积物，以满足原设计坡度的要求，进行混凝土衬砌，厚度 20 cm，并挂钢筋网；维修左侧浆砌石边墙损坏处，对右侧山体进行混凝土喷锚衬砌，以提高边墙的整体性，消除山体塌落对泄洪影响；完善溢洪道消能设施，挖尾水渠道。

4.3.2 输水建筑物常见病害处理方法

输水涵管(洞)常见的病害有裂缝、渗漏、断裂、堵塞和空蚀等。进行病害修理时，需根据涵管结构强度、断面大小、出险部位及原因等来综合考虑。其常见病害的处理多用贴补、内衬、灌浆、加固地基及封堵原管另设新管等方法。

(1) 对于断面较小的涵管(洞)，可从放水口开始沿管轴线向下游开挖至病险相应部位，再视病险情况分别采取外包加固、部分拆除、废除新建的办法进行处理。如由于涵管缝裂漏水使坝体产生渗透破坏(如跌窝)的浆砌石、混凝土结构涵管，其病险处结构一般未遭破坏，可采用外包混凝土等措施加固处理。如病险处涵管结构已遭破坏，则可拆除该部位老管，浇筑钢筋混凝土新管。蓄水运行后，如继续产生漏浑水、跌窝等病险，说明老管已无法使用，则可拆除重建。但是对于那些强度低的木、瓦、素混凝土、钢丝网薄壳等结构涵管，一般只能废除新建。

(2) 对于断面大、人能进去施工的涵管(洞)，一般可采取打孔灌浆、化学补强、内衬加固等措施进行处理。涵管漏水，一般采取沿漏水点钻孔灌入水泥浆封堵。对于少数断面允许缩小涵管，可先对涵管进行全断面混凝土内衬加固后，再采取顶水灌浆止漏，也可采用钢板内衬加固处理。对于因裂缝，伸缩缝引起的漏水，可采用化学贴补即环氧砂浆或丙乳砂浆贴橡皮、玻璃丝布等补强止漏，或重置伸缩缝止水料。

(3) 对于断面非常小，无法进人施工的堵塞涵管(洞)，根据堵塞体在涵管内位置的不同，可在涵管出口或潜水员在涵管进口捅击堵塞体。否则，只能废除新建。

(4) 对于无法进行加固或加固不彻底的涵管(洞)，一般采取封堵原管、另设新管。新建涵管应建在坚实可靠的地基上，并处理好与大坝的接触面。新涵管建成后，应对老涵管进行处理，一般采用封堵的措施。封堵涵管(洞)的方法主要有混凝土堵塞法、逆向灌浆法、平行灌浆法、“十”字灌浆法等，封堵长度通常以接近涵管长的 1/3 为宜。

(5) 对于涵管空蚀，可采用环氧树脂基液和环氧树脂砂浆补平，也可采用丙乳砂浆进行修补。

4.4 泄输水建筑物险情抢护

水库的溢洪道和输水洞等建筑物一旦出现险情，如抢护措施不当或抢救不及时，将危及大坝安全，必须予以重视。由于建筑物种类繁多，情况比较复杂，现仅将常见险情及其抢护措施加以简述。

4.4.1 溢洪道险情抢护

4.4.1.1 泄洪能力不足时抢护

有的水库特别是小型水库由于设计洪水标准偏低，溢洪道断面偏小，或发生超标准洪水。溢洪道泄洪能力不足已成为小型水库普遍存在的不安全因素。当溢洪道泄洪能力不足，可能会发生溃坝险情时，需进行抢护，主要措施有：

(1) 拓宽溢洪道。这是加大泄洪能力的主要措施。对于溢洪道附近的山坡比较平缓，拓宽溢洪道开挖量不大，或将河床上的非溢流坝段改为溢流坝段时，可采用此法。

(2) 降低堰顶高程。在原溢洪道无条件扩宽的情况下，可临时采取降低堰顶高程的方法进行抢护。

(3) 开挖应急溢洪道。当溢洪道无条件扩宽或溢洪道出现险情时，需开挖应急溢洪道。如青海温泉水库2010年长期高水位运行，溢洪道及放水洞均出现了不同程度险情，经过抢修应急溢洪道工程，并启用溢洪道泄洪，水库险情最终得到解除。

(4) 适当加高大坝。在确保工程运用安全前提下，特别是对丘陵山区坝轴线较短的水库，可适当培厚加高大坝或加筑坝顶防浪墙。

4.4.1.2 控制段闸室滑动抢护

修建在软基上的溢洪道闸室，主要靠自重及其上部荷载、闸底板与土基间摩阻力维持其抗滑稳定。如遭遇超标准洪水或基础渗透破坏，闸体可能失稳，产生滑动。抢护原则是增加抗滑力，减少滑动力，以稳固基础。具体抢护方法如下：

(1) 闸顶加重增加阻滑力。适用于平面缓慢滑动险情的抢护。在泄水闸的闸墩、交通桥面等部位堆放钢轨、铁块等重物。需要增加的重量，由稳定核算确定。同时应注意：①加重不得超过地基允许应力，否则易造成地基沉陷；②具体部位的加重量不能超过该结构的承重限度；③堆放重物，应考虑留出必要的通道；④一般不向闸室内增重，以免压坏闸底板或损坏闸门构件；⑤险情解除后，应及时卸载，进行加固。

(2) 下游堆重物阻滑。适用于圆弧滑动和混合滑动两种缓滑险情的抢护。在泄水闸可能出现的滑动面下端，堆放沙袋、块石等重物，防止滑动。重物堆放位置及数量，由阻滑稳定计算确定。

(3) 下游蓄水平压。在泄水闸下游一定的范围内用土袋或土筑成围堤，抬高水位，减少上下游水位差，以减小水平推力。围堤高度应根据允许水位差所需壅水高度而定。堤顶宽约2 m，土围堤边坡1∶2.5，土袋围堤边坡1∶1，预留1 m左右的超高，并在靠近控制水位高程处设排水管，同时加强围堤监视与防守。

4.4.2 输水建筑物险情抢护

4.4.2.1 输水建筑物地基渗透破坏抢护

输水建筑物地基未处理或处理不彻底，在长期高水位作用下，地基土大量流失，发生严重破坏，将会造成洞身塌陷、断裂、下沉，甚至导致大坝溃决。对输水建筑物地基渗透破坏的抢护原则是：上游截渗，下游导渗。具体抢护措施如下：

（1）上游抛黏土截渗。确定渗漏进口处，用船或浮排载运黏土和黏土袋运至渗漏范围内，先铺土工布或篷布，上抛土袋，再抛黏土，落淤封闭。如渗漏进口分散，而且不明显，也可用船、浮排运黏土在渗漏区直接抛填，形成铺盖层，防止渗漏。

（2）下游抢筑反滤层或反滤盖重。在下游渗水或漏洞处，抢筑砂石料反滤层或反滤盖重。

4.4.2.2 输水建筑物冲刷破坏抢护

输水建筑物的防冲工程，如裹头、护岸、护坡、翼墙、消力池和海漫等，在汛期，如遇高水位下泄流时，可能造成冲刷破坏。主要是由于：①超设计标准洪水下泄；②原设计不合要求，或没有设计；③施工质量差；④管理运用不当。输水建筑物冲刷破坏需及时抢护，确保工程安全。具体抢护措施如下：

（1）上游泄流顶冲淘刷抢护

主要措施是抛物料抢护。如上游裹头、护岸、护坡、翼墙被淘刷时，可在出险处抛大块石、柳石枕、铁丝（或竹篾）石笼，直至抛出水面 0.5～1.0 m 高为止，防止继续淘刷，并加强监视。若险情恶化，应继续抛投物料。

（2）下游冲刷破坏抢护

1）断流抢护。在条件许可时，可暂时关闭闸门，断流后采取抢护措施：①对浆砌块石部位，可用速凝砂浆补砌块石；②对水下或土基部位，可抛石、柳石枕或铁丝石笼。要求石枕（笼）的直径为 0.7～1.0 m，长度在 5～10 m，外围柳枝厚约 20 cm，块石直径约 60 cm。石笼用于流速大而缺埽料的地区。石笼可用铁丝、竹篾或荆条等做成有网格的笼，内装块石、卵石。网格大小应使石料不漏失为宜。柳石枕或石笼护基，要在可能条件下，尽量铺放整齐牢固。当柳石枕、石笼与基础之间空隙较大时，应用块石填塞，增加防冲效果。在基础受到淘刷，有坍塌危险，而附近又没有相应防护材料时，可临时将建筑物上部的砖、石块体拆下，作为紧急抛投用，防止险情恶化。抢险后，再及时予以恢复。

2）筑潜坝缓冲。当下游消能设施护底被淘刷，危及建筑物安全时，对被淘刷部位除进行抛石、枕、笼防护外，也可在海漫末端或下游抢筑潜坝，增加下游水深，抬高水位，减轻冲刷。潜坝可用抛柳石枕、石笼等做成。

3）短坝挑流。石、枕堆成锥形，可以将水流挑向远处，保护被淘刷部位，短坝与水流方向角度可成 60°～70°，适用于水深急流和淘刷严重的部位。若一座短坝作用不明显，可多做几座。有条件时（如流速较小），还可用砂袋抢筑导水墙，将尾水隔离坝脚。

4.4.2.3 输水涵管（洞）与土坝结合部位渗漏的抢护

输水涵管（洞）与坝体土料结合不紧密，未做截水环或截水环质量不好等均可使涵管（洞）外壁与土坝接合处形成渗漏通道，造成漏水，这种漏水表现在管（洞）的出口处外壁与坝坡之间有湿润，当渗水发展成漏水通道时，一般会在洞的进出口附近发生湿陷，严重时坝坡处会出现塌坑。输水涵管（洞）与土坝之间的漏水，发展很快，危害很大，需要及时排查，一旦发现漏水，要及时抢护。

4.4.2.4 输水涵管（洞）漏水险情抢护

由于输水涵管（洞）管身施工质量差，材料性能不好或地基产生不均匀沉陷，使涵管（洞）管身产生蜂窝、裂缝，甚至断裂，由此而产生水流穿过管（洞）壁漏水，这种漏水有两种形式：一种是在有压涵管（洞）中，由于内水压力的作用，水流穿过管（洞）壁渗出管（洞）外，再沿着涵管（洞）外壁与坝体之间向下游渗漏；另一种形式是在无压涵管（洞）中，水流穿过涵管（洞）壁渗入管（洞）内。这两种形式的漏水，产生的险情不同，抢险方法也不同。输水涵管（洞）漏水的抢险措施应根据涵管（洞）结构特征及漏水造成的危害情况，有针对性地采取相应的抢险措施。

1）若涵管（洞）内径较大，则应在管（洞）内对管（洞）身裂缝及断裂等漏水部位采用速凝砂浆、水下环氧砂浆等修补材料进行修补堵漏。

2）若水流穿过管（洞）壁沿涵管（洞）外壁与土坝接触处向下游涵管（洞）出口处漏水，则应在涵管（洞）出口处修筑反滤层，阻止土颗粒被渗漏水带走，使坝体免遭渗透破坏。

3）若涵管（洞）内漏浑水，说明漏水已形成漏水通道，坝体土颗粒被水流带走，坝体已遭受渗透破坏，随着漏浑水严重程度的加剧，沿管（洞）身位置附近坝体会出现塌坑，危及坝体安全。抢险时，应参照土坝坝体塌坑险情抢险办法处理。

4）输水涵管（洞）漏清水，说明坝体虽有漏水，但尚未遭受渗透破坏，短时间内不会危及坝体安全，但若长期漏水，可能会发展成漏浑水，应密切监视漏水情况的变化。

5）输水涵管（洞）开始漏浑水，后来转为漏清水，这可能是在渗漏过程中，漏水使管（洞）壁外在短时间形成了天然反滤层，阻止了土颗粒被渗漏水带走，但这种反滤层是不稳定的，随时可能再度破坏。所以，出现这种情况时，仍应及时采取抢护措施。

6）在有压涵管（洞）中，水流穿过管（洞）壁，沿着管（洞）外壁与坝体接触部位向下游漏水，其外部表现与库水直接沿着涵管（洞）外壁与坝体之间的渗漏很难区别，可通过闸门的启闭运行来判断。在出口闸门开启与关闭情况下，涵管（洞）出口洞壁与坝体间的漏水情况无变化，则说明漏水是通过洞外壁的漏水；若闸门开启后，漏水量减少或不渗水，闸门关闭后，漏水量大增，说明水是从涵管（洞）内穿过洞壁向外的漏水，输水涵管（洞）结构上已存在裂缝或断裂。漏水部位宜采用速凝砂浆、水下环氧砂浆等修补材料进行修补堵漏。

4.5 水闸工程养护修理案例分析

4.5.1 工程概况

某水闸建于20世纪70年代，最大过流能力1 000 m^3/s，为中型水闸。枢纽主要建筑物由水闸、两岸翼墙及上下游河道等组成。水闸规模为5孔，每孔净宽8 m，总净宽40 m，采用平板钢闸门结构。闸基为粉质黏土和淤泥质粉质黏土，性质较差，闸址无良好的地基持力层。

4.5.2 水闸存在的主要问题

根据水闸安全鉴定结论，水闸闸基存在不均匀沉降，闸下消能防冲设施存在严重冲刷破坏，翼墙倾斜，主要建筑物和设施严重老化，混凝土结构、钢闸门、启闭机、消能防冲及电气设备已不能满足工程安全运行的需要；运用指标达不到设计标准，工程存在严重损坏，属三类水闸。

4.5.3 水闸除险加固措施

针对水闸存在的问题，水闸除险加固措施包括以下几个方面：

（1）由于目前水闸存在的问题较多且十分严重，仅进行混凝土结构的表面加固处理和简单的更换启闭设备已经无法彻底解决现有问题，难以消除全部的安全隐患，不能保证安全运行标准。另外，根据流域防洪规划要求，水闸规模需满足本流域防御 50 年一遇洪水的要求，其上、下游河道现有设计排涝标准仅为 5 年一遇，已无法满足 50 年一遇设计排涝要求。因此，对水闸进行拆除重建。

新建水闸顺水流方向总长 180 m，由上游抛石防冲槽、上游护底、上游护坦、闸室段、下游消力池、下游海漫和下游抛石防冲槽等组成，基础采用钢筋混凝土预制桩。

（2）由于目前引河两岸土坡塌方严重，使上游河床抬高约 1.0 m，另外下游潮水夹带淤泥量大，又长时间没有清淤，使下游引河淤积严重，影响水闸正常排泄，因此对上下游引河进行疏浚整治。

（3）按照现行规范要求增设水闸安全监测设施，主要项目包括：建筑物变形观测，基础扬压力观测，水位观测，水流流态观测，上下游冲淤观测和水质监测等。主要观测设施有：沉降标点、水平位移标点、渗压计、土压力计、测缝计、测斜仪、自记水位计、水尺、超声波测深仪、全站仪、经纬仪、水准仪，以及水质监测设备等。

（4）对工作闸门、检修闸门及其启闭设备、电气设备进行更新改造。

第 5 章

金属结构养护修理

5.1 概述

5.1.1 金属结构介绍

我国已建成的各类水库大多数修建于 20 世纪五六十年代。根据水库的使用要求，在水库中布置有各类金属结构，主要有：布置在泄洪建筑物中，如泄洪闸、泄洪洞、溢洪道的工作闸门、检修闸门以及启闭机；布置在输水建筑物中，如输水(引水)灌溉洞(涵管)的工作闸门、检修闸门、事故闸门以及启闭机；布置在发电系统中的工作闸门、检修闸门、事故闸门以及启闭机；各种闸阀及压力钢管等。闸门一般分为平面闸门和弧形闸门。启闭设备通常采用固定卷扬机、螺杆启闭机、移动启闭机等。

由于受当时设计、制造、安装技术水平等条件的限制以及其他社会因素影响，部分水库金属结构设计不合理，制造、安装质量差。水库建成使用后，水库金属结构的质量问题不断暴露，随着使用时间的延长，其安全隐患更加突出，有不少水库大坝因金属结构出险而发生重大事故。如 1993 年 8 月 27 日，青海省沟后水库大坝实测库水位 3 277.00 m，垮坝时最高库水位 3 277.25 m，约超过防浪墙底座上游平台 0.0 ~ 0.25 m，此时水库蓄水量为 318 万 m^3。水库失事造成 288 人遇难，40 人失踪，直接经济损失达人民币 1.53 亿元。失事的直接原因是泄洪洞闸门不能按要求开启，防浪墙底座与面板间水平接缝和防浪墙分段之间的止水失效，库水通过水平接缝直接进入坝体，坝体排水不畅，发生渗流破坏和多次浅层滑动，库水直接冲刷坝体，面板失去支撑而折断，最终大坝溃决。又如 1975 年 11 月，江西省乐平市共产主义水库因闸门无法控制，造成水库水位骤降，引起大坝上游坝坡大面积滑坡；2000 年 8 月，贵州省一水电站压力钢管破裂，造成数亿元的损失。在国外，2009 年 8 月 17 日，俄罗斯萨扬舒申斯克水电站发生水轮机层的天花板垮塌，导致水轮机层和发电机层被淹。事故造成 74 人死亡，1 人失踪，直接经济损失约 16.5 亿卢布(5.23 亿美元)。据当时初步估计，修复工作需要至少 400 亿卢布(12.68 亿美元)。事故调查委员会认为事故的直接起因为：对 2 号机组的操作失误，安全系统出现故障，自动设备因设置位置不利导致在遭到水流冲击后出现故障，并且输水通道的紧急关闭装置没有备用电源。值得注意的是，事故中大坝坝身和

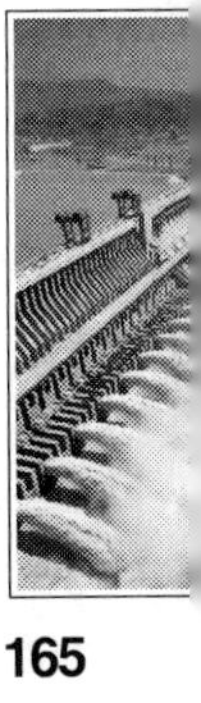

输水通道本体未被损坏，仅是2号机组破坏造成库水涌出。事故发生后，电站失去电源，3 h 19 min后，应急备用电源才得以启动；在2号机组发生涌水事故后的1 h 7 min后，进水口事故门才由人工关闭；自动设备因设置位置不利在遭到水流冲击后出现故障，安全系统未发挥作用。这些成为造成灾难性后果的最关键原因。除了萨扬舒申斯克水电站事故外，1979年印度默区2级大坝，曾发生因暴雨电力中断，18孔闸门中13孔开启受阻，洪水漫坝溃决。1982年西班牙Tous坝也曾因暴雨导致电力中断，溢洪道平板闸门操作失灵，大坝漫顶溃决。1997年巴西DaCupha大坝事故，操作人员擅离岗位，归途被洪水阻断，闸门开启不及时，导致洪水漫坝垮坝。1995年美国Folsom大坝，溢洪道弧形闸门在提升过程中发生支臂压屈变形失事，造成水库无控制泄放。由此可见，闸门和启闭设备的问题也会引发重大事故和灾难性后果。闸门的布置、结构安全、启闭安全(包括备用和应急电源)对大坝安全都十分重要。

5.1.2 常见的主要问题

通过对部分已建水库特别是早期建成的水库的金属结构进行检查、检测，按现行有关标准和规范进行复核，水库金属结构存在的主要问题有：

(1) 水库金属结构使用条件与设计条件不同。部分水库建成后，随着经济社会的发展，其使用要求被不断提高，作用甚至被改变，水库部分建筑物进行了改建或扩建，针对水库在运行过程出现的质量问题和安全隐患进行了加固，但往往忽视了金属结构的改造，致使部分金属结构的使用条件与原设计条件不尽相同。

(2) 部分闸门的高度不能满足挡水要求。其原因是部分水库在建坝时，缺乏必要的规划，且未经设计，就进行施工，致使水库特征水位的确定缺乏科学依据。随着水文资料不断延长和丰富，对水库水位进行复核，结果发现闸门的高度不满足要求。另一种原因是水库调度规程的改变造成闸门高度不够。

(3) 金属结构腐蚀。金属结构的腐蚀是一种十分普遍的现象，主要有化学腐蚀和生物腐蚀两种。由于制造金属结构及设备的材料——钢铁并非纯净体，或多或少含有其他导电物质，两者的电位不同，且金属结构工作在水中和阴暗潮湿等环境中，具备形成化学腐蚀的条件，因而容易造成腐蚀。而且伴随大量工业废水和生活污水排入河道及湖泊，水体中酸、碱及有机物等物质的增加，加速了金属结构的化学腐蚀。同时由于水工金属结构的工作环境，在发生化学腐蚀的同时还伴随着生物腐蚀，必然加大了金属结构的腐蚀速度。无论哪种腐蚀都将导致结构构件的截面面积减少，结构强度、刚度、稳定性降低，承载力下降。

(4) 金属结构变形。金属结构工作时，各构件均承受着各种荷载，这些荷载或是长期、或重复、或间隙作用在各构件上，不论其承受的荷载大小如何，由于制造结构材料的自身特性，随着使用时间的延长和使用次数的增加，各构件必然产生冷作硬化或疲劳，产生变形。同时在使用过程中有时由于误操作或一些其他原因，使结构的实际荷载超过构件的承载能力，如冲击荷载等，使构件或构件的局部产生变形，也将导致结构强度、刚度、稳定性降低，承载力下降。

(5) 金属结构磨损。其磨损的主要原因有：①部分金属结构在使用时需不断运动，有些结构或部件是在高速条件下工作，如启闭机齿轮、轴瓦等，在长期的运行过程中，其必然产生磨损；②部分金属结构如闸门、钢管等需在高速水流条件下长期工作，而水中不可避免地存在如砂、石等杂物，这类杂物对其结构必然产生冲刷，导致结构磨损；③为防止金属结构的腐蚀，需对金属结构进行防腐处理，在金属结构中常常采用油漆和喷涂金属防腐，这些防腐效果均有一定的使用年限，当达到使用年限时又需重新进行防腐处理，而在进行防腐处理之前，需对各构件进行除锈处理，在不断地防腐及除锈过程中各构件必然产生磨损，导致结构强度、刚度、稳定性降低，承载力下降。

(6) 焊接质量存在缺陷，不能满足要求。由于受焊接技术和工艺水平的限制，特别在一些小型工程中，对金属结构的焊接工艺和质量把关不严，造成焊缝质量存在焊缝尺寸未达到设计尺寸，焊缝存在咬边、焊瘤、裂纹等质量缺陷。同时在使用时，焊缝也将发生腐蚀、开裂等现象，造成金属结构的焊接质量或焊接强度不满足设计要求，给工程带来安全隐患。

(7) 部分金属结构的活动部件锈死。如闸门的行走轮、导向轮等部件，经多年运行后，部分部件被锈死或不灵活，影响结构的安全运行。

以上问题只是水工金属结构在运行过程中常见的几种现象，这些现象必然引起金属结构的强度、刚度、启门力发生变化，必然削弱结构断面尺寸、改变结构受力条件，降低材料的强度和承载力，影响结构的安全运行，危及水库大坝的安全。

5.2 闸(阀)门及启闭机养护

5.2.1 门叶养护

闸门门体上应保持清洁，要经常或定期进行清扫和除淤，要防止闸门、门槽等处的杂草生存，减少微生物和酸碱、盐类等对闸门的腐蚀。有门库的检修闸门应存放于门库内，避免日光暴晒、风雨侵蚀及水流冲击。

经常检查门体的锈蚀情况，结构件有无变形，杆件等有无弯曲或断裂，各焊缝有无开裂，各连接螺栓、铆钉或销轴等连接构件有无松动和脱落以及闸门的漏水情况等。发现设备缺陷应及时予以排除，并做好记录，便于今后检修时参考。

应按规定对门叶结构的各活动部位进行润滑。闸门上的全部滚轮、弧形闸门的支铰、吊耳轴、锁定装置等所有活动部位应经常加注润滑油(脂)保护，并使润滑油(脂)充满其间隙，这样不仅可保证足够的润滑条件，而且还具有一定的防锈作用。凡设有加注油装置的活动部件，应保证油孔和油道通畅，油杯、油嘴、油枪或干油泵(站)应完好。没有设加注油装置的，可定期拆卸清洗加油或增设加注油装置，所加注的油脂应清洁良好，不得使用变质的润滑油(脂)。胶木滑道的胶木表面应涂上润滑脂保护。

5.2.2 梁系结构养护

梁格布置和连接形式与平面闸门基本相同，结构布置主要有主横梁式和主纵梁式，梁系的连结又有同层布置和叠层布置等。常用的有以下 3 种结构型式。

（1）主横梁与次梁同层布置。

（2）主纵梁与层梁叠层布置。

（3）主纵梁与次梁同层布置。

主横梁式弧形闸门的支臂有直支臂和斜支臂两种。支臂和主横梁的组成有四种框架形式。

闸门主要以钢结构为主，金属结构长期受恶劣的外部环境影响，极易发生锈蚀现象。检查中一旦发现金属结构锈蚀，必须进行防锈处理。现在普遍使用的防锈措施有两种。一种是在金属表面涂覆盖层，覆盖层保护即涂料保护，施工简单，操作方便，材料常用油漆涂料。在涂刷时油漆要均匀、无皱纹、无气孔，漆膜附着要牢固，涂层要均匀、无漏涂，油漆要保证总厚度和涂刷层数，底漆和面漆要合理配合使用，保证具有良好的接合力和适应性。此类覆盖层保护方法大多用在小型涵闸的铸铁闸门中，便于施工，防腐成本低。另一种覆盖保护法是在金属表面镀上一层耐腐蚀性的金属材料，如铬、镍、铝、锌等作为保护层。常用的方法有浸镀、喷镀和电镀三种。浸镀和电镀两种方法适用于闸门附件，喷镀适用于门体和结构物。现在大多数闸门都是以喷锌处理为主，此技术工艺使用多年，保护年限可达 40～50 年之久，大大延长了闸门的使用寿命。

5.2.3 闸门槽养护

门槽埋件包括主轨、反轨、门槽护面、止水底座、底槛和支铰座。

门槽埋件经常处于水下及受高速水流的冲击，因此会出现某些缺陷，如锈蚀、变形、空蚀和磨损等。这样不仅会削弱结构的强度，也可能造成闸门启闭困难，甚至会酿成闸门和水工建筑物的重大事故。所以，要经常进行门槽埋件的检查，有问题应及时处理。

门槽埋件的水上部分，应经常进行检查和维护。水下部分的维护和检修宜结合水工建筑物和闸门的检修同期进行。

轨道除水上部分的摩擦面可涂油脂保护外，其余部分均宜涂以抗冲磨的涂料保护；对有密封要求的部位（固定止水装置的沉头螺栓处等），可采用环氧树脂或其他材料进行封闭。

支承胶木滑道的主轨表面的不锈钢层脱落或磨损时，应拆下修理。如整根轨道需喷镀处理时，应将原有镀层清除干净后再喷镀；采用局部堆焊修补时，要用与原轨道材料相适应的焊条施焊。喷镀或堆焊工作完毕后，应用 0 号砂纸或油石研磨表面，达到设计的表面光洁度。

支承工作滚轮的轨道，如因锈蚀、空蚀等造成缺陷，应堆焊处理；如果损坏或变形较大时，宜更换新件，局部坑点等缺陷经补焊处理和加工后，应保证工作表面的粗糙度符合要求。

止水底座和底槛等，由于安装不牢、水流冲刷、泥沙磨损等原因而发生松动、脱落、磨损、空蚀等现象时，应进行修整或更换；对采用螺栓固定的止水底座，应按原设计要求处理；采用的轴承合金垫板磨损时，可采用灌注法进行修补。

侧止水座板锈蚀时，一般可采用涂刷环氧涂料保护；有条件时采用喷镀不锈钢或有色金属材料护面。

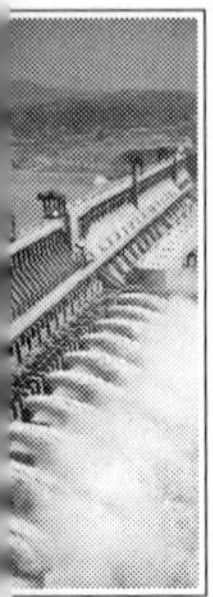

5.2.4 拦污栅的养护

拦污栅是设在水电厂引水道进口，或抽水蓄能电站的进口与尾水口，用以拦阻水流所挟带的沉木、树枝、杂草和其他固体杂物的设施，它能使杂物不易进入水道内，以确保闸门、阀门、水轮机、水泵水轮机等不受损害。

拦污栅一般设在引水道进口。对发电引水道，一般设在引水道上游端，并放在检修闸门和事故闸门之前；对抽水蓄能电站，则在引水道的上、下游端均需设拦污栅。

拦污栅的型式有以下几种：

(1) 拦污栅的工作位置可在深水中，也可在浅水中；深水拦污栅受杂物或冰冻堵塞的机会较少；而浅水拦污栅则易于受到堵塞。

(2) 拦污栅可垂直或倾斜地安设在水流中。垂直拦污栅可根据杂物情况，设置一道或两道，有时还可以和检修闸门同槽交替使用；倾斜拦污栅面与水平面的夹角一般为 45°，这样可增大栅面，使过栅流速及水头损失减少，便于清除杂物。

(3) 拦污栅可分为固定式、移动式和回转式三种。①固定式拦污栅的支承梁两端埋设在(或用锚栓固定于)混凝土的墩墙中。固定式拦污栅多用作浅水拦污栅，它的结构比较简单，无需起吊设备，由于不能提出孔口，不便于检修和维护，同时需要专门的清理设备才能清除杂物。②移动式拦污栅设有支承行走装置，可将拦污栅提出槽，既便于拦污栅的检修维护，也便于提栅清理。③回转式拦污栅是一种旋转式的新型拦污栅，这种拦污栅具有拦阻和清除杂物的双重功能。

(4) 按总体布置型式，拦污栅在平面上可分为直线形、折线形、圆弧形、半圆形和圆形(塔式进水口)，后两种也称为多边形。有时还将多个进水口的拦污栅布置成互相联通的方式。除直线形外，其他的几种形式都可增大水流的过栅面积，减少水头损失。但连通式布置常需作顶盖，费用较多。

拦污栅的维护工作主要包括及时清除栅前所聚集的污物，防止拦污栅的冬季冰冻，对栅体进行经常性或定期检查，还要经常对栅槽及周边进行清扫，定期铲除栅槽上的杂草等。

经常检查拦污栅前的污物状况。在汛期，当栅前栅后的水位差(压差)超过 0.5 m 时，应进行清理。定期对栅体进行检查，包括栅体结构、栅条、吊耳及栅槽埋件等。提栅检查应在停机状况下进行。对分节的拦污栅，应特别注意对其节间连接装置牢靠性的检查。检查中发现的情况应做好记录，待机组停机时进行检修和处理。

5.2.5 拦污栅的清理

拦污栅所拦截的污物应及时清除，否则会增大拦污栅的水头损失，严重时会使拦污栅堵塞，以致水轮机被迫停机，甚至压垮拦污栅。

(1) 拦污栅的清理方法有人工清理、机械清理和提栅清理 3 种：①人工清理劳动强度大，效率低；②提栅清理能够彻底清除贴附在栅面上的污物，但需要停机配合；③机械清理能在机组不停机的情况下进行，清理效果比较好。

(2) 清理机械的工作装置应进行以下检查：所有的滚轮应转动灵活，并应加注抗水性较好的润滑油(脂);检查锁定装置是否准确可靠,有无卡阻;检查耙斗或齿耙是否转动灵活,并向转轴中加注抗水性较好的润滑油(脂);检查耙齿有无裂纹、焊缝开裂或断齿现象;检查钢丝绳及其固定端是否牢靠和钢丝绳的磨损情况;检查所有结构件有无明显变形,构件间的连接是否可靠,连接螺栓有无松动,焊缝有无开裂等。发现问题及时排除。

5.2.6 启闭机的养护

5.2.6.1 一般要求

(1) 机体的日常清洁

启闭机机体清洁是最简单、最基本但却很重要的保养措施,应做到及时、彻底、无死角。及时清扫电动机外壳的灰尘和污物,潮湿地区要经常通风干燥,轴承油脂要足够并清洁和合格,定子和转子之间的间隙分布要均匀,保持电机干燥和环境通风,按规范规定定期检测绝缘电阻,阻值一般不小于 0.5 MΩ。轴承润滑油脂要填满轴承空腔的 1/2～2/3。对操作设备应定期检查、紧固部件,使电器设备接触良好,机械传动部位灵活自如,接头及连接部位牢固可靠,仪表指示及限位开关准确无误。

(2) 启闭机的润滑保养

为了延长启闭机的使用寿命,减少设备部件的磨损,机械润滑是必不可少的重要工作。日常养护中要检查油杯是否完好,根据需要经常调整好油杯上盖位置,检查杯内油脂状况,不足时及时补充。变速器油尺要经常检查,一是检查油位是否正常,二是检查油质是否异样,因为变速器是个封闭的部件,不可忽视。油料要有选择,高速转动轴承要用润滑脂润滑,由钠皂与润滑脂制成钠基润滑脂,熔点高,温度达 100℃时使用仍可保证安全;钙基润滑脂由钙皂与矿物质油混合制成,它适用水下及低速传动装置的润滑部件,如启闭机的起重机构,齿轮、滑动轴承、起重螺杆、弧形门支铰、闸门滚轮、滑轮组等;变速器、齿轮联轴节等封闭或半封闭的部件也须常用润滑油润滑。

(3) 制动器养护

长、短冲程电磁制动器应经常保持制动轮与制动瓦表面不含油污、油漆及水分等;闸瓦间隙应调到最佳位置;衔铁、制动杠杆、主弹簧及连接铰轴等应经常涂油保护;电磁线圈应定期测试绝缘情况,若不符合要求可烘烤处理。电动液压制动器应不缺油、不锈蚀,定期过滤工作油,定期调整制动阀。棘爪棘轮制动器与蜗轮蜗杆传动机构制动器要经常注油保养并定期清洗换油。

(4) 悬吊装置养护

钢丝绳养护除日常做好清洗和上油工作外,还应做好如下工作:钢丝绳绳端固定应牢固、可靠,绳卡压板要压在受力绳上,且数量和距离应符合要求;卷筒名义直径与钢丝绳直径比值不得小于 14,卷筒上钢丝绳尾端的固定装置应有防松和自锁的功能;为了保证运行时的安全,启闭机卷筒上至少应保留两圈以上钢丝绳作为其安全圈数;钢丝绳应润滑良好,不得与金属机件相摩擦,不得有扭转、打折、锈蚀和断丝等现象,钢丝绳直径的减小量不得大于 7%,钢丝绳断丝数不能超过规定标准,应严格按照《起重机 钢丝绳 保养、维护、检验和报废》(GB/T 5972)进行报废和更新。

5.2.6.2 卷扬式启闭机养护

卷扬式启闭机的维护工作主要包括平时和定期对启闭机机械设备、电气设备及金属结构进行全面检查、调整、润滑和清扫等工作，及时发现和处理设备缺陷和隐患，使启闭机始终保持良好的工作状态。

（1）卫生清扫工作

设备卫生和环境卫生要经常清扫，保持启闭机机体、零部件、电气设备上无油污和灰尘，减少各种杂质进入机械的摩擦面而造成的磨损，以及灰尘和油污等对电器元件的危害而影响电气设备的正常工作，甚至造成损坏。

在对启闭机械进行清扫时，尤其是在清扫电气设备时，应切断供电电源，禁止带电作业。在清扫过程中，应防止柴油、水等污染电器元件。

（2）检查与紧固工作

检查各连接螺栓的紧固情况，对松动、脱落者应紧固或更换，检查各轴承的润滑状况，检查减速器的齿轮磨损和润滑油的油质情况，检查钢丝绳的绳端固定、磨损、断丝及其润滑油情况，检查联轴器、卷筒组、滑轮轴、车轮组以及吊钩（吊具）等情况，检查金属结构的锈蚀情况，对局部的锈蚀可进行油漆处理，检查安全防护装置是否灵活可靠。

（3）润滑工作

对启闭机的各活动部位应经常或定期进行润滑，要保证各润滑油孔、油道通畅。所加注的润滑油（脂）应清洁，并与机件中原有的油（脂）牌号规格一致，不得使用已变质的油（脂）。

更换不同品种的油（脂）时，应将旧油（脂）除尽，清洗干净零部件后再加注新油（脂）。

减速器的润滑油应经常进行外观和气味检查，定期进行化验，检验其黏度、水分、杂质、酸碱度（KOH）及腐蚀性等物理化学性能指标是否符合要求。对重要的减速器，有时还应检测油的机械性能是否符合要求。减速器的加油量应符合要求，过多会引起漏油、运行阻力增大及发热等，油位过低则会造成润滑不良，加剧损害。对于滚动轴承来说，加入润滑脂的量以占其空间的70%为宜。为减小钢丝绳、滑轮槽和卷筒螺旋槽的磨损，应定期对钢丝绳表面进行润滑，宜采用钢丝绳专用油脂，也可使用一般的润滑油脂，还可以用气缸油调和铅粉进行涂刷。应特别注意平衡滑轮上钢丝绳的润滑状况。

开式齿轮和齿轮联轴器也应定期进行润滑。对齿轮联轴器来说，其轮齿并无相对转动，只有微量的移动，一旦润滑脂被挤压出去，便不能自行补充，致使轮齿磨损加剧，因此要保证齿轮联轴器有充分的润滑。

制动器的各活动铰轴应经常滴油润滑，这样不仅可以减少磨损，也能确保制动器运转灵活，避免由于活动部位卡滞而造成事故。

应对启闭机润滑设备经常进行检查和维护。要保证各油嘴、油杯、油枪、干油泵或干油泵站管路、接头、阀的完好无损。

（4）调整工作

1）制动器的调整。制动器要进行制动轮与闸瓦之间间隙（称为闸瓦间隙或闸瓦退距）、主弹簧的工作长度（称为制动力矩）和松闸器行程三个方面的调整工作。制动器发出制动力矩后，必须允许所吊重物在单位时间内有一段滑行距离，通常称为惯性行程，否则机构将由于吊物从运动状态突然停止因惯性力而产生冲击，使机架发生振动，容易造成零部件损坏或引起机架变形。制动器调整的目的就是要通过对上述三方面的调整，使启闭机具有适宜的制动距离。一般来说，制动距离的调整应达到如下要求：运行机构制动距离约为其运行速度的1/15；起升机构制动距离约为其起升速度的1/100。对于设有两个或两个以上制动器的起升机构，其每一个制动器所发出的制动力矩都应能制动住1.25倍的额定起重量的荷载。闸瓦间隙的调整与松闸器的行程调整宜同时进行，行程和闸瓦间隙根据有关要求进行调整。

2）电气设备及安全防护装置的调整。启闭机电气设备的调整工作应由电工负责。启闭机上的安全防护装置应按有关规定定期进行标定校验。

5.2.6.3 液压式启闭机养护

在水利水电工程中，水工液压启闭设备主要用于操作闸门启闭，通常由液压泵站、液压油缸、液压管路、控制阀组及电气检测保护等装置组成。

液压启闭机的工作特点是：非连续工作，在平时经常处于备用状态，一旦调度命令下达就得及时开启，成功率要求达到100%。由于液压启闭机日常一般处于备用状态，使得液压启闭机的故障具有相当程度的隐蔽性，通过日常的检查分析，判断液压启闭机的状态，对设备的状态做到心中有数，可以起到防微杜渐的作用，将故障消除在萌芽状态。这样即使发生些小故障，也能迅速正确处理，保证液压启闭机的可靠性、安全性，防止闸坝工程运行事故发生。同时，正确、合理地使用和精心保养，可以防止机件过早磨损和避免遭受不应有的损坏，从而延长液压启闭机的使用寿命。因此应重视日常的运行、维护与保养。

（1）液压油的维护

液压油是液压启闭机系统的工作介质，起着能量传递、转换和控制的作用，同时还起着润滑、防腐等作用。70%～80%的液压系统故障是由于液压油的污染造成的，通过维护保持液压油的清洁是液压启闭机可靠工作的关键。

1）注意过滤防污染。除了设置精度恰当、结构适合的过滤器外，还要定期清洗滤网滤芯，使其有效控制油液中的颗粒污染物；另外，每年至少在汛前汛后要对整个系统的液压油各进行一次全面过滤。

2）多方位维护确保液压油清洁。如通过维护保证液压缸下腔活塞杆密封及其外侧防尘圈工作可靠，从而有效阻止活塞杆表面的粉尘、水等杂物进入系统内；定期用软布蘸机油擦拭活塞杆表面，减少尘污入侵系统的机会，这样还能延缓腐蚀、减小密封磨损；或在外露活塞杆的表面安装一个伸缩自如的防尘、防水密封套加以保护。又如保持油箱上通气孔空气滤清器有效，非封闭油箱注意不要放在潮湿的地方，禁止不同牌号的液压油混合使用，加油时必须经过高精度过滤器的严格过滤等。同时要定期清洗液压启闭机，一般可与更换液压油同时进行。

3）及时更换液压油。为监测系统内液压油的性能变化，需定期取样化验。液压油的取样应在系统正在运行或刚刚停止工作时进行，取样的位置宜在油箱中间液压油紊乱区。当化验发现液压油品质已不符合要求时必须及时更换，否则受损的将是整个液压启闭机。目前水利行业还没有具体的液压油换油指标，可参照石油化工部门制定的相关指标结合水闸工作实际制订。

4）及时补充液压油。由于系统泄漏、维修等原因，系统油量会不断减少，为保证系统的正常运行和油液自身的循环冷却，需及时补充液压油。

（2）密封的维护

液压启闭机运行维护的另一个重点就是密封。由于密封圈的磨损和失效是液压启闭机故障发生的主要形式，密封的失效会造成油液泄漏，环境污染，效率降低，影响系统的安全和正常运行，如液压缸下腔活塞杆密封失效，液压油大量外泄，闸门开启后会迅速下滑、无法锁定。目前，进口密封圈在液压启闭机工程中的应用，使得液压缸密封圈，特别是动密封的可靠性和安全性得到大大提高。但是仍应注意以下的问题，以防止损坏。

1）正确运行液压启闭机，避免人为因素可能给密封带来的破坏。闸门启闭切换动作要经过停止，以减少液压冲击；避免主、备液压泵同时工作，人为突然加大系统流量；不要随意调高系统压力或使液压启闭机超负荷运行等。

2）确保系统清洁，减少密封的污染磨损。液压油的污染会加剧密封的磨损和老化，反之，密封的磨损和老化又会使得液压油的污染、劣化加速，这些对液压启闭机系统都不利。

3）维护时要注意方法与安装精度。如在安装活塞杆唇形密封圈时可先用胶布将活塞杆端螺纹缠绕包裹起来，避免维护时螺纹刮伤密封；在活塞杆表面涂抹润滑油脂或工作用液压油，以减少安装阻力。又如在拆卸安装密封时要采用合适的或专用的工器具，避免乱敲重打，拆卸下来的密封最好进行编号，以利于事后进行研究分析。如果运行维护时发现活塞杆密封有单侧严重挤压磨损现象，应及时调整、校正液压缸等的安装偏差。

4）妥善保管好密封备件。密封在保存时要避免放在阳光直射、潮湿以及空气流通的地方，要避开热源和酸、碱工作环境，在自由状态下短期（一般不宜超过 2 年）保存，否则会缩短密封实际使用寿命，增加密封的日常维护工作量。

（3）其他维护项目

定期检查紧固管道接头、固定支架、液压缸底座螺栓；定期分色油漆管道；定期检查、校验压力表等仪表。另外，正确运行液压启闭机对日常维护保养工作有很大意义，如应等到液压泵运行平稳后再启闭闸门，闸门启闭运行结束后应及时停机等。

在工程实践中，根据时间间隔长短，一般将液压启闭机维护保养分为日常保养、月定期检查与保养和半年定期检查与保养。

5.3 闸（阀）门及启闭机修理

5.3.1 门叶结构的修理

（1）如门叶变形，应进行矫正和必要的加固。常温下，可使用机械进行矫正；变形量不大或次要构件可采用人工锤击法矫正，锤击时应在变形部位加垫板，锤击的凹坑深度不得超过 0.5 mm。采用加热法矫正时，加热温度应在 600～700℃范围内，利用不同温度区域的收缩变形达到矫正变形的目的；热矫正后应进行保温处理，然后在 0℃以上的空气中冷却。

（2）门叶梁系构件锈蚀严重，可采用以加强梁格为主的方法进行加固。面板局部因锈蚀或冲刷减薄后，可在其较严重的部位补焊钢板加强，新钢板应加在有梁格的地方。

（3）因空蚀引起的局部剥蚀，可在剥蚀部位进行喷镀或堆焊补强，也可更换损坏的钢材。

（4）钢板、型钢或门体的焊缝局部损坏或开裂后，可进行补焊或更换。新的钢板、型钢，补强所用的钢材和焊条必须符合原设计要求。

(5) 门叶铆接件因锈蚀、振动、空蚀或其他原因造成松动，有局部漏水或脱落等缺陷时，可采用以下方法处理：①更换松动和脱落的铆接件；②铆接部位接缝局部漏水时，可采用捻缝的办法处理，如捻打无效应重新铆接；③铆接周边漏水，可涂环氧树脂封闭缝隙。

5.3.2　行走支撑和导向装置修理

5.3.2.1　滚轮装置的检修

滚轮应能灵活自如地转动，如因锈蚀或泥沙等进入而发生卡阻现象，应进行拆卸检修。将轴和轴套清洗除锈后涂上润滑脂重新组装。对没有注润滑油的行走支承滚轮装置应在轴上设加油孔，在轴套上开设油槽，用油杯或黄油枪加注润滑脂。

轴套与轴的磨损造成间隙超过设计规定值时，应按设计的公差配合更换轴套。胶木轴套的内圆应先粗加工，压入后再精加工，其外径的压入过盈值可取其直径的 0.5%～1.0%。

5.3.2.2　胶木滑道的检修

当胶木经使用发生变形、剥裂、老化等缺陷时，将会使滑道的摩擦阻力增大，影响闸门的正常运行，因此需更换胶木滑道。一般只更换胶木，仍旧使用旧夹槽，但旧夹槽应保证原设计的粗糙度，如果夹槽锈蚀严重，要进行除锈处理，不能切削夹槽。

先将胶木板按要求切成粗条，然后放入 70～80℃的石蜡溶液中进行干燥处理，使其含水率较低(＜5%)。干燥后的胶木块挠度不得超过其长度的 1/200，短部裂缝深度不得大于 0.2 mm。

对于干燥处理好的胶木块侧面、底部和端面进行精加工。

胶木压入夹槽或拼成轴套时，应使其在顺纹方向受压。胶木压入夹槽的过盈量一般为夹槽宽度的 1.3%～1.7%，应尽量缩短胶木干燥后到压入夹槽的时间间隔。在压入前，应在夹槽和胶木表面涂一层酚醛树脂。

胶木压入夹槽后应与槽底接合严密无间隙，用塞尺检查滑道两端部，在深 30 mm、宽 20 mm的局部，间隙应不超过 0.2 mm。胶木与轨道接触的工作表面最后进行精加工，安装好滑道两端挡板，并在胶木表面涂上润滑脂盖上油纸，不得暴晒及碰伤。

整体式胶木滑道要先放入旁边两块胶木，然后将中间的一块压入夹槽；对装配式胶木滑道，装入胶木后用螺栓压紧，侧向挤压应不超过 20 MPa。

滑道安装到门叶上，拧紧连接螺栓，滑道夹槽底面门叶表面的间隙应符合要求。胶木滑道检修时可更换胶木，也可使用含油铸型尼龙滑道。使用油尼龙滑道可简化滑道的加工工艺过程。

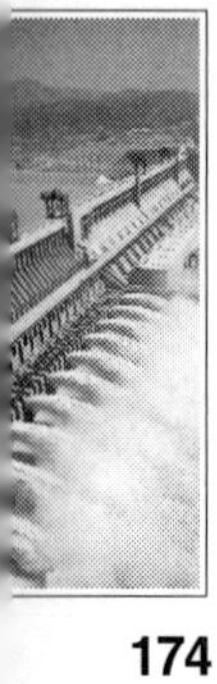

5.3.3　止水装置养护

止水装置的损坏不仅会造成闸门漏水，使水工建筑物及闸门受到冲磨，而且也是引起闸门振动的原因，因此必须防止和控制闸门漏水。对工作闸门而言，重点是解决好门槽底部的漏水。

5.3.3.1　止水装置的检查

检查闸门的漏水情况，闸门在关闭状态下，橡胶止水装置的漏水量不应超过 0.1 L/(m·s)。检查止水橡胶的磨损和老化情况，对磨损严重及老化失效者应予以更换。检查止水橡胶有无局部扭转、撕裂等现象，尤其要注意顶止水和侧止水、侧止水和底止水的连接处。检查止水橡胶的压缩情况，一般情况下，止水橡胶应有 3～5 mm 的压缩量，顶止水和侧止水的预压缩量一般为 2～4 mm，否则要按设计要求进行调整。检查止水装置的各连接螺栓有无松动或脱落；对弹簧钢板以及高压闸门活动止水装置的操作装置也应检查和修理。

为防止止水橡胶的老化，可在止水橡胶的非摩擦面上涂覆抗老化涂料。止水橡胶和备件应妥善保存。止水橡胶应存放在阴凉、通风、干燥的室内，避免阳光照射或与油脂接触，同时还要防止压坏变形。

5.3.3.2 止水装置的修理

（1）止水橡胶的更换。拆卸止水橡胶时，如止水装置的连接螺栓由人工或机械拆不下来，可采用气割的方法拆卸，但气割螺栓时不得损伤门叶结构和止水压板。安装止水橡胶时，应用止水橡胶的压板在新止水橡胶上画出螺孔，然后冲孔，螺孔的直径应比螺栓直径小 1～2 mm。严禁在新止水橡胶上烫孔。拧紧止水橡胶和压板的固定螺栓时，应分 2～3 次逐渐拧紧达到要求的压缩量，做到各螺栓受力均匀，止水橡胶均匀受压，要使止水橡胶和门叶结构或门楣构件压紧贴实。

（2）止水橡胶的黏结。由于止水橡胶的压缩量过大或止水座板表面经长期冲刷而变得粗糙，使得止水橡胶局部撕裂或破坏时，可更换局部损坏的止水橡胶。

止水橡胶的接头有以下两种黏结方法：

1）冷接法。即在环境温度情况下，对接头表面进行除污打毛后，用市售胶黏剂涂刷，待胶黏剂干后拼压数小时即可。

2）热接法。按照止水橡胶的形式和规格刻制相应的金属模具；将接头切割成斜断面（或者断面）；用酒精或丙酮将接头断面清洗干净后打毛放入模具；在接头处放入同材料的混炼胶（生胶片），固紧模具把止水橡胶接头压实；将模具加热到 130～170℃，并在此温度下保温 1 h 左右即可。但由于现场条件局限，混炼胶的加热硫化工艺不易掌握（一般采用的是加热板或乙炔-氧气火焰进行加热），因而接头的质量不易提高。如果工艺控制得当，接头处的拉伸强度可达到止水橡胶本身强度的 83%。

（3）止水橡胶预压缩量的调整。应按设计要求调整止水橡胶的预压缩量。

5.3.3.3 检修后的止水装置质量要求

（1）必须保证闸门的顶止水、侧止水和底止水的整体连接性。

（2）止水橡胶顶部所构成的平面的不平度不超过 2 mm。

（3）止水橡胶的预压缩量和压缩量应符合要求。

（4）闸门的漏水量应符合设计要求。

5.3.4 弧形闸门修理

弧形闸门（简称弧门）是水电厂广泛使用的一种闸门类型。泄水道出口的工作闸门一般采用弧形闸门。同平面闸门一样，弧形闸门也是由门体结构、门槽埋件和启闭闸门的机械设备三大部分组成。

弧形闸门除门叶结构、支铰等与平面闸门不同外，其导向装置、止水装置及门槽埋件等的养护维修与平面闸门基本上是相同的。

5.3.4.1 门叶结构的检修要求

弧形闸门门叶结构几何尺寸的允许偏差见表 5.3-1。

表 5.3-1 弧形闸门门叶结构几何尺寸的允许偏差

序号	项目	门叶尺寸/mm	公差与偏差	
			潜孔式	漏顶式
1	门叶厚度 b	门厚:≤500 500～1 000 >1 000	±3.0 ±4.0 ±5.0	±3.0 ±4.0 ±5.0
2	门叶外形高度 H 门叶外形高度 B	≤5 000 5 000～10 000 10 000～15 000 >15 000	±5.0 ±8.0 ±10.0 ±12.0	±5.0 ±8.0 ±10.0 ±12.0
3	对角线相对差 $\|D1-D2\|$	≤5 000 5 000～10 000 >10 000	3.0 4.0 5.0	3.0 4.0 5.0
4	扭曲	≤5 000 5 000～10 000 >10 000	2.0 3.0 4.0	2.0 3.0 4.0
		≤5 000 5 000～10 000 >10 000	3.0 4.0 5.0	3.0 4.0 5.0
5	门叶横向直线度	≤5 000 5 000～10 000 >10 000	3.0 4.0 5.0	6.0 7.0 8.0
6	门叶纵向弧度与样板的间隙		3.0	6.0
7	两边梁中心距		±3.0	±3.0
8	两边梁平行度 $\|e'-e\|$		3.0	3.0
9	纵向隔板错位		2.0	2.0
10	面板与梁组合面的局部间隙		1.0	1.0
11	面板局部平面度	板厚 δ >6～10 10～16 ≥16	每米范围内不大于 4.0 4.0 3.0	 6.0 5.0 4.0
12	门叶底缘直线度		2.0	2.0
13	门叶底缘倾斜度 2C		3.0	3.0
14	止水座面平面度		2.0	2.0
15	顶止水面直线度		2.0	2.0

续表

序号	项目	门叶尺寸/mm	公差与偏差	
			潜孔式	漏顶式
16	侧止水螺孔中心至门叶中心距离		±1.5	±1.5
17	顶止水螺孔中心至门叶底缘距离		±3.0	±3.0

注：当门叶宽度、两边中心距及其直线度与侧止水有关时，其偏差值应符合图样规定。

5.3.4.2 支铰的检修

因弧门支铰的位置低，水中细小泥土和砂粒沉积于轴套与支轴的间隙内，日久便结成较硬的泥垢，增加了摩擦阻力，使支铰转动不灵活，加快轴和轴承的磨损。如果支铰的轴套与铰轴之间没有润滑装置，只能从铰链与支铰座的空隙处加注润滑油，润滑效果不好，当较长时间不使用时容易产生锈蚀，发生卡滞现象。支铰的检修方法和步骤为：

（1）首先卸掉外部荷载，把门体适当垫高，使铰轴受力减小到最低限度，然后将门体加以支撑固定，以利于拔取铰轴。

（2）用油漆溶剂与人工敲铲相结合的方法，清除铰轴与铰边各缝隙间的旧漆和污垢，并用煤油或柴油向轴套的缝隙渗灌，为拔取铰轴做好准备。

（3）拔取铰轴。对卡阻较严重的铰轴，可先拆掉止轴板，再用螺旋千斤顶进行拔取。对卡阻不太严重的铰轴可用冲顶轴的方法拔取。拔轴时要缓慢施力，使轴比较均匀地受力，并适当地用大锤轻轻敲击铰链进行振动松卸。

（4）对原来无润滑油孔和油槽的支轴和轴套，可加钻油孔和油槽。应当在轴一端的中心钻孔通至轴的圆轴表面；并开凿油槽。应在轴端的油孔上设置油杯或油嘴。

（5）将支轴、铰链内外清洗干净，加注润滑脂后再进行组装。

5.3.5 闸门启闭失灵抢修

汛期闸门无法开启，闸门开启后关不下，或者在启闭过程中卡住，汛期闸门启闭失灵的这种现象是一种常见的险情。

（1）闸门启闭运用失控时的抢险法

1）立即吊放抢修门或叠梁，如仍有漏水，可在抢修门或叠梁前铺放复合土工布、篷布等，并抛填土袋、土料等堵漏；

2）待不漏水后，再对工作门门槽、启闭设备、钢丝绳等进行检修或更换；

3）若无抢修门及门槽，可根据闸孔跨度用角钢焊制一框架，网格尺寸以 0.2 m×0.2 m 左右为宜，将其吊放在闸门前，然后在框架前抛填土石袋挡水，直至高出水面，并在土袋前抛黏土封堵止水，以替代检修闸门。

若遇泄洪，因闸门启闭螺杆或拉条折断而不能开启时，可派潜水员下水检查闸门卡阻原因及螺杆、拉条断裂的位置，用钢丝绳系住闸门吊耳，用滑轮组、绞车进行临时提升泄洪，待水位降低，露出折断部分后，再进行拆卸更换。

当采用各种方法后，闸门仍然无法开启或开启不足已危及大坝安全、又急需开闸泄洪时，可立即报请主管部门同意，采用破坏闸门措施，以强制泄洪。破坏闸门时应确保大坝和

人身安全。

(2) 涵管(洞)闸门开启后不能关闭时的抢堵法

大致有以下几种情况:

1) 涵管(洞)闸门在高水位时,因闭门所需顶压力不足,在小开度时难以关下,或因门槽内有石块而无法清除时,可采用抛土袋办法止漏。

2) 按自重下落的闸门,若因自重不够无法关闭时,可采用门顶加压或加重的办法使闸门关闭。

3) 有的小型水库采用斜提式放水孔或分级斜卧管放水孔,若闸门无法关闭或门板破裂时,可采用网孔不大于 0.2 m×0.2 m 的钢筋网盖住进水口,再抛土袋或其他堵水物堵水。

4) 对直面圆形孔,可用塑料编织袋装满土,再外包棉絮、土工布等,用铁丝扎成圆球,用绳索或竹竿控制下沉进行封堵。

(3) 闸门漏水抢堵法

闸门止水安装不好或年久失效,造成闸门漏水情况时有发生,在需要临时抢堵时可在关门挡水情况下,从闸门上游靠近闸门处,用沥青麻丝、棉纱团、棉絮等堵塞缝隙,并用木楔挤紧;若是木闸门漏水,可用木条、木板或布条、沥青等材料进行修补。

(4) 开敞式水闸防闸门漫溢抢险方法

1) 无胸墙的开敞式水闸防漫溢措施。根据闸门跨度大小,用角钢焊接一平面钢架,其网格尺寸以 0.3 m×0.3 m 左右为宜,角钢型号应与闸门跨度大小相适应,将钢架吊入闸门槽内,放置于关闭的工作闸门门顶,靠近门槽下游侧,然后在钢架前面的闸门顶部分层铺放土袋,临水面放置土工膜挡水;如工作门顶宽度不足,可用 2～4 cm 厚木板,严密拼接后靠在钢架上,压紧木板,防止漂浮,见图 5.3-1。

2) 有胸墙开敞式泄水闸防漫溢措施。可利用闸前工作桥在胸墙顶部叠放土袋,临水面压放土工膜挡水见图 5.3-2。也可在胸墙顶与启闭台大梁间砌砖,上游面砂浆抹面,并将大梁至墙顶空间封堵挡水。上述抢堆土袋应与闸门两侧土坝衔接,并做好接头处的防渗,共同抵御洪水。

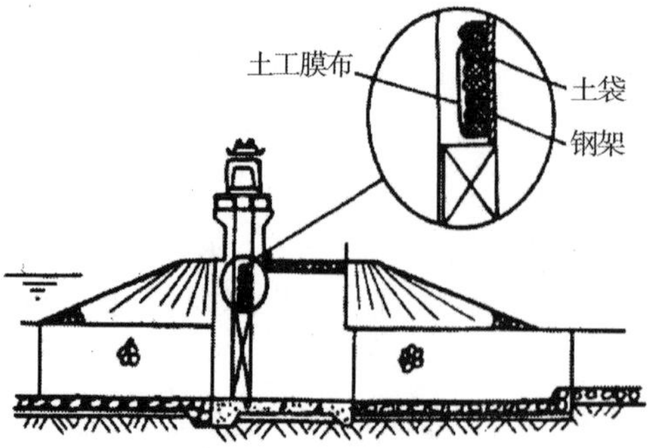

图 5.3-1　无胸墙开敞式水闸漫溢抢险图

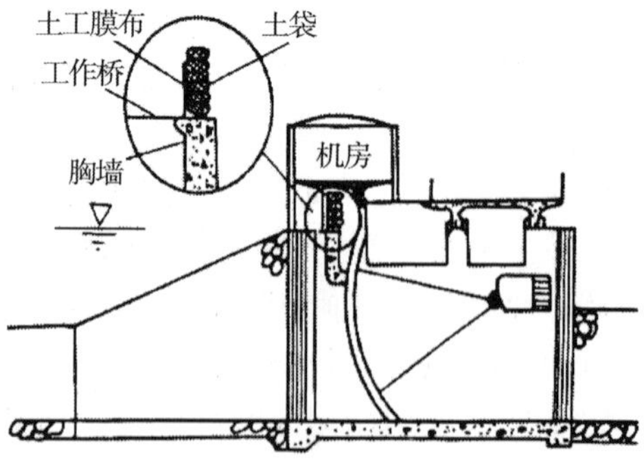

图 5.3-2　有胸墙开敞式水闸漫溢抢险图

闸门抢修时的注意事项:

1) 处理闸门事故时,必须注意安全,特别是正在放水的涵洞,绝对不能轻易派人潜水检查，以免发生事故。

2）采用破坏闸门措施时应确保大坝和人身安全。

5.3.6 卷扬式启闭机修理

5.3.6.1 卷扬式启闭机制动器检修

（1）短行程电磁铁制动器

短行程电磁铁制动器的常见故障及处理方法见表 5.3-2。

表 5.3-2 短行程电磁铁制动器的常见故障及处理方法

故障现象	故障原因	处理方法
制动器抱不住闸	主弹簧断裂损坏或紧固螺母松退	更换主弹簧或重新调整紧固螺母
	主弹簧张力过小	调整主弹簧的张力
	制动带磨损严重	更换制动带
	制动轮与制动带之间有油污	清除制动轮与制动带之间的油污
	制动轮与闸瓦严重不同心	调整制动轮与闸瓦的同心度
	制动臂销轴卡板或开口销损坏，销轴脱落	修理销轴
电磁铁严重发热	电磁铁线圈接头接触不良	检查修理，使线圈接头接触良好
	与制动器位置装配不当	检查高速电磁铁与制动器的装配位置
	电磁铁的动、静铁芯间隙	修理或更换电磁铁
	电磁铁线圈损坏	修理或更换电磁铁线圈
	主弹簧张力过大	调整弹簧张力
	制动系统被卡住	查找并排除制动系统卡住故障
	电磁铁电源电压过低	检查调整电源电压
	电磁铁的工作制或容量规格选择不当	重新选择工作制或更换容量规格合适的电磁铁
	通电工作时，制动轮与闸瓦脱离不开	找出原因，并予以处理
制动器通电后不动作或打不开闸	电磁铁线圈开路或接头接触不良	查找修理电磁铁线圈开路或接触不良的接头
	主弹簧张力过大	调整主弹簧张力
	电磁铁线圈短路	修理或更换电磁铁
	电磁铁线圈电源电压过低	检查调整电磁铁线圈电压
	制动架活动关节被卡住	修理制动架活动关节
	衔铁张口太大，吸合困难	调整电磁铁行程

续表

故障现象	故障原因	处理方法
抱闸不灵（制动慢）	主弹簧张力过小	调整主弹簧张力
	制动架销轴磨损严重	修理或更换磨损的销轴
电磁铁线圈通电后冒烟	制动带严重磨损	更换制动带
	电磁铁线圈受潮	重新烘干电磁铁线圈
	电磁铁线圈内部短路	修理或更换电磁铁线圈
制动器工作时产生较大的响声	静铁芯上短路环断裂	修理断裂的短路环
	电磁铁过载	调整主弹簧张力
	动、静铁芯工作面脏污	清理动、静工作面上的脏污
	动、静铁芯对不齐	调整机械部分，消除对不齐现象
电磁铁不能克服主弹簧的张力	电磁铁过载	调整主弹簧的张力
	所采用的线圈电压大于线路电压	更换电压合适的电磁铁线圈
	线路中的电压显著降低	消除线路电压下降故障

（2）长行程电磁铁制动器

长行程电磁铁制动器的常见故障及处理方法见表 5.3-3。

表 5.3-3　长行程电磁铁制动器的常见故障及处理方法

故障现象	故障原因	处理方法
制动器通电后不动作或打不开闸	电磁铁线圈断路或接头接触不良	检查并修理电磁铁圈断路或接触不良
	主弹簧张力过大	调整主弹簧张力
	活动关节被卡死	修理被卡死的活动关节
	电磁铁线圈电源电压过低	检查调整电源电压
	电磁铁线圈短路	修理或更换电磁铁线圈
	线圈接线错误	纠正错误接线
制动器抱不住闸	主弹簧断裂损坏或紧固螺母松动	更换主弹簧或调整紧固螺母
	制动瓦销轴顶丝松动窜出使制动瓦脱落	修理装配好制动瓦
	制动带或制动轮过渡磨损	更换制动带或制动轮
	制动瓦铆钉露出制动带	修理制动瓦铆钉
	主弹簧张力过小	调整主弹簧张力
	制动带与制动轮间有油污	清除制动带与制动轮间油污
	制动轮与制动瓦严重不同心	检查并调整制动轮与制动带的同心度
	电磁铁内销轴窜出，断电后动铁芯无法下落	修理电磁铁

续表

故障现象	故障原因	处理方法
制动器的制动力矩过小	电磁铁动铁芯的行程不够	调整电磁铁的行程
	制动轮上有油污	清除制动轮上的油污
	制动轮磨损	更换制动轮
	主弹簧松动或损坏	调整或更换主弹簧
	拉杆松动	重新调整拉杆
制动轮发热，制动带很快磨损	松闸时制动带没有均匀地离开制动轮	修理调整制动瓦和制动轮
电磁铁严重发热	电磁铁线圈引线接头接触不良	检查与修理，使线圈引线接头接触良好
	电磁铁动铁芯卡住	修理电磁铁
	电磁铁线圈短路	修理或更换电磁铁线圈
	制动系统被卡住	修理卡住的制动系统
	电磁铁电源电压过低	检查调整电源电压
	电磁铁工作制或容量规格选择不当	重新选择工作制或容量规格合适的电磁铁
	通电后制动瓦与制动轮脱不开	查找制动瓦与制动轮脱不开原因，并修理
	线圈头尾接错	纠正接线
抱闸不灵（制动慢）	主弹簧张力过小	调整主弹簧张力
	制动臂销轴磨损严重	修理或更换磨损严重的销轴
	制动带严重磨损	更换制动带
电磁铁线圈通电后发热冒烟	电磁铁线圈受潮	烘干受潮的电磁铁线圈
	电磁铁线圈短路	修理或更换电磁铁线圈
	三相线圈接线错误	纠正三相线圈的接线

(3) 液压电磁铁

液压电磁铁的常见故障及处理方法见表 5.3-4。

表 5.3-4　液压电磁铁的常见故障及处理方法

故障现象	故障原因	处理方法
通电后推杆不动作	推杆卡滞	拉动推杆上下数次，使之灵活
	无油	补充油
	ZL2 整流器时间继电器延时过短	调整时间继电器的延时，使之为 0.5 s 左右
	ZL2 整流器损坏	修理或更换整流器
	严重漏油	按“外部漏油”处理
	线圈断路	检查修理线圈断路部位
	电源电压过低	检查调整电源电压

续表

故障现象	故障原因	处理方法
行程小	油量不足	补充油
	活塞与推杆之间有气体	将推杆压到最低位置，拧开放气螺栓，排除气体
电磁铁动作后，行程逐渐减小	油缸漏油	更换油缸
	齿形阀片及动铁芯阀片密封不严	清除阀片上可能存在的机械杂质
	密封圈损坏	更换密封圈
外部漏油	密封圈损坏	更换密封圈
	接线盒处密封不好	拆下接线座，更换座封垫
	盖与油缸处密封不好	可以拆卸后涂密封胶装配
启动时间过长	电压过低	升高电压
	运动部分卡滞	检查并消除卡滞现象
制动时间过长	运动部分卡滞	检查并消除卡滞现象

（4）液压推杆制动器

液压推杆制动器的常见故障及处理方法见表 5.3-5。

表 5.3-5　液压推杆制动器的常见故障及处理方法

故障部位	故障现象	故障原因	处理方法
制动器	不动作或打滑	液压推动器有故障	修理或更换
	不开闸	主弹簧张力过大	减小主弹簧张力
		推动器工作行程小	调整推动器“工作行程”
	制动慢(抱闸不灵)	推动器工作行程大	调整推动器“工作行程”
		主弹簧张力过小	增大主弹簧张力
		制动轮表面有油污	消除制动轮表面的油污
弹簧	制动器失灵	断裂或有疲劳裂纹	更换
销轴、芯轴	制动慢	磨损量超限(达公称直径的 3%～5%)	更换
制动瓦	制动慢	制动带磨损过大	调整制动力矩(调整推动器的工作行程)或更换制动带
	焦味，磨损过快	没有和制动轮脱开	调整制动瓦退距的工作行程
滑动轴承铰接孔	过热、制动慢	润滑不足或磨损过大	加注润滑剂或更换滑动轴承
液压推动器	通电后不动作或推力不足、行程小	电动机绕组断缺相或接线端子接触不良	更换电动机，消除缺相或压紧线端子
		线路电压低于额定值的 15%	提高线路电压
		严重漏油	消除漏油现象

续表

故障部位	故障现象	故障原因	处理方法
推杆	推杆卡滞动作慢	推杆弯曲或严重损伤	更换
油封	活塞杆向外带油	上油封磨损超限	更换
	活塞杆行程不足或不动作	电动机轴上油封磨损超限或轴承损坏	可添足油液继续使用，待检修时更换油封或轴承
电动机	工作时发出不正常噪声	轴承磨损或定子与转子间的气隙不均匀	更换轴承或修正定子与转子气隙
	温升过高	定子与转子相擦；低电压下工作；电动机受潮	消除定子与转子相擦现象；提高电压；干燥电动机

5.3.6.2 卷扬式启闭机减速器常见故障分析

（1）齿轮故障

1）齿部折断(即掉牙或根切)。防止齿部折断的方法是：确保起重机不超载使用；启动和制动要缓慢、平稳；不允许突然打反车操作，只有在为了避免事故发生等特殊情况下，方可打反车操作，但不得超过反向第一级。齿轮淬火处理要符合技术要求。

2）齿面磨损。造成齿部过快磨损的原因有两个，一是由于齿面的粗糙度或硬度不均匀；二是润滑剂不洁净。润滑剂的好坏对齿面磨损的影响也很大，经常处于良好润滑状态的齿轮，其使用寿命必然很长。

3）齿面胶合。齿面胶合是指相互啮合的齿轮中，由于齿面摩擦产生的高温，使较软的齿轮齿面的金属熔化，被较硬的齿轮齿面黏附带走。防止齿面胶合的方法有：采用黏度较大或抗胶合性能好的润滑剂；减轻齿轮的工作载荷。

4）齿面点蚀。齿面上出现了斑点的现象被称为齿面点蚀。发现点蚀情况，应及时更换润滑剂，并将减速器清洗干净后加入新油。齿面点蚀随着使用时间的延续，斑点痕迹可能有所扩大，但其发展速度不会很快。

5）齿面塑性变形。由于齿面淬火硬度不均或没有进行淬火，在齿面硬度较低的部位发生了永久变形，使齿面形成凹凸不平的现象或齿面歪斜，称为齿面塑性变形。这种变形如果不严重，齿形经过修整后，齿轮可以继续使用，但应加入黏度较高的润滑油。如果变形比较严重，就要更换齿轮。

6）齿面接触不良。齿轮在啮合过程中，齿面不能沿着规定的齿深接触，使得齿面出现沿径向的波浪形凹凸不平现象，称为齿面接触不良。产生这种现象的原因是，两齿轮中心距与箱体孔的中心距超差，或两轴的平行度超差过大。

（2）噪声

减速器内产生噪声的原因很多，发出的声响也多种多样，常见噪声如下：

1）清脆连续的撞击声。这是由于齿轮啮合面上的伤痕严重或有黏着物的缘故。

2）无规律的噪声。原因有：如果是斜齿轮传动，则是两齿轮的螺旋角不一致，更换时应成对更换；安装齿轮的轴两端的箱体孔同心度超差过大；轴承在装配时掉进了杂物，使轴承歪斜或锥形轴承调整的间隙不符合要求。

3）断续嘶哑的声响。原因是缺少润滑油。

4）尖哨声。这是由于轴承内环、外环或滚动体上出现了斑点、掉皮或锈蚀。

5）冲击声响。原因是轴承有严重损坏的地方。

6）剧烈的金属锉擦声。原因有：齿轮的侧隙过小；相互啮合的两齿轮宽度中心线未对准；齿顶有尖峰；齿轮工作面磨损出沟槽；两轴中心距比标准中心距小，使齿顶与齿根在啮合过程中相接触。

7）与转速相对应的周期性声响。这是由于齿轮的节圆中心与轴的中心线偏移或齿轮的周节累计误差过大。

8）周期性的响声。多是由齿轮的机械加工误差引起的。

（3）振动

引起减速器振动的因素很多，主要表现在以下几个方面：

1）减速器的主动轴与动力来源的传动轴的同心度超差过大。

2）减速器的被动轴与主动轴的同心度超差过大。

3）减速器的自身安装精度不高。

4）安装减速器的机座的刚性不够，使得减速器随机座一起振动。

5）紧固减速器的螺栓松动。

（4）漏油

启闭机漏油大多是指减速器漏油。产生漏油的原因是：当减速器里面的齿轮转动时，齿轮的两侧空间形成压力差，一侧压力低于外部大气压力，另一侧则高于大气压；齿轮在啮合过程中产生热量，将使减速器内油温上升，压力进一步增大，并使油液变稀；齿轮的旋转会把油液溅到减速箱的各个角落，而油液的渗透性很强。上述原因造成在减速器不严密处出现漏油和渗油现象。再者，更换的密封垫(圈)不合格、毡垫形状不对、螺栓紧固不牢靠、密封材料不适宜、润滑油量不符合技术规定以及箱体变形等，也会造成减速器漏油。

防止减速器漏油的办法很多，主要有均压、畅流、堵漏和采用新的润滑材料四种方法：

1）均压。要使减速器内外气压保持一致，减速器必须设置通气孔，而且通气孔大小应适宜，安装位置应在减速器箱体的最高处。同时还应考虑防止灰尘落入箱内的措施。

2）畅流。畅流就是指使循环流动的油液能够顺利地流动，不发生阻塞。对减速器而言，就是指齿轮旋转时溅到箱体上的油液，在各处少停留或不停留，让油液迅速返回油池。

3）堵漏。堵漏就是使减速器箱体内的油液不能往外渗漏。一般可采用涂抹密封填料、研刮接合面、设置密封圈、放置密封垫和毛毡等措施进行堵漏。

4）采用新的润滑材料。

（5）发热

轴承损坏，润滑剂不符合规定，轴承内进入杂物导致轴承产生卡滞现象，新更换的齿轮、轴、轴承装配得不合适或者齿轮和轴的加工不符合技术要求，减速器的承载能力不足以及载荷持续时间过长等，都会造成减速器的发热。

5.3.7 液压式启闭机养护修理

（1）检修工作的划分

液压启闭机机械部分的维护检修工作分为保养、专项检修、纠正性检修和整体检修。

1）纠正性检修。包括设备缺陷及故障处理和事故抢修。

2）整体检修。根据液压启闭机的检修周期和有关规定，对液压启闭机实施的整体检修。

这里提到的检修周期均是指启闭机（部件）新投运或经检修后投入运行至下一次检修之间的时间间隔。

（2）检修的一般要求

1）启闭机的维护检修必须贯彻“养修并重，预防为主”的方针。严格做到定期保养，计划检修，使启闭机经常处于良好的技术状态。

2）未提到的技术要求，均应按启闭机设计、制造、安装要求及有关规定执行。

3）检修工作均应有详细的记录。检修工作均应有详细的检修报告。

4）液压启闭机维护检修工作应从确保安全运行的角度出发，对无法做出准确判断的组件应及时更换。

5.3.8　其他启闭设备的修理

螺杆启闭机可以承受拉力及压力，使用范围较广。它比较常发生的故障是螺杆弯曲和承重螺母与推力轴承的磨损等。

（1）螺杆弯曲的原因及修理

1）螺杆弯曲的原因

① 闸门开度指示器不准确或限位开关失灵，当闸门全关后仍继续向下关闭。

② 电动机接线相序错误或操作错误；使已经全关状态的闸门继续关闭。

③ 关门时，闸门突然发生卡阻或底坎上有石块等障碍物受阻。

④ 违反设计规定操作，使闭门力超过螺杆允许压力而弯曲。

⑤ 螺杆和连杆的长细比超过容许最大限度或导向点布置间距过大。

⑥ 安装的螺杆、连杆的误差偏大，关门时发生卡阻。

螺杆弯曲较大时，将使闸门无法启闭；弯曲较小的，也会引起承重螺母严重磨损、使闸门偏位运行等。因此，遇有螺杆弯曲事故，必须及时进行检修。

2）螺杆弯曲的修理方法

① 压重物矫正法。将螺杆拆下放平，弯曲处的凸面向上，两端加垫木块后左右固定，接着在弯曲处逐步堆放重物，以静荷载使其恢复原状。此法加力缓慢，而且可以控制，不致使螺杆造成反向弯曲而引起疲劳损坏，适用于矫正小型启闭机的螺杆。

② 杠杆矫正法。螺杆拆下后，一端用绳子固定，并在弯曲部位的适当位置垫以木块，然后在另一端施加压力，使弯曲部位逐步回直。此法简单省力，无需大量的重物，适用于矫正小型启闭机的螺杆。

③ 千斤顶矫正。此法可在不拆下螺杆情况下进行矫直。即在螺杆弯曲段的两端用反向支撑，在弯曲凸面用千斤顶加压。使用此法时，各支承部位的连接要稳妥可靠，以免滑脱。同时对千斤顶底板支承部位要进行核算，以免造成其他结构的破坏。

④ 手动螺杆式矫正器矫正。手动螺杆式矫正器利用加力螺杆的转动施加压力，可使螺杆弯曲部位得以矫直。

⑤ 压力机矫正。系在工厂内采用专用矫正机械矫正。

⑥ 热矫法。对弯曲部位加热矫正，可以达到较好的效果。此法适用于矫正直径较大的螺杆。

3）矫正螺杆弯曲时的注意事项

螺杆经过矫正后，其不直度应控制为：每 0.5 m 长不超过 0.15 mm；总长度不大于 5 m 时，不得超过 0.7 mm；总长度为 5～10 m 时，不得超过 1 mm。若超过上述标准，需继续进行矫正。

螺杆矫正后，为了防止再次弯曲，应对产生弯曲的原因进行处理：

① 精确调正闸门开度指示器。

② 修复限位开关，并调正其精确位置。为了确保下限限位开关的可靠性，必要时，可装两个限位开关同时控制电动机。

③ 安装限位螺母。在闸门关闭位置的螺杆顶部，增设限位螺母及弹簧。如没有弹簧时，可只装限位螺母。限位螺母最好用两只螺帽拼紧，或用其他办法固定。

④ 按设计要求调整安全联轴器。

⑤ 当螺杆长细比超过允许值或导向点布置间距过大时，可增设导向点。

⑥ 调整螺杆的安装位置。要求螺杆自由垂直偏差不应大于 0.2 mm/m；螺杆下端如与滑块装置连接时，其倾斜方向应与滑块槽倾斜方向一致。滑块槽对承重螺母中心偏差不得大于 1 mm，其垂直偏差不得大于 0.2 mm/m；滑块在滑槽中上、下移动时，应无别劲现象，两侧间隙应在 0.2～0.4 mm 范围以内。

（2）承重螺母磨损的修理

螺杆启闭机的启闭力是由于螺母与螺杆的螺纹面之间的斜面接触作用产生的，如润滑条件差，承重螺母较易磨损，特别是螺杆偏斜、弯曲后，使螺母承力不均，磨损更为加剧。承重螺母的磨损超过设计要求时，应更换新件，以免引起坠门事故。

螺母螺纹若产生破碎及裂纹等缺陷，应更换新螺母。更换时，螺母螺纹中心线对推力轴承配合面的不垂直度应不超过规定要求。

（3）推力轴承磨损的修理

螺杆启闭机的推力轴承，一般采用球形或锥柱推力轴承，如由于缺润滑油及其他原因而使推力轴承磨损过大，或钢球（锥柱）及推力轴承座等发生微裂时，应更换新件。

5.3.9 拦污栅的检修

拦污栅的检修主要包括整体检查、栅面检修和框架检修三部分。检修开始前应制订完善的施工安全技术措施。

（1）整体检查

拦污栅分解吊出栅槽后，应对栅体进行全面检查：

1）测量各节栅体的挠曲和对角线之差。各节栅体的对角线之差不应超过 6 mm，挠曲值不应超过 4 mm。

2）栅条的侧向变形使得栅条间距超过设计值的±5%时应进行矫正。

3）检查栅面、框架等的锈蚀、冲磨情况，以及焊缝有无开裂、裂纹等情况。

4）检查滑块、滚轮及节间连接的磨损、锈蚀等情况。

5）检查各连接螺栓有无松动或脱落，否则应加以紧固或更换。

（2）栅面检修

1）栅条迎水面如因冲刷、锈蚀而出现沟槽时，可采用补焊方法处理，所用的焊条应与栅条的材质相适应，焊接后要用砂轮将焊道打磨光滑。对损坏较严重的栅条应更换。

2）由于振动等原因使栅条出现裂缝或断裂时，应更换栅条。更换时，应在距断口两侧100～200 mm处将断口割去后再修复栅条。施焊前应在接头处用砂轮打出"V"形或"X"形坡口，将坡口及其两侧10～20 mm范围内的铁锈、油污、浮渣及水迹清除干净。焊缝不得有夹渣、咬边等缺陷，焊缝应盖过每边坡口2～3 mm，不允许在接头处贴焊钢板、圆钢等来连接，不允许在接头间隙内填充金属材料施焊。焊道应用砂轮磨光，更换栅条的材质应与原栅条相同。

（3）框架检修

1）框架纵梁、横梁以及加强肋的焊缝因振动等原因而开裂时，应进行补焊，施焊前应铲除旧焊道，并将焊缝周围清理干净。

2）行走支承滑块、反向滑块、侧向滑块（滚轮）以及节间连接等装置的检修可参照平面闸门检修的相关内容。

3）对发生变形的拦污栅结构应作校正处理，按设计图纸全面检查装配、紧固螺栓，按图纸配齐所有零配件。

5.4 压力钢管的常见病害及处理

5.4.1 压力钢管失稳破坏的修理

钢管是一种薄壳结构，在受外压或管内产生负压的情况下，很容易失去弹性稳定而发生皱曲破坏。稳定性较差的钢管，受外压后，一般在钢管顶部或底部沿着轴线方向产生不同程度的鱼脊形鼓起变形（也有个别是在很小范围内的鼓包突起），严重的可能使钢管顶部和底部压缩皱曲到一起，而使钢管完全不能使用。

压力钢管的失稳破坏，一般都有一个发展过程，如修理及时是可以防止破坏加剧的。当隧洞式压力钢管在局部管壁出现小鼓包时，除采取导管或减压井等措施降低地下水位外，应迅速在鼓包处钻小孔泄放管外的水（减卸外压力），用油压千斤顶将鼓起部分顶压复原，并向管壁与隧洞缝隙间灌注水泥砂浆等（注意选用合适的灌浆压力）。露天式钢管出现小鼓包时，除顶压复原外，可在钢管外采取加劲环的措施，加强钢管的刚性。

如鼓包面积比较大或整段钢管被压缩导致严重皱曲或破坏时，应割除已损坏段，重新设计钢管，分情况采取增设加劲环或更换较厚钢板等办法修复。

5.4.2 压力钢管脆性破坏的修理

钢管脆性破坏一般发生在露天式明管。其主要现象是管壁、焊缝或有关构件突然发生断口，且发展速度极快，断口呈晶粒均匀的平面，并与构件表面垂直。当压力钢管经分析可能发生脆性破坏时，可采用下述预防性措施：

（1）在钢管外壁上加设钢箍。利用钢箍分担部分水压力，以降低管壁和纵向焊缝所受的张力。

（2）改变构件外形。将一些有尖锐缺口或外形突变的构件改为弧形的过渡段，减少局部应力集中。

（3）改善焊缝。将一些间断焊缝适当改为连续焊缝。

（4）改善焊接质量。对一些焊接质量较差的焊缝进行无损探伤检查，如发现缺陷，应即铲除重焊。

（5）增设事故防护设施。为预防钢管发生破坏而影响厂房及机电设备，可在厂房增设挡水墙与事故排水道。设置时，一般应考虑下述因素：

1）在最高运行水位时，压力钢管单管发生全断面爆破时的最大流量。

2）钢管破坏后，进口闸门或上、下蝴蝶阀的关闭时间，及全部下泄水量的排除时间。

3）厂房区机电设备状况所允许的安全积水高度。

4）为排除积水，排水道的出口底面高程应较低，并应有防御尾水渠最高洪水时倒灌的措施。

（6）在钢管上安设事故保护装置。采用过流保护装置来反映钢管破坏时管内的水流情况，当钢管破坏后，其上段与下段的流量差超过某一定值时，保护装置就接通压力差接点而发出信号，并自动将钢管首端或进水口的闸门关闭，以防止事故扩大，保护厂房及机电设备的安全。

5.4.3 压力钢管局部破坏的修理

压力钢管局部破坏的现象常见的有裂缝、变形、空蚀、磨损及撕裂等。现将各种破坏的修理方法分述如下：

（1）钢管裂缝的修理

裂缝按其性质及产生原因，一般可分为韧性裂缝、疲劳裂缝两种。裂缝的修理方法是对裂缝进行焊补。钢管管壁及有关附属设备的钢板发生裂缝时，应立即停止运用。将管内存水放空，经详细检查后，再进行焊补修理。焊补时应注意以下事项：

1）焊补前应将裂缝清理干净并扩成坡口。

2）不得在钢管管壁处随便起弧，以免钢管被电弧擦伤损坏。

3）弧坑是焊缝中容易产生裂缝的地方，间断焊缝端部如果是简单的拉断电弧，会形成弧坑。因此尽量不要采用间断焊缝。

4）应选技术较高的焊工焊补，以保证焊补的焊缝质量。有条件的应采用无损探伤检查。

（2）空蚀、磨损破坏的修理

如压力钢管由于进水口门槽结构形状不良，衬砌钢板表面不平整或水流夹带较多泥沙等原因引起钢管空蚀和磨损破坏的，可针对损坏原因，采取下述一些措施处理：

1）改善进水口段（包括喇叭口、门槽等）的形状。一般宜通过水工模型试验确定修改结构形状。

2）钢管内壁不平整部分应整修平顺，避免水流产生负压。

3）用抗空蚀或抗冲刷性能较好的材料修补损坏部位。对阀门座等空蚀、磨损部位，可焊补不锈钢。

（3）钢管撕裂的修理

钢管在使用过程中产生负压，除可能引起空蚀及振动外，也可能会引起管壁撕裂。当发生这种破坏时，应立即停止放水，认真分析研究破坏产生的原因，并改善水流条件，以减少负压。对已撕裂损坏部分，应剖掉重新焊补，并向管外表与土层间的间隙中灌浆，必要时要作降低周围地下水位处理。

（4）钢管振动的处理

1）改变钢管的自振频率。如调整加劲环的间距（环距减小，频率升高；环距加大，频率减低），增设小支墩，增加地脚锚栓等。

2）尽量避免水轮机在振动较大的负荷情况下运转。

3）当尾水管内发生涡流时，向尾水管内引入适量的空气。

4）如振动与水轮机的转轮结构有关（如转轮制造时，没有做好转轮的平衡工作等），在有可能时，应改换新转轮或将旧转轮重做平衡工作，以使转轮运转均匀，不发生较大的振动。

5.4.4 压力钢管附属设备的修理

压力钢管附属设备，一般包括伸缩节、支墩、通气管、排气阀、调压阀、进人孔、测压管、法兰盘、闷盖，走廊及扶梯等。有些供水用的压力钢管还有量水设备，对这些附属设备的损坏原因和修理方法，综合叙述如下：

（1）伸缩节的修理

伸缩节的作用是使压力钢管在温度变化时有伸缩余地、减小管壁温度应力、便于装卸修理。常用的是法兰盘式伸缩节，其主要问题是水封盘根容易老化及磨损而引起漏水。一般可采用调紧压环螺栓的方法解决。当无法再调或盘根已失效时，应更换新盘根。一般情况下使用3～5年应更换一次。

伸缩节的盘根，有用石棉绳编织的（加润滑脂），也有用橡皮及其他材料制造的。可根据设计要求，储存一些备件，以便检修时更换。

（2）支墩变位的处理

处理由支墩不均匀变位引起的缺陷前，应先在原支墩前后处加设临时支墩支撑钢管，再根据发生的原因，采取下述处理方法：

1）如因支墩下的基础不好而变位时，在有条件的情况下，可适当将原有支墩加大，减少基础土壤单位面积承载力，并将支墩面加高至原有的高度支承钢管。

2）在支墩周围铺设块石护面及增设排水设施，以便排走地面水，防止下渗，使基础地下水始终保持在冻结深度以下一定位置。

3）在严寒地区将支撑混凝土周围加保温层，其间设沉陷缝，消除支墩四周冻土对支墩的冻胀作用。

4）在压力钢管上游段及两侧设置防渗帷幕，截断地下水的来源。

5）将原滑动支墩改为高程可调整的滚轴型支承，按支墩的垂直变位大小，调整支承面

高程，校正钢管轴线。

(3) 排气阀的修理

一般坡度较缓，长度较长的供水钢管，在一定长度内，设有自动供、排气阀，以排除正常供水时积存在压力钢管内的空气，或当压力钢管放空时，能及时向钢管补进空气。

排气阀一般是利用浮子随阀体内水面升降的作用，控制进、出空气孔，使该阀排气或吸气。因此应保持阀内的浮子灵活、各通气阀密封不漏，才能使排气阀运用正常。

当排气阀失灵或损坏时，应进行检修。检修时，应先把阀前的平板阀门关闭，然后拆除排气阀，进行检修工作。如阀内导向轴承磨损过大而使导向杆位置偏移时，应予更换新导向轴承。各通气孔座及阀盖发生漏水时，如系金属材料制造的，可重新研磨，使座、盖间表面接触良好；如系橡胶或塑料制造的，损坏时，可更换新通气孔盖，重新装配使用。

其他结构形式的排气阀，可按结构的具体情况进行有关修理工作。

(4) 调压阀的修理

为了防止压力钢管发生水锤时破坏钢管，对压力较大的钢管，都设有调压设施。调压阀是当压力钢管内压力增大超过整定值时，阀门便自动打开泄水，待管内压力降低至整定值后自动关闭。调压阀结构有多种，简单的有重锤式，也有的采用弹簧、液压等型式。

调压阀在正常运转情况下，由于密封不良而引起漏水时，可采用与排气阀修理同样的方法进行处理。液压式调压阀的修理，可参考液压启闭机修理内容进行处理，重锤式及弹簧式调压阀在每次整定泄水压力试验后，均应锁定重锤或弹簧的位置，不得随便变动。

(5) 进人孔的修理

如进入孔法兰盘出现漏水情况，可把法兰盘连接螺栓旋紧，如仍有漏水，可检查垫片是否损坏，必要时予以更换。使用纸垫片的，在安装垫片前，应清理干净，并在表面涂润滑脂。

每次进入钢管检修完毕后、在盖进人孔盖板之前，应对进入钢管人员及携带的工具进行逐一清点，以防遗留在管内，发生人身伤亡及设备损坏事故。

(6) 测压管设备的修理

如在压力钢管上装设有测压管及有关压力仪表，在运用时，应注意检查测压管内有无堵塞及漏水现象。如需检验压力仪表的准确性时，应先关闭测压管的开关，拆除压力仪表，然后进行，无法调整时，则应予更换。

其他法兰盘、闷盖、走道及扶梯等附属设备的维护及修理工作（如防锈、防渗漏等），与一般金属结构相同。

5.5 电气设备养护修理

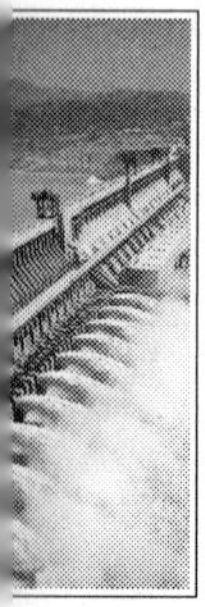

(1) 电动机的养护应遵守下列规定：

1) 电动机的外壳应保持无尘、无污、无锈。

2) 接线盒应防潮，压线螺栓如松动，应立即旋紧。

3) 润滑脂应保持填满腔内 1/2～1/3，油质合格。轴承如松动、磨损，应及时更换。

4) 绕组的绝缘电阻值应定期检测，小于 0.5 MΩ 时，应干燥处理，如绝缘老化可刷浸绝缘漆或更换绕组。

(2) 操作设备的养护应遵守下列规定：

1) 开关箱应经常打扫，保持箱内整洁；设置在露天的开关箱应防雨、防潮。

2) 各种开关、继电保护装置应保持干净，触点良好，接头牢固。

3) 主令控制器及限位装置应保持定位准确可靠。触点无烧毛现象。

4) 保险丝必须按规定规格使用，严禁用其他金属丝代替。

(3) 输电线路的养护应遵守下列规定：

1) 各种电力线路、电缆线路、照明线路均应防止发生漏电、短路、断路、虚连等现象。

2) 线路接头应连接良好，并注意防止铜铝接头锈蚀。

3) 经常清除架空线路上的树障，保持线路畅通。

4) 定期测量导线绝缘电阻值，一次回路、二次回路及导线间的绝缘电阻值不应小于 0.5 MΩ。

(4) 指示仪表及避雷器等均应按供电部门有关规定定期校验。

(5) 线路、电动机、操作设备、电缆等维修后必须保持接线相序正确，接地可靠。

(6) 自备电源的柴(汽)油发电机应按有关规定定期养护、检修。与电网联网的应按供电部门规定要求执行。

(7) 建筑物的防雷设施应遵守下列规定：

1) 避雷针(线、带)及引下线如锈蚀量超过截面 30%以上时，应予更换。

2) 导电部件的焊接点或螺栓接头如脱焊、松动，应予补焊或旋紧。

3) 接地装置的接地电阻值应不大于 10 Ω，如超过规定值的 20%时，应增设补充接地极。

4) 电器设备的防雷设施应按供电部门有关规定进行定期校验。

5) 防雷设施的构架上，严禁架设低压线、广播线及通信线。

第 6 章

库区养护修理

6.1 岸坡养护修理

水流淘刷、波浪冲击或高水位骤降是岸坡崩塌的主要原因。拦河建闸、筑坝以后，上游水位抬高，水文地质条件发生变化，坡积层、黄土层浸水后，都可能使库岸塌陷；闸坝下游河势发生变化，来水来沙条件改变，也可能导致塌岸。河道塌岸将危及堤防险工的安全；输水、泄水建筑物本身及其附近的塌岸，将影响引水、泄流流态；水电站尾水河道塌岸，将减少落差、降低发电效益；坝上游附近大体积塌岸，有可能影响大坝安全和效益。

河水上涨时，水急浪高，退水时水位降落过快，或主流逼岸，或顶冲点上移下延，均可能导致河岸堤脚的严重淘刷而塌岸。防止塌岸的根本途径是按规划整治河道，建筑必要的治河工程以控制河势。通航河道还应结合通航要求，稳定中枯水河床，维持一定航深，采取适宜的河道疏浚和裁弯措施。对塌岸严重的河段，根据河势、冲刷情况和岸坡土质等河道状况，可采用各种形式的护岸工程：枯水位以下，用抛石、沉排、沉枕或打桩等措施；枯水位以上，应用较多的是平顺型护岸，利用块石或混凝土等材料护砌岸坡、堤坡；也有采用丁坝群护岸和矶头护岸的形式。护岸是否稳定，关键在于底部根石是否牢固。如根石走失、底脚被严重淘刷，堤坡、岸坡和险工即将破坏。因此，在护岸的经常性养护修理工作中，必须保证根石的块石质量和坡度的稳定，并使之完整无损。在塌岸出现以后，应进行清理，并应针对塌岸原因采取防治措施，以防塌岸的继续发生。

水库岸边破坏的形式有崩坍和滑坡两种。规模较大的破坏一般皆有先兆，可据以加强观测预报，并采取适宜的预防措施。如严禁在可能坍滑体前缘进行开挖和爆破，不要破坏岸坡表面的原有植被和排水条件，在库岸植树造林加强水土保持和控制水库初期蓄水的升降速度等。如根据观测分析和边坡稳定核算，水库蓄水后可能引起崩坍或滑坡时，可采取放缓岸坡、挖除顶部土体以减载、加大坡脚压重、表面封闭裂缝以减少雨水渗入或增设表面和深层排水系统改善水文地质条件等措施。对规模不大的崩滑体，有条件时，还可采用抗滑阻滑工程，在坍滑体或坡脚修建支挡加固工程。如修筑圬工、混凝土挡墙、拱形拦网，也可对岩体实施钻孔桩或钢索、预应力锚杆等加固措施，以提高阻滑作用和滑坡体的抗滑能力。

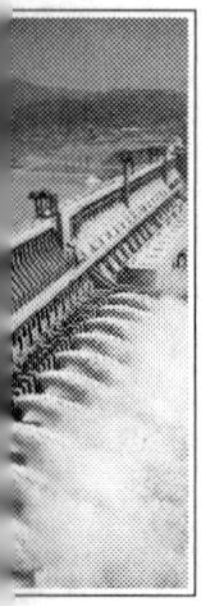

6.2 坝区养护

坝区是指按照国家规定划定的大坝管理范围，本书中特指除坝顶与坝坡之外的属于大坝管理范围的区域，包括坝基。坝区养护指对设置在坝区范围内的排水设施、监测设施、交通设施和绿化等，保持完整、美观，无损坏现象。具体说明如下：

（1）坝区范围内出现新的渗漏出逸点时，应设置观测设施进行持续观测，分析查明原因后再行处理。

（2）上游设有铺盖的土石坝应避免放空水库，防止铺盖出现干裂或冻裂。应避免库水位骤降引起坝体滑坡，损坏铺盖。

（3）坝区内的排水、导渗设施养护应无断裂、损坏、堵塞、失效现象，排水畅通；及时清除排水沟（管）内的淤泥、杂物及冰塞，保持通畅；排水沟（管）局部出现松动、裂缝和损坏时，应及时用水泥砂浆修补；排水沟（管）的基础遭受冲刷破坏时，应先恢复基础，后修复排水沟（管）。修复时应使用与基础相同的土料并夯实。排水沟（管）如设有反滤层时，也应按设计标准进行修复。此外，还应随时检查修补滤水坝趾或导渗设施周边山坡的截水沟，防止山坡浑水淤塞坝趾导渗排水设施。

（4）对布置有减压井的土石坝，应经常清理疏通，必要时洗井，保持排水畅通；周围如有积水渗入井内，应将积水排干，填平坑洼，保持井周无积水。减压井的井口应高出地面，防止地表水倒灌。如减压井已被损坏无法修复，可将该减压井用滤料填实，另建新减压井。

（5）坝区养护时应经常检查并防止土石坝的导渗和排水设施遭受下游浑水倒灌或回流冲刷，必要时可修建导流墙或将排水体上部受回流影响部分的表层石块用砂浆勾缝，排水体下部与排水暗沟相连，保证排水体正常排渗。

（6）绿化树木、花卉出现缺损或枯萎时，应及时补植或灌水、施肥养护。

6.3 植被养护修理

6.3.1 林带养护

（1）应经常检查防浪林带、护堤林带的树木有无老化和缺损现象；是否有人为破坏、病虫害及缺水等现象。

（2）林带养护宜符合下列要求：

1）在早春、干旱期或结冻前浇水。施肥以氮、磷、钾肥为主，施肥量和肥料比例应视情况而定，施肥时间于叶芽开始分化以前为宜。结合水、肥管理，可适当地进行中耕、锄草和种植绿肥。

2）经常防治树木病虫害，合理疏枝，形成分布均匀的树冠，随时清除遭受病虫害致死的树株。

3）林木缺损率宜小于5%。

4）树木涂石灰水以秋季为宜。

（3）林带修理应符合下列要求：

1）对于已开始老化的树木，应根据实际情况采伐更新。林木更新应按适地适林的原则选择树种，宜采用混交林种植模式。

2）对于树木缺损较多的林带，应适时补植或改植其他适宜树种。

3）对防浪林应保持适当树冠高度和枝条密度，提高削浪效果。

6.3.2 草皮养护修理

（1）检查草皮护坡是否被雨水冲刷、人畜损坏或干枯坏死；草皮护坡中是否有荆棘、杂草或灌木。

（2）草皮护坡应经常修整、清除杂草，保持完整美观；干旱时，宜适时洒水养护。

（3）草皮遭雨水冲刷流失或干枯坏死时，应及时还原坡面，采用补植或更新的方法进行修理。

（4）补植或更新草皮时，应符合下列要求：

1）补植草皮宜选用适宜的品种。

2）更新草皮宜选择适合当地生长条件的品种，并宜选择低茎蔓延的草种。

3）补植草皮宜带土成块移植，移植时间应适宜。

4）移植时，宜扒松坡面土层，洒水铺植，贴紧拍实，定期洒水，确保成活。

（5）草皮中有大量杂草或灌木时，宜采用人工挖除或化学药剂除杂草的方法进行清除。

6.4 坝前淤积处理

6.4.1 水库淤积防治方法现状

水库修建后，河流天然的平衡状态被破坏，库区流速与挟沙力的降低将导致大量泥沙淤积。水库泥沙淤积形态及分布主要受到流域泥沙特性、入库水沙过程和水库运行方式等因素的影响。坡陡流急的山区河流易形成河道型水库，而水缓面宽的平原河流易形成湖泊型水库，一般库尾河段主要沉积推移质和悬移质中较粗的部分，库区深水段主要淤积细颗粒悬移质。我国大部分水库来水来沙以及水库的淤积主要集中在汛期，淤积规模与来沙量成正比。此外，水库的淤积规模也与坝前控制水位成正比，水库运行水位越高泥沙淤积越严重、运行水位越低越有利于排沙出库。

针对不同水库泥沙淤积特征，我国从20世纪60年代就开始水库淤积治理的研究，至今已积累了大量的研究成果和防淤减淤工程经验。总结起来，目前常见的水库淤积防治方法可归纳为三种类型：减少入库、多排出库和机械清淤，即在泥沙进入、淤积和排出水库的各阶段对水库淤积进行预防和治理。

(1) 减少入库泥沙

在水库上游采取拦沙方法,减少入库泥沙,是防止和减少水库淤积的最根本办法,常见方法有水土保持、修建拦泥坝、引洪放淤以及绕库排浑等。

水土保持是指在水库上游产沙区域采取保水固土措施,实施流域治理以减少产沙量,从而减少入库沙量,如1983—2000年永定河官厅水库上游水土保持拦沙总量达3.51亿t;1988—2004年汾河水库上游实施大规模水土保持工程,累计减少入库沙量1.03亿t,约占同期入库沙量1.93亿t的53.4%。水土保持方法对中型水库的减淤效果也较好,如武水河牛形山水库通过在上游开展小流域综合治理,使入库沙量减少了37.1%,水库寿命由108年延长到171年;五星水库所在的铁牛河流域开展水土流失治理后,年均沙量由252万t减至136万t,减少了46%;千河段家峡水库1981年列为水土保持治理区后,10年内泥沙淤积减少了78%。

在水库上游修建拦泥坝等工程可拦截泥沙,短期内能有效减少水库淤积。官厅水库上游流域修建了大量水库,其中大型2座、中型16座和小型257座,总库容约14亿m^3,为官厅水库拦截了5.89亿m^3的泥沙,约占官厅水库总库容的14.2%,极大缓解了水库淤积。清涧河流域的寒沙石水库总库容1 250万m^3,1977年在水库上游修建一批拦泥坝后,库区年均淤积量由76万m^3降为11.4万m^3,减少了85%,使水库运行年限由16年增至76年左右。园河流域的张湾水库库容122万m^3,通过在回水区域布置生物坝,5年内拦蓄泥沙11.7万t,直接拦沙效益达15万元,大大减少了张湾水库淤积。

引洪放淤是对入库的浑水支流进行改道放淤,将泥沙引入水库上游或旁侧的低凹地或荒滩,既可淤滩造田,又能避免水库淤积。如石家沟河的石沟水库,1983年开展了高含沙引洪淤灌工程,3年共引出泥沙3.1万m^3,通过增加土壤有机质使粮食增产11.3万kg,经济收益增加约5.6万元。冶峪河黑松林水库总库容1 430万m^3,1962—1985年持续将含沙洪水引入灌区,共排除泥沙1 400万t,使粮食亩产由250 kg提高到420 kg。清河吐尔吉山水库预估寿命仅有7年,通过汛期将洪水有计划地引入水库上游唐土甸子与中乃甸子放淤,多年来不仅淤出数万亩肥沃良田,而且防止了泥沙入库,水库至今淤积轻微。

绕库排浑是根据来沙在时间上的不均匀性,在水库上游主河道旁选择有利地形修建绕库排沙渠(洞),将汛期来沙通过排沙渠排往水库下游河道。如新疆西大桥水库采用主库引进清水、旁侧修建副库以宣泄高含沙洪水的布置,使库区淤积量减少为原来的1/20,水库使用寿命由3年延长至70年左右。宁江上游的合水水库属于大(2)型水库,采用绕库排浑后2005年汛期的淤积量只有0.08万m^3,相比无排浑工程时减少了90%以上。

引洪放淤和绕库排浑都利用了入库水沙集中于汛期的特点,通过在上游拦截并引走高含沙水流实现水库减淤。

(2) 排沙冲沙出库

排沙冲沙出库是通过加大泥沙排出水库的数量以减少水库淤积,是一种积极有效的水库减淤方法。天然河流的输沙量与来流量的高次方成正比,且沙峰与洪峰时间基本一致,因此汛期降低水位运行十分有利于水库排沙,一方面使库区水面坡降变陡后输沙能力增加,另一方面使来流更加集中冲深主槽,有利于塑造出窄深的断面形态,进一步将更多泥沙排出水库,并降低库区最终的平衡淤积高程。排沙冲沙出库方式包括排沙出库和水力冲沙两种类型。

1）排沙出库

排沙出库通过直接排泄含沙量较高的洪水，减少泥沙在水库中的沉积比例，达到减淤效果，常见的有异重流排沙和滞洪排沙等。

异重流排沙是利用浑水潜入库底形成向坝前运动的异重流，及时开闸使泥沙高效排出，在国内很多水库都得到了应用。超大型水库黄河小浪底水库曾多次利用异重流排沙，2000—2006 年间共排沙 4.59 亿 t，约占同期水库淤积量的 20%，其中 2004 年一次典型异重流的排沙比高达 81.6%。白龙江碧口水库 1980—1995 年间利用异重流累计排出沙量 1.3 亿 t，水库淤积平衡年限较设计值延长了 5～10 年。此外，异重流的排沙对中型水库的排沙效率很高，如黑松林水库和浍河的小河口水库一次洪峰的异重流排沙比都高达 95%左右，丹江的二龙山水库 1991 年通过异重流排沙，3 h 内排出沙量 1.45 万 t，排沙比竟达 139%。

滞洪排沙通过水库汛期低水位运行或空库迎汛，入库洪水流量大于泄水流量，细颗粒泥沙来不及大量沉积就被水流带至坝前而排出库外。蓄清排浑，汛期降低水位排沙、汛后抬高水位拦蓄清水，属于滞洪排沙，是目前一些重要大型水库采用的排沙方式。黄河三门峡水库 1962 年采用滞洪排沙方式后，年均淤积量由 7.9 亿 m^3 陡降至 0.74 亿 m^3，1973 年采用蓄清排浑方式后水库冲淤交替，年均淤积量仅剩 0.15 亿 m^3。头屯河水库通过 2002—2005 年连续 4 年采用蓄清排浑方式，使水库有效库容恢复至 1 388 万 m^3，大幅度提升水库防洪能力。石沟水库由蓄浑运用改为蓄清排浑方式后，年均淤积量由 40 万 m^3 降至 12 万 m^3，减少了 70%。长江三峡水库初步设计采用蓄清排浑运行方式，预计 80 年后有效库容能够保留 85%左右。

2）水力冲沙

水力冲沙是利用自然形成或人为创造的有利水力条件，扰动水库淤沙以冲刷出库，实现减淤，常见的有泄空冲沙和横向冲蚀等方式。

水库定期泄空适用于季节性利用的水库，利用泄空形成的沿程冲刷和溯源冲刷清除淤积在库中的泥沙，是恢复库容的有效方式之一。杏子河王瑶水库于 1985 年和 2003 年采用泄空拉沙，分别排出泥沙 1 094.8 万 t 和 1 467 万 t，同时改善库区河道断面，形成了主槽，恢复了水库有效库容。南秦水库 1984 年汛末进行泄空排沙，4 d 内就排出了当年淤泥泥沙，还将早期淤沙冲刷 73 万 m^3，水库恢复至 1980 年淤积水平。牛谷河锦屏水库总库容 465 万 m^3，初期 3 年淤积量达 90 万 m^3，1979 年空库运行冲走了大量淤积泥沙，实测当年淤积量只有 46 万 m^3。

横向冲蚀是在水库两侧适当高程开挖高渠，或利用滩槽高差开挖小沟槽，引入上游水流进行横向冲刷。猪昌河红旗水库总库容 351.3 万 m^3，1988 年采用横向冲蚀技术，在不满 2 个月的时间内排出了泥沙 11.4 万 m^3，日均清淤量高达 2 060 m^3，有利于水库再生库容的形成。头屯河水库总库容 2 030 万 m^3，2001 年进行的高渠水力拉沙使水库共恢复库容 191 万 m^3，日冲沙强度高达 2 万 m^3，将渠道冲刷扩展至深 4～17 m、宽 60～180 m，加速后续的冲蚀速率。

（3）机械清淤

机械清淤是利用设备直接将水库淤沙挖除排出，实现减淤。常见清淤机械设备有挖泥船和水力吸泥清淤系统等。

挖泥船利用绞刀、耙头、吸头、抓斗、链斗或铲斗等设备进行挖沙，具有机动性好，不受时间、地域限制，耗水量小等优点，在我国逐步得到广泛使用。云南以礼河水槽子水库由于泥沙淤积，库容由 958 万 m^3 减至 86 万 m^3，采用机械清淤后库容逐渐恢复至 295 万 m^3，水库由不完全日调节变为双日调节，发电量由 10 亿 kW·h 增至 16 亿 kW·h。深圳市石岩水库总库容 3 082 万 m^3，2005 年采用环保式挖泥船进行清淤，恢复库容 150 万 m^3，为改善城市供水条件起到了积极作用。官厅水库和上海长江口南岸的陈行水库也曾利用挖泥船清淤，实现水库减淤。

针对三峡水库淤积问题，清华大学周建军课题组提出了在库区回水末端利用机械设备连续挖粗沙的减淤方式，并利用泥沙数学模型模拟水库的挖沙减淤过程。优选出的最佳挖沙方案年均挖沙量约 3 800 万 m^3，可使三峡设计水沙条件下的百年淤积量减少 30 亿 m^3，水库动态防洪库容增加 10%；水库平衡坡降减少 30%，涪陵附近洪水位和淤积面降低约 7 m，有效抑制淤积和回水上延；重庆河段百年淤积量控制在 0.6 亿 m^3 以下，大大改善库尾通航条件。

水力吸泥清淤系统利用水库自然水头作为能源，借助由操作船、吸头、管道、连接建筑物组成的系统装置进行排淤。此种机械清淤方法在我国使用得较少，曾于 1977—1982 年在红旗水库进行过水力吸泥清淤试验，排沙总量约 29.4 万 m^3，使水库在一般年份可达到来沙与排沙的平衡。

6.4.2 水库淤积防治方法的适用条件和利弊分析

通过实施水库淤积防治方法，可减少库区泥沙淤积、增加有效库容、保持水资源的长期利用。各方法适用条件不同，其减淤效果也不同，并对水库的航运、发电效益及水环境功能产生综合影响。

(1) 水库淤积防治方法的适用条件

水库特性、流域条件等因素决定了水库的淤积形态及分布，因而对水库的淤积防治影响很大。据我国 26 座水库的减淤方法及减淤效果统计结果(表 6.4-1)，减少入库泥沙的方法主要适用于水土流失严重区域，如黄河、海河与辽河流域等。这些流域的下垫面为黄土覆盖，植被覆盖率底，沟壑纵横，土壤侵蚀是流域产沙的主要模式和库区泥沙淤积的主要原因。其中水土保持方法同时适用于河道型与湖泊型水库，年均减少入库泥沙占水库总库容的比例达 0.47%～7.8%，而修建拦泥坝、引洪放淤以及绕库排浑主要适用于湖泊型水库，年均减少入库泥沙占水库总库容的比例达 0.21%～5.17%。水土保持、拦泥坝等工程的投入费用很高，工程实施和减淤见效时间都较长，适用于流域面积相对较小的水库。

排沙冲沙出库主要适用于黄河流域与长江流域上设有排沙底孔的水库，其减淤效果在河道型水库相对较好。异重流排沙、泄空冲沙和横向冲蚀的方法在短时期排沙冲淤效果明显，如异重流一次排沙过程的排沙比可以达到 82%～139%，一次泄空冲沙或横向冲蚀过程中日冲沙强度可达 2 000～20 000 m^3；对于超大型河道水库(如三峡与三门峡水库)，蓄清排浑是长期保持库容的有效方法。排沙冲沙出库方法直接冲刷水库的淤积泥沙，同时通过冲刷恢复库区的主槽断面，减淤效果很好。

表 6.4-1 各种水库淤积防治方法的使用情况和减淤效果

淤积防治方法	水库名称	流域	径流量/亿 m^3	输沙量/万 t	水库概况			减淤情况
					水库类型	库容/亿 m^3	坝高/m	
水土保持	官厅	海河	14.63	5 940	湖泊型	41.6	45	18 年拦沙总量 3.51 亿 t
	汾河	黄河	3.19	892.43	河道型	7.2	61.4	17 年减少入库沙量 1.03 亿 t
	牛形山	珠江	60.8	97.28	河道型	0.309	33.5	流域来沙减少 8.4 万 t
	五星	辽河	0.22	232	/	0.475	23	年均沙量由 252 万 t 降至 136 万 t
	段家峡	黄河	3.93	431.12	/	0.183 2	43	水库淤积 10 年减少了 78%
拦泥坝	官厅	海河	14.63	5 940	湖泊型	0.049 3	45	拦截 5.89 亿 m^3 泥沙
	寒沙石	黄河	0.030 8	5 590	/	0.125	43	年均淤积量由 76 万 m^3 降至11.4万 m^3
	张湾	黄河	/	320.04	/	0.220 1	38.6	5 年内拦蓄泥沙 11.7 万 t
引洪放淤	石沟	黄河	0.018 9	72.35		0.049 3	42	3 年共引出泥沙 3.1 万 m^3
	黑松林	黄河	0.143	69.03		0.143	45.5	23 年共排除泥沙 1 400 万 t
	吐尔吉山	辽河	0.97	485	湖泊型	1		水库至今淤积轻微
绕坝排浑	西大桥	塔里木河	56.76	1 900	湖泊型	0.233		库区淤积量减少为原来的 1/20
	合水	韩江	4.44	132.8	湖泊型	1.147	23.5	汛期淤积减少了 90%以上
异重流排沙	小浪底	黄河	418.48	160 000	河道型	127.5	160	7 年间共排沙 4.59 亿 t
	碧口	长江	86.7	2 460	河道型	5.21	101	15 年异重流累计排沙量 1.3 亿 t
	黑松林	黄河	0.14	69.03		0.143	45.5	排沙效率平均 65%，最高 91.4%
	小河口	黄河	0.47	72.88		0.329	41	一次洪峰异重流排沙比高达 95%
	二龙山	长江	2.13	71	河道型	0.81	63.7	3 h 内排出沙量 1.45 万 t
滞洪排沙	三门峡	黄河	580	160 000	河道型	360	106	年均淤积量由 7.9 亿 m^3 降至0.15亿 m^3
	头屯河	头屯河	234	87.8	河道型	0.203	51	有效库容恢复至 1 388 万 m^3
	石沟	黄河	0.018 9	72.35		0.049	42	年均淤积量由 40 万 m^3 减至 12 万 m^3
	三峡	长江	3 870	19 800	河道型	393	185	80 年后有效库容能够保留 85%

续表

淤积防治方法	水库名称	流域	径流量/亿 m^3	输沙量/万 t	水库概况			减淤情况
					水库类型	库容/亿 m^3	坝高/m	
泄空冲刷	王瑶	黄河	0.4	1 148.78		2.03	55	排除泥沙 2 561 万 t
	南秦	长江	1.21	53.3	河道型	0.102	29	4 d 排出了当年淤沙
	锦屏	黄河	0.062	173.58		0.12	37	年均淤积量由 90 万 m^3 减至 46 万 m^3
横向冲蚀	红旗	黄河	0.042 9	15.93		0.035	47	日均清淤量高达 2 060 m^3
	头屯河	头屯河	234	87.8	河道型	0.203	51	日冲沙强度高达 2 万 m^3
挖泥船	水槽子	金沙江	6.09	288	河道型	0.096	36.9	库容由 86 万 m^3 恢复至 295 万m^3
	石岩	茅洲河				0.308		恢复库容 150 万 m^3
	官厅	海河	14.63	5 940		41.6	45	
	陈行	长江				0.086		
	三峡	长江	3 870	19 800	河道型	393	185	设计挖沙下百年淤积量减少 30 亿 m^3
水利吸泥	红旗	黄河	0.042 9	15.93		0.035	47	排沙总量约 29.4 万 m^3

机械清淤的方法理论上适用于各种类型的水库，其日挖沙减淤量可达 10 万 m^3，但由于成本问题，其主要适用于中小型水库或大型水库的局部清淤。近些年随着供水水库的水环境问题凸显，用于改善水库水质的机械环保疏浚逐渐兴起。挖除泥沙可资源化处理，在泥沙颗粒较粗的河流上挖出泥沙可做混凝土骨料，经济效益显著，而在泥沙颗粒较细的河流上挖出泥沙可用于烧制黏土陶粒和瓷质砖，或当作肥料用于农田菜地和城市绿化。

(2) 水库淤积防治方法的利弊分析

除了减少水库泥沙淤积，各种水库淤积防治方法具有自身独特的作用，对水资源利用和水环境保护产生综合影响（见表 6.4-2）。因此，针对水库不同的地理位置、功能和运行方式，应因地制宜地对减淤方式加以选择。

表 6.4-2 水库淤积防治方法的综合影响对比

库淤积防治方法	减少入库泥沙	排沙冲沙出库	机械清淤
有利影响	① 有效减少流域洪涝灾害和滑坡、泥石流等自然灾害； ② 减少面源污染物，提高库区水环境质量	① 补给下游河道泥沙缺少，缓解河床下切，保护地方安全； ② 改变下游水生生物的繁殖和生长，产生新的生态系统	① 库尾清淤降低变动回水区洪水位、改善通航条件； ② 减少淹没范围和移民规模

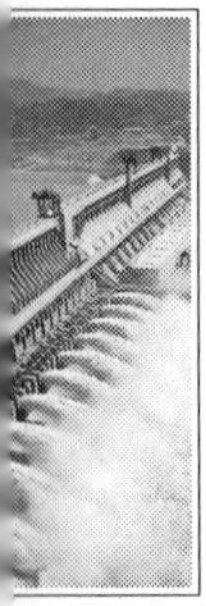

续表

库淤积防治方法	减少入库泥沙	排沙冲沙出库	机械清淤
不利影响	① 拦沙坝抬高上游河床，降低河道行洪和过流能力； ② 对水生生物形成阻隔，改变栖息地特征，影响了鱼类的洄游和繁殖	① 极大影响了水库发电和航运等经济效益； ② 放空影响库区河道边坡稳定，导致坍塌和滑坡险情； ③ 底沙向坝前推进也会导致电站进水口的堵塞	① 搅动过程中极易造成底泥污染物的悬扬，释放氮、磷和有毒重金属物质，污染水体； ② 在疏浚物转移和安置过程中可能引起二次污染

(3) 水库淤积防治方法的研究展望

针对水库淤积防治方法的适用局限性及产生的负面效应，未来的防治方法应逐步向综合化、科学化和信息化方向发展。

1) 以实现最大减淤效果为目标，进一步研究水库各泥沙防治方法的联合运用方式。单一水库淤积防治方法的适用范围和减淤效果存在局限性，若将不同的方法进行优化组合，扬长避短，将能够发挥更大的减淤效果。如随着挖泥船能力的快速提高，可结合数值模拟的研究方法，针对大型水库展开蓄清排浑和库尾机械挖沙的综合减淤方式进行研究，研制开发高效挖沙的机械设备，以满足坝前至库尾整个库区的长期减淤需求。

2) 在满足水库排沙减淤的前提下，对水库优化调度方式展开深入研究，以满足水库的各项功能。传统以水库减淤为单一目标的水库调度排沙方式难以满足经济社会的发展，未来需针对梯级水库的多目标优化调度决策系统展开研究，其中研究热点包括兼顾水库防洪、发电、航运、供水和排沙多种功能调度的优化技术(人工神经网络、遗传算法、混沌优化算法)和实现水库调度方案对比时海量信息储存、处理以及查询功能的3S技术。

3) 在水情监测预报技术上加大研究力度。目前水库排沙冲沙减淤的理论及方法已趋向成熟，因而排沙的减淤效果主要取决于水文预报水平。通过对水文预报技术加强研究和对仪器设备开发加大投入，可有效提高监测和预报的精度，准确预报流量、含沙量过程以及含沙水流到达坝前时间，为及时打开闸门渲泄高浓度洪水，实现低耗水高排沙目标提供技术支撑。

第 7 章 监测设施与自动化系统维护

7.1 概述

7.1.1 安全监测的重要性

为充分发挥水库的综合效益，首先必须采取措施保证大坝安全。若水库大坝存在安全隐患，或运行管理人员不了解水库大坝的安全性态，而使其带病运行，则其运行风险较高，无法发挥其正常效益。保证水库大坝安全的措施包括工程措施和非工程措施，这两者互相依存、缺一不可。工程措施是指采取工程技术和手段，对水库大坝进行除险加固或维修养护；而非工程措施是指通过洪水预报、大坝安全监测等手段保障水库大坝安全的措施。工程措施较直接，一般易被理解和重视，而非工程措施则不易被人接受，甚至有些运行管理人员认为只需保证水库大坝设计、施工质量，就不可能产生溃坝危险。一方面，由于水库工程水文地质等条件的复杂性，以及人们认知水平的限制，水库大坝建设过程中还不可能保证万无一失；另一方面，水库大坝运行期间，受服役环境如降雨、水压力、温度变化、区域性地震等影响，水库大坝也存在着老化和损坏等，也可能产生安全问题。对水库大坝进行安全监测，不仅是为了验证设计和施工质量，也是为了保证大坝的安全运行，发现问题、及时处理。按照我国的国情，当前突出强调非工程措施的作用具有十分重要的现实意义，加强大坝安全监测是水库大坝非工程措施中极其重要的一环。

众所周知，造成大坝失事的原因是多方面的。统计表明，大部分大坝失事是工程原因或运行管理原因造成的，而这些均是可以通过加强安全监测，及早发现问题并及时进行处理加以避免的。如 1962 年，安徽省梅山水库大坝右岸山坡渗流量明显增大，通过监测和检查，右岸几个坝段向左倾斜达 51 mm，坝体出现了较长的裂缝。经综合分析，判断为右岸基岩发生了部分错动，大坝险情严重，后决定放空水库，并进行了加固处理，有效地避免了一次重大事故。又如 1993 年，通过监测发现佛子岭水库大坝向下游位移量明显增大，超过历史最大值约 30%，水库管理单位立即进行全面检查和分析，判定为大坝遭遇到不利工况所致，考虑到大坝基础、坝体均存在一定的缺陷，决定控制水位运用，避免了大坝安全性态进一步恶化。1998 年 7 月，江西上饶地区玉山县境内的七一水库上游流域普降暴雨，形成了百年未遇的特大洪水，恰巧在此前不久安装的大坝安全监测自动化系统投入运行，暴雨过程中系统及时提供了反映大坝运行性态的可靠信息，调度人员依靠这些信息进行科学调度，在保证大坝安全的前提下提高了水库蓄水位，使下泄洪量由原定的 1 500 m^3/s 减少到 1 192 m^3/s，保证了下游 4.2 万人口、1.2 万多间房屋、1.8 万亩农田、2.1 km 河堤和 700 多亩鳗鱼池的安全，减少直接经济损失 1 亿多元。据调查，在以往失事的水库大坝案例中，绝大多数大坝缺乏安全监测设施或设施不完善。由此可见，建设和完善大坝安全监测设施不仅重要，而且也是十分必要的。此外，国外意大利瓦依昂拱坝于 1963 年在滑坡与漫顶同时发生的情况下，主坝体经受住了远超过设计标准的巨大推力考验，并未倒塌，但大滑坡的石碴掩埋了水库，堆石高度超过坝顶百余米，使大坝、电站、水库完全报废。值得注意的是，岸坡有限的变形、测压管测值均反映有测值累计增加和速率激增现象，但未引起重视，未能有效预警。瓦依昂坝的失事警示了在大坝安全评价中必须重视近坝库岸边坡的稳定性和塌滑后果危害性，同时必须重视监测成果的及时整理分析和应用。又如，美国汤溯（Taum Sauk）抽水蓄能工程的上水库于 2005 年失事。导致汤溯抽水蓄能电站上水库失事的原因有很多，包括设计、施工不当，监测仪器方面的失误和人为失误等。由于监测仪器的布置和安装不当等原因，仪器系统失效，水位传感器读数偏低，低于真实水位值 3～4.2 英尺[①]（91.44～128 cm）；自动控制装置安装位置错误和运行中发生错误，由于原设计的自动控制装置的作用是当水位上升到距离坝顶 2 英尺（60.96 cm）时，自动关停抽水机组，但漫坝时该系统未启动。并且该系统的安装高程高于挡水墙的最低高程，不能起到报警和关停抽水机组的作用。汤溯抽水蓄能电站上库溃决的原因让大家意识到监测系统的重要性，监测系统除了起到大坝安全耳目的作用外，有运行控制功能的仪器也是安全的生命线。保证监测系统的完备和监测数据的可靠是保证大坝安全的重要支柱之一。

综上，对水库大坝安全状况实施监测的主要目的是监视大坝在运行期间的安全状况，收集准确可靠的大坝安全监测资料，为评估水库大坝工作性态提供科学依据，进而通过控制运用或加固等工程措施，保障水库大坝安全。只要监测及时、监测数据可靠，分析判断准确，即可做到避免重大灾害事故的发生或减少灾害所造成的损失。总之，水库大坝安全监测是了解大坝安全性态、对大坝安全实施科学管理必不可少的重要手段。

7.1.2 安全监测的主要项目

根据大坝安全监测的目的，监测的主要项目有：变形、渗流、压力、应力应变、水力学及环境量等。其中变形和渗流监测是最为重要的监测项目，因为这些监测量直观可靠，可基本反映在各种荷载作用下的大坝安全性态。对大坝的内部性态进行监测也是比较重要的，其监测成果可以用来反馈和检验设计、施工质量。

7.1.2.1 变形监测

大坝在自重、水荷载、泥沙淤积压力及温度变化等荷载作用下，会产生变形，变形监测是了解大坝工作性态的重要内容，变形监测主要包括以下几方面。

（1）表面变形。为了解大坝在施工和运行期间是否稳定和安全，应对其进行位移监测，

---

① 英制长度单位，1 英尺≈0.304 8 米（m）。

以掌握其变形规律，研究有无裂缝、滑坡、滑动和倾覆等趋势。表面变形包括竖向位移和水平位移。水平位移中包括垂直坝轴线的横向位移和平行坝轴线的纵向位移。表面变形可采用水准测量和视准线（或三角网）法进行观测，一般用水准仪、经纬仪或全站仪进行测量，也可采用自动化观测方式，包括引张线水平位移监测系统、激光（大气激光、真空激光和微压激光）准直观测系统和 GPS 位移观测系统等。

（2）内部变形。内部变形包括竖向位移和分层水平位移。竖向位移是指大坝在施工和运行期间坝体内的固结和沉降；分层水平位移是指垂直坝轴线方向或平行坝轴线方向的位移，在水压力作用下不同层面的水平位移，或由于坝基或坝体的抗剪强度低而产生的侧向位移。在坝体可能发生较大位移部位安装位移监测仪器，观测大坝在施工和运行期间坝体内部的位移情况，进行综合分析，判断大坝的稳定性及坝体内有无隐蔽裂缝，可作为施工控制和工程安全运行的依据。测量内部分层竖向位移的仪器有：连通管式沉降仪、横梁式沉降仪、电磁式沉降仪、干簧管式沉降仪及连杆式分层沉降仪；测量内部水平位移的仪器有：测斜仪、引张线式水平位移计、正倒垂线式位移计及电位器（钢弦）式位移计等。

（3）坝基变形。为了解混凝土坝在自重和水压力作用下的变形情况，需对坝基进行变形监测。主要观测仪器有基础变位计、位移计和静力水准仪等。

（4）裂缝及接缝。水工建筑物在设计和施工中均留有一些接缝，如混凝土面板的接缝和周边缝等；由于结构应力的不均变化，在运行中也会产生一些裂缝。对这些接缝和裂缝进行观测，可了解其现状和发展趋势，以便分析其对建筑物结构安全的影响。监测接缝和裂缝的仪器有单向测缝计、双向测缝计和三向测缝计等。

（5）混凝土面板变形。混凝土面板的变形观测包括面板的表面位移、挠度和接缝。水上部分的表面位移观测可采用前述的表面位移观测方法，水下部分的位移和挠度观测可采用连通管式沉降仪和斜坡测斜仪等进行观测。

（6）岸坡位移。对于危及大坝、输泄水建筑物及附属设施安全和运行的滑坡体应进行观测，以监视其发展趋势。岸坡位移观测主要包括表面位移、裂缝、深层位移及地下水位等。表面位移和裂缝观测可采用前述方法，深层位移可采用多点位移计和测斜仪等进行观测。

7.1.2.2 渗流监测

渗流监测是指对在上下游水位差作用下产生的渗流场的监测，主要包括渗流压力、渗流量及其水质的观测。渗流观测主要包括坝体渗流、坝基渗流、绕坝渗流和渗流量。

（1）坝体渗流。坝体渗流观测是为了掌握坝体浸润面的变化情况，如果高于设计值，就可能造成滑坡失稳。

（2）坝基渗流。坝基渗流观测可以检验有无管涌、流土及接触面的渗流破坏，判断大坝防渗设施的效果。

（3）绕坝渗流。绕坝渗流除影响两岸山体本身的安全外，对坝体和坝基的渗流也可能产生不利的影响，如抬高岸坡部分坝体的浸润面或使坝基的渗流压力增大，在坝体与岸坡或混凝土建筑物的接触面上可能产生接触冲刷等。

（4）渗流量。渗流量的变化能直观全面地反映坝的工作状态，据以分析大坝运行期的安全性，所以渗流量一般是必测项目。

坝体、坝基和绕坝渗流压力一般采用测压管和埋设渗压计的方法进行观测；渗流量的观测可采用三角量水堰的方法进行观测。

7.1.2.3　压力监测

压力监测主要包括对孔隙水压力、扬压力、土压力和接触土压力等进行的观测。

(1) 孔隙水压力。孔隙水压力是指水中填土坝、水坠坝坝身或坝基产生的孔隙水压力，观测其分布和消散情况，以掌握其对施工的影响、大坝运行期的渗流性态和坝身的稳定性。孔隙水压力一般采用水管式孔隙水压力仪和埋入式孔隙水压力计进行观测。

(2) 扬压力。扬压力观测主要是为了解水库水头在坝基面上产生的渗透压力或浮托力，包括混凝土坝和溢洪道基础，从扬压力的大小可以判断防渗和排水设施的效果。扬压力一般采用测压管或埋入式扬压力计进行观测。

(3) 土压力。土压力观测的目的是了解坝体填土中的内部土体压力。可采用埋入式土压力计进行观测。土压力测量的是土体总应力，如需测量土体内的有效应力，在埋设土压力计的同时，应埋设孔隙水压力计进行观测。

(4) 接触土压力。接触土压力的观测目的是了解土与建筑物的作用压力大小和分布情况，包括岸墙、溢洪道边墙，以及坝基土与水工建筑物的作用力或心墙对混凝土垫层的作用力等，还包括坝体土对坝内涵管的接触压力。接触土压力一般采用接触式土压力计进行观测。

7.1.2.4　应力应变及温度监测

应力应变及温度监测项目主要包括混凝土(包括混凝土面板)应力、应变、锚杆(锚索)应力、钢筋应力、钢板应力、基岩应变及温度场等监测。

(1) 混凝土应力、应变一般采用压应力计和应变计等进行观测。用应变计观测混凝土应力时，需安装无应力计。

(2) 锚杆(锚索)及钢筋应力观测一般采用锚杆测力计或钢筋计观测。钢板应力采用钢板计观测。

(3) 温度是引起坝体应力和变形的重要因素，坝体温度场的观测可采用铜电阻或铂电阻温度计观测。

(4) 基岩的应变一般采用基岩应变计或基岩变位计观测。

7.1.2.5　泄水建筑物水力学监测

泄水建筑物水力学监测项目主要包括泄水压强、泄水流速、流量及水面线观测。

(1) 泄水建筑物压强观测内容包括时均压强、瞬时压强及脉动压强，一般可采用测压管、压力表及埋入脉动压力传感器进行观测，前两种为人工观测，后一种可进行自动化观测。

(2) 流速观测可采用浮标法、流速仪法和毕托管法。流速仪法主要有超声波时差法流速仪、电波流速仪和旋浆(旋杯)式流速仪测速法等。

(3) 泄水建筑物流量观测一般采用水工模型试验的水位流量关系，根据上下游水位差进行计算，也可采用流速观测结果进行流量计算。

(4) 水面线观测一般采用在边墙上设置红、白相间的直立水尺的方式进行观测。

7.1.2.6　地震反应监测

地处地震基本烈度 7°及其以上地区的Ⅰ、Ⅱ级水库大坝，经过论证，可进行坝体地震反应监测。地震反应监测主要包括地震强震观测和动孔隙水压力观测。

(1) 地震强震采用强震仪观测，强震仪包括强震加速度仪和峰值记录加速度仪等。

(2) 动孔隙水压力应结合地震观测进行，一般采用动孔隙水压力仪进行。

7.1.2.7 环境量监测

为了解水库大坝上、下游水位，降雨量，温度等环境量的变化，对坝体变形、应力、渗流等情况的影响，为其分析计算提供环境量资料，应进行水库大坝的环境量监测。环境量监测包括上、下游水位，降雨量，气温，水温等。

(1) 上、下游水位观测应根据水文观测的有关规范和观测手册在水库大坝上、下游选择合适的观测点，可采用水尺、浮子式水位计、压力式水位计等进行观测。

(2) 降雨量、气温的观测应根据水文气象观测的有关规范和观测手册在坝址区设气象站，按规定进行观测。

(3) 为了解坝前水温分布和变化规律，研究分析水温对坝体的渗流和混凝土建筑物的影响，通常在坝前选择合适的断面进行水温观测，一般可采用铜电阻或铂电阻温度计进行观测。

7.2 监测设施养护修理

7.2.1 监测设施养护一般性要求

(1) 对传感器(含测量仪器设备)应加以保护，外露的应加设保护装置，避免人为撞击损(破)坏；若已被撞击损(破)坏，应及时修复，并重新校正。

测压管被淤堵的，应及时清淤，恢复正常。

量水堰堰板上的附着物和量水堰上下游的水草、淤泥或者其他堵塞物，应及时清除；量水堰下游水位应保持在渗流水不会形成淹没流状态。

经检查和分析确认为已失灵或损坏的内置传感器的测点应及时从监测系统中“除名”，对关键部位的测点，如有可能，宜予补设。

(2) 对传输电(光)缆应严加保护，并设明显走线标志；如有损坏，应及时修复。

(3) 对人工采集的测量仪器(二次仪表)或自动采集和整理分析设备装置，应按设计和规范要求予以保养和按期检验；若有故障或损坏应及时送检、排除。

(4) 对自动采集系统的现场监测站(房)，在每个雨季到来之前，都应检查系统和供电的防雷接地线是否满足设计要求，若不满足，应及时采取有效措施；监测室内应通气，防尘。

(5) 对自动化系统的采集和分析软件，应根据传感器(测点)的实际情况及监测和计算机技术发展及时予以修改(正)和升级。

对于安全监测系统可按如下内容进行详细检查：

1) 变形监测系统

① 垂线系统应检查浮筒或阻尼油桶内油位是否偏高或偏低，钢丝是否能自由移动，钢丝是否受风、虫、灰尘影响等。

② 引张线系统中引张线的浮船是否正常浮托着，引张线测点箱的浮船的水箱液面高度是否下降，引张线是否处于自由状态。

③ 垂线坐标仪和引张线仪是否受水、虫、灰尘影响，是否能正常工作。

④ 静力水准系统管路是否受损，是否有漏液现象，液面高度是否过高或过低。

⑤ 校核基点、工作基点和表面变形测点强制对中基座和水准标芯是否锈蚀，观测墩标识是否清晰。保护装置是否完整，是否被泥沙、浮土等覆盖。

2）渗流监测系统

① 测压管、地下水位观测孔的孔口保护装置是否完好、排水是否通畅，能否正常打开，标识是否清晰。

② 量水堰堰板是否存在锈蚀和长满青苔的情况。量水堰观测水尺是否锈蚀，刻度是否清晰。

③ 压力表有无破损，精度、量程是否合适；是否定期率定，工作是否正常。

④ 用于渗漏量监测的排水孔有无淤堵，是否能够正常排水。

⑤ 用于渗漏量监测的排水沟内是否有淤积物和漂浮物，流水是否畅通。

3）环境量监测系统

① 超声波水位计的信号反射区域内有无遮挡物，外装防护罩是否锈蚀，能否正常工作，用于防漂浮物和水葫芦等的围栏是否能够正常工作。

② 浮子式水位计悬索是否卡紧水位轮，浮子是否能自由升降，水位井（管）内是否淤堵。

③ 雨量筒是否有损坏，器口是否水平、是否有变形，器身是否稳定。雨量筒翻斗翻转是否灵活。

4）自动化采集系统

① 自动化采集系统箱体是否受到渗水、灰尘或人为损害，防雷器是否已被雷电流击穿。

② 自动化采集系统通信电缆与供电电缆是否受损，电缆架设设施是否完好，保护标志是否完好。

③ 自动化采集系统是否能够正常采集数据，是否能够正常分析处理数据并发出报警，是否能够正常上报数据。电源系统是否能够正常工作。

④ 各自动化监测仪器是否正常工作，是否出现损坏。

5）其他

① 各种电缆是否受到鼠咬或盗割，有无断裂之处。

② 未接入自动化系统的仪器电缆标识是否清晰。

③ 观测站与观测房内是否干燥、整洁，仪器保护装置是否损坏。

7.2.2 变形观测设施养护修理

7.2.2.1 表面变形观测墩

表面变形观测墩的养护主要是检查各种变形观测设施的保护装置是否完好，标志是否明显，随时清除观测障碍物；观测设施如有损坏，应及时修复，并应重新进行校正。

7.2.2.2 引张线

引张线系统现场检查与测试。

引张线现场检查的项目主要包括测点环境检查、护管有效孔径检查及引张线装置检查。测点环境检查包括检查各测点是否设有保护箱，测点环境和防风效果等；护管有效孔径检查包括检查引张线护管直径是否满足线体自由变化，挠动线体后是否感觉有异物阻隔，线体的活动范围等；引张线装置检查包括端点部分、测点、测线及保护部分是否完好等。

工程实例：

某混凝土坝坝顶引张线自左岸至右岸，线体全长 309 m，共设 16 个测点（EX01～EX16）。

1）引张线线体精度测试

线体本身测量精度检验测试方法为：在引张线自由的未扰动的情况下，采用读数仪或者自动化系统对各测点逐点进行测读，然后在引张线线体长度的中间部位测点处用夹块将线体往下游推动 X（单位：mm）并固定，待线体稳定后，再重新测读各测点；放回线体稳定后，再测读自由状态下的读数，再次在引张线线体长度的中间部位测点处用夹块将线体往上游推动 X（单位：mm）并固定，待线体稳定后，再记录各测点测值。计算各测点上述两回合后的位移变化值 $A1$ 和 $A2$。再按相似三角形原理，计算中间点推移 X（单位：mm）后，各测点理论位移值 B，并分别将自动化系统测读值与理论值比较。

各测点测读值 A 与理论值 B 之差用Δ 表示，采用方差分析方法评价。设 δ_A和 δ_B分别为 A 与 B 的测量误差，则位移差值的中误差 σ 按下式计算：

$$\delta = \sqrt{\delta_A^2 + \delta_B^2} \tag{7.2-1}$$

取 $\delta \leqslant 3\sigma$ 作为测值位移差误差的控制标准，则有

$$\delta \leqslant 3\sqrt{\delta_A^2 + \delta_B^2} \tag{7.2-2}$$

通过现场测试结果可进一步分析引张线的综合测量精度。理论上，测值 A 与测值 B 应相等，据此可计算出引张线测值的综合中误差，计算公式为：

$$m = \pm\sqrt{\frac{\sum P\Delta^2}{\sum P}}, P = \frac{S^2}{S^2 + S_i^2} \tag{7.2-3}$$

式中：m 为实测偏移值的中误差，mm；Δ 为理论值与实测值的差值，mm；P 为 Δ 的权重；S 为拨动点至端点的距离，m；S_i 为测点至端点的距离，m。

2）引张线工作状态检测

① 线体张力计算

线体张力及最大垂径是影响引张线工作状态的重要因素，复核计算成果如下：

钢丝实际承受的应力为：

$$\sigma_{实} = \frac{N}{(\pi/4) \times d^2} \tag{7.2-4}$$

式中：d 为钢丝的直径，cm；N 为线体水平拉力，kg，近似于挂锤重量。

钢丝的安全系数为：

$$K = \sigma_{钢} / \sigma_{实} \tag{7.2-5}$$

规范规定，宜使钢丝极限拉力为所受拉力的两倍，即安全系数 $K=2$。

② 最大垂径复核

引张线最大悬链线垂径计算公式为：

$$Y = S^2 \times W/8H \quad (7.2\text{-}6)$$

式中：S 为两浮托点最大间距，m；W 为线体单位长度重，kg/m。

表 7.2-1 为引张线装置张力及最大悬链线垂径计算表。

表 7.2-1 引张线装置张力及最大悬链线垂径计算表

线体直径/mm	线体长度/m	护管直径/mm	挂锤重量/kg	测点浮托最大间距/m	钢丝实际应力/(kg/cm²)	钢丝安全系数	最大悬链线垂径/cm
1.2	272.15	110	90	25.2	7 958	1.63	0.59

3）引张线系统现场测试

① 线体精度测试

线体精度测试是将引张线处于未挠动的自由状态视为初始状态，采用自动化系统逐点测读；在引张线的两侧 EX01 和 EX15（EX16 测点不具备现场检测环境）测点处用标准垫块将线体分别向上游推动 5 mm 和 10 mm 并固定，待线体稳定后，采用自动化系统逐点测读，各次读数如图 7.2-1 所示。

从图 7.2-1 可以看出，该条引张线的 EX05 和 EX11 测点存在卡阻现象。经现场检查，EX05 测点读数尺位置偏高，导致线体卡阻，使得线体不能自由活动；EX11 测点盒内油已耗尽，见图 7.2-2。现场对上述现象进行了处理。

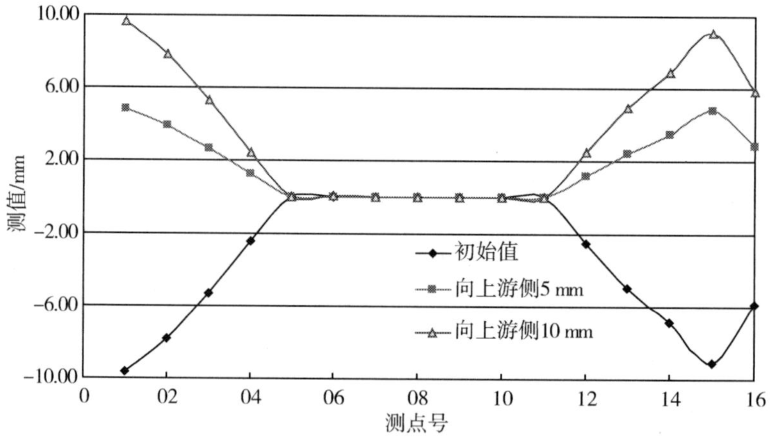

图 7.2-1 引张线各测点变化过程线

② 线体稳定性测试

线体稳定性测试是将引张线处于未挠动的自由状态视为初始状态，逐点测读引张线读数；在引张线中间部位测点处用夹块将线体向上游推动 10 mm 后松开，待线体稳定后，采用自动化系统逐点测读，记录引张线的稳定复位时间，计算复位差。鉴于本工程的引张线系统存在卡阻缺陷，现场测试中应进行的线体稳定性测试已无必要进行。

③ 引张线坐标仪长期稳定性测试

各引张线测点测值过程线尖点较多，表明引张线坐标仪长期稳定性较差。

4）引张线仪重复测量精度

利用监测自动化系统的计算机在 30 min 内对 16 个测点连续测读 15 次，由 15 次读数计算其观测中误差，结果见表 7.2-2。

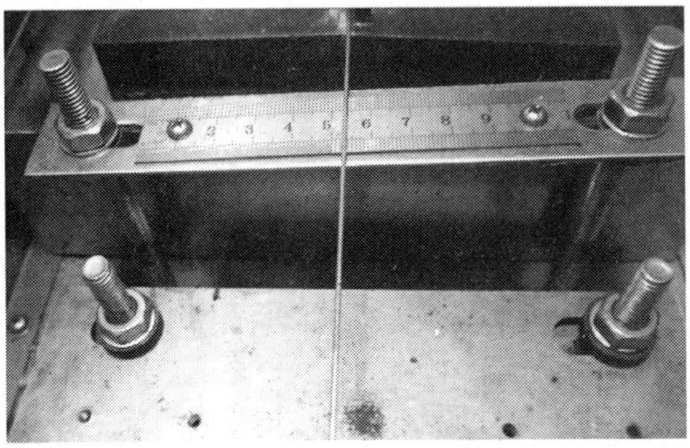

EX5 测点读数尺位置偏高导致线体卡阻

EX11 测点盒内油已耗尽

图 7.2-2　EX05 和 EX11 测点现场检查图

表 7.2-2　引张线观测中误差

观测项目	测点编号	MCU 单元号	观测中误差 mm	评价等级
引张线	EX01	27	0.43	合格
	EX02	27	0.49	合格
	EX03	27	0.62	合格
	EX04	27	0.55	合格
	EX05	27	0.57	合格
	EX06	27	0.30	合格
	EX07	27	0.22	合格
	EX08	25	0.63	合格
	EX09	25	0.39	合格
	EX10	25	0.60	合格
	EX11	25	0.61	合格
	EX12	25	0.47	合格
	EX13	25	0.40	合格
	EX14	25	0.63	合格
	EX15	25	0.62	合格
	EX16	30	0.51	合格

考虑到遥测引张线仪的精度为 0.15 mm，由于实测位移量是两次观测值之差，取自动化系统测量精度为 $\sigma=\sqrt{2}\times0.15\ \text{mm}=0.21\ \text{mm}$。确定本次引张线系统鉴定的标准如下：

$\delta \leqslant \sigma$，优秀

$\sigma < \delta \leqslant 3\sigma$，合格

$\delta > 3\sigma$，不合格

由表 7.2-2 可以看出，本工程中引张线各测点的重复性测量精度为合格。

5）引张线系统综合评估

① 引张线各测点重复性测量精度虽满足规范要求，但引张线复位效果差，测值过程线尖点较多，引张线坐标仪长期稳定性较差，建议进行改造和更换。

② 引张线 EX5 和 EX11 测点存在卡阻现象，也使得此前的各测点测值有误，不能被引用。

7.2.2.3　静力水准仪

静力水准仪是测量基础和建筑物各个测点间相对高程变化的专用精密仪器。主要用于大型建筑物如水电站厂房、坝、高层建筑物、水利枢纽工程岩体等各测点间不均匀沉陷测量。静力水准仪与双金属标等绝对位移监测设备配套使用，构成完整的垂直位移监测系统。可接入自动化监测系统的相应静力水准仪按传感器类型分有电容式、电感式、差动变压器式、光电式 4 种。如差动变压器式静力水准仪是通过浮子感应液面变化，带动传感器磁芯产生位移，由差动变压器式传感器测出该测点的相对变化量，这种仪器的特点是测量精度高、测量范围大、测值稳定可靠、不受外界干扰等特点，适应大坝监测环境，已在大坝安全自动化监测中推广应用。

仪器养护事项：

静力水准仪主要由钵体、水管、浮子等组成。主要检查钵体与建筑物结合紧密程度能否有效反映大坝变形；钵体中所装溶液有无漏液现象，钵体外观是否正常。水管管路连通及有无漏液情况。

静力水准系统稳定性测试工程案例：

（1）连通性及工作状态

1）测试方法

静力水准管路连通性测试的方法有两种，即在钵体内加液或用标准量块垫高基点钵体。案例现场测试采用在基点垫高的方法。理论上，若水准管路连通较好，基点垫高并稳定足够时间后，同一管路上的各测点液面均应上升同一高度，若液面上升高度差别较大，则说明某一处的管路存在堵塞不畅通现象或测点故障。

现场测试过程如下：①基点垫高前逐点采集数据，重复测读 3 次，取平均值；②坝顶和廊道静力水准系统各选一个基点垫高 10 mm；③待液体流动稳定后，逐点进行数据采集，重复测读 3 次，取平均值；④计算各测点液面高度变化量，并与理论值对照，理论值计算方法如下：

对于基点：
$$\Delta h = -\frac{n-1}{n} \times D_0$$

对于测点：
$$\Delta h = \frac{1}{n} \times D_0$$

式中：D_0 为基点垫高值，mm；n 为线路测点数（包括基点）。符号规定：液面上升为正，反之为负。

2）坝顶静力水准系统

经现场试验和理论计算，坝顶静力水准（GL01～GL17）管路连通性测试试验数据见表7.2-3，在GL08测点垫高10 mm标准垫块后各测点位移变化及理论值过程线见图7.2-3，加垫块后的各测点测值及取消垫块复位后的测值及误差过程线见图7.2-4。

表7.2-3　坝顶静力水准管路连通性测试结果　　单位：mm

测点号	初始值	加垫块后测值	位移变化量	理论值	测量误差	误差百分比
GL01	−2.820	−2.809	0.011	0.588	−0.577	98.13%
GL02	−9.182	−8.593	0.589	0.588	0.001	0.13%
GL03	−5.203	−4.492	0.711	0.588	0.123	20.87%
GL04	−5.943	−5.197	0.746	0.588	0.158	26.82%
GL05	−5.864	−5.080	0.784	0.588	0.196	33.28%
GL06	0.407	1.480	1.073	0.588	0.485	82.41%
GL07	−4.461	−3.616	0.845	0.588	0.257	43.65%
GL08	−6.264	−15.598	−9.434	−9.412	−0.022	0.24%
GL09	−4.963	−4.443	0.520	0.588	−0.068	11.60%
GL10	−5.662	−5.113	0.549	0.588	−0.039	6.67%
GL11	−5.552	−5.036	0.516	0.588	−0.072	12.28%
GL12	−3.760	−3.256	0.504	0.588	−0.084	14.32%
GL13	−4.277	−3.760	0.517	0.588	−0.071	12.11%
GL14	−3.970	−3.486	0.484	0.588	−0.104	17.72%
GL15	−3.764	−3.292	0.472	0.588	−0.116	19.76%
GL16	−8.102	−7.622	0.480	0.588	−0.108	18.40%
GL17	−4.873	−4.394	0.479	0.588	−0.109	18.57%

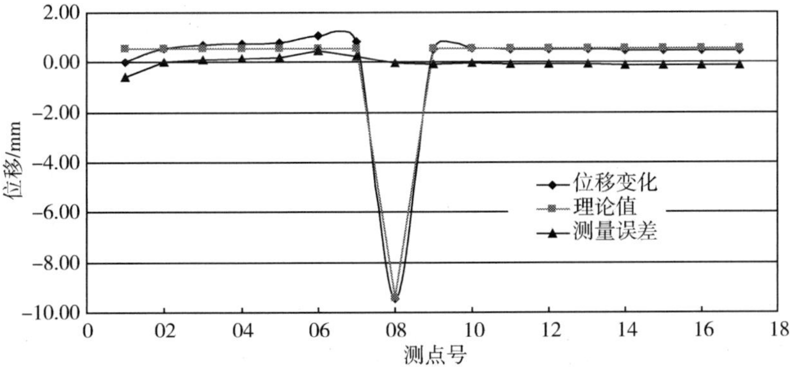

图7.2-3　坝顶静力水准管路连通性测试各测点位移变化过程线

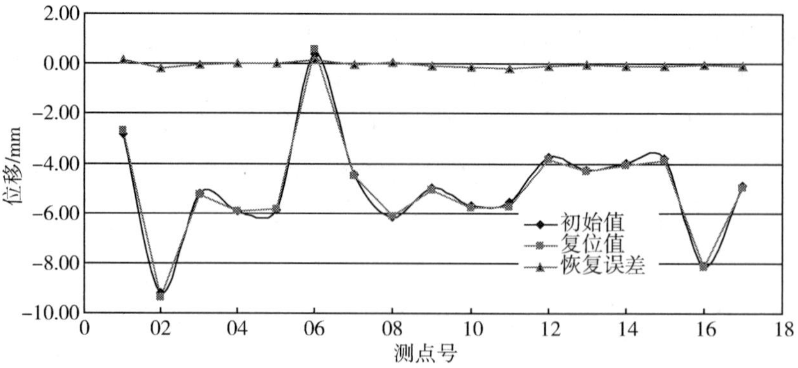

图 7.2-4　坝顶静力水准管路连通性测试各测点复位前后测值及误差过程线

由表 7.2-3 和图 7.2-3、图 7.2-4 可以看出，坝顶静力水准管路连通性测试结果尚可，但多数测点的实测值与理论值之间的误差较大，除 GL02、GL08 和 GL10 三个测点的相对误差小于 10%外，其余 14 个测点的相对误差均大于 10%，其中 GL01、GL06 和 GL07 3 个测点的相对误差分别高达 98.13%、82.41%、43.65%。由此可见，此案例中坝顶静力水准不能可靠地反映坝顶的真实沉降，需进行改造。

3）廊道（坝基）静力水准系统

经现场试验和理论计算，坝基 LS01～LS07 静力水准的管路连通性测试试验数据见表 7.2-4，在 LS04 测点处垫高 10 mm 标准垫块后各测点位移变化及理论值过程线分别见图 7.2-5，加垫块后的各测点测值及取消垫块复位后的测值及误差过程线见图 7.2-6。

由表 7.2-4 和图 7.2-5、图 7.2-6 可以看出，坝基 LS01～LS07 静力水准管路连通性测试结果尚可，除 LS07 测点的相对误差小于 10%外，其余 6 个测点的实测值与理论值之间的误差较大，其中 LS06 测点的相对误差高达 160.61%。由此可见，此案例中坝基 LS01～LS07 静力水准也不能反映坝基的真实沉降，需进行改造。

表 7.2-4　坝基静力水准管路连通性测试结果　　单位：mm

测点号	初始值	加垫块后测值	位移变化量	理论值	测量误差	误差百分比
LS01	−9.194	−7.002	2.192	1.429	0.763	53.44%
LS02	−0.281	−0.079	0.202	1.429	−1.227	85.86%
LS03	−2.095	−0.453	1.642	1.429	0.213	14.94%
LS04	−5.166	−10.484	−5.318	−8.571	3.253	37.96%
LS05	−1.904	0.213	2.117	1.429	0.688	48.19%
LS06	−2.131	1.592	3.723	1.429	2.294	160.61%
LS07	−2.100	−0.590	1.510	1.429	0.081	5.70%
LS08	−1.790	−1.570	0.220	0.909	0.111	12.20%
LS09	−2.230	−1.870	0.360	0.909	0.171	18.80%
LS10	−1.779	−1.164	0.615	0.909	−0.027	2.98%

续表

测点号	初始值	加垫块后测值	位移变化量	理论值	测量误差	误差百分比
LS11	−0.300	−0.305	−0.005	0.909	−1.054	115.95%
LS12	−2.654	−1.456	1.198	0.909	0.003	0.32%
LS13	−2.452	−1.009	1.443	0.909	−0.088	9.69%
LS14	−3.823	−11.978	−8.155	−9.091	0.203	2.23%
LS15	−2.309	−0.600	1.709	0.909	0.063	6.92%
LS16	−2.140	−0.603	1.537	0.909	0.055	6.04%
LS17	−1.997	−1.031	0.966	0.909	0.181	19.90%
LS18	−2.870	−2.320	0.550	0.909	0.451	49.60%
LS19	−2.610	−0.58	2.030	2.000	−0.030	1.50%
LS20	−2.789	−9.632	−6.843	−8.000	−1.157	14.46%
LS21	−2.137	0.459	2.596	2.000	−0.596	29.80%
LS22	−1.840	−0.072	1.768	2.000	0.232	11.60%
LS23	−1.521	−0.811	0.710	2.000	1.290	64.50%

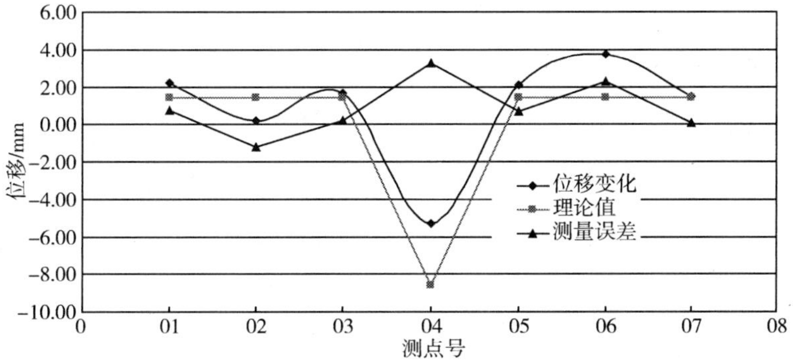

图 7.2-5 坝基静力水准(LS01～LS07)管路连通性测试位移变化过程线

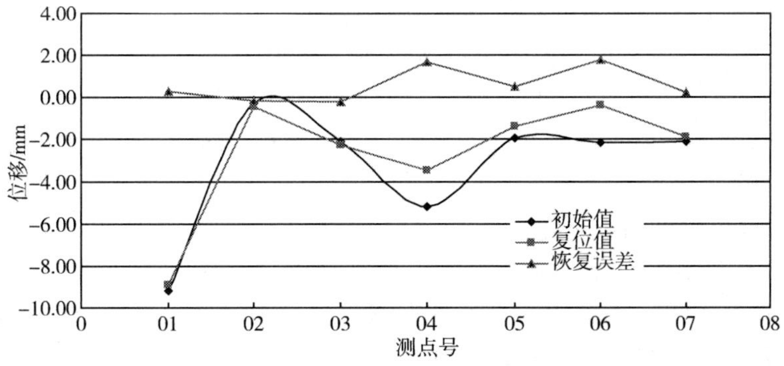

图 7.2-6 坝基静力水准(LS01～LS07)连通性测试复位前后测值及误差过程线

坝基 LS08～LS18 静力水准的管路连通性测试试验数据见表 7.2-4，在 LS14 测点处垫高 10 mm 标准垫块后各测点位移变化及理论值过程线分别见图 7.2-7，加垫块后的各测点测值及取消垫块复位后的测值及误差过程线见图 7.2-8。

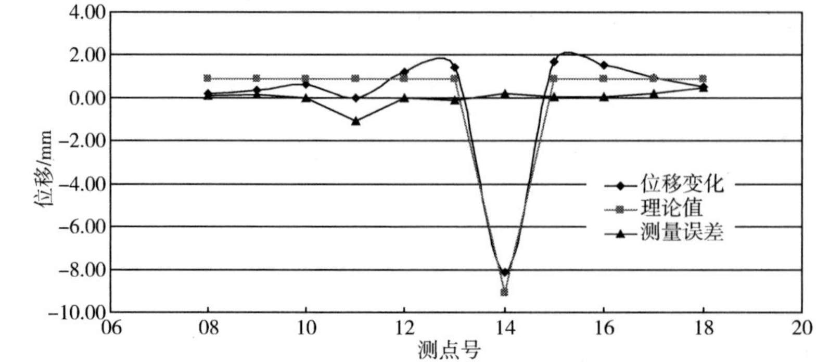

图 7.2-7　坝基静力水准(LS08～LS18)管路连通性测试位移变化过程线

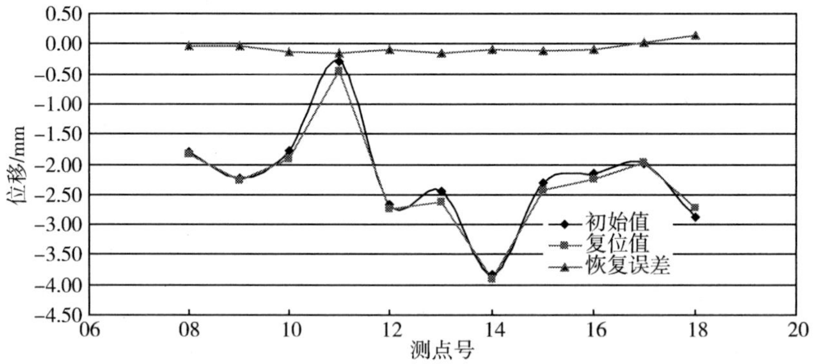

图 7.2-8　坝基静力水准(LS08～LS18)连通性测试复位前后测值及误差过程线

由表和图可以看出，案例中坝基 LS08～LS18 静力水准管路连通性测试结果较差，除 LS11、LS18 测点的相对误差分别为 115.95％、49.60％外，其余测点的实测值与理论值之间的误差相对较小，但仍不能可靠反映坝基的真实沉降，需进行改造。

坝基 LS19～LS23 静力水准的管路连通性测试试验数据见表 7.2-4，在 LS20 测点处垫高 10 mm 标准垫块后各测点位移变化及理论值过程线分别见图 7.2-9，加垫块后的各测点测值及取消垫块复位后的测值及误差过程线见图 7.2-10。

由表 7.2-4 和图 7.2-9、图 7.2-10 可以看出，案例中坝基 LS19～LS23 静力水准管路连通性测试结果差，各测点的实测值与理论值之间的误差相对较大，不能可靠反映坝基的真实沉降，需进行改造。

(2) 静力水准仪重复测量精度

利用监测自动化系统的计算机在 30 min 内对坝顶 17 个测点、坝基 23 个测点连续测读 15 次，由 15 次读数计算其观测中误差，分别见表 7.2-5 和表 7.2-6。

依据规范，混凝土重力坝坝顶垂直位移量中误差限值为±1.0 mm，坝基垂直位移量中误差限值为±0.3 mm。从表 7.2-6 看，坝顶静力水准仪观测中误差满足规范要求，这是考虑到上述中误差为人工观测最低要求，若考虑到静力水准仪的观测精度为 0.1 mm，本案例工程坝顶静力水准仪的中误差偏大。

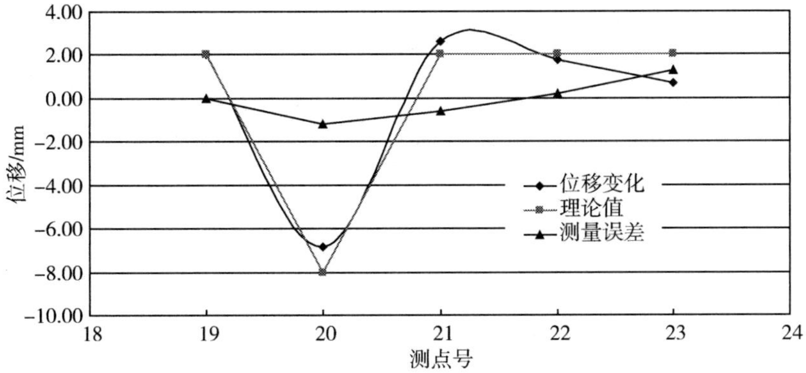

图 7.2-9　坝基静力水准(LS19～LS23)管路连通性测试位移变化过程线

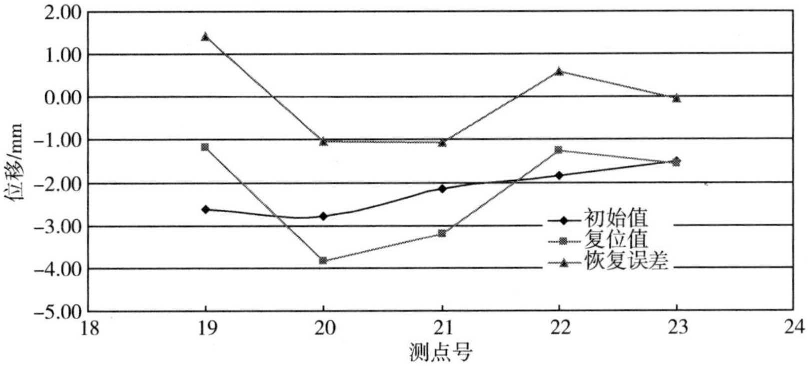

图 7.2-10　坝基静力水准(LS19～LS23)连通性测试复位前后测值及误差过程线

表 7.2-5　坝顶静力水准仪观测中误差

仪器名称	测点编号	MCU 模块	观测中误差/mm	评价等级
静力水准仪	GL01	27	0.92	合格
	GL02	27	0.41	优良
	GL03	27	0.51	合格
	GL04	27	0.82	合格
	GL05	27	0.88	合格
	GL06	27	0.85	合格
	GL07	27	0.53	合格
	GL08	25	0.65	合格
	GL09	25	0.43	优良
	GL10	25	0.70	合格
	GL11	25	0.73	合格

续表

仪器名称	测点编号	MCU 模块	观测中误差/mm	评价等级
静力水准仪	GL12	25	0.44	优良
	GL13	25	0.78	合格
	GL14	30	0.59	合格
	GL15	30	0.53	合格
	GL16	30	0.60	合格
	GL17	30	0.52	合格

表 7.2-6　廊道静力水准仪观测中误差

仪器名称	测点编号	MCU 模块	观测中误差/mm	评价等级
静力水准仪	LS01	17	2.31	不合格
	LS02	17	2.36	不合格
	LS03	17	1.81	不合格
	LS04	17	1.21	不合格
	LS05	17	0.61	不合格
	LS06	17	0.70	不合格
静力水准仪	LS07	18	0.33	不合格
	LS08	18	0.32	不合格
	LS09	18	1.51	不合格
	LS10	18	0.32	不合格
	LS11	18	1.64	不合格
	LS12	18	0.91	不合格
	LS13	18	0.38	不合格
	LS14	16	1.64	不合格
	LS15	16	0.28	合格
	LS16	16	0.22	合格
	LS17	16	0.78	不合格
	LS18	16	0.18	合格
	LS19	12	0.65	不合格
	LS20	12	1.11	不合格
	LS21	12	1.38	不合格
	LS22	12	0.84	不合格
	LS23	12	0.32	不合格

坝基(廊道)静力水准仪小于规范要求的仅有 LS15、LS16、LS18 3 个测点,基本满足规范的(0.5 mm)测点数也较少,大多数测点中误差大于 0.6 mm。因此,案例中廊道静力水准系统不满足安全监测要求,建议改造或更换。

(3) 静力水准系统综合评估

从现场静力水准管路连通性测试结果看出,廊道静力水准连通性(间隔 12 h)较差,大部分测点观测中误差不满足规范要求,建议进行改造或更换。坝顶静力水准连通性(间隔 12 h)稍好,各测点观测中误差虽满足规范要求,但数值较大。

7.2.3 渗流观测设施养护修理

7.2.3.1 测压管

测压管养护主要是注意对测压管管口的保护,避免石子等异物堵塞。

对于使用时间较长的测压管应做灵敏度测试,灵敏度测试方法如下:

首先测量注水前测压管内水位,再将 5 m 左右测压管体积的水注入管内,测出水面至管口距离,依据管口高程得到管内水面高程,并记录开始检测时间,然后间隔 5 min、10 min,直至每 2 h 观测一次管内水位,记录管内水位,直至管内水位恢复到注水前水位。

7.2.3.2 钢弦式渗压计

(1) 钢弦式渗压计的工作原理

钢弦式渗压计中有一个灵敏的不锈钢膜片,在它上面连接振弦,见图 7.2-11。使用时,膜片上压力的变化引起它移动,这个微小位移量可用振弦元件的张力和振动频率来测量。振动频率的平方正比于膜片上的压力。共有两个线圈,分别紧靠钢弦对称放置。使用时,一个变频的脉冲信号(扫描频率)加到线圈上,这就使钢弦在它的固有频率上振动。激励结束时,钢弦还继续振动,但固有频率的正弦信号在线圈上逐渐减弱,并传输到读数仪上,并在此被解调和显示。

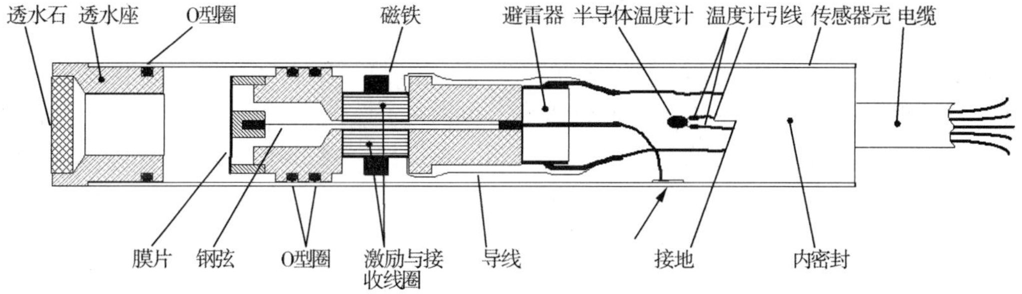

图 7.2-11 振弦式渗压计

为了避免损坏传感器膜片,用过滤器(透水石)以隔绝固体颗粒。标准透水石是 50 μm 孔径的烧结不锈钢,如需要也可以使用高通气的透水石。

所有的暴露零部件都用耐腐蚀的不锈钢制成。如果安装正确,该装置使用寿命应该很长。但若在盐水环境中,膜片和外壳就需要特殊材料。便携读数装置可以用来为仪器提供激励、信号解调和读数。每一支渗压计都有率定数据,以将仪器的读数转化成工程单位,例如压力或液位。

(2) 故障排除

振弦式渗压计的保养和故障排除只需周期地检查电缆的连接和连接端子。传感器本身是密封的,用户不能维修。

下面是典型的问题和建议的处置措施:

1) 渗压计的读数故障

① 用一只欧姆表跨接在仪器的端子上,检查线圈的电阻,正常情况下,电阻是 180 Ω (±5%),加上电缆的电阻,导线电阻大约 4.6 Ω/100 m,如果电阻非常高或无穷大,那么电缆芯线可能是断路。如果电阻很低,那么仪器的芯线可能是短路了。

② 用另一只仪器检查读数仪本身是否有故障。

2) 渗压计读数不稳定

① 将读数仪放在一块木头或类似的绝缘材料上,使其与大地绝缘。

② 检查一下,附近是否有干扰源,如电机、发电机、变压器,可能的话,移开渗压计电缆。

③ 渗压计可能已经过载损坏或受到振动。

④ 渗压计体可能与屏蔽体短路了,检查一下屏蔽线与渗压计外壳之间的绝缘电阻。

3) 热敏电阻的阻值太高

① 多半是开路的故障,须检查所有的连接、端子和插头。

② 渗压计内部可能进水了,可不再利用温度测值修正压力水头。

7.2.3.3 差动电阻式仪器

差动电阻式传感器是用于观测水工建筑物内部应力应变、渗透压力、温度、裂缝等物理量长期变化情况的仪器。差动电阻式传感器在国内水工建筑物中使用时间长,数量大,因此,对已埋设差动电阻式传感器的检测与鉴定是一个重要的课题。差动电阻式传感器由于其自身的发展,其测量方式由四芯演变成五芯,测量不再受芯线电阻的影响,并且使测量距离可以很远,从 20 世纪 80 年代起,五芯测量方法逐步采用,20 世纪 90 年代以来,国内新建的工程均已采用五芯系统,但在 20 世纪 80 年代及 80 年代前有很多仪器仍然采用四芯测量方式。

差动电阻式传感器实际测量的是电阻值,在差动电阻式传感器的测量系统中又分为四芯制与五芯制,测量结果以电阻比与电阻值来表述。因此,在检测前必须了解需检测的系统是四芯制还是五芯制。如果不清楚是四芯还是五芯,可用下述方法判定:直接在现场检查仪器的引出电缆,观察是四芯电缆还是五芯电缆;如果已连接到接线箱,可以通过用数字电桥测量芯线间的电阻值来确定,如果蓝黑间的电阻值为无穷大,绿白间的电阻值较小,则为四芯制。如图 7.2-12 所示为差动电阻式测量系统的接长方法。

(1) 现场检测

对于差阻式传感器,可以测量的各芯线间电阻为 $r_{\text{黑白}}$、$r_{\text{黑蓝}}$、$r_{\text{黑红}}$、$r_{\text{黑绿}}$、$r_{\text{蓝白}}$、$r_{\text{蓝红}}$、$r_{\text{蓝绿}}$、$r_{\text{绿白}}$、$r_{\text{绿红}}$和 $r_{\text{红白}}$。通过对芯线电阻值的测量,可以先简单地判断该仪器的状态及电缆芯线与接线箱电缆和接头的质量,各个芯线间的电阻值经比较后,可知该仪器有无断线,芯线间电阻值的偏差有多大。

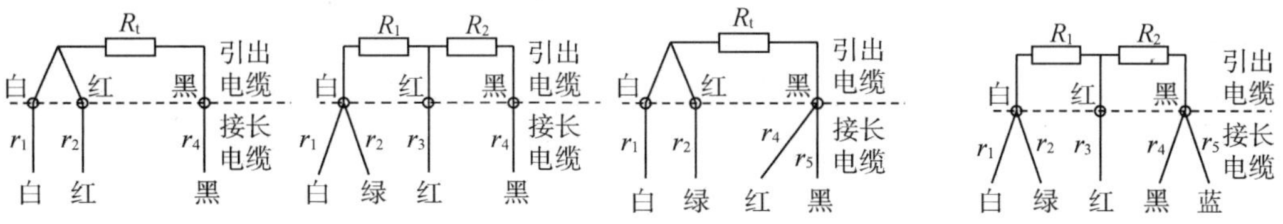

(a) 四芯测量系统　　(b) 五芯测量系统

图 7.2-12　差动电阻式测量系统的接长方法

① 绝缘电阻测试。由于不能直接接触到传感器外壳，故选择接地点时应特别注意，若不能确定好接地点与传感器外壳是否接触良好，测试出的绝缘结果是无效的。由于传感器芯线对外壳的实际绝缘电阻是测量不到的，只能通过大地与传感器外壳进行连接。一般情况下，已埋设的传感器，尤其是埋设时间较长的传感器，绝缘电阻均会降低。当然绝缘电阻降低是由各种因素引起的，包括传感器、电缆、接头等，在埋设后已无法区分。仪器绝缘度测试方法：用兆欧表一头夹住仪器电缆头，另一头接地，测定仪器电缆的绝缘度，以判断电缆是否受潮或进水。

② 现场电阻比测量。测量现场电阻比时，应记录正测电阻比与反测电阻比，同时进行校核，如发现正反测电阻比的之和减去 20 000 大于 5×0.01%时，应当复测，以防止粗差的产生。

(2) 检测结果分析

现场检测完成后，应对检测的数据进行计算分析，以便对检测中发现有问题的数据进行复测。由前面所述可知，四芯制与五芯制的测量结果是不一样的，所以分成两部分来讨论检测的结果。

① 四芯制的检测结果

由于计算物理量时与电阻比及电阻值均有关，所以电阻值与电阻比都需关注。四芯测量系统的测量结果与芯线电阻有关，芯线电阻的偏差及芯线电阻随温度的变差都会影响测量结果。现场检测后，通过独立测量出的 6 个电阻值计算出各芯线电阻值，上述 6 个电阻值可以用以下公式描述：

$r_{黑白}=R_1+R_2+r_1+r_4$，$r_{黑红}=R_2+r_4+r_3$，$r_{黑绿}=R_1+R_2+r_2+r_4$，

$r_{绿白}=r_1+r_2$，$r_{绿红}=R_1+r_2+r_3$，$r_{红白}=R_1+r_1+r_3$

经数学计算，可得到 r_1、r_2、r_3、R_2+r_4 与 R_1+r_1 的电阻值，即可校核已测出的电阻比及电阻值，如其误差在允许范围内，则该传感器可以继续按照以前的方法测量，否则应考虑如何处理该传感器。

② 五芯制的检测结果

五芯制测量系统是一个理想系统，其假定条件是测量放大器为理想放大器，也就是说放大器的开环放大倍数为无穷大，输入电阻也为无穷大，在输入端上没有电流，这样在测量电阻值时不再受连接电路的影响。

当放大器为理想时，由于输入电阻为无穷大，r_2 与 r_5 对放大器的输入电阻及增益没有影响，因此测量结果与 r_2、r_5 无关，但是在实际放大器电路中，r_2 和 r_5 相当于在闭环的输入电阻上串联了一个电阻，它会影响放大器的输入阻抗及增益。当放大器采用同相输入且放大器

的参数接近理想状态时，可忽略这些影响。因此，用数字电桥在五芯制下测量，可以不考虑芯线电阻的影响，其电阻比与电阻值是正确的。但应注意在有接线箱的情况下 r_5 与 r_2 的差值，因为接线箱长期使用后，其刷片电阻有时会有很大的变化，从而造成电阻比测量的误差。当然，由于在五芯系统中，各个芯线电阻均可测出，因此，其校核电阻比就相对容易。

(3) 检测结果的判定

① 四芯系统的判定

四芯系统可测出正反测电阻比及芯线电阻值，根据这些电阻值可计算出 R_1+r_1、R_2+r_2、r_1、r_2、r_3，由此可得到计算电阻比 $Z_{计算}=\dfrac{R_1+r_1}{R_2+r_4}$，计算电阻值 $R_{计算}=R_1+R_2+r_1+r_4$。

由以上各测量值可进一步算得正反测电阻比之和($Z+Z'$)，仪器的分线电阻 $R_1+r_{黑}$、$R_2+r_{白}$，计算电阻比 $Z_{计}$ 和电缆芯线电阻 $r_{白}$、$r_{绿}$、$r_{红}$ 等，将它们与规定的质量控制指标和正常情况下的测值进行比较，可以判定仪器是否正常或确定产生不正常变化的原因。

② 五芯系统的判定

五芯系统与四芯系统的差异是五芯系统不受芯线电阻影响，五芯系统由于可测量出每一个单电阻的阻值，因而其校核准确性更高。五芯测量时，应测量正反测电阻比及 $r_{黑白}$、$r_{蓝白}$、$r_{绿白}$、$r_{黑蓝}$、$r_{黑绿}$、$r_{黑红}$、$r_{红白}$ 的电阻值，根据这些电阻值可计算出 R_1、R_2、r_1、r_2、r_3、r_4、r_5，由此可以得到计算电阻比和计算电阻值。

由以上各测量值可进一步算得正反测电阻比之和($Z+Z'$)，仪器的分线电阻 R_1、R_2，计算电阻比 $Z_{计}$ 和电缆芯线电阻 r_1、r_2、r_3 等，将它们与规定的质量控制指标和正常情况下的测值进行比较，可以判定仪器是否正常或确定产生不正常变化的原因。

7.2.4 监测设施评估

7.2.4.1 监测系统的评价流程

为系统评价水利水电工程的安全监测系统，首先应收集监测项目的设计、监测仪器的考证资料(率定、安装、埋设等)，并结合工程实际，对现存安全监测项目、监测仪器布置的完整性、合理性进行评价，并明晰现存安全监测项目是否满足工程安全监测的需要的结论。由于目前水利水电工程的安全监测系统多采用了自动化技术，形成了自动化监测系统。该系统包括数据自动采集系统和自动化分析评价系统两大部分内容，其中数据采集系统由通信装置、采集终端及外部设备、数据采集软件、信号及控制线路、通信及电源线路等组成。因此，监测系统的评价还涉及通信线路的敷设保护、数据采集装置的布设、通信方式及网络结构的评价等。此外，监测系统评价中非常重要的还有监测资料的有效性检验与合理性分析。工程自施工期到运行期，积累了大量的观测资料，其分析成果的可靠性对准确评价工程运行性态至关重要，这不仅需要评价监测资料自身的完整性、可靠性及合理性，而且还应结合设计、施工资料等方面分析监测资料是否反映大坝或工程运行的实际情况。监测系统评价具体流程见图 7.2-13 所示。

7.2.4.2 典型监测传感器的检测方法

监测传感器的现场检测是评价监测系统的基础性工作。首先根据历史数据以及现场观测，了解大坝监测仪器的运行状况，并收集仪器的埋设资料、原始参数、观测数据及有关设计

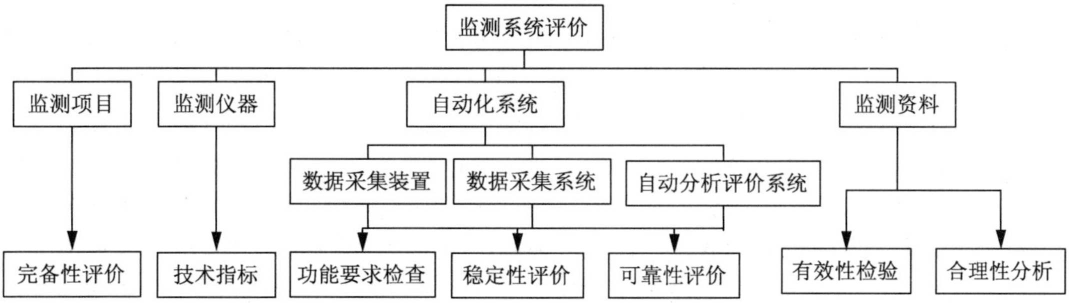

图 7.2-13　安全监测系统的评价流程

图纸，并对部分仪器的损坏原因进行考证。采用经计量认证有效二次仪表（常用的如频率计、读数仪、数字电桥、万用表、兆欧表等）对监测仪器进行全面的现场检测。目前水利水电工程常用的有差动电阻式和振弦式传感器的现场检测方法。

（1）差动电阻式仪器

采用数字电桥测量仪器的电阻值及电阻比值。正常情况下电阻值一般应为实测 0℃电阻值（卡片上读数）与由于温度变化引起的电阻值变化量之和（不计电缆电阻时，约在 30～35 Ω 之间），电阻比范围应在 9 500～10 500 之间。如果电阻太高或无穷大，则为断路；如果电阻太低或接近 0，则为短路或地气故障；如果电阻在正常范围内，而没有读数，则一般为传感器故障。相应的检测流程见图 7.2-14 所示。

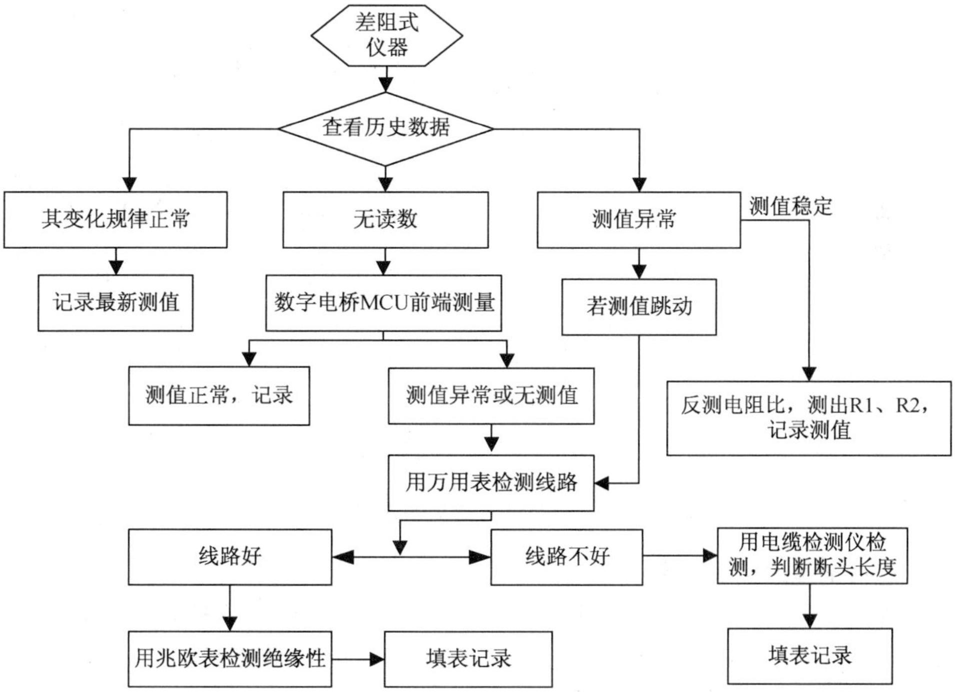

图 7.2-14　差动电阻式传感器的现场检测流程

(2) 振弦式仪器

由于振弦式传感器埋设在建筑物内且本身密封，其保养和故障排除仅限于周期性的检查电缆连接和清理电缆头。当用万用表检测线路时（即检查线圈电阻），正常情况下线圈电阻加上电缆后的总电阻可查阅相应厂家资料后换算。如 Geokon 生产的 GK-4500 渗压计，正常情况下线圈电阻是 190 Ω±5 Ω，再加上电缆的电阻（电缆电阻约 8 Ω/100 m）。若电阻太高或无穷大，则为断路；电阻太低或接近 0，则为短路或地气故障；如果电阻在正常范围内，而没有读数，则一般为传感器的振弦故障，可采用相应手段激励振弦工作，从而恢复该仪器。电缆故障均可利用通信电缆故障检测仪大致测量故障点位置，此外，还可利用兆欧表测量电缆、仪器的绝缘性。振弦式内观监测仪器的现场检测流程见图 7.2-15，将检测结果填入相应检测表格中。

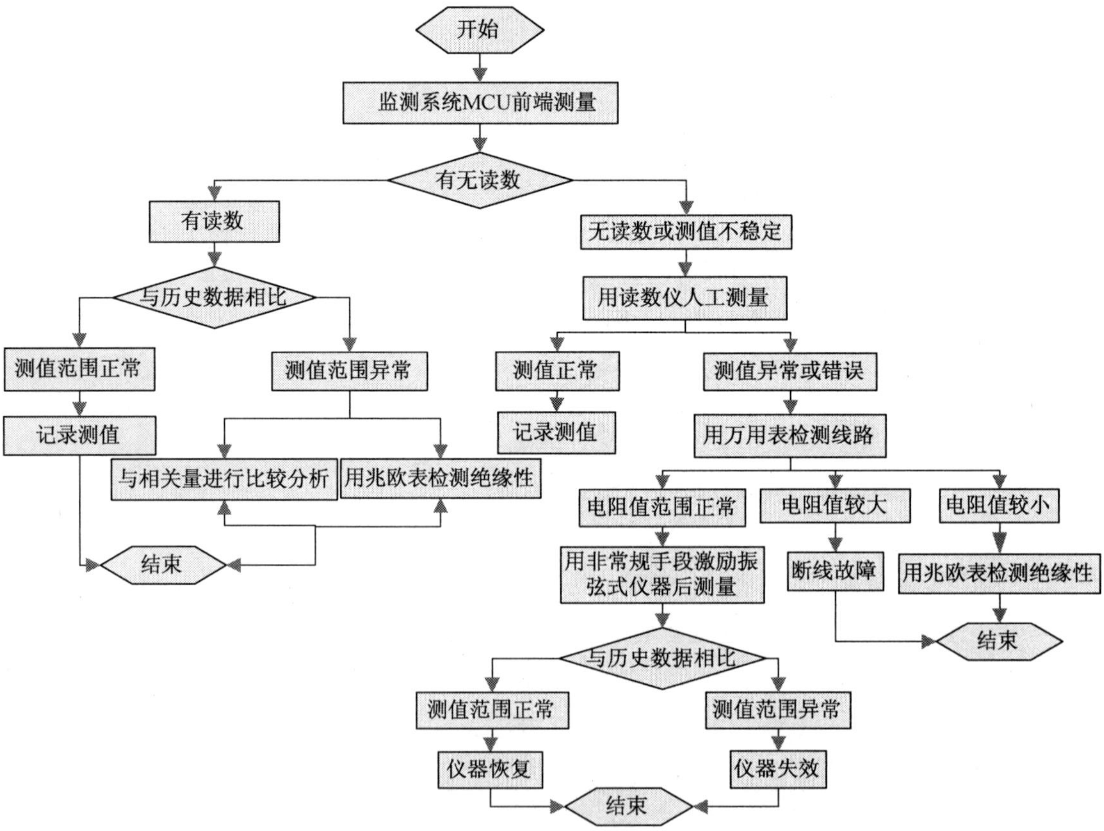

图 7.2-15 振弦式传感器的现场检测流程

7.2.4.3 通信电缆的检测技术

目前，水利工程安全监测仪器所用的电缆大多是通信电缆。一般而言，通信电缆产生故障的原因包括电缆本身质量（电缆生产过程的产品质量缺陷）、施工影响（施工中电缆芯线接续造成线对混线、接地或断线等）、外力或人为影响（其他工程施工、行驶的车辆、建筑物变形等损伤电缆）、自然灾害造成的障碍。根据通信电缆产生故障的原因，可按照线路障碍性质分为绝缘不良障碍、断线障碍、混线障碍和接地障碍等 4 类。

(1) 电缆线路障碍测试步骤及方法

电缆线路障碍测试包括障碍性质诊断、障碍测距与定点。针对电缆线路障碍，首先使用兆欧表与万用表等二次仪表确定线路障碍性质与严重程度；然后使用专用测试仪器测定电缆障碍的距离，初步确定障碍的最小区间；最后根据仪器测距结果，标定障碍点的最小区间，作精确障碍定位。电缆障碍查找中的常用方法有电桥法、放音法、查漏法、脉冲反射法和综合测试等。根据水利水电工程中安全监测仪器的现场实践，电缆障碍测试多采用脉冲反射法。该方法主要是向电缆发送一电压脉冲，利用发送脉冲与障碍点反射脉冲的时间差与障碍点距离成正比的原理确定障碍点。

(2) 典型障碍的脉冲反射波形

① 芯线断开。芯线断开障碍产生正极性反射脉冲，且反射脉冲幅值较大，如图 7.2-16 所示。

② 屏蔽层断开。屏蔽层断开点的反射脉冲为正，与芯线断开障碍的反射脉冲波形相似。如图 7.2-17 所示。

③ 感应线圈。感应线圈或接触不良反射脉冲为正，幅值较芯线断开反射脉冲波形小，如图 7.2-18 所示。

④ 混线(他混、自混)。混线障碍可以看到负极性的障碍点反射脉冲，如图 7.2-19 所示。

⑤ 接地。接地障碍可见负极性的障碍点反射脉冲，波形类似于混线障碍，如图 7.2-20 所示。

⑥ 浸水。浸水障碍反射波形一般为比较平缓的负反射脉冲，如图 7.2-21 所示。

⑦ 错对。在错接点会出现正的反射(一般来说，该反射脉冲比开路障碍产生的反射脉冲要小)，且在另一个错接点产生负的反射，如图 7.2-22 所示。

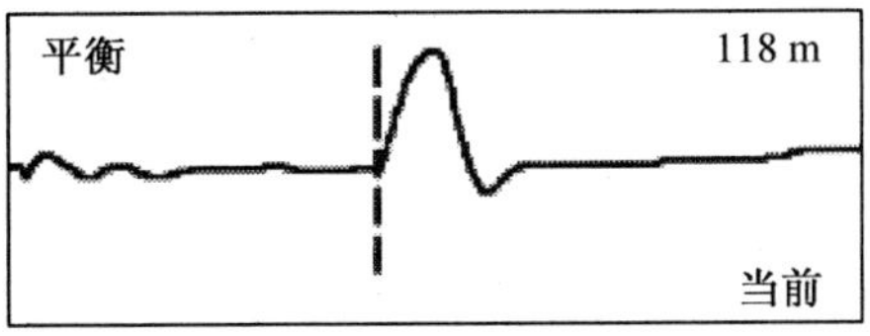

图 7.2-16 芯线断开脉冲反射波形

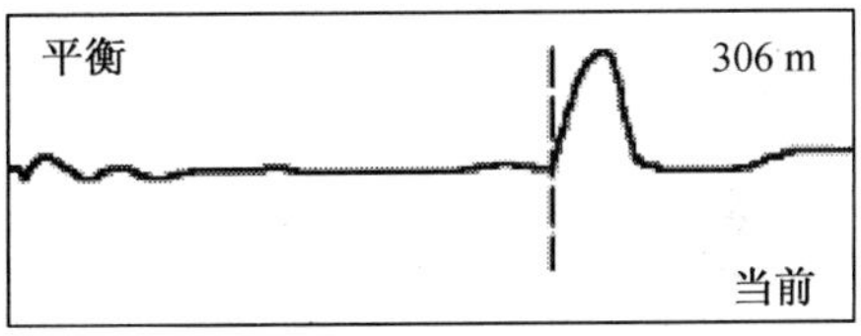

图 7.2-17 屏蔽层断开脉冲反射波形

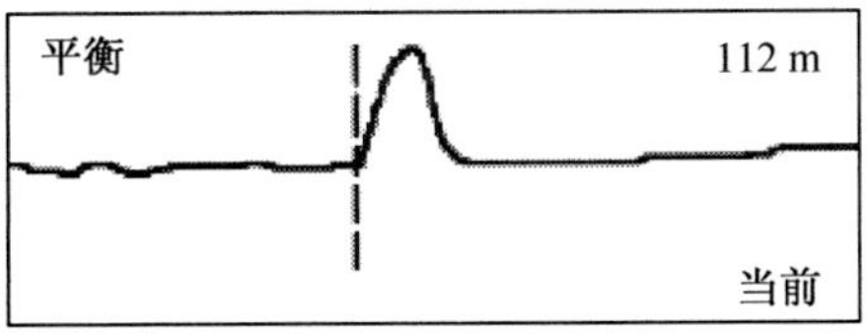

图 7.2-18 感应线圈脉冲反射波形

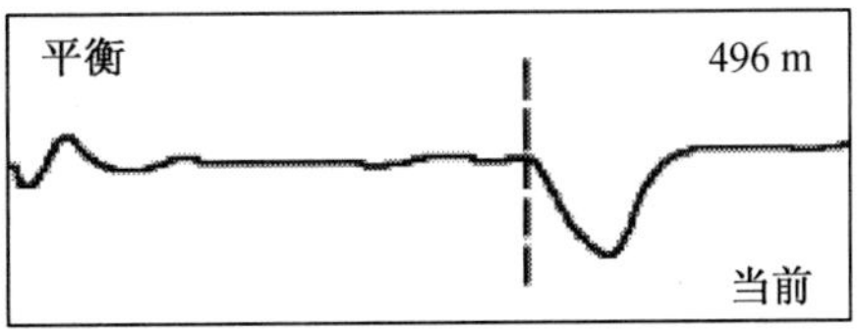

图 7.2-19 他混障碍脉冲反射波形

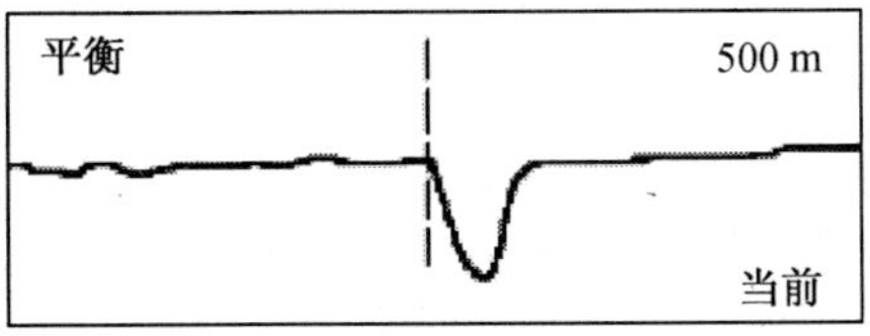

图 7.2-20 接地障碍脉冲反射波形

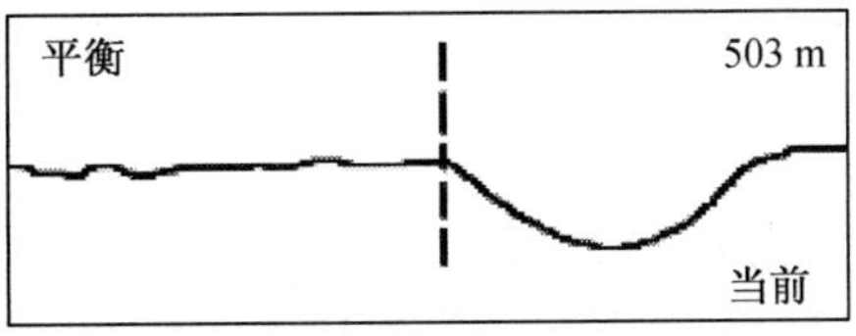

图 7.2-21 浸水障碍脉冲反射波形

7.2.4.4 传感器测值的有效性检验

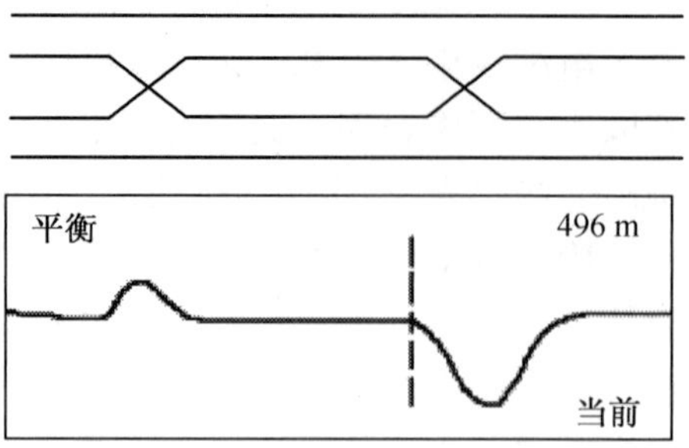

图 7.2-22 错对障碍脉冲反射波形

由于来自观测人员、仪器设备和各种外界条件等原因，传感器的原始测值不可避免地存在误差。因此，应对原始测值进行误差分析和有效性检验，以评判其可靠性。有效性检验主要包括：①作业方法检验：主要是检验测量方法是否符合规定。②传感器性能检验：主要是判断传感器性能是否稳定、正常。③测值检验：主要是检验各项测量数据物理意义是否合理。④一致性、相关性、连续性和对称性检验：连续性是指在荷载环境和其他外界条件未发生突变情况下，各种观测资料亦应连续变化，不产生跳动；一致性是指从时间概念来分析连续积累的资料在变化趋势上是否具有一致性。上述 4 类检验中，以测值检验为主。

观测误差是客观存在、不可避免的。误差产生的原因有属于人为观测的因素，有属于传感器和测量工具方面的因素，也有外界条件的影响，如温度、湿度、大气折光等。这 3 方面综合起来即为观测条件。在同样的观测条件下所进行的观测称为等精度观测。通过计算观测值与真值之差，即真误差，可判断测值系列的可靠性。真误差平方的算术平均值的平方根为一列观测值的标准偏差或标准误差，习惯上称为观测中误差。对于等精度观测序列，可以用全序列观测值的标准偏差来衡量其观测精度。但是，由于观测值的真误差一般是未知的，为此，通常用观测值的残差代替真误差。编制相应的误差分析程序，对测值进行误差分析，以此评价各监测量的精度和可靠性。观测中误差计算公式如下：

$$\sigma = \pm\sqrt{\frac{\sum_{i=1}^{n}\delta_i^2}{n}} \tag{7.2-7}$$

式中：δ_i 为实测值的真误差；n 为测值个数。

对于一列测值 $\{x_i\}$，被测量的最或然值（最接近于真值的量）即该列测值的算术平均值 $\overline{x}$，则有残差

$$v_i = x_i - \overline{x} \tag{7.2-8}$$

由上两式得到测值序列 $\{x_i\}$ 用残差表示的标准偏差（即观测中误差）公式为：

$$\sigma = \pm\sqrt{\frac{[\nu_i^2]}{n}}\text{，其中 } i = 1,2,\cdots,n \tag{7.2-9}$$

式中：用高斯符号[ ]表示求和。

可根据现场检测、测值历史过程线以及中误差的计算成果，并综合观测仪器的精度、仪器量程、相应的监测技术规范、仪器的厂家资料以及同类仪器对比，从而确定相应的可靠性评价标准。此外，差动电阻式仪器的可靠性分析方法除了上述观测中误差外，还可综合分析仪器正反测电阻比误差。根据规范要求，用水工比例电桥测量仪器电阻比时，对芯线、仪器可正测电阻比 Z 和反测电阻比 Z'，然后由正测电阻比 Z 和反测电阻比 Z' 之和为 $20000+A2\pm2$ 评价测值的可靠性，其中 $A=(10\,000-Z)/100$。

7.3 自动化系统维护

7.3.1 数据采集系统维护

数据自动采集装置是大坝安全自动化监测系统中，能对监测传感器自动进行信号测量、转换、处理、存储，并实现双向数据通信的装置。数据自动采集装置一般由机箱、数据自动采集模块、电源模块、防潮除湿部件、接线端子排等部件组成。各部件维护一般要求如下：

1）数据自动采集装置模块化结构须采取防潮措施。

2）数据自动采集装置机箱须具有一定的机械强度，防护等级符合 IP56 要求。

3）数据自动采集装置机箱电缆进口须采取密封措施。

7.3.2 系统防雷维护

（1）防雷的必要性

近几年来随着自动化系统的不断发展，先进成熟的自动化技术应用到水利行业中，国家对水利自动化系统建设的投入也有所增加，所以很多水库建立起了自己的自动化观测系统。自动化系统的建立给水库的管理带来了许多的方便，能够给水库管理者提供及时准确的观测信息。因此自动观测系统在水库管理中起到重要的作用。水库自动化系统的安全性也显得格外的重要。大部分水库位于山区，雷击现象频繁发生。这对自动化系统的安全产生很大的威胁，而且自动化系统中设备一般比较昂贵，一旦遭到雷击不仅影响水库的正常观测，而且可能带来巨大的经济损失。因此水库自动化系统建设期和运行期的防雷问题显得格外重要。

一些建设单位往往在系统运行期出现雷击现象后才单纯地为了防雷而防雷，并且这种防雷措施一般比较单一，不够全面，效果也并不是很理想。因此亟须全面的防雷技术来保护自动化监测系统的安全，将雷电对自动化系统的威胁降到最低。

（2）雷电分类

雷击有极大的破坏力，其破坏作用是综合的，包括电性质、热性质和机械性质的破坏。根据雷电产生和危害特点的不同，雷电可分为以下 4 种：

1）直击雷

直击雷是雷云与地面凸出物之间放电形成的。直击雷可在瞬间击伤击毙人畜。巨大的雷电流流入地下，令在雷击点及其连接的金属部分产生极高的对地电压，可能直接导致接触电压或跨步电压的触电事故。

2）球形雷

球形雷是一种球形，发红光或极亮白光的火球。球形雷能从门、窗、烟囱等通道侵入室内，极其危险。

3）雷电感应

雷电感应分为静电感应和电磁感应两种。静电感应是由于雷云接近地面，在地面凸出

物顶部感应出大量异性电荷所致。在雷云与其他部位放电后，凸出物顶部的电荷失去束缚，以雷电波形式，沿突出物极快地传播。电磁感应是由于雷击后，巨大雷电流在周围空间产生迅速变化的强大磁场所致，这种磁场能在附近的金属导体上感应出很高的电压，造成对人体的二次放电，从而损坏电气设备。

4）雷电侵入波

雷电侵入冲击波是由于雷击而在架空线路上或空中金属管道上产生的冲击电压沿线路或管道迅速传播的雷电波。雷电侵入波可毁坏电气设备的绝缘，使高压窜入低压，造成严重的触电事故。

（3）防雷措施保护

1）电源防雷

系统供电部分的电源一般从中控室统一引入或就近引入，电源线应尽量采用穿线钢管地埋方式敷设，并且在相距约 25 m 处增加一接地极，接地极采用 1.5 m 长、直径 1 寸①半镀锌钢管，前端削成斜角，砸到地下与管线焊接在一起，焊点要做防腐处理，以提高接地效果。在电源的接入点应接电源避雷箱，保护屋内其他用电设备，如果管线的接地电阻能够满足接地要求＜4 Ω，接地管线可以作为接地体，如果管线的接地电阻不满足要求，需要另作接地体与管线相连，然后再与避雷箱相连。现场设备电源也要接入电源避雷器，接地接在管线上。这样电源线的两端都做了防雷措施，保护电源线两端的设备。

2）通信防雷

通信防雷主要指系统通信线路上防雷。通信防雷最好在设备的通信线路上采用光电隔离模块来防雷，根据不同的通信协议选择适合的光电隔离模块，例如：在 RS485 通信中选择 485 光电隔离模块，在现场与中控室计算机的通信接口采用 232/485 转换的光电隔离模块。在无线通信中，天线与无线终端设备之间需要加高频馈线防雷器以保护无线终端设备。通信线路的敷设尽量采用光缆传输，并采用地埋的方式敷设，这样可以大大提高通信的安全性和可靠性，降低雷电对通信线路的干扰。

3）信号防雷

信号防雷比较广泛。信号包括很多种，有电流信号、电压信号、电阻信号、视频信号等等，根据所用设备的特点选择不同的避雷器。各种传感器安装在现场，比较分散，通过信号线将传感器采集的信号传到数据采集单元上，有的线路较长，因此在信号线的两端增加信号避雷器，以保护传感器和数据采集单元，提高系统的稳定性和可靠性。

4）中控室防雷

中心控制室应做系统防雷设计。电源进户后加一个电源防雷箱，然后再将电源接到室内配电盘上。在每个系统的信号和控制接口上都要安装光电隔离模块或避雷器。避雷箱和避雷器的接地要接在接地体上，接地体的电阻要在 4 Ω 以下。接地体施工如下：在中控室楼下周围的空地，用铜包钢接地极或石墨电极围绕中控室周围做成方形接地体或以直线形式构成“一”字形接地体，接地极间隔 5 000 mm，施工时开挖至地面下 800～1 000 mm 处，以 4×40 镀锌扁钢为水平接地极，每间隔 5 000 mm 设一铜包钢接地极或石墨电极，先在其位置深挖 1 000 mm 打入尖端接地极，再用同轴连接器连接第二根平头接地极，打入地下，与水

① 中国市制长度单位，1 寸≈0.033 米(m)。

平接地极可靠焊接。然后将化学降阻剂按配比说明搅拌均匀，待即将凝固时，迅速倒入接地极坑内，15 min 后回填土方并夯实。将引下扁钢带与接地体水平接地极可靠焊接，回填并夯实。最后接地电阻阻值要小于 4 Ω 方为合格。

(4) 水库防雷建议

1) 在水库自动化系统的设计中，设计初期必须要重视系统的防雷设计，做好中心控制室、系统的电源、通信、信号的防雷设计，避免系统建设后出现雷击后再做考虑。

2) 水管单位的干部职工要充分认识汛期水利工程设备设施易受雷电侵害的严峻形势，消除麻痹思想和侥幸心理，切实提高对防雷工作重要性的认识。

3) 当汛期到来时，在系统易遭雷击期间，做好人身和设备安全的防护，尽量减少系统使用率，使系统的电源、通信和信号线与外界断开，切断应用系统与外界一切不必要的联系。

4) 雷灾发生时应及时向上级相关部门上报情况，以便及时处理，避免再次遭受雷击。

7.4 典型案例

选取小浪底水利枢纽安全监测设施在运行管理中的部分案例，以供参考学习。

7.4.1 工程简介

小浪底水利枢纽位于河南省洛阳市以北 40 km 黄河中游最后一段峡谷的出口处，上游距三门峡枢纽 130 km。控制流域面积 69.4 万 km^2，占黄河流域面积的 92.3%。水库设计库容 126.5 亿 m^3，后期有效库容 51 亿 m^3，是黄河干流在三门峡水库以下唯一能够取得较大库容的控制性工程。小浪底水利枢纽的开发目标是以防洪、防凌、下游减淤为主，兼顾供水、浇灌、发电等综合利用。小浪底水利枢纽建筑物由土石主坝、泄洪建筑物、发电引水系统及地下厂房系统组成。

小浪底水利枢纽工程规模大、洞室多、地质水文泥沙条件复杂，且工程下游紧邻陇海、焦枝、京广三大铁路动脉以及广大的黄淮海平原，工程安危直接关系国家大局。为了实时了解枢纽建筑物的运行情况，实时捕捉并及时反馈各建筑物动态变化，适时评估工程安全状况，确保工程安全运行，在枢纽建筑物中不仅大量布设了各种性能稳定、运行可靠的监测仪器设施，而且建立了一套技术先进、设备稳妥可靠的大坝安全监测系统。小浪底大坝安全监测系统主要由内观观测系统、外观观测系统、安全监控系统、水文泥沙测验系统、渗漏水量测系统以及地震监测系统组成。

小浪底工程共设计安装埋设 33 种内部观测仪器与大量外部变形观测设施，共计 3 201 个测点，其中，变形 1 372 个测点、渗流 449 个测点，应力应变 1 268 个测点。2001 年底观测仪器全部安装完毕，分别引入 64 座地面观测房和地下观测站，2006 年前后左岸山体补埋部分观测仪器，监测测点共计 3 380 个。安全监测自动化采集系统于 1999 年建立，自动化测点为 885 个，采用美国基美星(Geomation)公司的 2380 采集系统。2009—2011 年共进行了自动化系统三期升级改造，采用南瑞公司 DAU2000 采集系统，接入测点共计 1 296 个。改造后的监测系统由数据采集计算机、74 个 DAU2000 采集单元组成，大坝监测管理中心计算机

设置于小浪底坝顶控制中心三楼监测机房内。

安全监控系统采用“四库三功能”的体系结构，其核心是综合分析推理子系统以及数据库、方法库、模型库、知识库。系统运行时分数据采集(左环)和安全监控(右环)两大部分进行工作，采用C/S(客户机/服务器)和B/S(浏览器/服务器)相结合的混合结构。该系统实现了集成智能的数据管理、信息分析、推理和辅助决策；实时监测和馈控枢纽的安全运行状况，为反馈设计提供信息，为上级对枢纽安全状况作出准确而高效的评判及决策提供了可靠的依据。

渗漏水观测系统包括左岸右岸各排水洞渗漏水观测、消力塘廊道渗漏水观测和坝基渗水观测。按观测方法可分为人工观测和量水堰自动观测2种形式。按观测项目则分为渗水量观测、水质化验分析和渗水压力观测等。

地震监测系统包括微震监测台网与强震监测台网，包括库区内的8个野外子台和12个强震观测点。微震台网主要监测以小浪底大坝为中心、半径150 km范围内的地震、爆破等活动的信息，并提供被监测区域附近4级以上有感地震信息，为小浪底枢纽的安全监测提供基础数据。强震台网主要是测定大坝及附属建筑物在强震震动中的加速度及破坏程度，完成地震对大坝及附属建筑物破坏的评定，为大坝的震后修复和其他类似大坝的建设提供依据。

7.4.2 大坝B-B断面心墙区监测仪器恢复

监测人员于2007年1月9日上午发现大坝B-B断面心墙区仪器P118自动化测值异常；9日下午，监测人员用二次仪表实施人工测读，发现无读数；10日上午，监测人员使用万用表测量芯线电阻后证实电缆断线。同时，对测值不稳的PS7-4也进行了检查，结果发现其频率读数不稳，温度无读数；11日上午，监测人员采用断线测距仪对仪器电缆断点位置实施测量，结果显示P118电缆断点距测点距离14 m，PS7-4电缆在距测点20 m处发生短路。

渗压计P118位于大坝B-B断面(桩号D0＋387.5)心墙区180 m高程，距坝轴线上游42 m，属于自动化采集系统仪器；土压力计PS7-4位于大坝B-B断面(桩号D0＋387.9)心墙区209.00 m高程，距坝轴线上游37 m，属于人工观测仪器。这两支仪器均为大坝心墙区的关键仪器，其观测数据对分析坝体渗流场以及土压力分布的变化分别起到重要作用。考虑到大坝在整个枢纽中的重要地位，如果实施仪器补埋需要在大坝心墙区钻孔，其可行性很小且费用高，施工难度非常大。综合以上因素，运行管理单位决定尽量对其进行恢复。

为此，管理人员现场搜集信息，对仪器以及断点位置进行反复核查，并查阅了相关档案资料，最终根据施工期施工资料和监理工程师的联合测量资料确定了这两支仪器电缆走向及电缆断点位置，提出仪器恢复的具体方案和措施。监测中心依据2000年6月底大坝281.26 m高程联合测量资料，考虑到大坝变形因素，请专业测量人员于2月9日对包含P118在内的电缆束(共32支仪器)在坝顶沿电缆沟走向进行放点，并在80点周围沿81点方向1 m范围内实施了开挖。

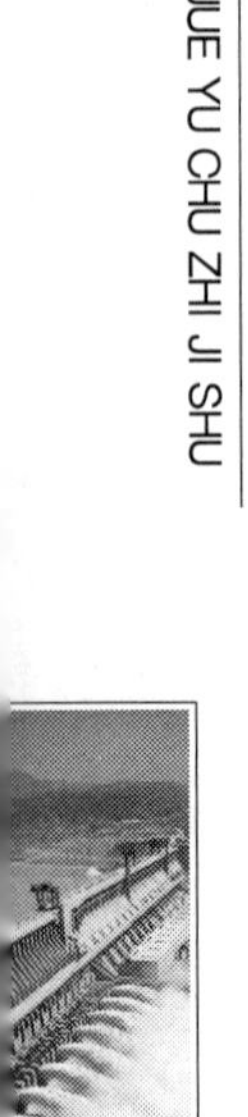

探坑开挖工作于2月10日开始，经过精心组织，制定了详细的方案，由责任心强、技术过硬的技术人员实施现场监理，认真做好施工质量控制。施工队伍制定了详细的施工方案及技术保证措施。2月11日下午在距坝面2.5 m深处找到了仪器电缆，2月12日上午开始对探坑内电缆进行序号确认，采用屏蔽方法于下午 5 时准确确定损坏仪器 P118 的电缆编号，同时又根据具体情况找出了 PS7-4 仪器电缆。由于与这两支仪器电缆一并引向 TH4 观测房的电缆共计 32 根，在保证不损坏其他电缆的情况下，观测人员在对这两支仪器电缆进行对接时反复观测、检查。为做好仪器档案资料的搜集，2 月 13 日上午由专业测量人员再次对仪器电缆所在位置进行了测量，电缆恢复工作也随之展开。下午 3 时，仪器电缆全部恢复，观测数据正常。探坑回填时，回填黏土取自寺院坡，回填前后均由试验室取样鉴定参数是否合格，在保证仪器电缆安全的前提下，确保压实质量。2 月 14 日上午，探坑回填完毕，仪器恢复工作全部结束，P118 接入自动化采集系统并调试成功，PS7-4 接入自动集线箱，仪器工作正常。仪器恢复，特别是坝体其他受损仪器的恢复对大坝安全监测与分析具有重要指导意义。

7.4.3 3 号灌浆洞 TS4 测站无读数仪器恢复

TS4 测站位于小浪底水利枢纽 3 号灌浆洞南端，引入的仪器大多位于主坝防渗墙以及主坝基础的 B-B、C-C 断面。这些仪器当前正常测读的有 39 支，11 支引入自动化采集系统，28 支人工测读（表 7.4-1、表 7.4-2）。仪器类型为渗压计、堤应变计、混凝土应变计、无应力计、钢筋计和土压力计。

调水调沙期间，大坝仪器监测频次为 1 次/d。6 月 18 日 TS4 测站内所有 39 支仪器采集正常。19 日上午 9:00，监测人员在测读时发现有 16 支仪器没有信号，立即核实自动化采集系统连接的仪器，发现也有 6 支仪器没有及时返回数据。20 日上午监测中心再次对 TS4 内所有仪器进行核查，最终确认共有 22 支仪器完全没有信号，7 支仪器测值不稳，其中，渗压计 9 支，2 支位于 B-B 断面，7 支位于 C-C 断面。

主坝 B-B 和 C-C 断面是大坝监测的典型观测断面。渗压计用于监测和分析主坝渗流场变化，这在水库蓄水期是重要的监测内容。这些仪器对长期监测、分析主坝安全以及渗流场的变化尤为重要。由于 B-B 和 C-C 断面上部堆石体较厚，施工补埋观测仪器的难度极大，从灌浆洞也仅有补埋 C-C 断面下游侧仪器的可能，因而应尽量对这些失效仪器进行挽救。

事情发生后，监测中心迅速组织人员现场搜集信息、对仪器进行反复检查，并形成材料进行专题汇报，召开数次专题会议，对事情的原因进行分析，对仪器恢复的可能性进行会商。根据 3 号灌浆洞灌浆施工的时间，可初步确定仪器失效是受施工活动的影响，仪器电缆可能在洞内灌浆钻孔时被打断。由于施工期电缆洞已被混凝土回填，电缆具体位置不能准确确定，因此开挖工作要慎重进行，避免电缆被二次打断。TS4 测站位置图见图 7.4-1。

表 7.4-1 人工测读仪器

仪器情况	仪器	数量
测值不稳	堤应变计 ES1-1～ES1-3、ES1-6～ES1-9	7
无信号	渗压计 P105、P141、P152	3
	应变计 S3、S5、S8、S9、S10、S11	6
	无应力计 N2、N3、N4	3
	钢筋计 R1、R2	2

续表

仪器情况	仪器	数量
	土压力计 PT3、PT4	2
失效合计		23
正常测读	渗压计 P104、P135	2
	堤应变计 ES1-5、ES1-7	2
	土压力计 PT6	1
正常合计		5

表 7.4-2　引入自动化采集系统的仪器

仪器情况	仪器	数量
无信号	渗压计 P91、P94、P95、P144、P145、P153	6
正常测读	渗压计 P136、P106、P148、P150、P88	5
合计		11

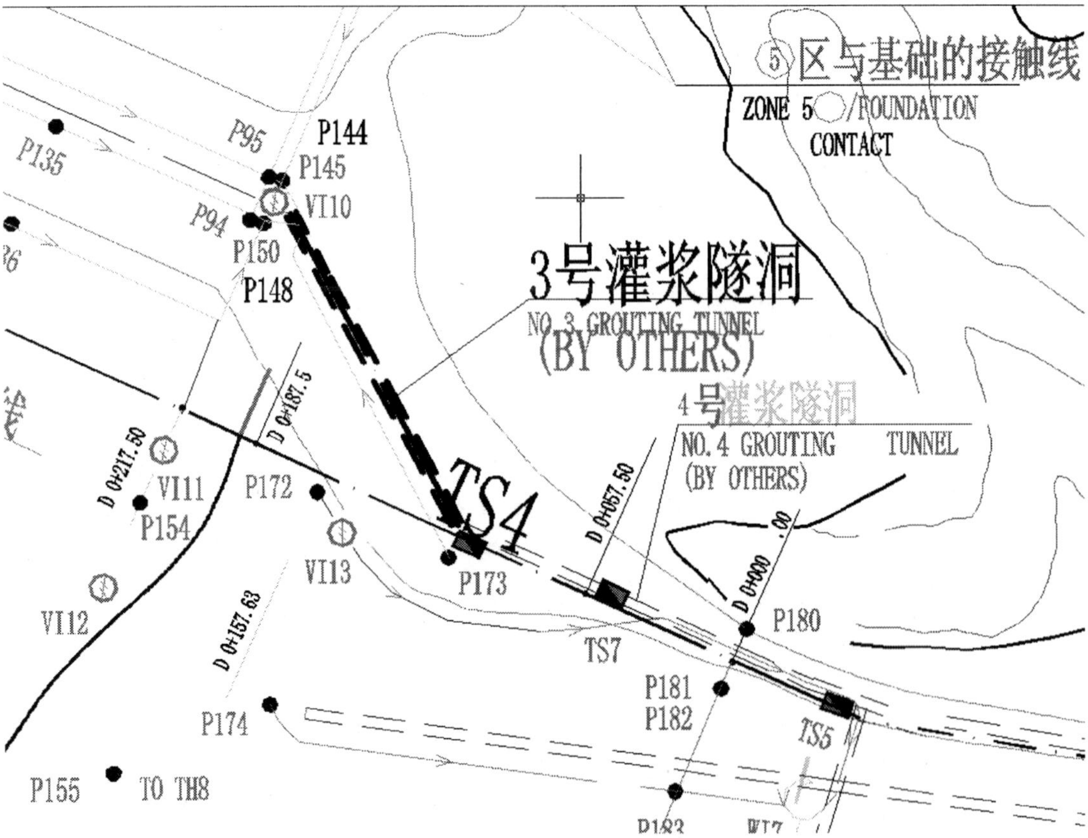

图 7.4-1　TS4 测站位置图

表 7.4-3　加密观测仪器的最后读数时间

仪器	最后测值时间	最后测值	观测间隔/h	备注
P91	2005-6-18 15:40	135.771	2	自动化仪器
P95	2005-6-18 15:40	210.579	2	自动化仪器
P94	2005-6-18 9:40	139.019	8	自动化仪器
P144	2005-6-18 13:40	201.497	8	自动化仪器
P145	2005-6-18 9:40	202.246	8	自动化仪器
P153	2005-6-18 9:40	155.417	8	自动化仪器
P105	2005-6-18 9:04	141.574	24	人工仪器
P141	2005-6-18 9:05	210.884	24	人工仪器
P152	2005-6-18 9:06	215.879	24	人工仪器

从自动化仪器的测读数据,可以判定仪器损坏时间在 6 月 18 日 15:40 以后。失效仪器安装位置见表 7.4-4、图 7.4-2～图 7.4-5。

表 7.4-4　失效仪器安装位置表

仪器	左右桩号/m	上下桩号/m	安装高程/m	所属部位
P91	DG0+416.05	2.6DS	88.6	主坝防渗墙下游侧(B-B 断面)
P94	DG0+248.11	2.6DS	128.36	主坝防渗墙下游侧(C-C 断面)
P95	D0+222.44	82.49US	128.52	主坝防渗墙上游侧(C-C 断面)
P144	D0+217.50	85.00US	72	主坝防渗墙上游侧(C-C 断面)
P145	D0+217.50	85.00US	104.1	主坝防渗墙上游侧(C-C 断面)
P153	D0+217.49	15.958US	136.01	C-C 断面 01 (EL. 140)
P105	D0+387.50	34.07US	115.5	B-B 断面基础(下游侧)
P141	D0+219.54	156.01US	123.5	C-C 断面—左坝肩上游段
P152	D0+217.53	49.66US	140	C-C 断面 01 (EL. 140)
ES1-01	D0+392.00	75.95US	126.49	B-B 断面
ES1-02	D0+392.00	68.33US	126.5	B-B 断面
ES1-03	D0+392.00	60.71US	126.5	B-B 断面
ES1-06	D0+392.00	37.85US	126.5	B-B 断面
ES1-07	D0+392.00	30.23US	126.5	B-B 断面
ES1-08	D0+392.00	22.61US	126.5	B-B 断面
ES1-09	D0+392.00	14.98US	126.5	B-B 断面
N01	DG0+413.15	0	69	主坝防渗墙 SN01
N02	DG0+413.15	0	88	主坝防渗墙 SN02
N03	DG0+413.15	0	122	主坝防渗墙 SN03

续表

仪器	左右桩号/m	上下桩号/m	安装高程/m	所属部位
S03	DG0+413.15	0.5US	70	主坝防渗墙 SN01
S05	DG0+413.15	0.5US	90.4	主坝防渗墙 SN02
S08	DG0+413.15	0.5DS	104.8	主坝防渗墙 SN02
S09	DG0+413.15	0.5US	122.8	主坝防渗墙 SN03
S10	DG0+413.15	0.5DS	122.8	主坝防渗墙 SN03
S11	DG0+413.16	0.33US	128.04	主坝防渗墙 SN04
R01	DG0+413.12	0.44US	128.05	主坝防渗墙 R01
R02	DG0+413.24	0.51DS	127.98	主坝防渗墙 R01
PT03	DG0+413.15	0.6US	88.6	主坝防渗墙
PT04	DG0+413.15	0.6DS	88.6	主坝防渗墙

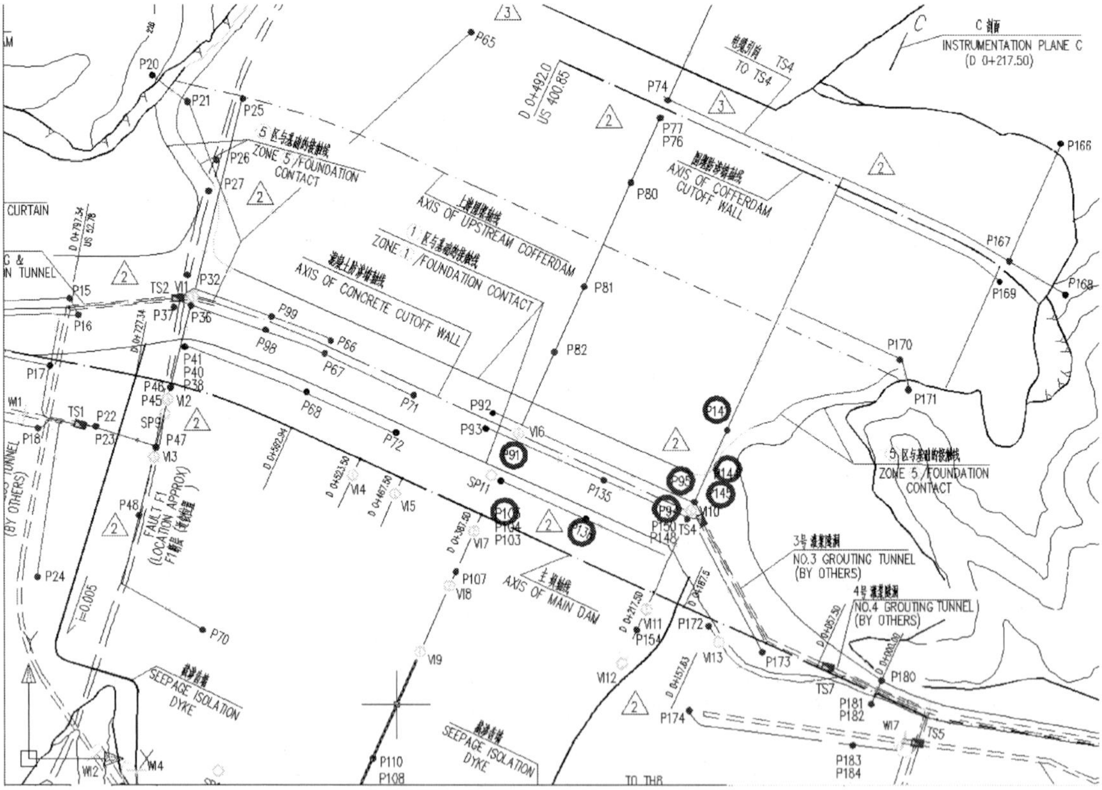

图 7.4-2　失效仪器安装位置平面图

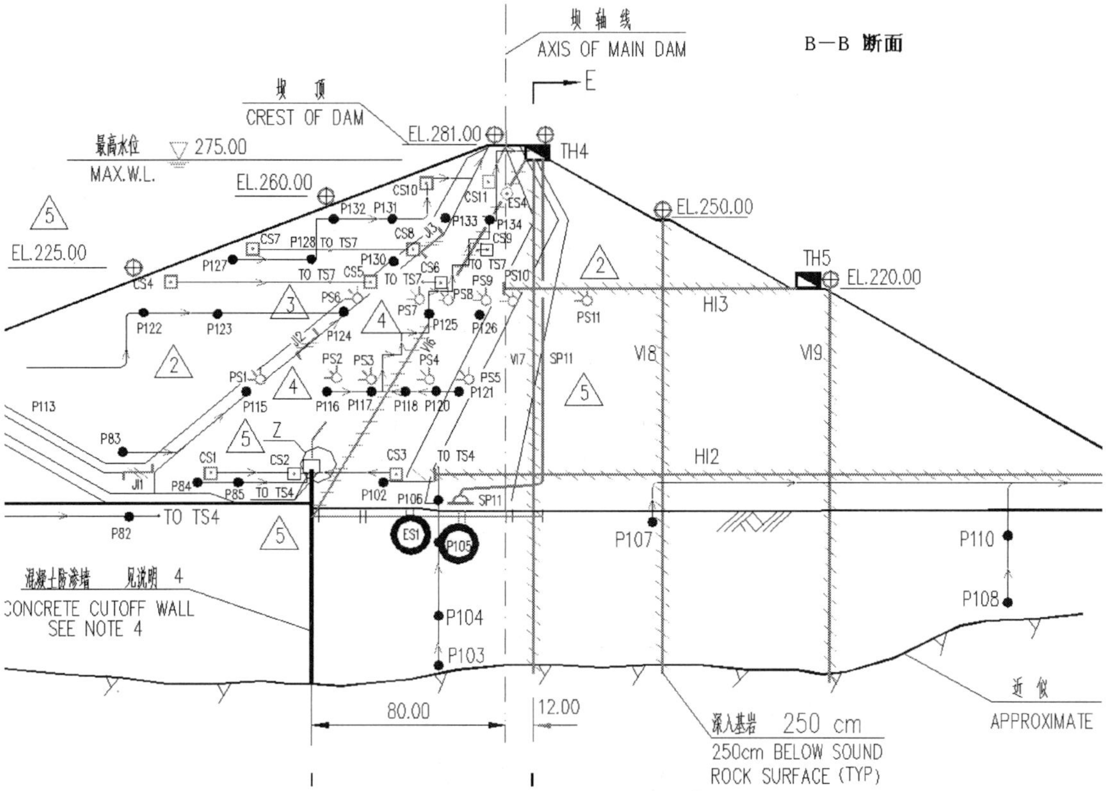

图 7.4-3 B-B 断面失效仪器安装位置图

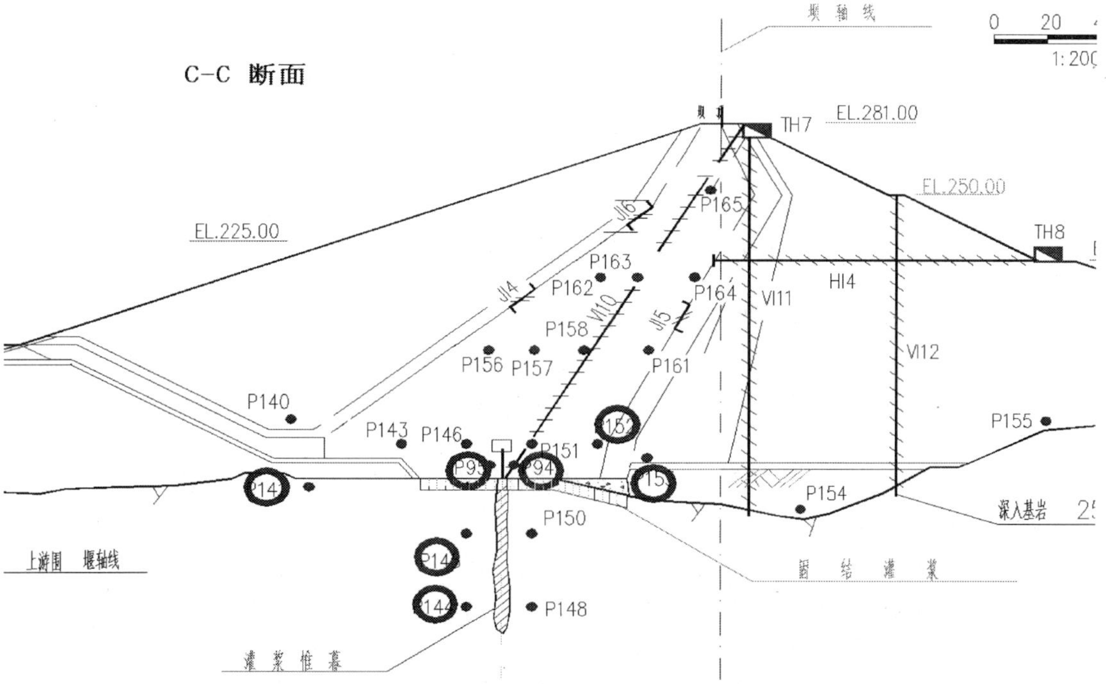

图 7.4-4 C-C 断面失效仪器安装位置图

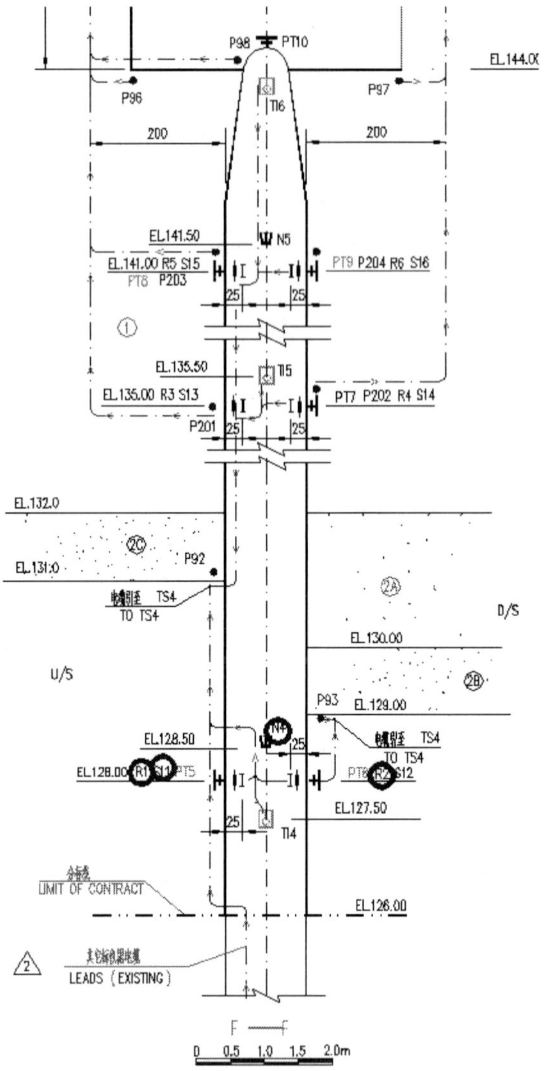

图 7.4-5　主坝防渗墙失效仪器安装位置图

预留电缆洞与灌浆洞轴线关系图见图 7.4-6。预留电缆洞是左坝肩仪器电缆引向 3 号灌浆洞的通道，为 1.2 m×1.0 m 的矩形断面，洞长 9.8 m。电缆洞轴线与灌浆洞轴线有偏向上游 6°的夹角，灌浆孔成排布置在穿线电缆管上游 90 cm 处，与电缆洞有交叉的可能。

从时间和空间上分析，造成仪器失效的灌浆孔极有可能为 BG3-209-P 或 BG3-210-S，在距灌浆洞端头约 5 m 以内被打断。

由于 B-B 和 C-C 断面上部堆石体较厚，施工补埋观测仪器的难度极大，从灌浆洞也仅有补埋 C-C 断面下游侧仪器的可能，因而应尽量对这些失效仪器进行挽救。

开挖电缆洞可能遇到的风险：当时库水位 230.00 m，电缆洞底部高程为 150.00 m，开挖电缆洞承受约 80 m 高的水头。施工时洞内可能会有大量渗水，对施工造成极大困难，进而对工程有一定影响；电缆洞内电缆束未用 PVC 管保护，已被水泥浆填充。在开挖过程中，极

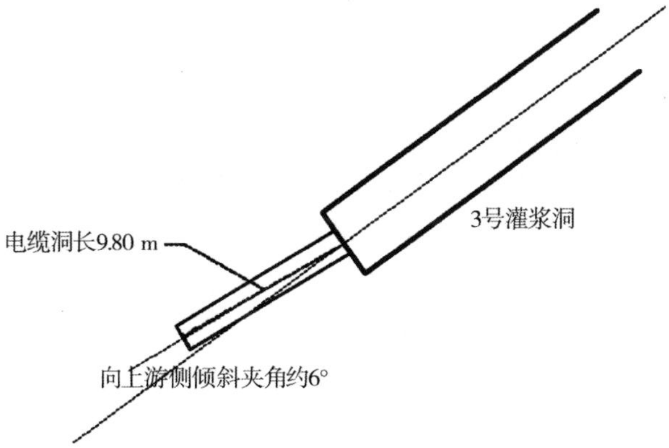

图 7.4-6　3 号灌浆洞和预留电缆洞轴线关系图

易对观测电缆造成二次破坏。但如推测电缆断头处距灌浆洞端头较近，施工工程量不大。若电缆在同一处被打断，可以全部进行恢复。

方案一：若电缆悬挂在洞顶顶部，可对原电缆洞(1.2 m×1.0 m)进行开挖，见图 7.4-7(a)。

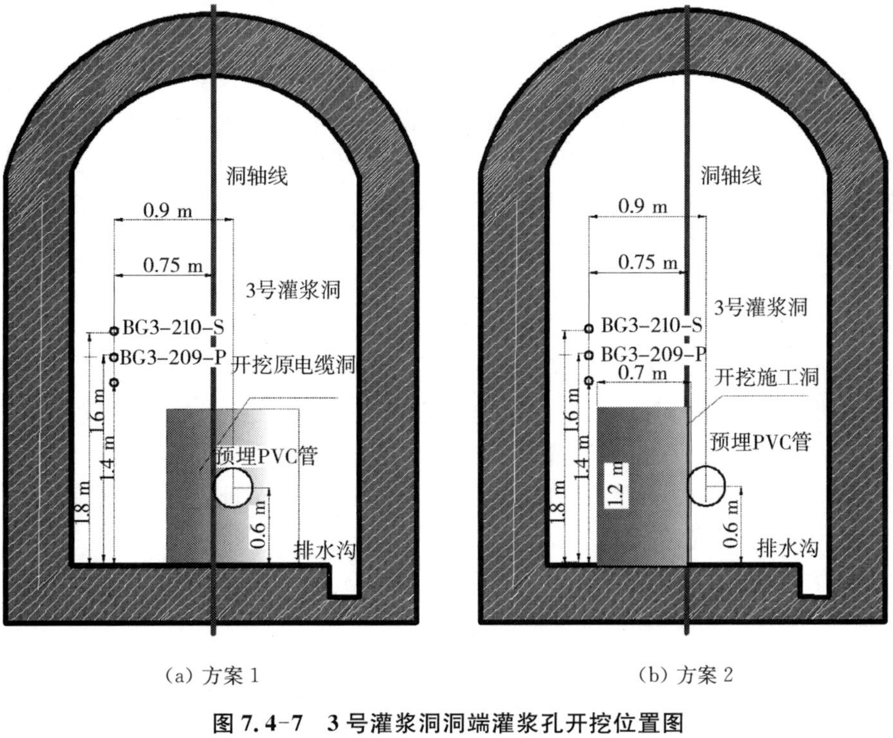

图 7.4-7　3 号灌浆洞洞端灌浆孔开挖位置图

方案二：若电缆布置在电缆洞中央，则开挖宽 0.7 m、高 1.2 m 的施工洞，沿电缆方向留 10 cm 保护层，在洞内对电缆逐一剥离，找到断点后修复，见图 7.4-7(b)。

根据原电缆洞位置信息、电缆走线信息等资料，结合灌浆设计方案、施工实施情况等进行综合分析，认为电缆断头处距灌浆洞端头较近，若电缆在同一处被打断，可以全部进行恢复。经综合考虑,决定开挖电缆洞,剥离断头位置,对仪器电缆进行恢复处理。

开挖工作于 2005 年 7 月 12 日开始实施,监测中心精心组织,制定详细的方案,采用两班作业,由责任心强、技术过硬的技术人员实施现场监理,认真做好施工质量控制。施工单位也组织了较强的施工队伍,制定了详细的施工方案及技术保证措施。

施工方法。采用人工凿挖,大面凿除利用电镐,PVC 电缆管外 8 cm 周围利用手錾与手锤进行剥离。施工过程中如果开挖断面出现渗水,先采用化学灌浆封堵后再进行开挖。

具体施工进展情况如下:2005 年 7 月 12 日 7 时开始施工,先由人工用手锤将电缆洞口表面覆盖物进行破碎,以能够区分 1.2 m×1.0 m 的电缆洞轮廓。7 月 14 日 15 时,沿电缆洞凿进 2.3 m,209# 灌浆孔出现;7 月 14 日 16 时 30 分,凿进 2.5 m,208# 灌浆孔出现;7 月 14 日 22 时,凿进 2.9 m,210# 灌浆孔出现。7 月 19 日 17 时 30 分,凿进 6.8 m,210# 灌浆孔位置开始接触 PVC 电缆管。7 月 21 日 10 时 30 分,210# 灌浆孔在破坏 PVC 管壁 50 cm 后进入 PVC 管内,电缆断头开始出现,PVC 管上半部已破坏。7 月 22 日 10 时,距电缆洞口 8.21 m 处 210# 灌浆孔穿过 PVC 管的下部。7 月 23 日 16 时,凿进 9.07 m,停止凿进。7 月 23 日 17 时,开始剥离电缆线外部混凝土。7 月 25 日 13 点 30 分,电缆外部混凝土剥离完成,断线 52 根。7 月 25 日 16 时,开始检查电缆,进行对号工作。截至 7 月 29 日,29 支本次被打断仪器的设计编号均已确定,另外有 6 支仪器属于早期损坏,本次也已找到电缆损坏位置。35 支仪器均工作正常,具备恢复条件。7 月 30 日,35 支断裂电缆全部由电缆洞内引至洞口,并开始正常观测。至 8 月 12 日上午 9 时,35 支测值正常仪器全部接入 TS4 测站,并开始整理电缆,向 MCU 及集线箱连接。其余 17 支前期已经损坏、本次被打断的仪器电缆,在电缆洞口对电缆头进行密封,并做永久保护措施。当前,29 支仪器已恢复正常观测,且工况正常,前期损坏并恢复的 6 支仪器中,有 1 支已经对号成功,其余 5 支由于损坏时间较久,本次观测序列较短,正在进行连续观测,在具备条件的时候,通过数据、曲线对比进一步确定其设计编号。9 月 2 日,电缆洞内电缆归整、保护管敷设以及 TS4 测站内电缆整理、MCU 配置调试等工作全部完成,人工观测仪器、接入 MCU 的仪器工作正常。3 个月后,仪器测值稳定,开始实施电缆洞的回填工作。回填灌浆施工不得早于堵头砌筑完成后 7 d,分两序进行施工。回填灌浆孔在砌筑中提前预留,并预埋灌浆管。灌浆工作由低向高逐序进行,灌浆施工中相邻孔串浆浓度与灌浆液相同时,立即封闭相邻孔,至该灌浆孔在预定灌浆压力下停止吸浆,并续灌 5 min,即可结束并闭浆。2005 年 12 月 19 日,回填灌浆工作结束。至此,3 号灌浆洞 TS4 测站失效仪器恢复工作全部完成,并通过现场验收。

本次工作除恢复了本次被打断的 29 支仪器外,还恢复了早期损坏的 6 支仪器,意义重大。

本次仪器电缆处理工作,受现场条件限制,施工空间较小,电缆洞的开凿工作较为困难,预测的电缆断裂处又不能完全确定,因此在开挖过程中,极易对观测电缆造成二次破坏。另外,当前库水位为 224.00 m,电缆洞底部高程为 150.00 m,开挖电缆洞承受 74 m 高的水头。施工时洞内有大量渗水,对施工造成极大的困难,进而对工程有一定的影响。

本次仪器电缆恢复挽救了主坝防渗墙以及主坝基础的 B-B、C-C 断面 35 支关键性仪器,对下一步整体监测分析主坝安全及渗流场的变化有着极其重要的意义。

7.4.4 安全监测自动化系统维护

小浪底工程安全监测自动化采集系统于1999年建立，当时采用美国Geomation监测系统，2009—2011年分三期进行了升级改造。改造后采用南京南瑞集团公司DAU2000系统，改造后的监测系统由数据采集计算机、74个DAU2000采集单元组成，大坝监测管理中心计算机设置于坝顶控制中心三楼监测机房内。

7.4.4.1 安全监测自动化系统简介

DAMS-4型智能模块化结构分布式监测自动化系统主要配置包括：传感器、数据采集装置(DAU)、计算机工作组、信息管理软件及通信网络五大部分。DAU对传感器进行数据采集；监控主机对整个数据采集系统进行管理。各观测站内的DAU与DAU之间采用光缆通信。每个DAU由智能采集模块、电源模块组成，并配有防潮及浮充蓄电池供电等部件。NDA采集模块具有独立的CPU、时钟、数据存储、数据通信等功能。分布式数据采集自动化系统的DAU2000型数据采集单元具有以下性能特点：

(1) DAU2000采用了智能模块化结构，整个单元由智能数据采集模块(NDA系列)、通信模块、电源模块等组成。NDA系列智能模块均独立运行，互不干扰；

(2) DAU2000是具有“免维护”特点的全封闭形式的智能化模块，使DAU所面对用户的仅仅是接线端子，如果模块失效，仅需拧开螺丝换上新模块即可，使系统不至于停止运行；

(3) DAU2000具有方便快捷的自诊断功能，运行管理人员通过监控管理主机很快能查清各DAU的工作状态；

(4) 系统的可扩充性能很好。本系统为分布式系统，开放型结构，且各DAU完全智能化、模块化，各模块和DAU的任意增减非常方便，且对系统的可靠性和稳定性不构成任何不利的影响。

数据采集单元DAU接收监控主机的指令，定时或随机将传感器转换成的电容比、电流、频率、电阻比、电阻值等电量自动采集并存贮。

监控主机(采集机)根据操作命令首先收取各DAU内的监测数据并暂存在本机上，然后，再依据各测点传感器的安装参数将测得的电量计算为相应的位移、应力、应变、温度等物理量之后，存入系统数据库。之后由管理主机进行分析、处理并将监测结果输出(输出报表、过程线等)。

7.4.4.2 系统的运行操作与维护管理

(1) 现场检查

系统在运行中，要加强现场工况检查维护，并结合系统采集数据进行分析，发现问题及时处理。系统各类仪器应结合人工观测每月进行定期检查，遇特殊天气情况、汛期或其他意外情况(发现测值不正常)应及时到现场检查，检查过程要记录正确。

1) 垂线测点检查

检查的主要内容应包括：

① 线体是否自由(包括浮桶、储油桶是否漏液)，是否串风晃动；用手推动钢丝，钢丝是否回复原位；要排除有些倒垂的基岩锚固处固结不牢、倒垂孔倾斜引起线体碰孔壁、线体卡住引起的故障，否则测值不可靠。

② 仪器支架是否稳定可靠，有无水、油或脏物等进入垂线坐标仪内及极板上，如有应及时清理干净。

③ 各测点仪器电缆绝缘是否下降(可以先将所有仪器插头从模块上拔下，然后用 100 V 兆欧表在 DAU 位置测各电缆芯线与屏蔽线之间的绝缘电阻)。

2) 引张线测点检查

检查的主要内容包括：

① 线体是否正常(例如:管道是否压线，测点保护箱是否窜风等)，线体是否自由；用手推动钢丝，钢丝是否回复原位。

② 有无水和其他脏物进入坐标仪内及极板上。

③ 引张线轴向伸长量是否过大(发现过大时要及时调节中间极位置)，中间极引出线要注意避免人员看不清而碰断。

④ 各测点仪器电缆绝缘是否下降(检查方法同垂线)。

3) 静力水准测点检查

检查的主要内容包括：

① 管路是否正常(例如管路是否漏液等)。

② 钵体内水位是否蒸发减少。

③ 钵体内浮子是否不能自由上下浮动。

④ 各测点仪器电缆绝缘是否下降(检查方法同垂线)。

4) 电缆检查

检查的主要内容应包括：

① 各仪器信号电缆、总线电缆和电缆保护设施是否遭到破坏，电缆是否有损坏。

② 对裸露部分的电缆要保护好，并用防火泥封堵好各电缆保护管的出入口，避免人为损坏和老鼠及小动物咬伤。随时注意电厂土建施工，防止其在电缆敷设处挖断或损坏监测电缆。

5) DAU 及 NDA 模块检查

检查的主要内容应包括：

① DAU 箱内的各保险管是否正常、220 V 交流电源是否正常、(拔下总线插头测量)稳压电源输出电压(直流 7.5～7.6 V)和电池电压(6 V 以上)是否正常。

② 各电缆插头是否有松脱或插错、除湿加热器是否工作正常(干燥的地方可不用加热器)。

③ NDA 模块地址是否与软件内的设置一致等。

(2) 系统运行操作

运行人员应加强资料定期备份及打印备份工作。在采集数据时必须初步判定数据是否合理，若不合理应及时进行分析，判定是否是仪器本身问题或是建筑物本身变化导致。未经培训者不得随意上机操作。

(3) 系统管理

① 机房管理和计算机网络管理

加强机房管理制度的执行，未经系统管理员许可，任何人员不得擅自进入监控中心和分中心，不得动用系统内的各计算机。各计算机应设置登录密码，非系统管理人员不得登录各

计算机，不得更改各计算机的系统配置和运行方式以及文件内容。不可随意在本系统内的各计算机上安装其他非本工程所需的应用软件，以免引起系统崩溃。外来软件、软盘、光盘等未经检查严禁上机使用，并定期查杀病毒(杀毒软件须定期升级)。定期对机房环境进行检查，确保各计算机及网络设备处于一个良好的环境里运行。

为了延长系统各计算机设备的使用寿命，除服务器主机和交换机外，其余计算机主机和各计算机显示器在不使用时可以关闭。

② 计算机网络用户和监测系统用户管理

各计算机的登录用户名和分级密码由管理员统一管理，使用人员不得向外透露。在登录本监测系统时，登录者用自己的用户名和密码登录，以便系统自动记录相应的访问信息。

7.4.4.3 常见故障的检测与排除方法

(1) 常用方法

1) 目测法

一般在出现仪器测值异常，系统设备功能或模块的测值及功能等异常时，采用此法进行检修初步判断，即：

① 设备的电源指示灯是否正常，保险丝有无熔断。

② 设备的型号指示灯是否正常闪烁。

③ 设备有无烧焦或炙烤后留下的痕迹、电池有无漏液的现象。

④ 仪器设备、电缆附近有无昆虫、小动物留下的痕迹；仪器设备、电缆有无被小动物啃咬的痕迹。

⑤ 仪器设备、电缆有无发热烧焦痕迹；有无人为破坏盗割电缆痕迹；设备、电缆附近有无机械施工痕迹；电缆接头是否有进水痕迹。

⑥ 电容式引张线、垂线吊丝是否被碰断。

2) 替换法

一般在出现仪器测值异常，系统设备功能或模块的测值及功能等异常时，采用此法进行检修判断，即：

① 用相同型号的仪器设备替换怀疑有故障的仪器设备。

② 将有怀疑故障的仪器临时改接至其他同类正常通道。

③ 将其他通道正常的同类仪器临时改接至怀疑有故障的通道。

④ 用已知的同类仪器(例如标准电阻、备用传感器等)接入有可能有故障的通道从而判断出被检修仪器、设备或模块及其通道是否有故障。

注意：

① 用于替换的模块应与原模块地址相同，或在软件中临时修改相应的模块地址。

② 改接以前需测量并记录正常仪器的未经换算的原始测值(或近期测量值)，临时改接以后测量时，在软件中应选择临时所接入的通道的仪器编号测量，并将所测的未经换算的原始测值与记录进行对比，看是否正常。

③ 采用替换法检查故障时，必须一换一查，即一次检查只替换一个部位，切不可一次检查替换两处以上部位。

3) 排除法

此法又称为1/2分割法，一般在出现通信线路故障、电源线路故障或仪器线路故障(例

如线路短路、系统软件及通信口设置正常但所有模块都呼叫不成功等故障)时,采用此法进行检修判断。具体方法为:

首先将故障部位一分为二,分别进行排查。排查出正常部位与故障部位。对排查出的故障部位再一分为二,然后继续对有故障的一侧进行故障分析、分割和检测,直至找出故障所在的准确位置。

4) 比测法

一般在仪器测值出现突变或异常,或对某些测值的正确性有怀疑时,采用此法进行判断。

在同一时刻,用人工观测方法(需要首先对人工观测仪器进行校核检验以确保其测值准确可信)和自动化观测方法同时对怀疑的测点进行检测,然后结合二者的测量精度对测量结果进行对比分析,从而判断出所怀疑的测点的测值是否正常,仪器设备是否有故障。

5) 检验率定法

此法一般用于判定传感器的灵敏度系数和方向是否正确,仪器的性能指标是否满足要求,测值是否稳定且准确可靠。具体做法是:将被检测仪器拆下(垂线坐标仪和引张线仪可用专用标定工具直接在仪器部位进行简单标定,具体方法参见产品说明),安装到专用仪器检验率定设备上,按照规定的检验率定方法和计算方法逐档检验仪器率定,检验率定详细方法和所需设备请与仪器生产厂家联系。

6) 万用表检测法

此法一般用于判定系统的电源是否正常(电压检测法)、电缆是否断线或短路(电阻检测法)、仪器的电阻值或输出电压是否正常(仪器对照检测法)。具体方法为:

① 电压检测法

根据被测电压的特性,将万用表打在交流电压挡(测交流电压)或直流电压挡(测直流电压)的合适档位(应大于被测电压的最大值),然后测量被测电压并判断是否正常。

注意:在测量 DAU 内的电池电压时,电池上不能带负载。一定要将模块上的总线插头拔下后再测量,否则测出的电池电压将不准确。

② 电阻检测法

将两根芯电缆的一端短接在一起,将万用表打在合适的电阻挡(或通断测试挡),从另外一端对两根芯电缆进行测量,即可查出电缆是否断线。反之,将两根(芯)电缆的一端分开,将万用表打在高阻抗电阻挡,从另外一端对两根(芯)电缆进行测量,即可查出电缆是否短路。

另外通过测量差阻式仪器对地绝缘电阻或电容式仪器的芯线间的绝缘电阻,还可以初步地判定出仪器的测值异常(例如跳动较大、出现报警等)是否与此有关。

③ 仪器对照检测法

对于所有内观差阻式仪器和振弦式仪器,通过用万用表的电阻挡测量怀疑有故障的仪器(含电缆)的阻值,以及正常的同型号的仪器(含电缆)的阻值,并对二者的测量结果进行对比,即可初步判定出仪器(含电缆)是否存在断线、短路或接触不良的故障。

(2) 常见硬件故障类型及维护

常见硬件故障类型及维护方法见表 7.4-5。

表 7.4-5　常见硬件故障类型及维护方法一览表

序号	故障现象	可能的原因	主要判断方法	相应处理方法
1	单个或部分模块呼叫不成功	模块工作电源异常(可能原因有:220 V电源跳闸、保险丝熔断、电源模块故障、电池失效等)	用万用表查交流 220 V、直流 7.5 V 和 6 V 电源电压	重新合闸、更换保险丝、更换电源模块、更换电池
		模块时钟芯片故障或模块线路故障	用笔记本电脑结合采集软件和模块查地址软件现场单独查询模块地址和模块时钟(断开该模块与总线相连的通信线)	重设模块时钟,若仍不行,返回厂家修理
		模块地址丢失或地址与数据库中的设置不一致		重设模块地址、避免经常开关容易掉地址的模块的电源,多次掉地址时联系厂家处理
		电缆接头未拧紧或未接触好	用手轻拉导线检查是否松脱,用万用表检查是否断线或接触不良	重新接上或拧紧接头,更换有问题的线路
		通信线接头断线或接触不良		
		局部通信线路断线	采用 1/2 分割法,分段用万用表检查是否断线或沿布线路径逐段检查通信总线	查找断点、恢复通信
		末端或局部通信线路短路	采用 1/2 分割法,分段断开通信总线,用万用表逐段检查是否短路	查找短路点、恢复通信
2	系统所有模块都呼叫不成功	系统 220 V 供电电源异常	用万用表查 DAU 交流 220 V 供电电源	重新合闸或排除电源线路故障
		通信口冲突	检查在同一台计算机上是否同时打开了两个及以上的数据采集软件	关闭所有数据采集窗口,再重新打开其中的一个
		系统模块通信线路堵塞(可见到 NDA3100 或 NDA3200 中的绿灯或红灯一直在亮)	采用 1/2 分割法,分段断开通信总线,用笔记本电脑结合采集软件现场逐段查询模块时钟	查出线路堵塞点,解除堵塞信号源
		NDA3100 模块故障	用备用模块更换测试,或用 RS232/485 通信转换头测试	更换模块、返厂维修
		通信线路断线(在整条通信总线汇总部分)	用万用表检查是否断线或沿布线路径逐段检查通信总线	查找断点、恢复通信
		通信线路短路	采用 1/2 分割法,分段断开通信总线,用万用表检查是否短路或沿布线路径逐段检查通信总线(特别是接头部分)	查找短路点、恢复通信
		系统软件中的通信口设置不对	从系统管理子系统软件里检查系统的通信口设置是否正确	恢复正确设置

续表

序号	故障现象	可能的原因	主要判断方法	相应处理方法
3	模块各通道的测值全部异常	模块内部线路故障	用备用模块替换测试	更换模块，故障模块返厂维修，对新模块复位并重设时钟、周期和测点群
4	模块部分通道或单个通道测值异常	模块通道故障	将故障点仪器接入其他通道测试，若故障消失则原因为通道故障，否则为仪器或电缆部分故障，可用小仪表对仪器进行人工测量，判断仪器本身是否真有问题	改接备用通道并将软件中的线箱号做对应修改，或更换模块
		传感器故障		排除可能导致仪器故障的外界物理因素，重新调整并率定仪器，更换有问题的仪器
		电缆故障		排除电缆故障，更换有问题的电缆
		传感器电缆接头松脱、断线或接触不良	用手轻拉导线检查是否松脱，用万用表检查是否断线或接触不良	重新接上或拧紧接头，更换有问题的线路
		模块工作环境潮湿	检查现场是否漏水、模块上是否有水	干燥处理
5	模块单个或部分通道测值异常，而用小仪表测量却正常	通道仪器类型设置不合适	对照所接仪器检查系统软件中和模块内所设置的该测点的仪器类型	参照软件说明书改正测点类型并重设模块测点群，或向厂家咨询处理办法
		模块通道故障	换接至正常的通道进行测试，或用备用模块替换测试，或向厂家咨询判断方法	更换模块、返厂维修
6	用转换接口比测无测值，直接测量正常	模块人工观测通道故障	将仪器换接另外正常的通道进行测试	改接备用通道并将软件中的线箱号做对应修改，或更换模块
7	模块通信正常但定时测量失败或无定时测值或定时测值乱	模块芯片故障或内部线路故障	通过软件检查模块内的时钟、周期和测点群，对模块进行自诊断，临时设置一次定时测量看模块是否能够按时测量	更换有故障的模块
		测点群或监测周期丢失		重设模块时钟、周期和测点群并对该模块进行复位

(3) 常见软件故障的检查与排除方法

1) 客户端连接故障

① 检查服务器工作是否工作，使用命令 Ping，检查服务是否连通，如果 Ping 命令失败表示网络硬件有故障，需要排除网络问题。

② 网络连接正常时，需要检查服务器中间层软件是否运行。如果没有，需要启动中间层程序。

③ 网络正常，服务器中间层运行时，需要检查防火墙是否阻挡，关闭防火墙后连接。

④ 检查服务器中间层配置是否正确，运行中间层目录中的 NDSConfig. exe 文件，检查服务端口定义是否与客户端一致，不一致时修改客户端配置与服务器端口一致。

⑤ 检查 SQL Server 数据库是否启动，工作是否正常。有问题时需要启动数据库服务，安装数据库软件。

2）客户端通信故障

① 客户端通信故障时，需要检查通信请求是否被服务器响应，在服务器上的客户端上查看通信服务窗口，检查是否有注册信息显示，“有”表示服务响应，“没有”表示请求没有提交服务器，这时需要先根据故障检查排除客户端连接故障。

② 修改系统采集参数时需要先备份，修改后需要先退出程序，然后重新启动程序运行，最后检查工作是否正常，有问题时可以恢复修改前的配置。

（4）光端机故障检测方法

NDA342x 用于实现 RS-485 与光信号之间的转换，NDA3421（图 7.4-8）带有 2 个光口（NDA3420 仅有 1 个）、1 个 RS-485 电口，光口为 FC 接口，与 NDA 系列采集模块配套使用，模块设有多个指示灯来反映其工作状态（表 7.4-6）。

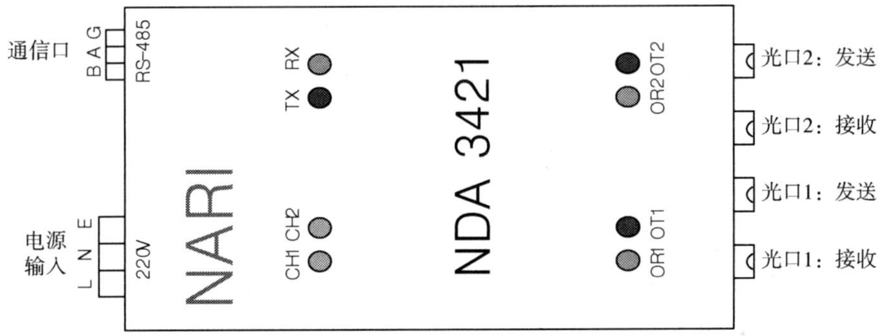

图 7.4-8　模块外观及接口示意图

表 7.4-6　指示灯及其对应的工作状态

名称	作用	含义
CH1(2)	模块状态指示	CH1(2)闪烁表示正常
TX/RX	RS-485 电口收发指示	TX 闪烁：发送数据；RX 闪烁：收到数据
OT1(2)/OR1(2)	光口收发指示	OT1(2)闪烁：光口 1(2)发送数据； OR1(2)闪烁：光口 1(2)收到数据

可利用 NDA342x 做一个简单的检查，一般我们使用的都是四芯光缆，可以在线路的末端采用 1 个法兰盘将尾纤①与④对接（假设四个芯编号①～④），在始端看来④就是①的末端，这样尾纤①发出的信号会从尾纤④返回，连接如图 7.4-9 所示。

将 RS-485 电口的“G”和“A”短接，模拟 RS-485 电口接收到连续 00H 数据，可以看到 RX、OT1、OT2 指示灯开始连续高速闪烁（近似常亮），这说明电口收到数据后正在往光口转发；这时将始端的尾纤①接到光口 2 发送端，如果整条线路连通正常，将始端的尾纤④接到

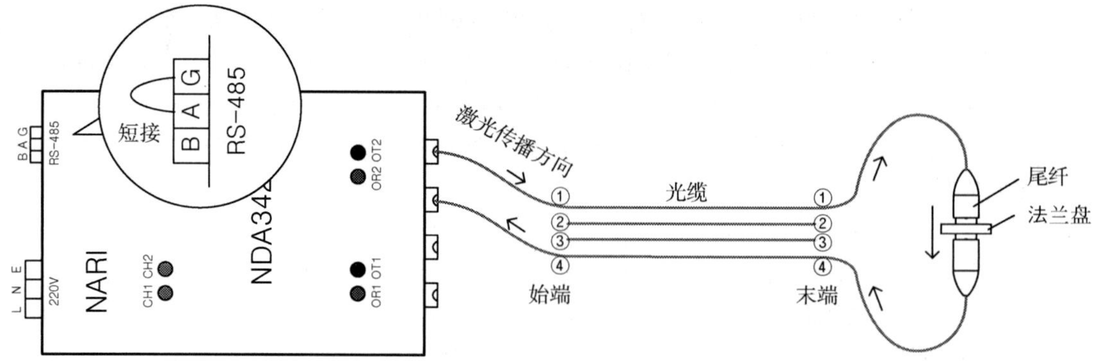

图 7.4-9　通信连接示意图

光口 2 接收端时，OR2 指示灯会常亮；再用同样的方法测试②③及光口 1。

由上述方法我们可以判断光端机的工作状态及检查光缆线路是否通信正常。

1）检查光端机是否正常

用一根尾纤（备品备件内有）连接光端机的 OR1(2)及 OT1(2)光口，并给光端机供电，然后将 RS-485 电口的"G"和"A"短接，若 OR1(2)及 OT1(2)光口指示灯开始连续高速闪烁（近似常亮），则表明 OR1(2)及 OT1(2)光口正常，即光端机正常。

2）用光端机检查测站间光缆通信线路是否存在故障

首先把要检查的光缆一端用法兰盘连接，然后用一个正常的光端机，按 1)中叙述的方法进行连接，若 OR1(2)及 OT1(2)光口指示灯开始连续高速闪烁（近似常亮），则表明线路正常，否则线路有故障。

(5) NDA 采集模块更换操作步骤

在监测系统运行过程中，若采集模块发生故障，需要用备用件更换，下面简单介绍一下模块的更换步骤。

1）更改需要使用的备用模块地址，使备用模块地址与故障模块在软件中的地址相同。更改模块地址有专用的模块地址更改程序（见图 7.4-10）。首先需要用备品备件中的电源模块给采集模块供电，并把模块的通信端口（485 信号）与电脑串口（232 信号）用专用的 RS232/485 线连接，若电脑没有串口，也可用专用的"USB 转 485"线与采集模块连接。

模块地址更改程序使用：

协议号：根据模块协议选择"协议 1.1"或者"协议 1.0"；

通信口：选择 232/485 或 USB 转 485 数据线对应的串口号；

波特率：选择默认 1200；

查询地址：电脑和采集模块通信连接好后，点击该按钮，模块类型会显示"11"或者"14"、"16"等，代表模块的类型（"11"代表差阻式模块，"14"代表振弦式模块……）；

注：1.0 协议版本的模块该项不显示。

设置地址：查询地址后，在"模块地址"后面的表格里面输入要设置的地址号，然后点击"设置地址"按钮，会弹出"设置成功"窗口。然后退出即可。

2）拆除故障模块，安装改过地址的备用模块，安装后需要对模块进行初始化。初始化步骤如下：

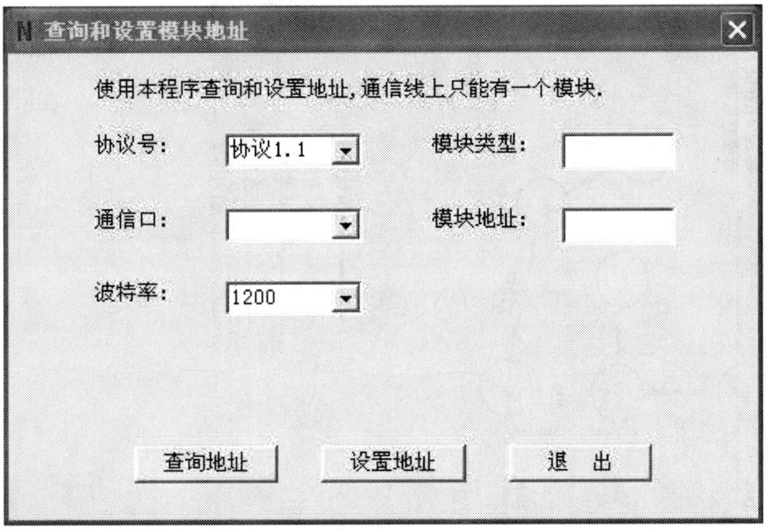

图 7.4-10 模块地址更改程序界面

① 清空模块数据；

② 设置模块时钟；

③ 设置模块测量周期；

④ 设置模块通道集合；

⑤ 设置模块功能；

⑥ 模块自检；

⑦ 进行以上步骤后可进行一次选测，点击“选测并取选测值”按钮，稍后数据会传输回来，与更换前的数据进行对比，直至正常。

7.4.5 维护管理经验总结

小浪底工程条件特别复杂，许多工程技术问题在建设时超出了我国的技术经验水平，需在原型观测试验中进行验证，因此保证自动化系统较高的平均无故障时间，特别是较小的数据缺失率意义非常重大。通过科学管理和精心维护，小浪底安全监测自动化系统(见图 7.4-11)能够及时排除发生的各种故障，使得系统的运行达到设计目标，取得了较好的运行经验，为整个枢纽的安全运行起到了至关重要的作用。通过分析这些典型案例，对安全监测自动化系统维护管理工作的经验教训总结如下：

(1) 要组建一支责任心强、动手能力强的维修管理小组或者兼职队伍，建立切实可行的维护检查流程和规章制度。有责任心的人员按照工作流程密切监视系统运行状态是保证系统连续运行的前提，编制适合现场工作情况的计算机软件可以大大减轻工作人员的工作压力，但不能完全替代人的主动性和能动性。在实际工作过程中，一定要注意培养发掘动手能力强、学习能力强的维修人员，这样才能避免系统出现故障时必须等待安装单位或者厂家上门维护而迟迟无法恢复。不断总结维护经验，建立详细具体的维护检查流程和切实可行的规章制度并认真监督执行是系统成功运行的基本保障。

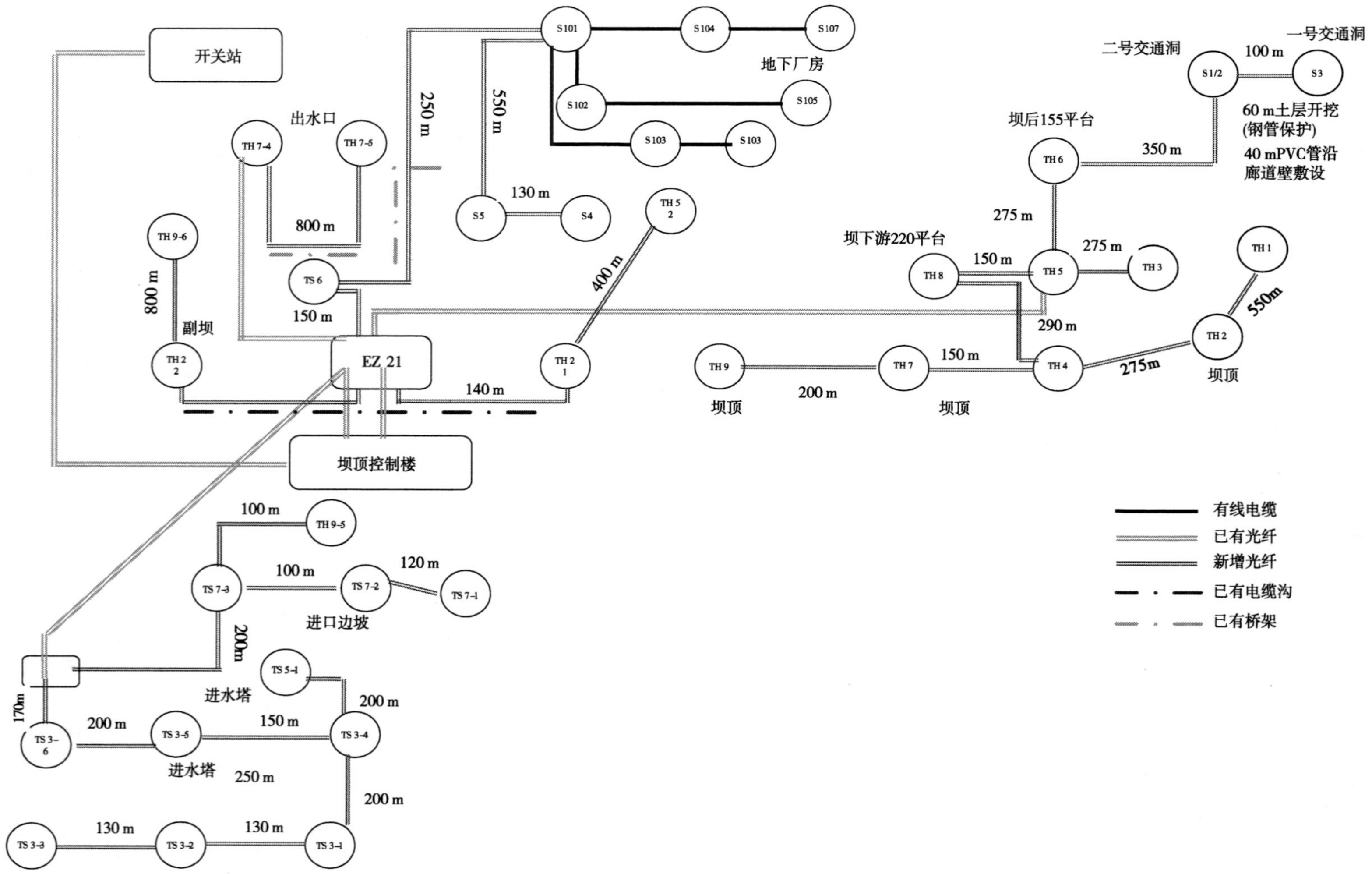

图 7.4-11　采集模块及电缆连接示意图

（2）为应急处理现场故障，延长系统寿命，必须充分考虑备品备件。特别是一定要充分考虑采集主板，无线通信套件、防雷击器等专用设备的备件，因为随制造厂家的战略转移或者产品升级改变会造成难以及时采购。对现场出现故障的设备，也一定要及时维修。对那些容易出现故障的通用的备件，例如电源适配器、蓄电池等，也应该适量考虑备件，以免等待采购而影响维护速度。特别地，要贮备密封胶、仪器电缆接线卡子、各种规格的保险管、绝缘胶带等耗材，并要求每一次去现场检查排除故障时一定要带足这些耗材和常用的检查仪表。2004 年在排除一次内置无线模块传输故障时，就曾因为没有准备好足够的工器具和耗材，导致车辆往返现场多达 3 趟，维修持续了将近 1 d。

（3）故障应急处理完毕后，运行管理人员应认真分析原因，采取必要的纠正以及预防措施，尽量避免同一类型故障反复重现。由于电子设备长期运行后故障发生的不确定性和自动化系统规模较大、技术比较复杂等因素的影响，即使采取了对应的预防和整改措施，也不能完全避免类似的故障的发生，这就要求一定要加强针对设备运行情况的定期人工巡视检查，这是尤为值得引起重视的管理问题。

（4）大坝安全会商是对枢纽安全运行管理的一种新尝试，实践证明这是一套行之有效的做法，对提高大坝安全运行管理水平产生了积极影响。通过大坝安全会商平台，在整编分析安全监测资料的基础上，对影响工程安全稳定运行的技术难题如左岸山体补强灌浆后渗漏水效果分析、副坝前渗水点渗流路径分析、坝基渗漏水分析、排沙洞锚具槽渗油处理等，形成了很多创造性的意见和建议，被采纳后都收到了很好的效果。

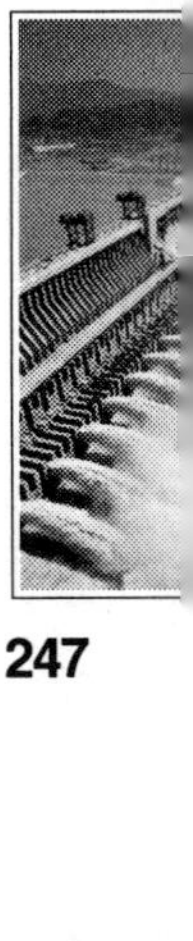

参考文献

[1] 钮新强．水库大坝安全评价[M]．北京：中国水利水电出版社，2007.

[2] 水利电力部水文水利管理司．水工建筑物养护修理工作手册[M]．北京：水利电力出版社，1984.

[3] 沈长松．水工建筑物[M]．北京：中国水利水电出版社，2008.

[4] 水利部水利管理司，中国水利学会水利管理专业委员会．小型水库管理丛书 第一分册：水文与水利计算复核[M]．北京：中国水利水电出版社，2009.

[5] 水利部水利管理司，中国水利学会水利管理专业委员会．小型水库管理丛书 第二分册：安全检查与加固[M]．北京：中国水利水电出版社，2009.

[6] 水利部水利管理司，中国水利学会水利管理专业委员会．小型水库管理丛书 第三分册：运行管理[M]．北京：中国水利水电出版社，2009.

[7] 水利部水利管理司，中国水利学会水利管理专业委员会．小型水库管理丛书 第四分册：防汛与抢险[M]．北京：中国水利水电出版社，2009.

[8] 吴中如．重大水工混凝土结构病害检测与健康诊断[M]．北京：高等教育出版社，2005.

[9] 汝乃华．大坝事故与安全·拱坝[M]．北京：中国水利水电出版社，1995.

[10] 汝乃华．大坝事故与安全·土石坝[M]．北京：中国水利水电出版社，2001.

[11] 张建云．水库大坝病险和溃坝研究与警示[M]．北京：科学出版社，2014.

[12] 水利部建设与管理司，水利部建设管理与质量安全中心．小型水库管理实用手册[M]．北京：中国水利水电出版社，2015.

[13] 张秀丽．国内外大坝失事或水电站事故典型案例原因汇集[J]．大坝与安全，2015(1)：13-16.

[14] 湖北省水利厅．土石坝养护修理规程：SL201—2015[S]．北京：中国水利水电出版社，2015.

[15] 水利部丹江口水利枢纽管理局．混凝土坝养护修理规程：SL230—2015[S]．北京：中国水利水电出版社，2015.